Modeling of Asphalt Concrete

沥青混凝土的
模型研究

[美]理查德·金（Y. Richard Kim）编著

汪正兴 王少江 马临涛 马宇 计涛 译

中国水利水电出版社
www.waterpub.com.cn
·北京·

图书在版编目（CIP）数据

沥青混凝土的模型研究 / （美）理查德•金
(Y. Richard Kim) 编著；汪正兴等译. -- 北京 : 中国
水利水电出版社，2021.6
书名原文: Modeling of Asphalt Concrete
ISBN 978-7-5170-9979-6

Ⅰ．①沥… Ⅱ．①理… ②汪… Ⅲ．①沥青混凝土—
本构关系 Ⅳ．①TU528.42

中国版本图书馆CIP数据核字(2021)第201617号

书 名	**沥青混凝土的模型研究** LIQING HUNNINGTU DE MOXING YANJIU	
原 书 名	Modeling of Asphalt Concrete	
原著编者	［美］理查德•金（Y. Richard Kim） 编著	
译 者	汪正兴 王少江 马临涛 马 宇 计 涛 译	
出版发行	中国水利水电出版社	
	（北京市海淀区玉渊潭南路 1 号 D 座 100038）	
	网址：www. waterpub. com. cn	
	E - mail：sales@waterpub. com. cn	
	电话：(010) 68367658（营销中心）	
经 售	北京科水图书销售中心（零售）	
	电话：(010) 88383994、63202643、68545874	
	全国各地新华书店和相关出版物销售网点	
排 版	中国水利水电出版社微机排版中心	
印 刷	清淞永业（天津）印刷有限公司	
规 格	184mm×260mm 16 开本 23.5 印张 572 千字	
版 次	2021 年 6 月第 1 版 2021 年 6 月第 1 次印刷	
印 数	0001—1000 册	
定 价	**160.00 元**	

凡购买我社图书，如有缺页、倒页、脱页的，本社营销中心负责调换

版权所有·侵权必究

作者简介

理查德·金（Y. Richard Kim），工学博士，教授，美国北卡罗来纳州立大学土木、建筑和环境工程学院。

译者简介

汪正兴、王少江、马临涛、马宇、计涛就职于中国水利水科学研究院结构材料研究所及北京中水科海利工程技术有限公司，该公司是国内最早从事水工沥青混凝土防渗技术研究的机构之一，承担了国内数十个大型抽水蓄能电站沥青混凝土面板和沥青混凝土心墙的试验及专项研究工作，包括天荒坪抽水蓄能电站、宝泉抽水蓄能电站、呼和浩特抽水蓄能电站等，其中呼和浩特抽水蓄能电站的防渗层沥青混凝土能适应－41.8℃不开裂，为目前世界之最。

序

沥青混凝土是一种重要的建筑材料，其应用最广泛的领域是道路工程领域，由于防渗性能优异，在水利水电工程中的应用也越来越广泛。在工程中使用沥青混凝土材料，设计人员需要了解材料在各种工况下的特性，这就需要通过数学模型来描述沥青混凝土的行为。模型的研究对认清沥青混凝土的破坏的过程与机理以及如何设计沥青混凝土具有重要的意义。

沥青混凝土是由沥青、集料和填料等按照一定比例组成的复合材料，其性能十分复杂。同时具有粘、弹、塑性特性，并且性能受温度的影响很大。应力松弛、蠕变、温度与材料本身的组成和特性等都可以影响沥青混凝土的本构关系。因此想要准确地描述沥青混凝土的力学行为非常困难。需要考虑各种效应组合才能够准确、合理地描述出沥青混凝土的材料特性。近年来，随着计算机技术和有限元技术的迅猛发展，沥青混凝土模型研究有了很大的发展，国内外众多学者致力于寻找出真正反映沥青混凝土这一复杂工程材料工作机理的数学模型。

《沥青混凝土的模型研究》一书是由美国 McGraw-Hill 出版社于 2009 年出版的关于沥青混凝土的专业书籍。全书由 6 大部分组成，共分为 15 章，围绕着沥青混凝土的数学模型建立这一主题展开，每部分自成体系。详细地描述了沥青混凝土的各种研究模型，包括流变学模型、强度模型、车辙模型、疲劳模型、水损害模型以及低温开裂模型等几种工程中最为关注的问题。

本书的原著作者理查德·金教授很早开始从事这方面的研究，原著对沥青混凝土的各种数学模型进行了详细的阐述，是一本难得的好书。为了方便大家阅读，决定翻译成中文并在国内出版。经与出版社和原著作者联系，得到他们的欣然应许，对此我们十分感激。

参与本书翻译工作的大多为多年从事沥青混凝土材料研究的学者和技术人员，都具有高级技术职称。译者在从事研究的过程中，参阅了本书的很多内容，希望本书可以对广大研究人员提供很大的帮助。

郝巨涛

2021 年 6 月

前　言

　　《沥青混凝土的模型研究》由世界各国的杰出专家撰写，对沥青路面使用的材料、研究方法和模型进行了深入的介绍。

　　本书总结了组成材料的特性与机理对沥青混凝土性能的影响、流变测试和分析技术、本构模型、沥青混凝土和沥青路面的性能预测方法等方面的研究资料，着重于建立能够适应各种特殊地理环境或气候要求的沥青混合料模型。本书包括沥青流变学、刚度表征、本构模型、车辙模型、疲劳裂纹和水损害模型、低温开裂模型等沥青混凝土技术的研究成果。

　　鉴于铺路材料大量使用沥青，且部分路面的沥青混凝土老化严重，对开发更耐用和更经济的沥青材料用于新建和修复，本书具有至关重要的指导作用。水工建筑物也大量使用沥青材料，尤其是抽水蓄能电站上库的沥青混凝土防渗面板，工作环境条件比较严酷，对沥青混凝土的耐久性也有更高的要求。

　　本书由汪正兴、王少江、马临涛、马宇、计涛翻译，其中汪正兴负责第 5 章、第 11 章、第 14 章、第 15 章的翻译；王少江负责第 3 章、第 4 章、第 6 章的翻译；马临涛负责第 10 章、第 12 章、第 13 章的翻译；马宇负责前言、第 1 章、第 2 章、第 9 章的翻译；计涛负责第 7 章、第 8 章的翻译。

　　本书的出版得到了国家重点研发计划"排洪建筑物应急抢险快速修复关键技术与装备研究"项目（2017YFC0405004）、中国水利水电科学研究院"十三五"重点科研项目"沥青防渗面板老化识别、寿命评估方法及修复技术研究"（课题号：SM0145B442016）的资助。本书由中国水利水电科学研究院郝巨涛教高进行了全文审查，并编写了序言，在此一并表示感谢。

　　由于译者的专业知识和英语水平有限，文中难免有疏漏和不当之处，敬请各位读者不吝批评指正。

译者

2021 年 4 月

主 要 编 写 人

Hussain U. Bahia——第 2 章作者，教授，威斯康星大学土木和环境工程学院，美国威斯康星州麦迪逊市。

Amit Bhasin——第 12 章作者，助理研究员，得克萨斯 A&M（农工）大学得州交通研究所，美国得克萨斯州大学城。

William G. Buttlar——第 14 章作者，副教授，伊利诺伊大学厄巴纳一香槟分校土木和环境工程学院，美国伊利诺伊州厄巴纳市。

Ghassan R. Chehab——第 6、第 7 章作者，副教授，宾夕法尼亚州立大学土木和环境工程学院，美国宾夕法尼亚州大学公园。

Jo S. Daniel——第 7 章作者，副教授，新罕布什尔大学土木工程学院，美国新罕布什尔州达勒姆市。

Chandrakant S. Desai——第 8 章作者，董事教授，亚利桑那大学土木工程和工程力学学院，美国亚利桑那州图森市。

Herve Di Benedetto——第 9 章作者，教授，国立高等矿业学校建筑工程学院（URA CNRS 1652），法国沃尔克斯昂韦林市。

John T. Harvey——第 10 章作者，教授，加利福尼亚大学土木和环境工程学院，美国加利福尼亚州戴维斯市。

Simon A. M. Hesp——第 15 章作者，副教授，皇后大学化学系，加拿大安大略省金斯敦市。

Dennis R. Hiltunen——第 14 章作者，副教授，佛罗里达大学土木和海岸工程学院，美国佛罗里达州盖恩斯维尔市。

Kamil E. Kaloush——第 11 章作者，副教授，亚利桑那州立大学土木和环境工程学院，美国亚利桑那州坦佩市。

Y. Richard Kim——第 1、第 5、第 6、第 7 章作者，教授，北卡罗来纳州立大学土木、建筑和环境工程学院交通系统和材料专业，美国北卡罗来纳州雷利市。

H. J. Lee——第 7 章作者，世宗大学土木和环境工程学院，韩国首尔市广津区。

Dallas N. Little——第 12 章作者，E. B. Snead 首席教授，得克萨斯 A&M（农工）大学土木工程学院，美国得克萨斯州大学城。

Robert L. Lytton——第 3、第 12 章作者，得克萨斯 A&M（农工）大学土木工程学院，美国得克萨斯州大学城。

G. W. Maupin, Jr.——第 13 章作者，首席科学家，弗吉尼亚交通研究委员会，美国弗吉尼亚州夏洛茨维尔市。

Mostafa Momen——第 5 章作者，北卡罗来纳州立大学北卡交通学院，美国北卡罗来纳州雷利市。

Carl L. Monismith——第 10 章作者，Robert Horonjeff 土木工程教授，加利福尼亚大学交通研究所，美国加利福尼亚州伯克利市。

Francois Olard——第 9 章作者，EIFFAGE 公共工程研发方向，法国科尔巴斯市。

Terhi K. Pellinen——第 4 章作者，教授，赫尔辛基技术大学土木和环境工程学院高速工程专业，芬兰埃斯波市。

Reynaldo Roque——第 14 章作者，教授，佛罗里达大学土木和海岸工程学院，美国佛罗里达州盖恩斯维尔市。

Charles W. Schwartz——第 11 章作者，副教授，马里兰大学土木和环境工程学院，美国马里兰州大学公园。

Youngguk Seo——第 5 章作者，高级研究员，高速公路和交通技术研究所，韩国京畿道华城市。

Shane Underwood——第 7 章作者，研究员，北卡罗来纳州立大学土木、建筑和环境工程学院，美国北卡罗来纳州雷利市。

Shmuel L. Weissman——第 10 章作者，Symplectic 工程公司主席和首席执行官，美国加利福尼亚州伯克利市。

T. Y. Yun——第 7 章作者，北卡罗来纳州立大学土木、建筑和环境工程学院，美国北卡罗来纳州雷利市。

目　录

第一部分　沥 青 流 变 学

第二部分 刚 度 表 征

第三部分　本　构　模　型

第四部分　车　辙　模　型

第五部分　疲劳裂纹与水损害模型

第六部分　低温开裂模型

第1章 沥青混凝土的建模

Y. Richard Kim

简介

沥青混凝土路面是一个复杂的体系，涉及多层不同的材料、各种组合可变的交通荷载以及变化的环境条件，是美国最大的基础设施组成部分。因此，对沥青路面长期使用寿命进行真实性态的预测是道路工程师最具挑战性的任务之一。沥青混凝土路面的性能与沥青混凝土的材料性能密切相关。沥青混凝土的性能模型为沥青混合料设计、路面设计、施工和修复的各个过程提供了重要依据。

影响沥青混凝土变形能力和性能的因素很多，包括时间（即加载速率、加载时间、静置时间）、温度、应力状态、加载方式、老化和水分等，可以通过建立模型来获取这些因素对沥青混凝土性能的影响。这些模型多以经验为主，大多数是在战略公路研究计划（SHRP）项目之前开发的。由于缺乏必要的计算机技术来计算沥青混凝土以及沥青路面的长期性能的演变，故模型大多是经验性判断的。战略公路研究计划项目认识到了力学模型对于材料规格、混合料设计和路面设计的重要性，并基于力学原理研发了一系列研究成果。SHRP 项目从经验主义到力学范式的转变使得模型在沥青路面工程产生了重大影响。

开发一个基本健全的模型有两个重要目的。对于道路工程师来说，使用模型可以提供真实荷载条件下沥青混凝土性能的准确信息，从而更好地评估新路面的使用寿命或既有路面的可用寿命。对于材料工程师来说，基于力学基本原理建立的性能模型提供了材料性能（化学或机械）与模型参数之间的关系，可以用此选择或设计性能更好的胶结料或混合料。

性能特征

沥青混凝土的破坏可分为两大类：开裂破坏和永久变形。沥青混凝土的开裂破坏是由于重复交通的机械荷载或温度变化产生的温度应力引起的。无论是机械荷载还是温度应力，沥青混凝土在反复荷载作用下，其分布的微观结构损伤主要以微裂纹的形式出现。图1-1为沥青混凝土开裂区域的微观表面图像，显示了在拉应力作用下微裂纹和大裂缝的形成过程。如图所示，微裂纹存在于宏观

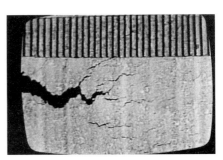

图1-1 沥青混凝土开裂区域微观表面图像（Kim 等，1997，已获国际沥青路面协会授权使用）

裂纹之前，形成所谓的损伤区。损伤区微裂纹的扩展、聚结和再粘结影响着沥青混凝土的宏观裂纹发展和修复，进而影响着沥青混凝土的疲劳性能。也就是说，对沥青混凝土的疲劳行为进行建模需要评估微观和宏观裂缝及其相互作用对混合料整体性能的影响。

在高温缓慢的加载速率下，沥青胶结料变得太软而无法承受荷载，因此，损坏的主要类型是由于体积变化（即致密化）和剪切流变引起的集料颗粒重新排列而造成的永久变形。压实状态下集料引起的沥青混凝土集料联锁和非均质程度，能够成为准确预测评估沥青混凝土永久变形性能的重要因素。

沥青混凝土建模的展望

沥青混凝土模型是不断改进的。持续发展的计算能力和测试技术使沥青材料和道路工程师能够使用更真实、更有效的模型来预测沥青材料和路面的性能。下面的小节试图阐明未来沥青混凝土模型的一些可能性。

路面响应模型与性能模型

沥青路面性能的传统预测方法分为两部分：路面响应预测和路面性能预测。在这种方法中，利用表层材料损伤的程度，从结构模型（例如多层弹性理论）来评估最初未损伤路面（如沥青层底部的拉伸应变）的特性响应。利用室内试验结果建立沥青混凝土性能模型，并将沥青混凝土试件的初始响应与试件的寿命联系起来。将结构模型所评估的响应输入性能模型中，以确定路面的使用寿命。根据 NCHRP 项目 1 - 37A（2004）开发的力学 - 经验路面设计指南（MEPDG），这种方法是目前力学 - 经验路面设计方法中采用的实践方法。

由于只有在疲劳试验的初始阶段才能观测到混合料的响应，因此这些模型操作应用简单，为目前的力学 - 经验路面设计奠定了基础。但是，这种传统方法有些许不足。

第一，复杂结构和改性材料的损伤演化可能无法被准确地捕捉到。例如，由于永久路面表层材料类型和厚度的复合作用，采用传统的热拌沥青（HMA）性能预测模型和路面响应模型来准确预测破坏机理的方法变得更加困难。

第二，两步法中使用的大多数性能模型都依赖于加载模式。这些模型是根据实验室在受控应力模式或受控应变模式下进行的测试结果建立的。由于目前可用的两步法不能以机械的方式识别加载模式，因此可能会产生不可靠的性能预测。

第三，传统两步法的室内试验方法用以模拟路面结构的边界条件，而不是在代表性体元（RVE）中定义材料的本构行为。通常这些实验室测试方法只能预测某些特定路面条件下的性能。由于测试方法模拟的是路面边界条件，而不是捕捉代表性体元（RVE）的行为，因此需要进行大量的测试，以涵盖该领域预期的广泛路面条件。

采用热拌沥青材料模型与路面反应模型相结合的力学方法可以克服两步法的缺点。在这种方法中，描述了代表性体元（RVE）中材料的应力 - 应变关系。将材料模型应用于路面结构边界条件下的路面响应模型中。该方法可以准确地评估由损伤增长而引起的层间刚度变化对路面性能的影响。尽管张力和压缩均需要材料模型，但以现实的方法预测多种性能特征及其相互作用是可行的。

由于缺乏计算路面全寿命期损伤演化所需的计算能力，早期的研究人员不得不开发两步法来预测路面性能，而不是更简单的一步法。但是，随着计算能力和数字技术的发展，建模人员现在可以在路面响应模型中建立更有效的材料模型，并直接从集成模型中预测路面性能。

多尺度模型

力学中的两种通用方法可对沥青混凝土应力-应变关系的变化进行建模：微观力学方法和连续介质方法。在微观力学方法中，构成损伤的缺陷由微观几何参数描述，如微裂纹大小、方向和密度。通过恰当的微观结构演化规律，如微裂纹发展规律，可对这些参数进行评价。然后，通常将力学应用于理想化的代表性体元（RVE）上，以确定微观缺陷分布对宏观结构参数的影响，如损伤体的有效刚度。由于微观组织和微观机理的内在复杂性，以及缺陷之间的相互作用，故这类分析通常很难进行。因此，在建模和分析中，如果没有适当的简化和假设，微观力学方法就有可能无法提供涉及固体力学性能逐步退化的模拟框架的真实信息（Park 等，1996）。

另一方面，在连续介质方法中，或所谓的连续介质损伤力学中，损伤体被认为是均匀连续体，其规模远大于缺陷尺寸。损伤状态由不可逆热力学过程中的内部状态变量（ISVs）进行量化。也就是说，损伤的增长是由一个损伤演化规律支配。内部状态变量的选择是任意的，热力学势（通常是 Helmholtz 或 Gibbs 自由能）的函数形式以及由此产生的应力-应变关系通常是在唯象的基础上假定的。通过理论模型拟合现有的实验数据来确定材料刚度，材料的刚度随损伤程度而变化，同时也是内部状态变量（ISVs）的函数。因此，连续损伤模型表现为具有分布损伤的材料的宏观力学行为，有效地建模提供了可行的本构框架，而无需对微观结构演化动力学进行明确描述（Park 等，1996）。

近年来，沥青混凝土微观力学和连续损伤力学模型的研究取得了重大进展。在未来的沥青混凝土模型中，将使用微观力学和连续损伤模型进行耦合，通过使用其组成材料（即胶结料和集料）的特性来描述沥青路面的性能和应用。这个多尺度模型将利用微观力学和连续损伤力学的优势，也就是说，利用微观力学使用组成材料特性来描述混合料属性的能力，以及采用连续损伤模型描述整体沥青混凝土的应力-应变关系的能力来预测路面性能。由于一些材料的性能与尺寸有关，故在适当的尺寸下确定材料的性能是这种组合方法的难点。

沥青混凝土的虚拟试验

成像技术是一种能够帮助沥青混凝土建模快速发展的技术，包括数字成像、激光和 X 射线断层摄影等。这些技术使工程师能够观察和构建混合料的二维和三维微观结构。成像技术可以与先进的沥青混凝土模型相结合，为沥青混凝土的虚拟测试提供了工具。该方法利用成像技术生成沥青混凝土的虚拟微观结构，并利用先进的数值模型对虚拟微观结构进行虚拟测试。这些虚拟测试技术将帮助沥青材料和道路工程师在不进行任何实验室测试的情况下，评估组成材料性能的变化对混合料性能的影响。虚拟测试技术将作为讲解本科和研究生沥青材料课程中的有效工具，演示不同的测试条件和混合料涉及参数对沥青混凝土性能的影响。

本书内容概要

第一部分（第 2 章）专门为沥青胶结料建模。第二部分（第 3～6 章）描述了沥青混凝土刚度特性的各个方面。第三部分（第 7～9 章）介绍了不同沥青混凝土的建模方法。第四部分（第 10、第 11 章）研究车辙模型。第五部分（第 12、第 13 章）讨论了疲劳裂纹与水损害模型。最后，第六部分（第 14、第 15 章）介绍了低温开裂模型。

本书中并没有描述目前有关沥青混凝土每个方面可用的所有模型（如在六个部分中概述的那样）。但是，它为大部分模型提供了足够的信息。下面对每个部分内容的摘要进行介绍。

第一部分——沥青流变学

本书的第一部分解释有关沥青胶结料流变学的问题，讨论了流变学指标在沥青工业中的历史应用，为战略公路研究计划项目的研究结果提供了理论依据和应用前景。讨论了胶结料性能对混合料性能的影响。介绍了沥青胶结料聚合物改性的研究背景，提出了通过添加聚合物改性剂以提高沥青胶结料性能的观点。提出了一种能够发现聚合物改性胶结料优点的流变学建模方法，并给出了相应的实验研究成果。由于这本书的重点是沥青混凝土的建模，所以仅在第一部分讨论沥青胶结料。

第二部分——刚度表征

本书的第二部分主要介绍沥青混凝土的刚度。刚度对于路面响应和路面性能的力学建模至关重要。第 3 章明确讨论了该因素对此类分析的重要性，并详细说明了影响材料刚度的主要因素。第 4 章和第 5 章特别关注使用复模量表征沥青混凝土的刚度，给出了两种不同的测试方法。第一种方法是简单性能测试方案的一部分，包括轴向测试圆柱形沥青混凝土试件。为了以克服由第一种方法几何形状引起的问题，第二种方法使用简单拉伸来评估现场芯样的刚度。利用频域动态模量来评价材料的刚度具有许多优点；但是，本书中提出的许多力学模型均要求在时域内具有刚度。第 6 章主要运用线弹性理论和数学方法演示将动态模量转换为蠕变柔量和松弛模量等时域函数的不同方法。

第三部分——本构模型

本书的第三部分主要研究沥青混凝土的本构模型。本部分详细介绍了三种方法。这些方法利用不同的原则来描述沥青混凝土的变形能力和性能，但相似之处是它们试图通过考虑各种本构因素来形成包含不同性能特征的统一模型。

第 7 章结合粘弹性理论、连续损伤力学和粘塑性理论，建立了沥青混凝土的粘弹塑性连续损伤本构关系模型。讨论了粘弹塑性连续损伤（粘弹塑性连续损伤 VEPCD）模型在有限元程序中的应用。第 8 章提出了基于分级扰动状态概念（DSC）的本构模型。第 8 章描述了 DSC 对各种路面病害（如永久变形和不同类型的裂缝）的处理能力。利用 DSC 模型对路面结构的二维和三维问题进行了分析，提出了一种与 DSC 相统一的路面结构设计、维修和修复方法。第 9 章利用 DBN（Di Benedetto 和 Neifar）法则描述了沥青混凝土在不同条件下的性能，介绍了如何使用相同的公式对不同行为进行建模。

第四部分——车辙模型

本部分分两章对永久变形机理进行了描述和建模。第 10 章中记录的信息是战略公路研究计划项目 A-003 研究的结果，说明剪切变形对沥青混凝土永久变形（车辙）的影响要比体积变化大得多。基于这些发现，提出了通过剪切试验来衡量混合车辙倾向。从代表性体元（RVE）的角度讨论了样本容量问题。所提供的数据说明了在重复荷载、等高度模式下进行的单剪试验对配合比设计和性能评价的有效性。第 11 章主要总结了最近 NCHRP 9-19 项目的成果。第 11 章由三个主要部分组成：①力学-经验建模方法的回顾，特别是 NCHRP 1-37A MEPDG 采用的永久-弹性应变比模型；②沥青混凝土压缩性能的粘弹塑性连续损伤 VEPCD 模型；③根据对基本工程反应和性能的测量，进行简单的性能测试，以确定混合料在设计过程中的车辙潜力。第 11 章采用的粘弹塑性连续损伤 VEPCD 模型与第三部分第 7 章中的原理相同，只是使用了 HiSS-Perzyna 模型来描述沥青混凝土的粘塑性应变代替了第 7 章中的应变硬化模型。

第五部分——疲劳裂纹与水损害模型

本书的第五部分讨论了水分和疲劳损伤的有害影响。第 12 章主要研究疲劳损伤机理，特别是额外的水损害加速损伤增长。充分利用表面能原理、断裂力学和连续损伤力学进行了讨论。在第 13 章中，更加关注水损害现象，首先介绍了目前的水损害评估程序，其是后续评估方法改进的基础。

第六部分——低温开裂模型

本书的第六部分讨论了沥青混凝土路面的低温开裂。第 14 章和第 15 章详细讨论了导致温度裂缝的机理和现象。第 14 章提出了能够对温度裂缝性能进行预测的 TC 模型，并将该模型应用于 NCHRP 1-37A MEPDG 中。第 15 章主要从断裂力学的角度对这一现象进行了描述，并给出了包括胶结料、胶浆和混合料模型在内的多尺度建模的实验结果。

结束语

本书讲解了沥青混凝土的模型，由于其中一些模型仍在不断完善和改进，因此本书中的内容仍需不断更新。需要注意的是，尽管沥青混凝土微观力学模型研究取得了重大进展，但为了保持合理的版面长度，书中主要关注的是连续介质模型，但也对出版时已使用的所有力学模型提供了合理的介绍和充分的回顾。

参考文献

1. Kim，Y R.，H. J. Lee，Y Kim，and D. N. Little，Mechanistic Evaluation of Fatigue Damage Growth and Healing of Asphalt Concrete：Laboratory and Field Experiments，Proceedings of the Eighth International Conference on Asphalt Pavements，International Society for Asphalt Pavements，University of Washington，Seattle，Washington，1997，pp. 1089 - 1107.
2. NCHRP 1 - 37AResearch Team，"Guide for Mechanistic - Empirical Design of New and Rehabilitated Pavement Structures，" Final Report，NCHRP 1 - 37A，ARA，Inc. and EKES Consultants Division，2004.
3. Park，S. W，Y R. Kim，and R. A. Schapery，"A Viscoelastic Continuum Damage Model and Its Application to Uniaxial Behavior of Asphalt Concrete，" Mechanics and Materials，Vol. 24，No. 4，December 1996，pp. 241 - 255.

第一部分

沥 青 流 变 学

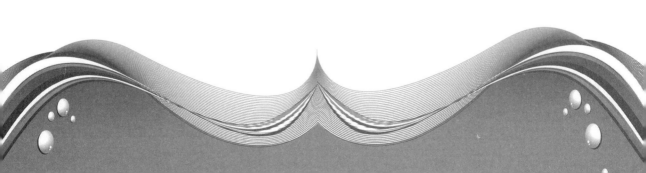

第 2 章　沥青胶结料流变学建模及其在改性胶结料中的应用

Hussain U. Bahia

简介

流变学是关于流动和变形的学科。材料的变形能力不仅随荷载的施加而变化，而且随荷载作用时间的改变而变化。这是一门研究材料变形特性的学科。沥青胶结料是一种流变材料；也就是说，它们的性能取决于温度和加载速度（或时间）。在时间和温度的不同组合下，与时间有关的（即在线性范围内）沥青胶结料的性能最好由两个特性来表征：荷载作用下的抗变形能力和弹性与粘性部件之间变形的相对分布（Bahia 和 Anderson，1995）。尽管表征粘弹性的方法很多，但循环（振动）试验和蠕变试验是两种表征该类材料特性的最佳方法。

沥青胶结料的独特之处在于其在应用范围内对温度具有很高的敏感性。沥青的刚度变化可达 8 个数量级，其相位角（弹性与粘性响应的相对分布）在夏、冬两季的峰值之间变化可达 85°，在正常交通和高速交通的响应下也会有相似的变化量（Anderson 等，1994）。

与粘弹性性能相似，沥青胶结料的破坏性能和抗损伤性能也对温度和加载速率非常敏感。当温度改变 10℃，破坏时的应力和应变就可以改变一个数量级（Dongre 等，1995）。随着一些温度或加载频率变化，胶结料的疲劳寿命在应用范围内会发生数量级的变化（交通的快慢）（Pell 和 Cooper，1975；Bahia 等，1999；Bonnetti 等，2002）。

传统的沥青精炼方法有其局限性，这促使了改性胶结料的引入。据估计，2005 年美国使用的改性沥青占到沥青总量的 20%～25%。沥青的改性是这一领域不可分割的一部分，因此了解其变量是十分必要的。改性沥青胶结料通常是为了改善一种或多种与路面破损模式有关的沥青基本性能（Bahia，1995；Terrel 和 Epps，1989）。

目标的基本属性包括：

（1）刚度：抗变形能力，可由动态加载下的复杂模量 G^* 或准静态加载下的蠕变刚度 $S(t)$ 来测量。高刚度有利于在高温或低加载速率下抵抗车辙作用，而低刚度对于在中、低温下抵抗疲劳和热裂纹是有利的。

（2）弹性：利用储能恢复变形。它可以用相位角（δ）或对数蠕变率（m）来测量。弹性对于抵抗车辙和疲劳损伤是有利的。为了抵抗热裂纹，较低的弹性和更大的通过流动来松弛应力是有利的。

（3）脆性：在低应变下的破坏是脆性的最佳定义。为了提高抵抗疲劳和热裂纹的能力，应通过提高抵抗应变或韧性来降低脆性。

（4）贮藏稳定性和耐久性：氧化老化、物理硬化和挥发性是主要的耐久性特性。对于限制这些变化是十分有利的。

（5）累积损伤抗性：车辙和疲劳损伤被认为是两种由荷载引起的最重要的损伤类型。它们代表的是一种渐进破坏模式，并非一定要用小应力或小应变来表示。

沥青胶结料临界性能建模

沥青胶结料的临界性能可分为力学性能和耐久性两大类。随着试验技术的发展，力学性能测试可以进一步分为三类：传统流变学测试、线性粘弹性测试和损伤特性测试。耐久性包括生产和施工过程中的老化，对于改性胶结料来说，相容性或贮存稳定性是重要的性能。下面几节将描述这些不同的性能。

传统的流变特性

传统的或指数流变特性包括许多标准化试验，这些测试主要是在1990年代早期应用于公路研究计划（SHRP计划项目）。北美洲和一些欧洲国家正在试图引进一套新的流变学试验方法，但是这些传统的试验方法仍在世界其他地区广泛应用。表2-1列出了主要的沥青传统试验清单（Isacsson和Lu，1995）。

表 2-1 沥 青 传 统 试 验 清 单

测　试	标准协议	改性沥青胶结料（MABs）的试验目的和适用性
		测 试 指 标
软化点（R&B）	ASTM D36	高温下的黏稠度指标。在世界范围内广泛使用以符合法规要求，但在评估摊铺应用中的高温性能时并不可靠。 测试可用于测量改性沥青的不稳定性
针入度 （25℃，dmm）	ASTM D5 NF T 66-004	考虑了胶结料在中间温度下的稠度指标。尽管该试验存在问题且价值不大，但在欧洲、澳大利亚和日本的许多MAB规范中都使用了该试验。改性剂的作用可以是增加或减少针入度
弗拉斯脆点	IP 80	反复弯曲和降温时低温抗裂性能的指标。在欧洲，测试主要用做脆性的指标。众所周知，改性剂会降低弗拉斯脆点，特别是对弹性体
		粘度（流动阻力）测试
旋转粘度 （135～165℃）	ASTM D402	在生产和施工温度下对流动阻力的测量。广泛用于测量MAB的工作性能
绝对粘度（60℃）	ASTM D2170	在真空下用毛细管测量。由于许多改性沥青是非牛顿性质的，因此要谨慎使用，该指标并未在规范中广泛使用。已知的改性剂会增加这种粘度的值，也增加剪切速率依赖性
锥板表观粘度 （25～60℃）	ASTM D3205	开发用于测量在不断增加的蠕变载荷下的蠕变响应，以估计中高温下的表观粘度。没有广泛使用，并在2000年停用标准。大多数聚合物改性剂预计会增加该粘度

续表

测　试	标准协议	改性沥青胶结料（MABs）的试验目的和适用性
拉　伸　性　能		
延度（4℃和25℃）	ASTM D113	当在 4℃使用时，为低温柔韧性性指标。也被认为是黏稠度的指标，特别是在 25℃时使用时。根据改性剂的性质不同，改性剂对延度的影响有很大差异。弹性体改性剂在这些温度下倾向于增加延度，塑性体具有极小的或负面影响，化学反应或氧化倾向于降低延度，特别是低温延度。该指标在欧洲和美国某些州不同温度下使用
测力延度（4℃）	非标准测试	完全破坏所需的拉伸强度和能量的指标。专为聚合物改性沥青开发，并在北美广泛使用。响应通常包括第一个和第二个应力峰值，该峰值用于计算比值以显示改性剂的作用。测试取自联合密封胶测试领域
弹性恢复（25℃）	D8084	改性沥青弹性回复能力的指标。使用常规的延度装置进行测量，但先拉伸样品，然后切割以测量切割端的恢复率。是确定改性胶结料是否包含弹性体的最广泛使用的方法之一。用于北美洲、澳大利亚和欧洲。该方法已进行了多次修改，并使用滑板流变仪、ARRB 弹性仪、浓度仪和扭转载荷装置运行
强韧性（25℃）	非标准测试	失效能量指标，用于检测改性剂并评估其对韧性的作用。将半球形的头部插入沥青容器中，然后将其拉出。载荷变形曲线下的面积分为初始峰面积和最终韧性面积，总和就是韧性。弹性体改性剂可能对强韧性有显著影响，特别是如果它们是交联的

　　一些研究人员已经认识到这些测量方法，并且已经进行了许多尝试，将它们与更基本的流变特性联系起来。例如，前人提出了根据针入度计算粘度系数的公式（Saal 和 Labout，1958，1954 年；Heukelom，1973；戴维斯，1981）。一些研究人员认为延度是内部结构的一个指标（Halstead 和 Zenewitz，1961；Barth，1962），而另一些研究表明，延度可能与某些剪切敏感性参数相关（Traxler，1961；Traxler 等，1944；Kandhal and Wenger，1975）。另一部分研究人员试图将针入度和延度这两项指标结合起来，并将它们直接与路面性能联系起来（Halstead，1961；Serafin 等，1967）。软化点也与更基本的判定相关；Van der Poel（1954）认为软化点是等针入度温度的，而 Jongepier 和 Kuilman（1969）认为软化点是等模温度而不是等粘度温度的。这些相关性研究基于一些一般性研究，在许多情况下，这些相关性受到特殊环境、统计意义低和沥青采样有限的影响。

　　粘度也是单点测量，是用绝对单位表示的基本物质性能。然而，粘度系数只是牛顿流体的一个基本的绝对度量。牛顿流体的性能与加载速率或应力水平无关。沥青只有在非常高的温度（软化点以上）或非常低的剪切速率下才表现出牛顿特性，这点在道路铺装的沥青应用中是很少见到的。在低温或短加载时间内，沥青不属于牛顿流体，不能用粘度系数的绝对值来描述。为了解决这一问题，并使其与应用条件更加相关，引入了"表观粘度"这一依赖于剪切速率的测量方法。然后，问题的关注点就在于选择地点、时间，应力和温度感应性，研究人员对适当范围的选择各不相同，这就成了一个方便实验的问题。Traxler 和他的同事（Traxler 和 Schweyer，1936；Romberg 和 Traxler，1947；Traxler，1947）选择温度为 77℉（25℃）并提出采用恒定功率输入（应力乘以应变速率乘积的常数）。在这些实验研究中使用 1000erg（1000×10^{-7} J）的功率输入，因为可以使用可用的粘度计在没有任何外推的情况下以该功率输入值测量老化和未老化的沥青（Romberg 和 Traxler，1947）。一些研究人员在沥青老化研究中使用了这种方法，比如 Moavenzadeh 和 Slander（1967）、Majidzadeh（1969）、Page 和同事（1985）。

通过引入壳式滑板粘度计（Griffin 等，1955），引入了 77℉（25℃）的表观粘度和 $0.05s^{-1}$ 的恒定剪切速率，目的是为实验提供便利和该测量装置的适用性。大量的研究小组都采用了这种方法；77℉和 $0.05s^{-1}$ 的表观粘度成为评价老化沥青和未老化沥青流变学最常用的指标。早期和最近的研究同样也使用了这种方法（Heithus 和 Johnson，1958；Gallaway，1957；Kemp 和 Predoehl，1981；Button 和 Epps，1985）。

尽管恒应变速率粘度测量方法已被广泛接受，但 Mack（1965）指出应力水平与剪切速度是同样重要的，表观粘度不仅要在恒定温度和应变速率下进行比较，还应在恒定应力水平下进行比较。Chipperfield 和 Welch（1967）认为使用恒定的应力比恒定的应变速率更准确。通过在广泛的现场研究基础上，恒应力表观粘度虽不是最终的选择，但比恒应变速率表观粘度更能反映沥青老化硬化程度。也有人使用其他方法（Schmidt，1972）。

表观粘度是美国材料试验协会（ASTM）标准采用的措施之一，但它还存在许多问题。测定表观粘度的常用方法是增量蠕变试验，即按顺序加入一系列荷载，并随时间测量应变。在每个负载水平下，都要监测应变值，直到应变显示出恒定的速率为止，该速率被选定为根据相应的应力作用来计算粘度。然后，加入下一个荷载，重复上述步骤计算新的剪切速率下的粘度。对应几种不同应变速率下的粘度测量，用插值法（ASTM d3205）计算。对于温度低于 140℉（60℃）的沥青等非牛顿特性材料，应变率是加载时间的一个很强的函数，并且随着温度的降低而变大。它可能需要几个小时甚至几天的加载时间，当应变速率达到一个常数时，沥青开始表现得像一个真正的粘性材料。此外，接近稳态粘度的材料属于高标准特有的沥青。

表观粘度的另一个基本问题是，由于试样的几何形状或所使用的应力水平，有可能达到非线性区域。长时间保持荷载以达到近似恒定的应变速率，容易使材料处于非线性状态或几何非线性区域，使测量复杂化。如果将荷载水平提高到很高的数值，以达到恒定的应变速率，也可能导致应力非线性。

参与这项研究的人员不断告诫，这些与表观粘度有关的基本问题并不是新课题。Wood 和 Miller（1960）指出，使用滑板微粘度计进行测试可能需要几个小时才能达到恒定的应变速率。Labout 和 van Ort（1956）、Griffin 和同事（1955）、Fink 和同事（1961）、Evans 和 Griffin（1963）建议使用一定几何形状的滑动板和不同厚度的薄膜来限制应变速率，以显示几何形状对测量结果的影响或者超过挠度的总量。关于应力水平的影响也有相关报道，更具体地说是应力的情况对表观粘度的影响；Puzinauskas（1967，1979）、Majidzadeh 和 Schweyer（1965）等根据应力情况对表观粘度的影响进行了全面的评估，并为应力的相互关系提供了充足的证据。

人们已经认识到传统试验的不足，并尝试用这些试验来估计基本的流变特性。从 50 多年前开始尝试，并已证明沥青膏的最佳特性是简单热流变的线性粘弹性材料。但是，尽管其中涉及经验主义和表征不足的问题，基础流变学测试困难导致许多人简化了沥青的流变学，并依赖于传统实验室中可用的材料。Van der Poel 在 1954 年推出了广泛使用的列线图，并指出沥青可以用简单的流变学指标来表示，这些指标是来自于经验测量（Van der Poel，1954）。同时，"温度敏感性参数和剪切敏感性参数"的概念被引入沥青的模型构建中。

沥青敏感性参数

通过引入传统测试的流变学衍生物来促进沥青的建模。主要目的是为了获得传统测试无法预测的关系。评估的非流变性质可分为两组：温度敏感性参数和剪切敏感性参数。

温度敏感性参数

温度变化的连续性是温度敏感性的常规的定义。目前，已经提出并使用了几种类型的参数。它们有两个方面是不同的：连续性测量类型和覆盖温度范围。

前期工作使用针入度作为粘稠度的衡量标准。测量了不同温度下的针入度，并使用针入度比、针入度差、针入度增加一定数量所需的温度或者对数针入度对温度的斜率来表征温度敏感性（Pfieffer 和 van Doormaal，1936；Van der Poel，1954；Neppe，1952；Barth，1962）。更基本的方法是使用粘度作为测量和确定温度敏感性参数。该方法也使用了以下几种关系：对数粘度和温度的斜率（Traxler 和 Schweyer，1936）、对数粘度与温度倒数的幂函数（Traxler 和 Schweyer，1936；Cornelissen 和 Waterman，1956）、对数-对数粘度与对数温度的关系（Fair 和 Volkmann，1943）。后一种方法可能是最广泛接受的方法，称为粘度-温度敏感性或 VTS。

第三种方法使用结合性指标，如针入度指数（PI）结合了针入度和软化点（Van der Poel，1954），针入度-粘度指数（PVN）结合了针入度和粘度（McLeod，1972）。

这些不同的指标在很大程度上代表沥青的流变特性，最好的指标可能是在耐久性研究中发现的，这些研究通过使用这些指标来定义沥青随时间硬化的性能。关于老化对温度敏感性影响的结论是存在争议的：Pfieffer（1950）、Blokker 和 Hoorn（1959）使用针入度指数揭示了氧化老化后温度敏感性下降的问题。Halstead 和 Zenewitz（1961）使用对数-对数粘度随温度变化的曲线图，在 60～95℉（15.56～35℃）范围内，表明一些沥青表现出温度敏感性下降，而另一些沥青表现出随着老化而其温度敏感性加强的规律。McLeod（1972）使用针入度指数（PI）和针入度-粘度指数（PVN），观察应用了 9 年的沥青，其温度敏感性要么没有变化，要么显著增加。但是，针入度指数（PI）没有表现出相同的温度敏感性变化。Puzinauskas（1979）使用了 VTS，并得出大多数沥青表现出温度敏感性增加的结论。Anderson 和他的同事（1983）使用了三个不同的参数（PI、PVN 和 VTS），并发现 PI 和 VTS 表现出温度敏感性的普遍增加的现象，而 PVN 没有随着老化而发生显著变化。本文作者对大量的沥青进行了实验，结果表明，这些测量方法并不能测量相同的性能，而且不能简单的解释和证明氧化、老化对这些参数值不同的影响。巴顿和他的同事（1983）证实了安德森的发现。作者发现，使用 PVN（从 pen77 和 vis140 进行评估）作为温度敏感性测量，原本对温度高度敏感的沥青更容易受到烘箱老化的影响，而对温度不那么敏感的沥青不易受到老化的影响。

其他人也使用表观粘度来衡量沥青的黏稠度。Moavenzadeh 和 Stander（1967）在 10～

160℃的温度范围内使用恒定功率输入（1000erg）测量了沥青的表观粘度。研究表明，老化的沥青在较低温度范围内温度敏感性较低，而在较高温度范围内温度敏感性较高。换句话说，即温度敏感性在不同的温度范围内表现出不同的变化。Kandhal 及其同事（Kandhal 等，1973；Kandhal 和 Wenger，1975）证实了 Moavenzadeh 和 Stander 的发现。研究人员测量了 39°F（3.89℃）、77°F（25℃）、140°F（60℃）和 275°F（135℃）时的表观粘度，并观察到采用对数-对数粘度与对数温度关系衡量的温度敏感性随温度的变化，在降低的温度范围内，随时间硬化程度降低，在较高的温度范围内，随时间硬化程度增高。

毫无疑问，上述评论是令人困惑的。对于温度敏感性参数存在的问题，可以给出两个基本的解释：

（1）线性粘弹性表征研究表明，温度敏感性与加载温度的范围和加载的时间有关。但这些关系不是线性的，即使进行了正确的测量也不能用线性关系来近似分析。因此，任何两种措施都应同时考虑加载时间和温度范围的影响。此外，氧化硬化现象可能会在不同的加载时间改变关系。这一观察表明，敏感性的参数是指相同的温度范围和加载时间，它们自然会给出老化效应的不同指标。除了温度敏感性参数之外，使用这些参数不能满足要求。

（2）针入度、软化点和表观粘度在前一节中已经说明了，这些问题是比较严重的。使用它们进行温度敏感性测量可能只会导致更多的问题。简单来说，随着温度的降低，或者随着沥青的老化，达到规定剪切速率所需的时间有所不同，这意味着即使在相同的温度条件下，应用的也是两种不同的加载时间。

综上所述，这里讨论的温度敏感性参数很难作为准确评价沥青特性的方法，甚至难以测量氧化硬化的效果。

剪切敏感性参数

用两类参数来表征沥青膏的剪切敏感性：复合流动度"C"和剪切指数。

复合流动度　Traxler 及其同事（1944）首次将该参数应用于铺装沥青。他们对不同的沥青进行的测量后发现，与应变速率对数相比，应力对数可以被认为常数。因此，沥青的流变特性可以用一个通常用于低功率流体的复杂流动方程来表示：

$$M = \frac{T}{S^C} \tag{2-1}$$

式中　M——常数；

T——切应力；

S——剪切速率；

C——复合流动度。

当 $C=1$ 时，沥青为牛顿流体，M 为粘度的稳态系数。因此，C 被认为是一个非牛顿特性的参数。大量研究人员接受了这一近似方程，并将 C 值的变化作为沥青流变学指标和氧化老化对沥青性能影响的指标（Gallaway，1957；Moavenzadeh 和 Stander，1967；

Jimenez 和 Gallaway，1961）。

事实上，复合流动度 C 对沥青流变学的研究非常重要，但是，这项措施也有其本身的问题，几项研究表明：

（1）当 $C=1$ 时，剪切应力与剪切速率呈线性关系。只有在很小的应力或应变速率范围内，才是成立的。在非常低的剪切速率或非常小的应力水平下，几乎所有的沥青都表现出牛顿特性（$C=1.0$）。这种性质取决于沥青的类型，随着剪切速率或应力水平的增加（Puzinauskas，1967）将逐渐开始改变为非牛顿特性。因此，这个关系不是线性的，C 的值取决于所引用的范围。

（2）作为一种非牛顿特性的判定，该参数自然依赖于应力情况。Majidzadeh 和 Schweyer（1965）进行了一个实验，在相同的条件下测量了相同沥青的 C 值，但是改变了加载顺序。他们比较了负载递增时的 C_i 值，即按负载值递减顺序添加的 C_i 值与按负载步长递增顺序添加的 C_d 值。

（3）除了上述关于 C 度量的问题之外，这里还可以增加另一个观点。建立应力-剪切速率关系中也面临着与表观粘度有关的相同的争议问题。从针对非牛顿材料测得的标准蠕变曲线来看，在合理的时间或应变水平内，剪切速率可能永远不会达到平衡。因此，用于构建应力-剪切速率曲线的剪切速率的值将取决于确定该速率的加载时间。换句话说，C 值与加载时间有关。

剪切指数   将表观粘度与剪切速率标注在双对数比例尺上。确定了两种不同剪切速率之间关系的斜率，并将其作为剪切敏感性参数。早期的研究试图将这种关系近似为线性关系（Jimenez 和 Gallaway，1961；Gallaway，1959），但最近的大量研究表明，这是不正确的。表观粘度在达到牛顿特性极限前为常数，之后粘度随剪切速率的增加而开始不断减小。

在沥青老化的研究中，剪切指数已被许多学者采用。Zube 和 Skog（1969）、Culley（1969）和 Kandhal 等（1973）均比较了在实验室中的未老化沥青和现场老化沥青的粘度-剪切速率曲线。然而，由于这些图是非线性的，而且与温度有关，研究人员选择了不同的剪切速率范围和不同的温度，人们普遍认为老化会使剪切敏感性增加。

与其他敏感性参数一样，剪切指数可视为任意值。精确值在很大程度上取决于剪切速率范围和测量剪切速率的温度。单一的剪切指数只能表明沥青在被测温度和剪切速率范围内的预期性能；没有简单的外插法甚至内插法可以应用。此外，表观粘度与加载时间是相关的，如果它不是常数，那么图表就很难理解了。

综上所述，剪切敏感性参数并不比温度敏感性参数好多少，甚至不如单次测量。它们在性质上也具有随意性，在沥青流变学表征方面不具有较好的应用前景。

线性粘弹性性质

虽然采用流变学的概念来描述沥青已有 50 多年，但设备的成本和应用性阻碍了粘弹性理论在沥青质量评价中的应用和改性剂的研究效果。战略公路研究计划项目克服了这一缺点，该项目的重点开发测试设备和/或测试协议标准，使沥青测试应用标准化，这些测试相对不考虑胶结料的成分。尽管开发该测试协议的目的是适用于未改性和改性的胶结料，但其重点是以线性粘弹性为基础，在过去一直主要使用简单方法的行业中，介于生产实用的测试方法和流变测试问题之间的折中方案，可用于简化沥青质量指标的测试（An-derson 等，1991）。

1992—1993 年，分别引入了新的测试技术和分级系统。测试和分级系统的基本属性与路面性能相关的基本特性更加贴合。在使用的温度下对沥青胶结料的粘弹性能力进行了测试，并根据对路面破坏机理的深入研究来确定沥青胶结料的级配标准。

沥青结合料的粘弹性

在一定的时间和温度的组合下，在线性范围内的粘弹性行为必须具有至少两个特性：总变形抗力以及该抗力在弹性部分和粘性部分之间的相对分布。虽然有许多方法来表示粘弹性特性，但动态（振动）测试是表征该类材料性能的最佳技术之一。在剪切模式下，测量动态模量（$|G^*|$，简单起见，记作 G^*）和相位角（δ）。G^* 表示加载下的抵抗变形总应力，δ 表示在同相分量和异相分量之间该总响应的相对分布。同相分量为弹性分量，在每一次加载循环中都与样品中储存的能量有关，而异相分量为粘性分量，并且可能与永久流动中每个循环的能量损失有关。这些组分的相对分布是材料组成、加载时间和温度的函数。

流变特性可以表示为在参考温度下 G^* 作为频率的函数的变化（通常称为主曲线），也可以表示为在选定的频率或加载时间上 G^* 和 δ 随温度的变化，通常称为等时曲线。虽然可以使用温度-频率位移函数（Ferry，1980）将时间和温度相关性联系起来，但出于实际需要，提供关于其中一个变量的数据更容易。图 2-1 描述了 AC-40 和 AC-5 沥青胶结料在大范围温度和频率下的典型流变特性。图 2-1（a）为 25℃时的主曲线，图 2-1（b）为 10rad/s 时的等时曲线。从图 2-1 的典型图中可以看出沥青流变特性的一些共同的特征：

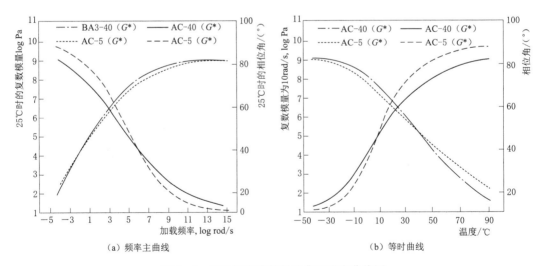

(a) 频率主曲线　　　　　　　　　　　　(b) 等时曲线

图 2-1　两种沥青胶结料的典型流变曲线图

（1）在低温或高频作用下，两种沥青都趋向于接近一个大约 1.0GPa 的 G^* 的极限值和一个 0°的 δ 的极限值。1.0GPa 反映了沥青在达到最小热力学平衡体积时碳氢键为刚性。0°时 δ 代表沥青在这些温度下是完全弹性的。

（2）随着温度的升高或频率的降低，G^* 不断减小，而 δ 不断增大。前者反映了对变形（软化）的抵抗力下降，而后者反映了弹性或储存能量的能力下降。然而，变化的速度取决于沥青的成分。有些会随着温度和频率迅速下降；其他将呈现出逐步的变化。在这个范围内的沥青可能显示出 G^* 和 δ 显著不同的组合。

（3）在高温下，所有沥青的 δ 值都趋近于 90°，这反映了沥青在粘性流场中完成粘滞性能或能量完全耗散的方法。然而，G^* 值相差很大，反映了沥青的不同稠度特性（粘度）。

沥青粘弹性性能与路面性能

图 2-2 是一个等时曲线，描述了未老化状态下沥青的流变特性，以及在野外适度的气候条件下老化约 16 年后的流变特性。为了将沥青性能与路面性能联系起来，可以参考 3 个温度区。在 $45\sim85℃$ 的温度范围内，这是路面使用温度最高的典型情况，主要的损坏机制是车辙（第 10 章和第 11 章），因此，需要测量 G^* 和 δ。仅仅测量粘度是不够的，因为粘度测量是在假定沥青反应只有粘性成分的前提下进行的。对于抗车辙能力，高 G^* 值是有利的，因为它表示对变形的总抗力更高。较低的 δ 值是有利的，因为它反映了总变形中更具弹性（可恢复）的部分。

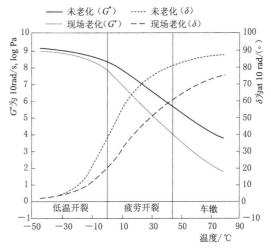

图 2-2　在现场老化前后沥青胶结料典型流变性能比较（与路面主要灾害模式有关）

在中间温度区，沥青通常比在较高温度下更坚固和富有弹性。在这些温度下的主要失效模式是疲劳损伤（第 12 章和第 13 章）。对于弹性材料，如沥青胶结料，由于在每个循环加载过程中，损伤取决于循环加载产生了多少应变或应力，以及有多少变形可以恢复或消散，故 G^* 和 δ 都会在疲劳引起的损伤中发挥重要的作用。

在应变控制条件下，较软的材料和较有弹性的材料更有利于抵抗疲劳损伤，因为给定变形产生的应力较低，沥青更有能力恢复到加载前的状态。与车辙相似，单一的硬度或粘度指标不足以选择性能更好地抗疲劳沥青。车辙和疲劳损伤都是加载频率的函数，因此在测量时需要模拟路面在交通荷载作用下的加载速率，从而可以准确的评估胶结料对路面性能影响。

第三个温度区是低温区，在该区域低温开裂（第 14 章和第 15 章）是主要的破坏模式。在降温过程中，沥青的刚度不断增加，从而在给定的收缩应变下产生较高的应力。同时，胶结料的粘弹性流动使温度应力松弛。为了可靠地预测胶结料对裂缝的影响，需要评估胶结料的刚度及其松弛率。胶结料的刚度与 G^* 成正比，松弛率与 δ 成正比。较低的刚度和较高的松弛率有利于抵抗低温开裂。与其他温度区相同，仅通过测量胶结料的刚度或粘度不足以选择在低温环境下抗开裂更好的胶结料。

上述关于沥青胶结料性能与路面性能关系的讨论，由于老化现象而变得更加复杂。沥青是一种碳氢化合物，在氧气环境下会氧化。这种氧化过程改变了沥青的流变和破坏特性。如图 2-2 所示，流变主曲线斜率随着老化而减小，这表明在所有温度下未老化的胶结料的 G^* 相对较高，δ 值较小。这些变化导致 G^* 和 δ 对温度或加载频率的敏感度降低，并变成更具弹性的部分（更低的 δ）。在使用一定时间之后通常会出现显著的氧化效应。增加 G^* 值和降低 δ 值对车辙性能将是有利的改变，但对低温开裂性能是不利的。对于疲劳裂纹，G^* 的增加是不利的，而 δ 的减少是有利的，这取决于路面的类型和疲劳损伤的模式。

沥青粘弹性特性的建模

人们尝试使用简单的力学模拟，如广义伯格斯模型和普罗尼级数，以及由实验数据曲线拟合定义的现象模型来描述粘弹性性质。随着计算机的进步和模型适应性的提高，后一种方法被接纳得更多。特别是 Van der Poel 在 20 世纪 50 年代早期开创性的工作后，一些著名的模型跟着出现了，包括 Jongepier 和 Kuilman（1969）提出沥青可以被认为是简单的液体，其流变行为可以通过松弛时间对数的高斯分布来近似。这些人采用宽度参数来表示流变性能对加载时间的依赖关系，用等粘滞温度来揭示温度的依赖关系。Dickinson 和 Witt（1974）的研究与 Dobson（1969）的研究工作相关。作者提出了一种新的表示流变参数与加载时间依赖性的数学函数，并采用了与 Dobson（1969）相同的温度依赖性数学函数。后续的几项工作对这些早期模型进行了评估，并使用多种未老化和老化沥青对模型的准确性进行了测试（Pink 等，1980；de Bats 和 Gooswilligen，1995；Maccarrone，1987）。这些研究人员虽然有时意见不同，但他们均认同沥青确实可以表示为线性粘弹性热流变的材料。为了表征这类材料的特性，他们一致认为需要确定两种性能：流变学对加载时间的依赖性和流变学对温度的依赖性。

最近，在战略公路研究计划项目中，Christensen 和 Anderson（1992）提出了使用一个从 Weibel 分布推导出的函数来表示沥青流变学。在此之后，Marasteanu 与 Anderson（Marasteanu 和 Anderson，1999）合作，对原始的 Christensen - Anderson 模型进行了修改，并引入了所谓的 CAM 模型。CAM 模型是在线性粘弹性范围内非改性沥青胶结料的有效模型，其在许多研究中得到应用。

在研究改性胶结料流变性的基础上，Zeng 等于 2001 年引入了一个广义模型来表示改性胶结料和混合料的复杂关系，它允许在非线性（应变依赖性）和高温下的平稳区或长时间加载之间进行转换（Zeng 等，2001）。该模型通过构建单个复模量和相位角曲线，减少了在多种温度和应变下的动态测试数据。该模型被认为是通用的，因为它可以减少胶结料和混合料的测试数据，该模型包括复模主曲线、相位角主曲线、温度平移因子、应变平移因子等 4 种公式。模型发展的细节可以在其他地方找到（Zeng 等，2001）。公示表示如下。

沥青结合料和混合料的复模量主曲线可以表示为：

$$G^* = G^*_e + \frac{G^*_g - G^*_e}{[1+(f_c/f')^k]^{m_e/k}} \qquad (2-2)$$

式中　G^*_e——$G^*(f \to 0)$ 是平衡复模量；

$\qquad G^*_g$——$G^*(f \to \infty)$，玻璃点的复模量；

$\qquad f_c$——交叉频率；

$\qquad f'$——约化频率；

$\qquad m_e$，k——无量纲的形状参数。

相位角主曲线由下式表示：

$$\delta = 90I - (90I - \delta_m) \left\{ 1 + \left[\frac{\log \left(\frac{f_d}{f'} \right)}{R_d} \right]^2 \right\}^{\frac{-md}{2}} \qquad (2-3)$$

式中　δ_m——相位角常数；

$\qquad f'$——约化频率；

$\qquad f_d$——交叉频率；

R_d 和 md——无量纲的形状参数。

如果，$f > f_d$，则 $I = 0$；

对于胶结料，如果 $f < f_d$，则 $I = 1$；

对于混合料，则 $I = 0$。

式（2-3）满足沥青胶结料在 $0 \sim \infty$ 频率范围内相位角为 $90° \sim 0°$ 的要求。对于沥青混合料，该方程满足相位角从 $0°$ 增加到峰值，频率从 0 增加到无穷大时相位角又回到 $0°$ 的要求。

温度与应变关系的公式遵循 WLF（Williams - Landel - Ferry）方程（Williams 等，1955），来表示温度平移因子。

$$\log \frac{a_T(T)}{a_T(T_0)} = -\frac{C_1(T-T_0)}{(T-T_0)+C_2} \qquad (2-4)$$

式中　T_0——参考温度；

$\qquad C_1$——常数；

$\qquad C_2$——温度常数。

为构造单曲线目的，考虑到应变与温度相关性的相似性，利用 WLF 方程表示应变平移因子：

$$\log \frac{a_\gamma(\gamma)}{a_\gamma(\gamma_0)} = -\frac{d_1(\gamma-\gamma_0)}{(\gamma-\gamma_0)+d_2} \qquad (2-5)$$

式中　γ_0——参考应变；

$\qquad d_1$——常数；

$\qquad d_2$——应变常数。

约化频率，在公式（2-2）和公式（2-3）中定义如下：

$$\log \left(\frac{f}{f'} \right) = \log a = \log a_T + \log a_\gamma \qquad (2-6)$$

式中　a——总平移因子；

　　　a_T——应变平移因子；

　　　a_γ——应变平移因子。

为方便公式（2-4）和公式（2-5）计算，参考温度 $T_{0'}$ 和参考应变 $\gamma_{0'}$ 可以任意选择。在参考值处，以各自的平移因子为1，或其对数为零。这两种平移因子的对数都表示形成一条主曲线的偏移量。1个单位平移因子代表在对数尺度下移动10个单位，平移因子在高频或低加载时间时为正。

通过对大量胶结料和混合料进行测试，Zeng 和 Bahia 通过公式（2-5）对公式（2-2）进行了模型表征。参考温度为52℃，参考应变为0%。假定材料在零应变下的状态作为线性特性选择参考应变，线性特性不能直接测量，但可以从大于零的应变测量中得到。对于胶结料，赋值 $G*_g=1.0$ GPa，$G*_e=0$，$m_e=1$，因为结果显示 $G_g \approx E_g/3 \approx 3.0/3$ GPa=1.0GPa，沥青胶结料几乎是线性粘弹性流体；参数 k 和 f_c 采用最小二乘法专业程序进行拟合。对于混合料，所有5个参数都通过最小二乘法得到最佳拟合。

胶结料和混合料的组合结果如图2-3和图2-4所示。本例中的胶结料为经乙烯三元共聚改性的 PG 76-22，混合料中的集料是细级配的破碎石灰石。

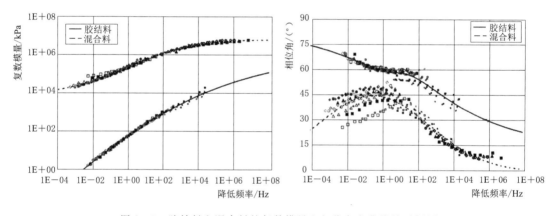

图2-3　胶结料和混合料的复数模量和相位角主曲线的示例图

（乙烯三元改性的 PG 76-22 胶结料和细石灰石集料）

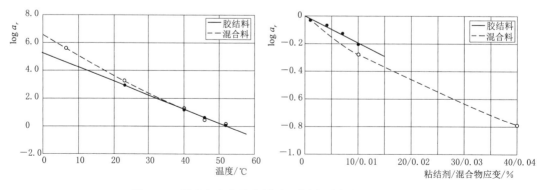

图2-4　温度和应变平移因子比较图（同图2-3相关）

SHRP 中选择的沥青粘弹性和破坏特性

　　尽管表征粘弹性特性的方法很多，但 SHRP 计划项目的研究人员选择了动态（振动）试验作为表征这类材料性能的最佳技术。如前所述，在剪切加载模式下，动态模量（G^*）和相位角（δ）被测量。G^* 表示在荷载作用下对变形的总抗力，δ 代表在同相分量和异相分量之间该总响应的相对分布。

　　除了通过流变学测定沥青破坏前的特性外，还需要对其破坏形式进行研究。沥青的破坏形式也高度依赖于温度和加载时间（Dongre，1994）。在低温下，破坏以脆性的方式发生，在破坏时，平台区表现出相对较小的破坏应变（约为 1% 的应变极限值）。随着温度的升高，可以观察到从脆性破坏到韧性破坏的转变，这种转变在高温下转变为流动区。对于铺装应用来说，最关键的是发生韧脆转变的温度和加载速率。对于许多未改性的沥青，在小应变下测量的阻塞度（流变破坏前特性）与这种转变之间存在一定的相关性。然而，这种相关性不适用于改性沥青或特制的沥青（Bahia，1995）。

　　可以使用直接拉伸试验（DTT）来测量破坏性能，以测量沥青的强度和应变极限。在最初版本的 SHRP 计划项目胶结料规范中，大多数未改性沥青的强度非常相似，因此强度不需要作为规范参数。然而，应变极限性会随着沥青来源（化学）和老化而显著变化。此外，还观察到不同沥青的韧脆转变温度区存在显著差异。为了确保沥青在最低铺装温度范围内处于韧性区，规范中包含了破坏应变的最小值。为保证路面在最低温度下的韧性，在规定应变速率下，选取了破坏应变值 1% 作为合理的标准。图 2-5 为沥青胶结料由脆性向韧性转变的示意图。

　　从之前对沥青性能的讨论中，可以预期的是，在不测量与路面气候和荷载条件相对应的温度和荷载频率范围内的流变和破坏性能的情况下，选择能够改善路面性能的胶结料及能够改善这些胶结料性能的改性剂是非常困难的。

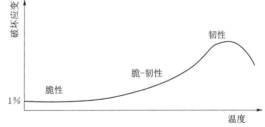

图 2-5　沥青胶结料的韧脆转变示意图

　　在 NCHRP 9-10 项目中，用流变学和破坏特性来区分改性沥青起到了不同的作用（Bahia 等，2001）。结果表明，虽然胶结料具有相似的线性的粘弹性性能，但其非线性性能和抗损伤能力存在显著差异。

　　可以清楚地观察到，粘弹性试验中能量消耗的假设（特别是在线性范围内）可以以多种形式耗散。与损伤相反，很大部分可以在阻尼中消散，因此有必要对累积损伤进行测试，以区分这两种机制。发现这个问题对改性沥青特别重要，因为大多数改性沥青是为了增强弹性而生产的，从而导致延迟弹性的增加（导致阻尼）。因此，引入了新的测试方案来捕获线性和非线性粘弹性范围内的损伤累积率。参数 $G^* \sin\delta$ 和 $G^* / \sin\delta$ 被证明是不充分的，因为这些参数是基于这样一个概念得到的，即所有的能量损耗都是在损伤中消耗得到的。抗损伤的问题将在后续章节中介绍。

沥青改性的需求

沥青改性的主要原因是由于目前从原油中提炼沥青所采用的传统炼油方法有局限性。沥青的化学成分及其性质在很大程度上取决于原油的来源和提炼的过程。大多数炼油厂沥青的生产是第二道工序，在收入产出方面无法与燃料及其他产品竞争。因此，生产性能更好的沥青并未在石油炼制领域达成共识。当生产的沥青不能满足气候、交通和路面结构的要求时，改性已成为提高沥青性能的一个更好的选择。

实际上，传统沥青或直馏沥青具有一定的流变性和耐久性特性，但这些特性不足以克服当前高速公路交通增加和总负荷所造成的问题。通过专门的精炼方法、化学反应和/或添加剂进行改性，可以提高沥青胶结料对沥青混合料抵抗各种模式或路面破损的能力。这种改进可节省生命周期成本，因此在过去约 20 年的时间里，改性沥青的使用稳步增长。

在对美国州立高速公路机构的最新调查中，已回复的 47 个机构中有 35 个表示他们计划在道路建设中增加使用改性胶结料，有 12 个将使用相同数量的改性沥青，没有人表示他们计划减少改性沥青的用量。大多数研究机构认为过早的破损如车辙和疲劳开裂是使用改性胶结料的主要原因，这会增加施工的初始成本（Bahia 等，1998）。

使用添加剂的改性沥青可以追溯到 19 世纪（King 等，1999）。使用聚合物改性沥青的专利技术可以追溯到 1823 年（Isacsson 和 Lu 1995）。试验项目始于 20 世纪 30 年代的欧洲，50 年代在北美洲流行。在 20 世纪 80 年代早中期，欧洲聚合物新技术的引进引起了美国沥青改性的发展。到 1982 年，已发表了 1000 多篇关于聚合物改性沥青或混合料的技术文章，最近人们又开始关注这一主题（Bahia 等，2001）。

沥青改性的策略

可以选择改性剂来改善沥青一种或多种主要的相关性能。此外，可以将影响不同特性的不同改性剂组合在一起以改善若干特性。已经有大量的试验用于量化每一种性能，并衡量某些添加剂的有效性，以改善沥青的性能。本章涵盖了测量改性沥青性能的一些关键技术，并给出了这些技术的背景。理想情况下，改性剂将改变流变特性，以满足图 2-6（a）所示的对路面破损抗力的要求。同时它还会改变破坏性质，使胶结料在静态或重复加载破坏前能够承受更高的应力和应变，如图 2-6（b）所示。

目前使用的沥青改性剂

目前有大量的改性剂用于各种等级道路沥青。表 2-2 列出了一些已发表的沥青改性剂调查，并确定了每个研究确定的改性剂的一般类型。

沥青改性剂可以根据改性剂改变沥青性质的机理，或根据改性剂的组成和物理性质，或根据需要改性的目标沥青性质来分类。在 NCHRP 9-10 项目（Bahia 等，2001）中，根据改性剂的性质和改性剂改变沥青性能的机理，列出了一份改性剂清单。共有 55 个改性剂被分为 17 个类。

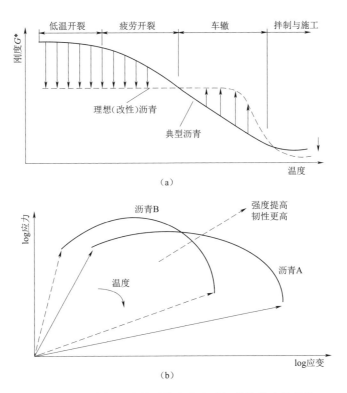

图 2-6 图内揭示改性后的流变和破坏特性的变化规律

表 2-2   沥青改性剂的最新调查结果

改性剂	参　考						
	Terrel 和 Epps 1989	Peterson 1993	Romine 等, 1991	Moratzai 和 Moulthrop 1993	McGennis 1995	Isacsson 和 Lu 1995	Banasiak 和 Geistlinger 1996
热塑性聚合物	×	×	×	×	×	×	×
热固性聚合物	×	×	×	×	×	×	×
填料/增强剂/扩展剂	×	×	×	×	×	×	×
助粘剂	×		×	×	×	×	×
催化剂或化学反应改性剂	×	×	×	×	×	×	×
老化抑制剂	×	×	×	×	×	×	×
其他	×		×	×	×		
现有品牌总数或类型	—	46	—	82 (27 ASA)	48	31	62

注　ASA 为抗剥落剂。

收集到的关于这些改性剂的信息表明它们在许多方面是不同的。一些改性剂是微粒物质，而另一些则完全分散或溶解在沥青中。改性剂的范围从有机材料到无机材料，其中一些与沥青反应，而另一些作为惰性填料添加。通常改性剂的比重和其他物理特性是不同的。他们对环境条件的反应是不同的，如氧化和水分的影响。

目前并不是所有这些类型的改性剂都在使用。使用频率的变化很大程度上取决于市场环境的变化、承包商和机构的经验以及成本。在1997年进行的一项调查中，国家公路机构指出聚合物改性剂是最广为人知的，并且在实践中使用最多的。表2-3描述了调查的结果（Bahia，1998b）。

表2-3　　　　　　　　　　　国家高速公路局最常用的改性剂

类　型	分　类	代理商数量	目标遇险/财产（代理机构数）				
			PD*	FC†	LTC‡	MD§	AR¶
高分子弹性体	苯乙烯丁二烯苯乙烯（SBS）	28	18	8	10	3	6
	苯乙烯丁二烯（SB）	16	13	5	5	0	2
	苯乙烯丁二烯橡胶胶乳（SBR）	17	10	4	4	1	2
	轮胎橡胶	3	1		1		
高分子塑料	醋酸乙烯乙酯（EVA）	6	3				1
抗剥落剂	脂肪酰胺	8				4	
	多胺	6				4	
	熟石灰	4				3	
	其他	7				3	
碳氢化合物	天然沥青	6	5				
纤维	纤维素	12	3		1		1
	聚丙烯	7	4		1		
	涤纶	6	4		1		1
	矿物	3	1	1	1		
加工基础	吹气	4	2				
矿物填料	石灰	4				1	
抗氧化剂	熟石灰	7				4	
填充剂	硫	4					

注　*为永久变形，†为疲劳裂纹，‡为低温开裂，§为水损害，¶为老化的存在。

由表2-3可知，针对各种损伤，弹性体聚合物苯乙烯-丁二烯-苯乙烯（SBS）是用于解决路面破坏特别是永久变形最常用的材料。如表2-3所示，许多机构并没有指出他们正在使用的改性剂所针对的特定问题。

改性沥青的临界性质

改性对粘弹性的影响

改性胶结料的性能测试通常遵循未改性沥青的试验技术，但在许多规范中进行了扩展以得到一些改性胶结料的独特性能，这些改性剂被用于改善或增强基层沥青（Bahia，1995；King等，1992；Brule和Maze，1995）。如本章开始所讨论的，改性目标包括刚性、弹性、强度、脆性和抗损伤性。图 2-7 表明改性剂对沥青粘弹性性能影响的一般趋势。该图包括两个图，图 2-7（a）描绘了在两种不同浓度（$c=3\%$ 和 $2c=6\%$）的苯乙烯-丁二烯（SB）聚合物改性前后使用动态剪切流变仪测量的沥青流变曲线，显示了 G^* 和 δ 随温度的变化。该改性剂使用后表现出有利的变化趋势：在高温下，G^* 较高，而 δ 较低。这表明刚性和弹性增加，将会取得更好的抗永久变形性能。在中等温度下（$0\sim30℃$），可以观察到较低的 G^* 显示值，而 δ 显示值则保持不变。在控制应变的条件下，G^* 值的减小对控制疲劳裂纹是有利的，这是薄路面的典型条件。在低温（$-20\sim0℃$）下，G^* 显示出类似的或更明显的减小，而 δ 则显示出增加。这两种效应都是有利的，因为它们使胶结料的刚性更低，弹性更小或更容易在荷载作用下应力松弛。所有试验表明该变化可以改善所有温度下的路面性能。

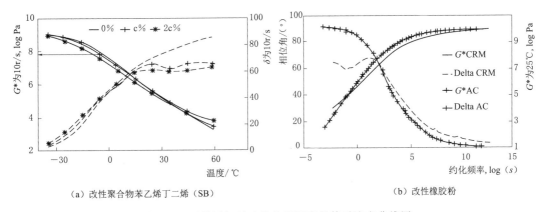

（a）改性聚合物苯乙烯丁二烯（SB）　　　　　　　　（b）改性橡胶粉

图 2-7　两种添加剂改性前后沥青的等时流变曲线图

考虑到 G^* 和 δ 的相对变化，很明显，主要影响是由 G^* 测得的胶结料刚度的变化。图 2-7（a）所示的数据表明，虽然在 60℃时 G^* 的值增加了 $100\%\sim200\%$，但 δ 的值却大约减少了 $16\%\sim30\%$。在低温时，可以观察到同样的趋势；G^* 的值被减少了 $40\%\sim50\%$，而 δ 的值只增加了几摄氏度。研究中使用的其他类型的聚合物也出现了类似的变化趋势。考虑到胶结料的能量消耗和松弛速率是 $\sin\delta$ 或 $\tan\delta$ 的函数，可以看出，这些常用的聚合物添加剂在较小的应变或应力下对胶结料的影响主要是由刚性的变化引起的，而次要的影响则是由刚性的变化引起的弹性变化。不过人们认识到，不同的聚合物类型和浓度可能会有不同的影响（Bouldin 等，1991；Brule 等，1986，1988；King 等，1992；Anderson 和 Lewandowski，1993；Collins 和 Bouldin，1991；Lesueur 等，1997；Masson 和 Lauzier，1993）。

图 2-7（b）描述的是在 15% 的重量浓度下，用碎橡胶改性剂（CRM）对沥青进行改性前后的主流变曲线的变化（Bahia 和 Davies，1994）。图中是横坐标是加载频率而不是温度。如前所述，频率和温度是可以互换的。高温的影响与低频的影响相对应，反之亦然。主曲线的变化类似于图 2-7（a）所示的聚合物改性的变化。G^* 值在低频（高温）时增加，而在中频和高频（中频和低温）时减少。δ 值在低频时较低，但在高频时较高。这两个参数的相对变化幅度与聚合物改性相同。因此，碎橡胶改性剂的影响也可以被描述

为沥青刚度的变化。然而，碎橡胶改性剂改变属性的机制是不同的；虽然对于大多数聚合物改性剂，聚合物完全分散在沥青中，导致沥青分子结构的变化，但可以观察到碎橡胶改性剂保持其物理特性，并表现为沥青中的柔性颗粒填料。碎橡胶改性剂对流变主曲线的总体效果是限制了 G^* 和 δ 对频率的依赖。尽管材料性质不同，但这种效果与聚合物改性的效果相似。聚合物改性通常会得到均质的胶结料，这比使用非均匀的碎橡胶改性剂效果更好。然而，与碎橡胶改性剂相比，聚合物改性剂的成本相对较高。许多研究人员对碎橡胶改性剂的影响进行了广泛的评估（Oliver，1982；Chehoveits 等，1982；Bahia 和 Davies，1994）。

改性对失效性能的影响

采用 SHRP 计划项目开发的直接拉伸试验，在 $-30\sim0$℃ 范围内检测了不同添加剂改性的胶结料。3 次试验均以 1.0mm/min 的速率进行，并计算了破坏时的应力和应变。为了评估改性剂的效果，对比了基质材料和改性胶结料破坏时的应力和应变值。图 2-8 描述的内容与前一节讨论添加剂的结果相同。

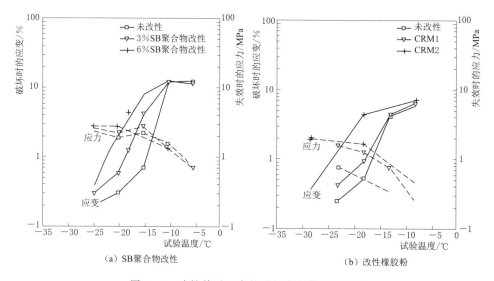

(a) SB聚合物改性　　　　　　(b) 改性橡胶粉

图 2-8　改性前后沥青的破坏应变等时曲线图

图 2-8（a）显示了加入 3% 和 6% 的聚合物改性前后沥青的应变和破坏区应力随温度的变化。应变曲线表明，聚合物在脆性区和韧脆区破坏时应变增大，但会随着接近流动区而收敛到相同的值。这种效应可以认为是将破坏曲线上的应变水平移动到较低的温度，而曲线的形状没有明显的变化。加入聚合物有利于提高破坏时临界区的应变。试验结果还表明，随着聚合物浓度的增加，效果会更好。所有胶结料在破坏时的应力是相似的，这表明聚合物并没有引起胶结料强度的显著变化。

所示的试验结果不一定适用于所有类型的聚合物改性剂。不同聚合物对破坏性能的影响主要取决于沥青和聚合物之间的相互作用类型、聚合物添加剂的分子性质以及聚合物在沥青中的分散方式。聚合物的影响可以用不同的方法来假设失效特性。一种假设是，聚合物在沥青内部形成某种分子网络，从而产生更耐应变的材料。另一种假设是，分散的聚合物颗粒可以作为增强剂，阻止微裂纹的扩展，增加胶结料的韧性。然而，从聚合物改性研究工作过程中可以观察到一个典型的趋势，那就是目前使用的聚合物并不能改善低温失效性能。这可能是由于目前还没有一种简单的方法来测量沥青的脆性破坏，另外，所有使用的胶结料规范没有以合理和基本的形式解决沥青的脆性。这些问题不能促使许多聚合物改性剂生产商集中精力设计一种主要用于提高低温失效性能的改性剂。

图 2-8（b）描述了碎橡胶在 10％（CRM1）和 20％（CRM2）浓度下，按总胶结料重量对沥青进行改性前后的破坏情况。就失效值对应的应变而言，碎橡胶改性剂的效果类似于聚合物改性效果。在低温下有较高的应变，但是当胶结料到达流动区域时应变基本相似。这种效应也表示失效曲线沿温度尺度向低温方向的发展。碎橡胶改性剂含量越高，这种变化越大。然而，失效时的应力情况表现出与聚合物改性不同的趋势。加入碎橡胶改性剂的应力值明显高于所有温度下的未改性沥青的应力值。这种现象可以归因于橡胶颗粒的增强作用。橡胶颗粒不溶于沥青，颗粒保持其完整性，并会在沥青中膨胀，导致有效体积大于其初始体积（Bahia 和 Davies，1994；Chehoveits，1982）。据推测，膨胀导致沥青某些组分的选择性吸收和/或吸附。如图所示，这种相互作用可以增强胶结料的基体，从而得到更高的强度。破坏时应变和应力的增加对于道路沥青是有利的，特别是在没有刚度增加的情况下。

改性对高性能路面沥青性能分级的影响

为了通过特定的测试系统来评估胶结料在特定温度下的性能，而开发高性能沥青路面性能分级系统（Anderson 和 Kennedy，1993；Anderson 等，1994；McGennis，1995）。AASHTO MP1 程序包含了胶结料的测试和具体分级。图 2-9 为高性能沥青路面性能分级系统中不同测试系统和路面破损的示意图。使用旋转粘度计在 135℃ 下完成测量工作；在最高路面温度和中等路面的温度下，采用动态剪切流变仪（DSR）测量永久变形和疲劳开裂的抗力。为了评估耐低温开裂性能，采用了弯曲梁流变仪（BBR）和直接拉伸试验（DTT）装置。

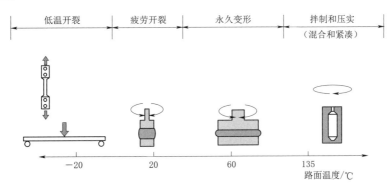

图 2-9　高性能沥青路面分级系统

人们进行了大量的研究来评估不同的改性剂是如何影响传统沥青分级的。图 2-10 描述了 3 种不同类型的碎橡胶基添加剂对性能试验的影响。根据修改后的参数值与修改前的参数之比来计算效果。显然，对于车辙参数（$G^*/\sin\delta$），该比率高于 1；而对于疲劳参数，$G^*/\sin\delta$ 的比率远低于 1。$S(60)$ 的比值也小于 1，$m(60)$ 和破坏应变的比值非常接近 1.0（没有变化）。从图 2-10 的数据可以看出，这种改性在高温下起了主要作用。碎橡胶主要用作柔性填料；在高温下，它比沥青更硬，因此有助于增加模量。随着温度的降低，沥青变硬，而橡胶颗粒的性能没有明显的变化。在一定温度下，沥青可能会比碎橡胶更硬，因此可以发现改性胶结料的刚度降低。但是，由于碎橡胶在低温下具有较高的刚度，在实践中使用的中等浓度的碎橡胶（10%～20%）不能大幅度降低刚度。因此，可以预期的是在更高的温度下仍可以看到碎橡胶的主要作用，并且其主要影响车辙参数。

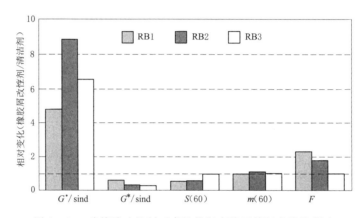

图 2-10 碎橡胶改性剂对高性能沥青路面等级参数的影响

目前，高性能沥青路面技术用于评估改性剂的用途非常普遍，它已成为估算添加剂相对价值并证明购买和使用所选改性剂的初始成本合理的标准。然而，一些人担心，在未经验证的情况下这种技术是否适用于改性胶结料。由于最初 SHRP 计划项目不涉及在项目完成后实际使用的各种改性沥青，故产生了对现场问题一些担忧。以下部分解决了这些问题（Bahia 等，1998b；Bahia 等，2001）。

改性胶结料的复杂性

如前所述，SHRP 计划项目的主要目标之一是开发沥青表征的测试方法，这些方法同样适用于未改性或改性的沥青膏，统称为沥青胶结料（Anderson 等，1994）。然而，有两个问题引起了人们对 PG 规范中所有沥青胶结料适用性的担忧。第一，在 SHRP 计划项目执行期间，大部分测试是在某些高性能沥青路面经过性能分级的未改性沥青上进行的，这些高性能沥青路面性能分级沥青没有达到新规范所要求的极端等级。对包括在 SHRP 计划项目材料参考库（MRL）中的沥青的研究表明，它们的范围在高性能沥青路面性能分级 64～28 和高性能沥青路面性能分级 46～34，其中一个是高性能沥青路面性能分级 70～22。在温暖地区为大流量交通而设定的极端等级和在许多寒冷地区考虑的等级不涉及在内。第二，在进行 SHRP 研究时，这些极端等级（例如 76～22、82～22、64～34 和 58～

40）并不存在。

由于担心高性能沥青路面胶结料规范对所有沥青胶结料的适用性，NCHRP 9 - 10 项目"改性沥青胶结料的高性能沥青路面标准"（Bahia 等，2001）正式启动。该项目的第一阶段包括对改性胶结料的用户和生产商进行调查，以确定实践中最常用的沥青添加剂的类型，总结对高性能沥青路面协议用于改性沥青的担忧，并确定当前和将来改性沥青的需求。它还包括全面的文献综述，以评估使用高性能沥青路面协议评估改性胶结料的研究成果。

第一阶段的建议是将沥青胶结料分为简单胶结料和复杂胶结料。基于这一分类，建议将高性能沥青路面胶结料规范用于具有简单流变特性的沥青。第一阶段还提出了增加新的或修订的测试程序的建议，以表示对用添加剂改性的沥青重要的特定性能。这些程序包括旋转薄膜烘箱测试（RTFOT）方法的改进、颗粒添加剂测试（PAT）和实验室沥青稳定性测试（LAST）的发展（Bahia 等，1998）。以下章节详细介绍了现有的 SHRP 计划项目高性能沥青路面性能分级协议的问题和修改建议。

高性能沥青路面胶结料系统中的假设

高性能沥青路面胶结料规范包含了一些基于假设的标准，这些假设简化了所需的测试，并评估了对路面性能至关重要的特性。虽然这些假设在纯沥青中得到了验证，但在添加了不同添加剂的改性沥青中可能并不适用。根据对 SHRP 计划项目 A - 002A 报告的详细审查（Anderson 和 Kennedy，1993；Anderson 等，1994）和其他近期发表的文献（Bahia 等，1998；Bahia 等，1999），以下假设被发现是与改性胶结料的性能关联的最重要的假设。

（1）流变响应无应变/应力依赖性（线性粘弹性范围宽）。

（2）粘度与剪切速率无关（牛顿范围宽）。

（3）在一个加载速率下进行测试就是足够的（类似加载速率依赖性）。

（4）胶结料是均质的、各向同性的（没有样品几何形状或颗粒添加剂的影响）。

（5）所有胶结料有类似的时-温等效（一个平移）。

（6）胶结料不具有触变性（机械加工无影响）。

（7）沥青的稳定性主要受氧化作用的影响。

上述假设的本质是沥青胶结料是简单的系统，可以用线性粘弹性和简单的几何图形来描述，其中应力和应变易于计算。除第（7）条外，其他假设都与流变和热流变方式有关。第（7）条假设对纯沥青可能不是很重要，但对改性沥青却是至关重要的。

最近，在 NCHRP 9 - 10 项目进行的一项研究中，对列出的每个假设都提出了质疑，并收集了数据，以证明在实践中使用的许多改性胶结料不满足这些假设。然而，SHRP 计划的研究人员认为这些假设是合理的，其中两个主要原因是：①在 SHRP 计划的测试中，大部分沥青的线性范围都比较宽；②沥青路面结构设计应使材料承受较小的应力和应变。因此，规范测试的目的是测量在线性范围内的情况，期望现场的沥青主要在该区域内发挥作用。

由于需要简化，一些需要表现出来的关键性能并没有完全实现。特别重要的是触变效应与重复加载的差异效应。

图 2-11 是两个在不同应变水平下重复加载可能产生影响的一个例子。很明显，由于机械加工（重复加载），一些改性沥青可能显示出 G^* 的显著减少。在沥青乳液领域，目前可以利用现有技术生产高浮力乳液等触变性材料。我们有理由相信，同样的技术也会在道路沥青的生产中得到应用。

在许多领域中，流变反应对加载速率和温度的依赖关系是材料特有的。在沥青领域，改性和未改性沥青的性能会因现场交通速度或实验室测试速率的变化而显著变化。由于存在这种变化，在估算交通速度对各种沥青响应的影响时，使用常见的时间-温度等效因子可能会导致重大错误。图 2-12 描绘了典型摊铺级沥青的改变加载速率的影响和温度变化对 G^* 的影响之间的关系。5～10rad/s 的 R^2 值为 0.17，1～10rad/s 的 R^2 值为 0.30。这清楚地表明，加载时间和温度变化对 G^* 几乎不存在相关性。换句话说，改变温度等级来补偿交通速度的做法是不合理的。与未改性沥青相比，聚合物改性沥青受交通速度（频率）变化的影响要小得多。同样，即使对于未改性的沥青，温度变化 6℃ 对 G^* 的影响也是高度变化的。对于所检验的沥青（包括在 SHRP 计划项目期间测试的 32 种），变化范围为 1.7～2.6 倍。由于温度敏感性是沥青高度相关，所以该结果是可以预见的。因此，当前规范中使用的简化方法是不可取的。

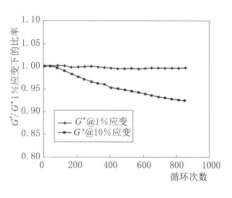

图 2-11　改性胶结料在 10% 应变下的触变性

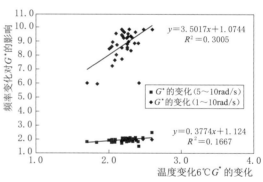

图 2-12　6℃ 温度变化条件下，频率变化对 G^* 的影响

关于均匀性的假设，高性能沥青路面胶结料测试针对不同温度和响应类型选定试件几何尺寸来完成的。选择这些几何尺寸是为了易于给出估算的应力场，从而用于计算材料的响应。这一概念基于以下假设：胶结料是具有各向同性行为的均质材料。因此，在一种加载模式下，使用单一的几何尺寸进行测试，可以全面评估材料在不同几何尺寸和加载条件下的性能。然而，对于一些改性沥青，添加剂的使用导致了胶结料的异性，因此加载下的响应程度依赖于样品的几何尺寸。诸如具有高长径比的纤维材料的添加剂，以及具有相对较大的随机形状的其他颗粒状添加剂可导致改性胶结料的各向异性。众所周知，随着颗粒与试样尺寸之比的增加，或者随着添加剂的体积浓度的增加，样品的几何尺寸会干扰测量。颗粒添加剂的尺寸和体积浓度在现行规范中没有得到充分的控制。唯一存在的限制是

颗粒不应超过 $250\mu m$，这个规定是比较随意的（AASHTO TP5）。尺寸和体积浓度都是限制添加剂数量的必要条件，因为添加剂的数量会对测量造成干扰。因此，有必要检测固体添加剂的存在，并检查添加剂的性质。本章将介绍一种称为 PAT 的新测试以满足这种需求。

在现行的高性能路面沥青胶结料规范中胶结料的稳定性过于简化了，因为氧化作用是沥青结合料性能在使用过程中发生变化的唯一机制。然而，改性沥青胶结料可能由于氧化以外的其他因素而发生变化。人们认识到改性胶结料是将改性剂分散到沥青胶合相中的多相体系。这种分散通常伴随着一定程度的不兼容性，这种不兼容性受到各种物理、热和化学因素的影响。过度的不相容会对这些胶结料的性能产生负面影响，因为在胶结料的储存和处理、沥青混合料的生产和运输以及铺装层的施工过程中会发生完全分离，有 4 种分离机制（物理、热、化学和氧化）需要考虑。在目前的高性能沥青路面系统中，已经有了描述氧化稳定性的规程。另外，还提出了测量物理分离的规程。但是，尚没有规定将这些影响分开并考虑现场可能的不同物理、温度和化学作用。

沥青胶结料的新分类

从高性能沥青路面胶结料试验规程和规范的回顾以及现有的关于改性胶结料的知识中，可以得出两个主要的结论：

（1）现有的规范不能完全用于表征使用不同添加剂改性的沥青胶结料。主要原因为它们是基于简化的假设，而这些假设不能有效地扩展到改性的胶结料中。

（2）一些添加剂可能会导致胶结料过于复杂，无法通过某个仅使用胶结料的规范进行评估。此类添加剂将导致异性或对试验几何尺寸的干扰，因此只有混合料的试验才能可靠地估计其在路面性能中的作用。

要将现有的高性能沥青路面胶结料规范应用于改性胶结料，必须满足这两个条件。换句话说，改性胶结料必须是"简单"的流变系统。根据这一概念，沥青胶结料可以分为简单胶结料和复杂胶结料，具体如下：

（1）简单胶结料：沥青胶结料具有简单的性能，不违反高性能沥青路面性能分级所基于的假设；这些假设包括：

1）宽线性范围（无应变依赖性）。

2）非触变性（无机械工作依赖性）。

3）各向同性和无几何尺寸依赖性（不含导致几何效应的添加剂）。

（2）复杂胶结料：沥青胶结料不能归类为简单胶结料，因为它们的行为违反了一个或多个高性能沥青路面性能分级级配系统的假设。

一方面，这种新的分类是基于这样一种假设，即使用现有的（或稍做修改）高性能沥青路面胶结料规范，无论其成分或生产方法如何，都可以评估简单的胶结料在混合料和路面性能中的作用。另一方面，复杂胶结料在混合料和路面性能中的作用不能用胶结料试验来评估，必须进行混合料试验。由于改性剂的物理特性或改性剂作用的影响，沥青胶结料属于复杂胶结料。用颗粒物质改性的胶结料可能很复杂，因为它们依赖于样品的几何尺寸。由于其具有触变性或应变依赖性，故其他胶结料也可能是复杂的。

为了使沥青成为一种简单的胶结料，建议进行两项初步试验：应变扫描和时间扫描。每一种都应该在高温和中等温度下进行。使用当前版本的动态剪切流变仪（DSR）可以很容易地完成这两个测试。两个测试中变化超过 10% 将表明一个复杂的状态。

如果胶结料通过了两个测试，建议对添加剂的性质进行评估。提出了一种新的测试方法 PAT 法来分离添加剂并评估其性质。如果胶结料的颗粒添加量不超过 2%，并且通过了应变和时间扫描测试，则可以将其作为简单胶结料分级，并根据高性能沥青路面性能分级体系进行分级。

目前的超级路面试验方案不包括非氧化条件下的稳定性。非氧化条件下的稳定性需要一种新的测试方法。最后一种方法用于测量沥青的相分离和热降解能力。这种方法可以用来模拟在最小氧化作用的程度下，有搅拌和无搅拌的热储存条件。根据沥青稳定性评价试验结果，提出了沥青的潜在降解速率因子（K_d）和分离速率因子（K_s）的计算方法。除了这些新的试验外，RTFO 试验仍需要改进，以使其更有效地处理高粘聚合物改性沥青。下面几节简要介绍 PAT 和 LAST。

在 NCHRP 9 - 10 项目（Bahia 等，2001）中对改性沥青的研究结果引发了对沥青测试方法总体思考。该方法是为了评估线性粘弹性性能的损伤能力。很明显，改性的关键作用并不体现在线性粘弹性范围内，而是更深刻地体现在抗损伤范围内。下一节将介绍这种方法。

抗损伤的表征

在前一节中描述了将高性能沥青路面胶结料规范应用于改性胶结料的局限性。结果表明，改性沥青是一种具有复杂流变特性的非线性粘弹性材料。它们还表现出独特的稳定性和组成特性，这与未改性沥青不同，因此需要特殊的测试。

在本节中，将介绍一种在线性和非线性条件下测试性能相关特性的新方法。该方法基于损伤抗性的概念，是将实验室测试结果与路面性能联系起来的更好选择。

了解路面破损的真正原因并研究其对路面性能的影响是几十年来沥青研究者们关注的问题（Kim 等，1997；Majidzadeh 等，1972；Dijk，1975；Dijk 和 Visser，1977；Moavenzadeh 等，1974；Monismith 和 Deacon，1969）。在这些问题中，车辙和疲劳被认为与不断增加的交通量有关，导致了柔性路面长期性能明显下降。为了有效地预测这些损伤，人们设计了许多研究项目来评估不同因素对沥青路面性能的影响。虽然人们已经认识到这些破坏主要是由沥青胶结料内部的变形和/或损伤引起的，但很少有研究使用胶结料试验来评估胶结料在模拟试验条件下的损伤性能（Bahia 等，2001）。虽然人们已经认识到沥青混合料因素和路面结构因素可能有重要的影响，但损伤性能的影响是非常有限的。

在现有的高性能沥青路面规范中，参数 $G^* \sin\delta$ 被用来评估胶结料对疲劳损伤抗性的作用，而 $G^*/\sin\delta$ 被用来评估车辙损伤抗性（Bahia 和 Anderson，1995）。这两个参数都是根据线性粘弹性范围的能量耗散概念选择的。然而，针对胶结料的组成或胶结料的流变性质，目前缺乏在循环载荷下关于破坏过程中作用的相关信息。

作为 NCHRP 9 - 10 项目的一部分（Bahia 等，2001），研究中使用了两种集料（砾石和破碎石灰石）和两个级配（12.5mm 粗集料和 12.5mm 细集料）的集料来研究混合料的破坏性能与高性能路面胶结料参数之间的关系。在整个测试过程中使用了一种沥青含量，研究中包括 9 种改性沥青，所有这些沥青都是由一种基础沥青改性而成的。

用弹性体改造了 5 种沥青：乙烯-丙烯二烯三元共聚物（乙烯三元共聚物），星型苯乙烯-丁二烯-苯乙烯（SBS），苯乙烯-丁二烯二嵌段（SB），线型苯乙烯-丁二烯-苯乙烯（SBS）和苯乙烯-丁二烯橡胶（SBR）。采用稳定聚乙烯（PE）改性了 1 种沥青，本研究还包含 3 种氧化沥青。氧化沥青通过蒸气蒸馏法、返混法和直馏法生产。在进行胶结料试验之前，所有的沥青都使用 RTFO 进行了老化处理。

为了研究改性沥青对沥青混合料车辙性能的影响，采用了第 10 章重复剪切恒高试验（RSST-CH）。为了评价胶结料改性对 RSCH 试验结果的影响，需要确定一些混合料性能指标。这些指标通常来自 SHRP 建议的用于表示车辙的典型幂律模型。

式（2-7）中定义的模型包括初始应变因子（$\varepsilon_{p(1)}$）和斜率因子（S）。

$$\log\varepsilon_{p(1)} = \log\varepsilon_{p(1)} + S\log N \qquad (2-7)$$

式中　$\varepsilon_{p(1)}$ ——总累积永久应变；

　　　　N ——循环次数。

可以认为，许多与胶结料无关的混合料因素会影响初始永久应变，这种影响也会反映到总应变上，且通常用于比较混合料。基于此，选取对数斜率（S）作为研究黏结剂在混合料永久变形中的作用需要考虑的更具代表性的参数。

图 2-13 显示了混合料累积应变平均速率与 10rad/s 时测量的参数 $G^*/\sin\delta$ 之间的相关性。可以看出，几乎没有任何合理的相关性。各集料的沥青混合料的车辙之间也表现出相似的不相关性。这些结果表明，有必要解释这种相关性缺乏的原因，并寻找一个更好的指标来说明胶结料对混合料的车辙性能的作用效果。

为了研究对混合料疲劳性能的影响，在应变控制模式下进行了弯曲梁疲劳试验，试验在混合料模量降低 50%（N50）时终止。为了查看总体关系，对不同集料的沥青混合料的疲劳寿命（N50）进行平均，并将其与胶结料 $G^*\sin\delta$ 值相关联，如图 2-14 所示。

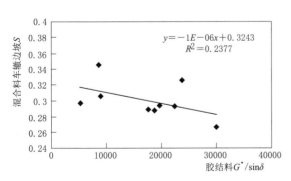

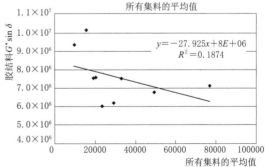

图 2-13　应变平均速率（S）
与 $G^*/\sin\delta$ 的相关性

图 2-14　以 10rad/s 测量的 $G^*\sin\delta$ 与以 10Hz
测量的混合料疲劳寿命之间的相关性

当 R^2 小于 20% 时，同样缺乏相关性。对于单个集料，观察到相似的相关值。这些结果清楚地表明，胶结料的 $G^*\sin\delta$ 不能很好地表示由混合料初始模量降低 50% 的循环次数定义的混合料的疲劳寿命（N50）。这些发现开启了在疲劳损伤作用下寻找胶结料更好的指标的进程，并更加重视开发胶结料的测试来评估胶结料的疲劳能力，这将在下面进行讨论。

开发测试胶结料损伤性能的新方法

车辙试验

对几种方案进行研究，以选择测试程序和流变参数，与参数 $G^*/\sin\delta$ 相比，该参数可以更有效的显示胶结料在混合料中的作用。选择的过程基于两个主要假设：

（1）混合料中胶结料的区域应变明显大于 DSR 中胶结料所受的应变。

（2）应变或应力完全反向的循环加载不适合评价胶结料对循环不可逆加载（也称为非稳态循环变形或更简单的重复蠕变）所造成的车辙抗力的作用。

第一个假设是基于作者与同事（Bahia 等，1999）在之前的研究中收集的数据，该数据表明，改性胶结料在应变依赖性方面存在显著差异。这个发现也是基于混合料流变性能对应变水平高度敏感的发现（Monismith，1994）。第二个假设是基于 RSCH 的概念与能量耗散概念相关的文献综述。

为了验证这些假设，采用了不同的试验方案来寻找混合料车辙性能之间的关系。这些方案包括应变扫描、应力扫描、恒应变时间扫描和恒应力时间扫描。此外，还进行了重复蠕变试验，以测量胶结料的永久应变性能。分析结果表明，这些应变扫描和时间扫描是徒劳的。循环可逆试验均未显示出明显的效果来区分胶结料与混合料性能的密切相关性。

作为这一发现的结果，对能量耗散的概念和胶结料参数推导进行了详细的综述。这篇综述表明，虽然循环可逆加载可以用来评估加载循环中的总能量消耗，但是对于结合了永久变形和延迟弹性的粘弹性材料，这种类型的测试不允许两种不同类型的耗散能量分离情况出现。如图 2-15 所示，在循环可逆加载过程中，仅能估算总耗散能量。正如许多研究工作和现场测量所描述的车辙机制，其不包括使路面材料达到零变形所需的可逆荷载。如图 2-16 所示，车辙实际上是一种具有正弦加载脉冲的重复蠕变机制。在这种情况下，铺

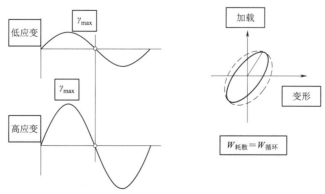

图 2-15 用于推导胶结料规格参数 $G^*/\sin\delta$ 的方法（MP1）

装层不会被迫回到零挠度，而是会由于铺装层材料的弹性储能而恢复一些变形。在这种载荷作用下，能量以阻尼（也称为粘弹性）和永久流动的形式消耗。

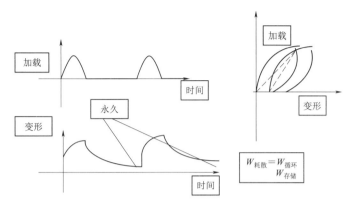

图 2-16　改进了耗散能量概念的应用，以推导粘合剂的基本车辙参数的方法

　　阻尼能量大多是可回收的，但需要一定的时间才能得到有效利用。但是，永久流动的能量会消失，因此称为永久消耗。能量永久消耗的部分被认为是沥青混合料和路面车辙的主要贡献。目前使用的可逆循环加载的主要问题是无法区分这两种导致能量消耗的机制。基于这一分析，本研究的重点转向了开发一个蠕变和恢复测试程序，以便在针对车辙行为有更基本的理解的基础上更好地模拟胶结料对车辙抗力的作用。

　　由于在项目中尝试的循环可逆测试不能提供良好的结果，并且估算循环可逆荷载反复蠕变过程中的能量耗散存在根本问题，因此采用一种新方法重复蠕变的测试。对 DSR 软件和性能的评估表明，可以使用相同的几何形状和温度范围对胶结料进行重复蠕变试验。因此，该试验开始采用 DSR 进行重复蠕变试验。

　　图 2-17 为对 PG82 级的 3 种胶结料在选定加载 1s、卸载 9s 条件下的反复蠕变试验结果。结果显示，使用 $G^*/\sin\delta$ 无法检测到胶结料的累积永久应变之间存在明显的区别。可以看出，与其他胶结料相比，弹性胶结料（SBS）在蠕变试验中提供了更高的恢复率，

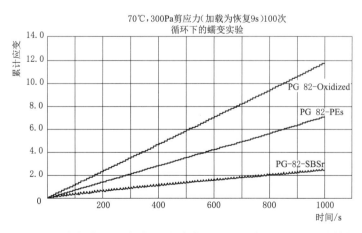

图 2-17　在加载 1s 和卸载 9s 的条件下，对 3 种 PG 82 级的胶结料
进行反复蠕变测试的累积应变情况

从而减少了累积变形。

蠕变和恢复的结果以及 G^* 和相位角被列在表 2-4 中。如图 2-17 所示，在 70℃下 100 个循环后的累积应变仅为同一等级氧化胶结料的 20%。被氧化的胶结料的 $G^*/\sin\delta$ 在测试温度下是 15900Pa，这比弹性胶结料的 $G^*/\sin\delta$ 值 13000Pa 要高。这种相反的排序是非常关键的，可以用弹性胶结料在测试条件下恢复的能力来很好地解释。然而，由于参数无法区分永久流中消耗的总能量和耗散的能量，$G^*/\sin\delta$ 无法捕捉到恢复信息。可以用这些材料的分子性质来解释蠕变和恢复试验的结果。

表 2-4　　　蠕变和恢复指标与小应变下 DPS 测得的 G^* 和 $\sin\delta$ 值的比较

	SBS 改性 PG82-22 (R1B02)	PEs 改性 PG82-22 (R1B09A)	氧化 PG82-22 (R1B15)
100 次循环的总应变，$\varepsilon_{总}$	2.389	6.948	11.599
G^* 为 300Pa	10989	11379	15272
δ 为 300Pa	56.2	60.3	73.9
$\sin\delta$	0.831	0.869	0.961
$G^*/\sin\delta$	13224	13100	15895
加载循环结束时的应变（ε_L）与回复结束时的永久应变（ε_n）在一个循环中的比率	2.787	1.656	1.169
$\varepsilon_L/\varepsilon_n$ 为 100 次循环	5.571	1.764	1.179

为了评价胶结料蠕变和恢复测试的有效性，将 9 种不同等级的胶结料在 RTFO 中老化，并在与 RSCH 试验进行时的温度和加载时间相匹配的条件下进行了试验。混合料的永久应变积累速率与新胶结料试验的速率绘制成图，如图 2-18 所示。

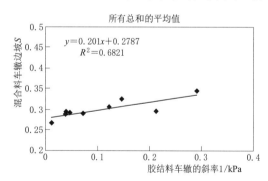

图 2-18　胶结料车辙参数与平均混合料车辙参数之间的关系［以单位应力的应变（1/kPa）测量的斜率］

混合料和胶结料性能之间的相关性从 23% 显著提高到约 68%。由此可见，基于蠕变恢复试验的新方法是可行的。胶结料与单个骨料混合物的相关性在高于碎石平均值与砾石骨料相关性之间变化。因为集料在车辙性能中起主要作用，因此与某些胶结料的相关性较差。在建立了混合料与胶结料累积的永久应变关系模型的基础上，采用解析方法将胶结料与集料的作用分离开来。这种类型的分析能够分离胶结料的主要作用，表明混合料和胶结料车辙行为的关联性在 80%～90%（Bahia 等，2001）。

胶结料疲劳试验

如前所述，在应变控制条件下，人们发现参数 $G^*\sin\delta$ 与梁疲劳试验中测得的混合料疲劳损伤累计关系不大。其主要原因是在线性粘弹性范围内使用小应变测量参数

$G^*\sin\delta$。这种方法有一个基本的问题，因为它不太可能用于表示重复循环加载的影响以及胶结料性能随损伤累积的变化。疲劳损伤性能是之前发表的一篇论文的主题，该论文显示了改性对非线性行为的影响，特别是损伤问题（Bonnetti 等，2002）。

开发一种新试验方法的工作重点是模拟纯胶结料疲劳试验中的疲劳现象。DSR 被用来进行所谓的时间扫描测试。该试验提供了在选定温度和加载频率下进行应力或应变加载的重复循环的简单方法。收集到的初始数据非常有效，并表明时间扫描在测量剪切重复加载下胶结料损伤性能方面是有效的（Bahia 等，1999）。

为了进一步了解测试结果，并建立最佳测试条件，以有效表示胶结料疲劳程度，所有 9 种用于生产混合料的胶结料都在与混合料疲劳测试条件相匹配的条件下进行了测试。在 RTFO 中对胶结料进行老化处理，以模拟混合和压实的效果，并在 10Hz 的频率下进行测试，测试温度尽可能接近混合料小梁疲劳试验的温度。为了匹配混合料应变水平，胶结料的测试是在应变控制条件下进行的，对所有胶结料采用的应变为 3%。图 2-19 显示了胶结料测试的结果，并指出虽然初始 G^* 显示值是类似的，但这些胶结料表现出明显不同的疲劳行为。其中一些胶结料即使在加载了将近 1000000 个循环之后也没有达到初始 G^* 的 50%，而其他的在仅经过 10000 个循环之后就达到了 G^* 的 50%。在所有这些试验中，板边缘的最大应变保持在 3% 不变。

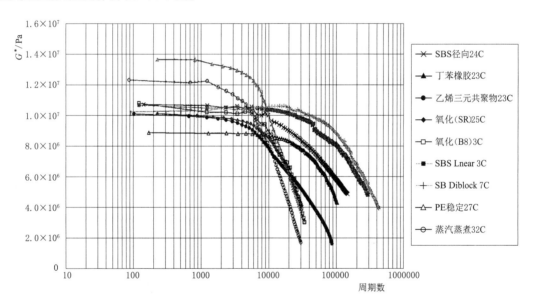

图 2-19　在 10Hz、3% 应变条件下，相同温度环境中胶结料和混合料的梁劈裂测试结果
（胶结料经 RTFO 老化）

为了解在胶结料应变控制测试中测量的胶结料疲劳寿命是否与混合料应变控制的疲劳寿命有关系，利用图 2-20 以显示混合料平均性能和所确定的胶结料疲劳寿命之间的关系，疲劳寿命定义为达到初始 G^* 值的 50% 循环加载次数。如图所示，9 种因疲劳失效的胶结料具有很高的相关性（$R^2 = 84\%$）。这一结果表明新设置的胶结料疲劳试验是可行的，可以作为表征混合料疲劳损伤的较好参数。

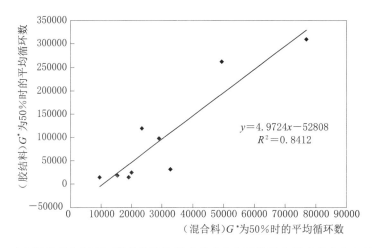

图 2-20 在相同温度和频率下测得的胶结料疲劳寿命与平均混合料疲劳寿命之间的相关性

新损伤性能参数的选择

胶结料的车辙参数

基于上述对重复蠕变试验的分析，可以确定蠕变恢复试验可显著提高对胶结料永久应变积累抗力和混合料抗车辙性能的评估能力。为了得到一个新的抗车辙参数，遵循了一种基于粘弹性的基本方法。该方法是基于著名的幂律模型，该模型表示二次蠕变率与加载循环次数的关系，见公式（2-7）。

尽管这一概念已广泛用于沥青混合料，但之前并未应用于胶结料。本研究收集的数据表明，改性沥青胶结料可用相同的概念进行评价。然而，胶结料数据表明，胶结料的二次蠕变率是循环次数的简单直接函数，其不需要对数变换。以下模型被证明是可靠的：

$$\varepsilon_a = I + SN \tag{2-8}$$

式中 ε_a——累积永久应变；

I——永久应变轴截距（算术应变值，不是对数值）；

N——加载次数；

S——对数关系线性部分的斜率。

由于蠕变速率 S 是一个受应力、加载时间、循环次数等测试属性影响的实验参数，故其作为规范参数比较困难。规范参数的更好选择是结合基本属性的流变模型来了解材料的性能。虽然已有几种模型用于描述沥青胶结料的性能，但"四单元"（Burgers）模型能够较好地反映胶结料的性能（Bahia 等，2001），如图 2-21 所示。

这个模型是 Maxwell 模型和 Voigt 模型的组合。总剪切应变随时间的变化如下：

$$\gamma(t) = \gamma_1 + \gamma_2 + \gamma_3 = \frac{\tau_0}{G_0} + \frac{\tau_0}{G_1}(1 - e^{-t/\tau}) + \frac{\tau_0}{\eta_0}t \tag{2-9}$$

通过将应变归一化为施加的应力，可以定义蠕变柔量 $J(t)$ 的弹性分量（J_e）、延迟弹性分量（J_{de}）和粘滞分量（J_v）：

$$J(t)=J_e+J_{de}+J_v \qquad (2-10)$$

粘性成分与粘度（η）成反比，与应力和加载时间成正比。基于蠕变响应的这种分离，蠕变柔量可以作为胶结料对抗车辙性能的一个指标。代替使用具有 Pa^{-1} 单位的柔量（J_v），并且为了与 SHRP 期间引入的刚度概念兼容，可以采用柔量的倒数（G_v）。该术语可定义为蠕变刚度的粘性分量。用 DSR 测量的蠕变和恢复响应情况，来评估 G_v 值和任意加载和卸载时间组合的累计永久应变。

这一发现表明，累积永久变形是粘度、荷载和加载时间的函数。

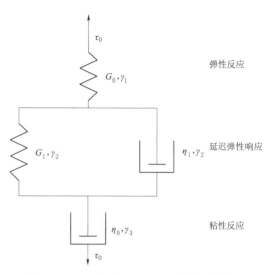

图 2-21   四单元（burgers）模型及其响应

$$\gamma_1=f(\eta,\tau,t) \qquad (2-11)$$

$$S=f(\eta,\tau,t) \qquad (2-12)$$

通过选取合适的试验应力（τ）和加载时间（t），刚度 G_v 的粘滞分量可以直接与永久变形 S 的累积速率相关，因此可以作为沥青胶结料抗车辙性的基本指标。

胶结料疲劳参数

虽然在疲劳试验中有不同的加载方式，但疲劳失效的可靠指标与加载方式无关。其应在任意负载条件下，根据机械性能的变化提供一致的损伤程度指示。

如前面几节所述，在沥青混合料中，疲劳破坏最常用的定义是初始刚度减少 50%。然而，这种武断的定义不能评估不同加载模式下材料不同的加载历史对能量输入做出的响应。因此，研究人员关注于使用耗散能量的概念来解释沥青混合料的疲劳性能。几十年来，由于损耗模量（$G^*\sin\delta$）与每个周期耗散的能量之间的关系，研究人员一直使用损耗模量作为疲劳抗力的指标。然而，在许多研究中，这种方法受到了质疑，因为在不同的加载条件下，这个参数往往会得出不同的结果。疲劳研究的最新进展表明，疲劳的一个更好的指标是每负载周期的耗散（变形）能量变化率。

根据耗散能量的变化率提出疲劳判据的几种方法。最有可能的方法是由 Carpenter、Pronk 和他们团队提出的（Carpenter 和 Jansen，1996；Ghuzlan 和 Carpenter，2000；Pronk，1995；Pronk 和 Hopman，1990）。

耗散能量的变化率

Ghuzlan 和 Carpenter（2000）将耗散能量的比值定义为

$$\frac{\Delta DE}{DE}=\frac{W_i-W_{i+1}}{W_i} \tag{2-13}$$

式中　W_i——周期 i 的总耗散能量，由滞回曲线计算得到；

$\quad\quad W_{i+1}$——周期 $i+1$ 的总耗散能量。

通过绘制这一比率与载荷循环的关系可以得到一条曲线，该曲线可以识别速率的突然变化来确定疲劳寿命（N_P）。该方法的问题在于数据点分布很宽，使得很难确定一个准确的 N_P 值，尤其是对于恒定应力测试而言。

将这一概念应用于胶结料数据，可以看出该方法适用于应力控制测试，但不适用于应变控制测试。如图 2-22 所示，应变控制的测量结果是分散的点，所以不能清楚地定义 N_P 值。从概念上讲，由于应变控制测试的性质，很难将这种方法应用于大多数胶结料。由于试验是应变控制的，当损伤开始累积时，材料的能量耗散率将稳定下来，因为损伤会导致相同应变所需的应力减少。因此，该试验需要很长时间才能使材料从裂纹初始阶段过渡到扩展阶段。

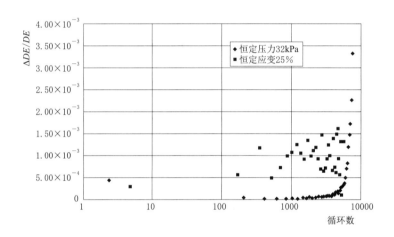

图 2-22　能量消耗变化率概念在胶结料应变控制的测试数据中的应用

累计耗散能量比

Pronk（1995）将耗散能比定义为：

$$耗散能量比=\frac{\sum_{i=1}^{n}W_i}{W_n} \tag{2-14}$$

式中　$\sum_{i=1}^{n}W_i$——n 个周期中耗散的能量总和；

$\quad\quad W_n$——第 n 个周期耗散的能量。

图 2-23 显示了将此概念应用于胶结料数据。结果表明，该方法能有效地对胶结料进行评价。胶结料数据的曲线与前人发表的混合数据相似，具有很好的应用前景。这也表明，影响混合料疲劳性能的主要因素可能与胶结料的疲劳损伤有关。

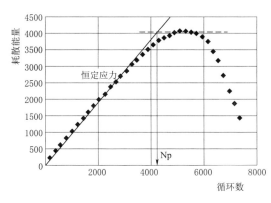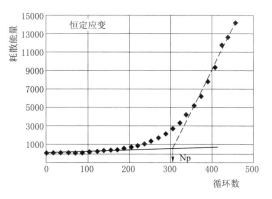

图 2 - 23　使用消耗能量比分析疲劳数据

当材料没有遭受疲劳损伤时，能量比与循环次数之间的关系斜率为 1.0，这是由每循环消耗能量的稳定性决定的。这实际上可以从公式（2 - 15）推导出来，通过假设 W_i 是常数，等于 W_n：

$$\sum_{i=1}^{n} W_i = nW_n \qquad (2 - 15)$$

基于此推导，可以引入对疲劳曲线的理解。假设第一部分为每循环能量在粘弹性阻尼中耗散，且损伤可以忽略不计的阶段。在下一阶段，开裂开始会消耗粘弹性阻尼之外的额外能量。在第三阶段，裂纹扩展开始，并在每个循环耗散的能量显著增加。这被认为是最关键的阶段，在此期间，每个循环的损伤较高，以至于不能恢复。

抗损伤参数的研究结果

根据胶结料车辙和疲劳研究的结果和分析，总结以下几点：

（1）胶结料参数 $G^*/\sin\delta$ 的有效性存在一些关键问题。混合料车撤指标和 $G^*/\sin\delta$ 之间的相关性很差。该参数通过测试得到，该测试不能很好地代表现场的交通荷载。该参数不能很好地描述永久流动的累积，而永久流动的累积在车辙评价中具有重要意义。

（2）介绍了一种较好的评估胶结料抵抗永久应变积累能力的方法。黏性成分的蠕变刚度（G_v）是胶结料永久应变积累率的指标，并提出了一种较好的参数化方法。

（3）与目前的胶结料方案相比，用于测量胶结料累积永久应变的重复蠕变试验方案在理论和实践概念上都有所进步，从而更好地评价与路面车辙有关的胶结料性能。

（4）在中间温度下，混合料的疲劳寿命和当前的胶结料抗疲劳指标 $G^*/\sin\delta$ 之间缺乏相关性，这表明需要对胶结料的抗疲劳性能重新测试，以确定混合料的疲劳寿命和胶结料的流变性能之间的关系。

（5）时间扫描测试是一种很有前景的仅针对胶结料的疲劳试验，用于评价胶结料的抗疲劳性能。可以使用当前的 DSR 在较短的测试时间内进行测试。

（6）采用耗散能量比法确定胶结料的疲劳寿命，主要是由于该方法与加载方式具有独立性。虽然几何形状对结果有一定的影响，但通过选择合适的试验条件，可以得到与混合料性能有良好相关性的可靠结果。

致谢

本章报告的有关改性沥青的主要工作是基于 SHRP 计划项目和 NCHRP 9－10 项目，该项目由美国州公路和运输官员协会与联邦公路管理局合作赞助。它是国家合作公路研究项目的一部分，由国家研究委员会交通研究委员会管理。感谢 NCHRP 项目 E. Harrigan 博士和项目小组成员的支持，感谢他们不断的鼓励和反馈。感谢工程师和科学家的技术支持，他们直接或间接地对所提出的结果做出了贡献。

免责声明

报告中所表达或暗示的观点和结论均为作者的观点和结论，不限于国家交通研究委员会、联邦公路管理局、美国州公路和交通协会，以及参与国家公路研究合作项目的各州研究机构。

参考文献

1. Anderson，D. A.，D. W Christensen，H. U. Bahia，R. Dongre，M. G. Sharma，and J. Button,"Binder Characterization and Evaluation," Volume 3;"Physical Characterization," Report No. SHRP－A－369，The Strategic Highway Research Program，National Research Council，Washington，D. C.，1994.

2. Anderson，D. A.，and T. W. Kennedy,"Development of SHRP Binder Specification," journal of the Association of Asphalt Paving Technologists，Vol. 62，1993，p. 481.

3. Anderson，D. A.，D. W. Christensien，and H. U. Bahia,"Physical Properties of Asphalt Cement and the Development of Performance－Related Specifications," journal of the Association of Asphalt Paving Technology，Vol. 60，1991，p. 437.

4. Anderson，D. A.，E. L. Dukatz，and J. L. Rosenberger,"Properties of Asphalt Cement and Asphaltic Concrete," Proceedings of the Association of Asphalt Paving Technologists，Vol. 52，1983，pp. 291－324.

5. Anderson，G. L.，and L. H. Lewandowski,"Additives in Bituminous Materials and Fuel－Resistant Sealers," National Technical Information Service，A847582，DOT/FAA/RD－93/30，1993.

6. Bahia，H. U.，and R. Davies,"Effect of Crumb Rubber Modifiers（CRM）on Performance Related Properties of Asphalt Binders," journal of the Association of Asphalt Paving Technologists，Vol. 63，1994，pp. 414－449.

7. Bahia，H. U.，and D. A. Anderson," The New Proposed Rheological Properties：Why are They Required and How Do They Compare to Conventional Properties," ASTM STP 1241，John C. Harden，Ed. American Society for Testing and Materials，1995，pp. 1－27.

8. Bahia，H. U.,"Critical Evaluation of Asphalt Modification Using the SHRP Concepts," TRR 1488，Washington，D. C.，1995，pp. 82－88.

9. Bahia，H. U.，H. Zhai，and A. Rangel,"Evaluation of Stability，Nature of Modifier，and Short Term Aging of Modified Binders Using New Tests：The LAST，The PAT，and the MRTFO," TRR 38，Washington，D. C.，1998a，pp. 64－71.

10. Bahia，H. U.，W. Hislop，H. Zhai，and A. Rangel，"The Classification of Asphalts into Simple and Complex Binders，" journal of the Association of Asphalt Paving Technologists，Vol. 67，1998b，pp. 1 – 41.

11. Bahia，H. U.，H. Zhai，S. Kose，and K. Bonnetti，"Non – linear Viscoelastic and Fatigue Properties of Asphalt Binders，" journal of the Association of Asphalt Paving Technologists，Vol. 68，1999，pp. 1 – 34.

12. Bahia，H. U.，D. Hanson，M. Zeng，H. Zhai，and A. Khatri，NCHRP Report 459，" Characterization of Modified Asphalt Binders in Superpave Mix Design，" NCHRP Report 459，National Academy Press，Washington，D. C.，2001.

13. Banasiak，D.，and L. Geistlinger，" Specific's Guideto Asphalt Modifiers，" Roads and Bridges Magazine，May 1996，pp. 40 – 48.

14. Earth，E. J.，Asphalt Science and Technology，New York，Gorden and Breach，1962. Blokker P. C.，and Van Hoorn，Proceedings of the 5th World Petroleum Congress，June 1959.

15. Bonnetti，K.，K. Nam，and H. U. Bahia，"Fatigue Behavior of Modified Asphalt Binders，" journal of the Transportation Research Board，TRR No. 1810，Washington，D. C.，2002，pp. 33 – 43.

16. Bouldin，M. G.，J. H. Collins，and A. Berker，"Improved Performance of Paving Asphalt by Polymer Modification，" Rubber Chemistry and Technology，Vol. 64，1991，p. 577.

17. Brine，B.，and M. Maze，"Application of SHRP Binder Tests to the Characterization of Polymer Modified Bitumens，" Asphalt Paving Technology，Vol. 64，1995.

18. Brine，B.，G. Ramond，and C. Such，"Relationship between Composition，Structure，and Properties of Road Asphalts：State of Research at the French Public Works Central Laboratory，" Transportation Research Record，1096，National Academy Press，Washington，D. C.，271986.

19. Brine，B.，YBrion，and A. Tanguy，"Paving Asphalt Polymer Blends：Relationship between Composition and Properties，" journal of the Association of Asphalt Paving Technologists，Vol. 57，1988，pp. 41 – 65.

20. Button，J. W.，D. N. Little，B. M. Gallaway，and J. A. Epps，"Influence of Asphalt Temperature Susceptibility on Pavement Construction and Performance，" NCHRP Report No. 268，1983 Transportation Research Board，Washington，D. C.，2001.

21. Button，J. W.，and J. A. Epps，"Identifying Tender Asphalt Mixtures in the Laboratory，" Transportation Research Record，103. 4，1985，pp. 20 – 26.

22. Button，J. W.，D. N Little，Y. Kim，and J. Ahmed，"Mechanistic Evaluation of Selected Asphalt Additives，" journal of the Association of Asphalt Paving Technologists，Vol. 56，1987，p. 62.

23. Carpenter，S. H.，and M. Jansen，"Fatigue Behavior under New Aircraft Loading Conditions，" Proceedings of Aircraft/Pavement Technology，ASCE，Washington，D. C.，1996.

24. Chehoveits，J. G.，R. L. Dunning，and G. R. Morris，"Characteristics of Asphalt – Rubber by the Sliding Plate Microviscometer，" Proceedings of the Association of Asphalt Paving Technologies，Vol. 51，1982，p. 240.

25. Chipperfield，E. H.，and T. R. Welch，"Studies on the Relationships between The Properties of Road Bitumens and Their Service Performance，" Proceedings of the Association of Asphalt Paving Technologists，Vol. 36，1967，421 – 488.

26. Christensen，D. W.，and D. A. Anderson，"Interpretation of Dynamic Mechanical Test Data for Paving Grade Asphalt，" Proceedings of the Association of Asphalt Pavement Technology，Vol. 61，1992，pp. 67 – 116.

27. Collins，J. H.，and M. G. Bouldin，Long and Short – Term Stability of Straight and Polymer Modified

Asphalts, Rubber Division, American Chemical Society, Detroit, Mich., 1991. Cornelissen, J., and Waterman H. L, Anal. Chim. Acta., 15, 401 (1956).

28. Culley, R. W., "Relationship between Hardening of Asphalt Cements and Transverse Cracking of Pavements in Saskatchewan," Proceedings, Association of Asphalt Paving Technologists, Vol. 38, 1969, pp. 1 – 15.

29. Davies, R. L., "The ASTM Penetration Method Measures Viscosity," Proceedings of the Association of Asphalt Paving Technologists, Vol. 50, 1981, pp. 116 – 149.

30. De Bats and G van Gooswilligen, Practical Rheological Characterization of Paving Grade Bitumens, Shell Research, Amsterdam, 1995.

31. Dickinson, E. J., and H. P Witt, "The Dynamic Shear Modulus of Paving Asphalts as a Function of Frequency," Transaction of the Society of Rheology, Vol. 18, No. 4, 1974, p. 591.

32. Dijk, W., "Practical Fatigue Characterization of Bituminous Mixes," journal of the Association of Asphalt Paving Technologists, Vol. 44, 1975, pp. 38 – 72.

33. Dijk, W., and W. Visser, "The Energy Approach to Fatigue for Pavement Design," journal of the Association of Asphalt Paving Technologists, Vol. 46, 1977, pp. 1 – 37.

34. Dobson, G. R., "The Dynamic Mechanical Properties of Bitumen," Proceedings of the Association of Asphalt Paving Technologists, Vol. 38, 1969, p. 123.

35. Dongre, R., "Development of Direct Tension Test Method to Characterize Failure proper – ties of Asphalt Cements," Ph. D. Thesis, the Pennsylvania State University, 1994.

36. Dongre, R., M. G. Sharma, and A. A. Anderson, "Chracterization of Failure Properties of Asphalt Binders," Physical Properties of Asphalt Cement Binders, ASTM STP 1241, 1995, pp. 117 – 136.

37. Evans, C. G., and R. L. Griffin, "Modified Sample Plates for Tests of High Consistency Materials with the Microviscometer," Proceedings of the Association of Asphalt Paving Technologists, Vol. 32, 1963, pp. 64 – 81.

38. Fair, W F., Jr., and Volkmann, W., Ind. Eng. Chem., Anal. Ed., Vol. 15, 1943, pp. 240 – 242.

39. Ferry, J. D., Viscoelastic Properties of Polymers, chapter 11, New York: John Wiley and Sons, 1980.

40. Gallaway, B. M., "Durability of Asphalt Cements Used in Surface Treatments," Proceedings of the Association of Asphalt Paving Technologists, Vol. 26, 1957, p. 151.

41. Gallaway, B. M., "Factors Relating Chemical Composition and Rheological Properties of Paving Asphalts with Durability," Proceedings, The Association of Asphalt Pavino Technologists, Vol. 28, 1959, pp. 280 – 293.

42. Ghuzlan, K. A., and S. H. Carpenter, "An Energy – Derived/Damage – Based Failure Criteria for Fatigue Testing," Preprints of the 79th TRB Annual Report, 2000.

43. Griffin, R. L., T. K. Miles, and C. J. Penther, "Microfilm Durability Test for Asphalt," Proceedings of the Association of Asphalt Paving Technologists, Vol. 24, 1955, pp. 31 – 62.

44. Halstead, W J., and J. A. Zenewitz, "Changes in Asphalt Viscosities During the Thin Film Oven and Microfilm Durability Tests," American Society for Testing and Materials, ASTM Special Technical Publication, No. 309, 1961, p. 133.

45. Heithaus, J. J., and R. W. Johnson, "A Microviscometer Study of Road Asphalt Hardening in Field and Laboratory, "Proceedings of the Association of Asphalt Paving Technologists, Vol. 27, 1958, pp. 17 – 34.

46. Heukelom, W, " An Improved Method of Characterizing Asphaltic Bitumens with the Aid of their Mechanical Responses, "Proceedings of the Association of Asphalt Paving Technologists, Vol. 42, 1973,

pp. 67 – 98.

47. Isacsson, U., and X. Lu," Testing and Appraisal of Polymer Modified Road Bitumens – State of the Art,"Material and Structures, Vol. 28, 1995, pp. 139 – 159.

48. Jimenez, R. A., and B. M. Gallaway," Laboratory Measurements of Service Connected Changes in Asphaltic Cement," Proceedingsof the Association of Asphalt Paving Technologists, Vol. 30, 1961, p. 328.

49. Jongepier, R., and B. Kuilman," Characterization of the Rheology of Bitumens,"Proceedings of the Association of Asphalt Paving Technologists, Vol. 38, 1969, pp. 98 – 122.

50. Kandhal, P. S., L. D. Sandvig, and M. E. Wenger," Shear Susceptibility of Asphalts in Relation to Pavement Performance,"Proceedings, Association of Asphalt Paving Technologists, Vol. 42, 1973, pp. 99 – 111.

51. Kandhal, P. S., and M. E. Wenger," Asphalt Properties in Relation to Pavement Performance," Transportation Research Record – 544, 1975, pp. 1 – 13.

52. Kemp, G. R., and N. H. Predoehl," A Comparison of Field and Laboratory Environments on Asphalt Durability,"Proceedings of the Association of Asphalt Paving Technologists, Vol. 50, 1981, pp. 492 – 533. Kim, Y R., H. J. Lee, and D. N. Little," Fatigue Characterization of Asphalt Concrete.

53. Using Viscoelasticity and Continuum Damage Theory,"journal of the Association of Asphalt Paving Technologists, Vol. 66, 1997, pp. 633 – 685.

54. King, G. N., H. W King, O. Harders, P Chavenot, J. P Planche,"Influence of Asphalt Grade and Polymer Concentration on the High Temperature Performance of Polymer Modified Asphalt," Asphalt Paving Technology, Vol. 60, 1992.

55. King, G. N., H. W King, O. Harders, A. Wolfgang, J. P. Planche, and P. Pascal. ," Influence of Asphalt Grade and Polymer Concentration on the Low Temperature Performance of Polymer Modified Asphalt," journal of the Association of Asphalt Paving Technologists, Vol. 62, 1993, pp. 1 – 22.

56. King, G. N., H. King, R. D. Pavlovich, A. L. Epps, and P Kandhal," Additives in Asphalt," journal of the Association of Asphalt Paving Technologists, Vol. 68A, 1999, pp. 32 – 69.

57. Labout, J. W. A., and W. P van Ort," Micromethod for Determining Viscosity of High Molecular Weight Materials," Analytical Chemistry, Vol. 28, 1956, p. 1147.

58. Lesueur, D., J. F. Gerard, P Claudy, et al. ," Relationships between the Structure and the Mechanical Properties of Paving Grade Asphalt Cements," Preprint of the AAPT Annual Meeting, Salt Lake City, Utah, 1997.

59. Mack, C. ,"An Appraisal of Failure in Bituminous Pavement," Proceedings of the Association of Asphalt Paving Technologists. Vol. 34, 1965, pp. 234 – 247.

60. Maccarrone, S. ,"Rheological Properties of Weathered Asphalts Extracted from Sprayed Seals Nearing Distress Conditions," Proceedings of the Association of Asphalt Paving Technologists, Vol. 56, 1987, pp. 654 – 687.

61. Majidzadeh, K., and H. E. Schweyer,"Non – Newtonian Behavior of Asphalt Cements," Proceedings of the Association of Asphalt Paving Technologists, Vol. 34, 1965, p. 20.

62. Majidzadeh, K. ,"Rheological Aspects of Aging: Part II," Highway Research Record, 273, 1969, pp. 28 – 41.

63. Majidzadeh, K., E. M. Kaufmann, and C. L. Saraf,"Analysis of Fatigue of Paving Mixtures from the Fracture Mechanics Viewpoint," Fatigue of Compacted Bituminous Aggregate Mixtures, ASTM, STP 508, 1972, pp. 67 – 83.

64. Marasteanu, M. O., and Anderson, D. A. ,"Improved Model for Bitumen Rheological Characteriza-

tion," Eurobitume Workshop on Performance Related Properties for Bituminous Binders, Luxembourg, May 1999.

65. Masson, J - F, and C. Lauzier, Methods for the Analysis of Polymers in Polymer Modified Asphalts, National Research Council Canada, Institute for research in Construction, Ottawa, A - 2053. 2, 1993.

66. McGennis, R. B. ,"Asphalt Modifiers are Here to Stay," Asphalt Contractor Magazine, April 1995, pp. 38 - 41.

67. McLeod, N. W,"A 4 - Year Survey of Low Temperature Transverse Pavement Cracking on the Three Ontario Roads," Proceedings of the Association of Asphalt Paving Technologists, Vol. 41, 1972, p. 424.

68. Moavenzadeh, F. , and R. R. Slander,"Durability Characteristics of Asphaltic _ Materials. " Research Report EES - 259, 1966, p. 236.

69. Moavenzadeh, J. , and R. R. Stander, Jr. ," Effect of Aging on Flow Properties of Asphalts," Hwy. Res. Brd. Rec. , Vol. 178, 1967, pp. 1 - 29.

70. Moavenzadeh, F. , J. E. Soussou, and H. K. Findakly,"Synthesis for Rational Design," Final Report for FHWA, Contract 7776, Vol. 2, 1974.

71. Monismith, C. L. , and J. A. Deacon,"Fatigue of Asphalt Paving Mixtures," Transportation Engineering journal, Proceedings of the ASCE, Vol. 95, TE2, May, 1969, pp. 317 - 346.

72. Monismith, C. L. ,"Fatigue Response of Asphalt - Aggregate Mixes," Strategic Highway Research Program, SHRP - A - 404, National Research Council, 1994.

73. Mortazavi, M. , and J. S. Moulthrop, The SHRP Materials Reference Library, SHRP - A - 646 Report, The Strategic Highway Research Program, National Research Council, Washington, D. C. , 1993.

74. Neppe, S. L. ,"Durability of Asphaltic Bitumen as Related to Rheological Characteristics," Transaction, South African Institute of Civil Engineers, Vol. 2, 1952, p. 103.

75. Oliver, J. W. H. ,"Optimizing the Improvements Obtained by the Digestion of Comminuted Scrap Rubbers in Paving Asphalts," Proceedings of the Association of Asphalt Paving Technologies, Vol. 51, 1982, p. 169.

76. Page, G. C. , K. H. Murrphy, B. E. Ruth, and R. Rogue,"Asphalt Binder Hardening - Causes and Effects," Proceedings of the Association of Asphalt Paving Technologists, Vol. 54, 1985, pp. 140 - 167.

77. Pell, P S. , and K. E. Cooper,"The Effect of Testing and Mix Variables on the Fatigue Performance of Bituminous Materials," Proceedings of the Association of Asphalt Paving Technologists, Vol. 44 (1975), pp. 1 - 37.

78. Peterson, K. ,"Specific's Guide to Asphalt Modifiers," Roads and Bridges Magazine, May 1993, pp. 42 - 46.

79. Pfeiffer, J. Ph. , and P. M. van Doormaal,"The Rheological Properties of Asphaltic Bitumen," journal of Institute of Petroleum Technologists, Vol. 22, 1936, p. 414.

80. Pfeiffer, J. Ph. , The Properties of Asphaltic Bitumen, Section II, Elsevier Publishing Co. , Amsterdam, 1950.

81. Pink, H. S. , R. E. Merz, and D. S. Bosniak,"Asphalt Rheology: Experimental Determination of Dynamic Moduli at Low Temperature," Proceedings of the Association of Asphalt Paving Technologists, Vol. 49, 1980, p. 64.

82. Pronk, A. C. , and P C. Hopman,"Energy Dissipation: The Leading Factor of Fatigue," Proceedings of Strategic Highway Research Program: Sharing the Benefits, London, 1990.

83. Pronk，A. C. ，"Evaluation of the Dissipated Energy concept for the Interpretation of Fatigue Measurements in the Crack Initiation Phase," TheRoad and Hydraulic Engineering Division (DWW)，Netherlands，P－DWW－95－001，1995.

84. Puzinauskas，V P，"Evaluation of Properties of Asphalt Cements with Emphasis on Consistencies at Low Temperature," Proceedings of the Association of Asphalt Paving Technologists，Vol. 36，1967，p. 489.

85. Puzinauskas，V. P. ，"Properties of Asphalt Cements," Proceedings of the Association of Asphalt Paving Technologists，Vol. 48，1979，pp. 646－710.

86. Romberg，J. W. ，and R. N. Traxler,"Rheology of Asphalt," journal of Colloid Science，Vol. 2，1947，pp. 33－47.

87. Romine，R. A. ，M. Tahmoressi，R. D. Rowlett，and D. F. Martinez,"Survey of State Highway Authorities and Asphalt Modifier Manufacturers on Performance of Asphalt Modifiers," Transportation Research Record no. 1323，1991，p. 61.

88. Saal，R. N. J. ，and J. W A. Labout,"Rheological Properties of Asphalts," in Rheology：Theory and Applications，Vol. 2，1958，F. R. Eirich，Ed. ，New York，Academic Press.

89. Schmidt，R. J. ，"Laboratory Measurement of the Durability of Paving Asphalts," ASTM SPT 53211973，pp. 79－99.

90. Serafin，P. J. ，L. L. Kole，and A. P. Chirtz,"Michigan Bituminous Experimental Road－Final Report," Proceedings of the Association of Asphalt Paving Technologists，Vol. 36，1967，pp. 582－614.

91. Terrel，R. L. ，and I. A. Epps，Using Additives and Modifiers in Hot Mix Asphalt，QI Series 114，National Asphalt Pavement Association (NAPA)，Riverdale，Md. ，1989.

92. Traxler，R. N. ，Asphalt：Its Composition，Properties and Uses，Reinhold，New York，1961.

93. Traxler，R. N. ，H. E. Schweyer，and H. W. Romberg," Rheological Properties of Asphalt," Industrial and Engineering Chemistry，Vol. 36，No. 9，1944，p. 823.

94. Trailer，R. N. ，and H. E. Schweyer,"Increase in Viscosity of Asphalts with Time," Proceedings of the American Society for Testing and Materials，Vol. 36，Part II，1936，pp. 544－551.

95. Trailer，R. N. ，"Review of the Rheology of Bituminous Materials," journal of Colloidal Science，Vol. 2，1947，p. 49.

96. Van der Poel，C. ，"A General System Describing the Visco－Elastic Properties of Bitumens and Its Relation to Routine Test Data," journal of Applied Chemistry，Vol. 4，1954，p. 221.

97. Williams，M. L. ，R. F. Landel，and J. D. Ferry,"The Temperature Dependence of Relaxation Mechanisms in Amorphous Polymers and Other Glass－Forming Liquids," The journal of the American Chemical Society，Vol. 77，1955，pp. 3701－3707.

98. Wood，P. R. ，and H. C. Miller,"Rheology of Bitumens and the Parallel Plate Microviscometer," Highway Research Board Bulletin，National Research Council，D. C. ，Vol. 270，1960，pp. 38－46.

99. Zeng，M. ，H. U. Bahia，H. Zhai，M. Anderson，and P. Turner,"Rheological Modeling of Modified Asphalt Binders and Mixtures," journal of the Association of Asphalt Paving Technologists，Vol. 70，2001，pp. 403－441.

100. Zube，E. ，and J. Skog,"Final Report on Zaca－Wigmore Asphalt Test Road," Proceedings of the Association of Asphalt Paving Technologists，Vol. 38，1969，pp. 1－39.

第二部分

刚 度 表 征

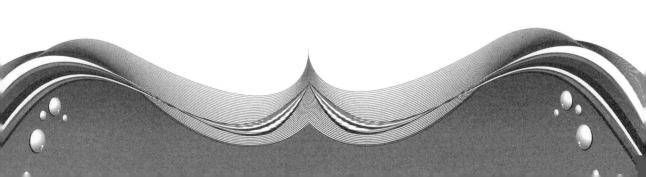

第 3 章 沥青混凝土刚度表征综述

Robert L. Lytton

摘要

沥青混凝土的刚度是影响沥青路面性能的核心材料属性。本章总结了影响沥青混凝土刚度的各种因素，刚度的测量方法，以及刚度在路面响应和性能预测中的重要性。着重从力学角度描述不同因素对沥青混凝土刚度的影响。

简介

本章的第一部分是概念性的内容，其后各部分是分析性的内容。本章首先提出了 5 个关于沥青刚度的基本问题和对这些问题的一些概念性回答。问题如下：

（1）什么是沥青混凝土？

（2）刚度是什么？

（3）如何测量刚度？

（4）为什么刚度很重要？

（5）在计算中如何使用刚度？

虽然第一个问题已经在前几章中回答过了，但在这里再次回答，作为对刚度的概念性回答的铺垫。本章的其余部分介绍了在实验室和现场测定沥青混凝土刚度的试验方法，影响刚度的材料因素和环境因素，最后是沥青混凝土在损伤和未损伤状态下的刚度的数学表征方法。

沥青混凝土

沥青混凝土是由集料颗粒、沥青、空隙和其他成分如添加剂、改良剂、矿粉和水（液态或蒸汽形态）组成的复合材料。本章内容的着重点为，沥青混凝土是一种复合材料，其组成对沥青混凝土在工程和建筑应用中的工作性能有着非常重要的影响。

沥青混凝土刚度

沥青混凝土的刚度是一种材料属性。准确地说，它是沥青混凝土的应力-应变曲线的斜率。材料属性的独特之处，在于不受测量所用的测试仪器、样本大小或几何形状的影响。反之，则测量结果不是、也不可能是一个物质属性。有几种类型的应力-应变曲线，可以作为一种材料属性测定方法用于沥青混凝土刚度的测量。

刚度测量方法

沥青混凝土的刚度可以在实验室中测量，这将在第 4 章和第 5 章中讨论，也可以在现场测量。试样的几何形状很重要，因为它决定了可以用安装在试样上的仪器直接测量材料属性，还是必须通过分析试样对施加的载荷的响应来推断。对试样的加荷方式也影响被测刚度值的大小。加荷速率及加荷时的温度和湿度也会影响测量的刚度值。最后，试样的龄期也影响被测刚度值。

测试的位置

在现场，沥青混凝土的刚度可以采用破坏法或非破坏法进行测量。在实验室里，可以用现场采集的芯样，或在实验室压制的样品进行测试。现场破坏性试验包括"小孔径"试验仪器，如圆锥贯入仪或压力计装置；或"大孔径"方法，如试验坑；或加速加荷试验，使用全尺寸车辆或比例模型车辆模拟方法。无损检测包括静态、动态、超声波和表面波等仪器。总之，必须采用某种形式的反演分析方法分析这些装置的测试数据，从而获得沥青混凝土的材料属性，特别是刚度。

试样的几何形状

无论在现场还是在实验室，试样的几何形状都是需要考虑的一个重要因素。因为对某些几何形状，可以直接从测试值中推断出材料属性，而不需要进行反演分析测试数据。原位试样的几何形状通常由路面结构决定。在实验室里，试样的几何形状有更多的选择，如单轴拉伸和压缩试验，三轴压缩和拉伸试验（第 4 章、第 7 章和第 11 章），各种形式的剪切试验（第 10 章），弯曲和扭转试验，间接拉伸试验（第 5 章）的测试样品。一些在实验室中成型和测试的试样，采用的荷载、分级和测试条件等均严格模拟现场条件，如湿度或温度暴露。这些通常被称为严酷测试。从严酷测试中获得材料属性，尤其是沥青混凝土刚度，是不常见的。严酷测试通常用于筛选沥青混凝土的适宜成分。有些试样的几何形状比较简单，可以直接测量应力和应变，从而直接测定沥青混凝土刚度。比如圆柱体试样，可用于单轴和三轴拉伸压缩试验、扭转试验，这些试验具有高度准确性、精确性和可重复性等特点，这将在后面章节中介绍。

加荷方式

在不同的加荷条件下，可以采用不同的加荷方式来测量沥青混凝土的刚度。这些包括应力控制或应变控制试验的单调加荷方式、频率扫描试验、冲击和波传播试验、重复加荷试验、蠕变、松弛、蠕变与恢复试验。蠕变试验是指施加的应力保持不变，测量应变随时间一起增长的试验。应变除以恒定应力的比值定义为蠕变柔量。松弛试验是使施加的应变保持不变，测量应力随时间一起减小的试验。应力除以恒定应变的比值定义为松弛模量。

加荷速率、温度和老化

沥青混凝土的刚度随加荷速率的增大而增大，随温度的升高而减小。沥青混凝土的老化不是由它的实际制作时间决定的，而是由它暴露在空气、热量和太阳辐射条件下的时间决定的，这些条件会增加它与氧的反应速率，使它的刚度增加，同时也使它易脆断裂。

水分

沥青混凝土的刚度受沥青胶结料中含水量的影响、沥青各组分的溶解度、沥青被乳化的量、界面上有水及无水条件下沥青与集料之间的粘结强度（adhesive bond）以及沥青内部微裂缝表面有水及无水条件下沥青内部的内聚强度（cohesive bond）。人们已认识到沥青可以吸收混合料中胶浆薄膜中的水分，也认识到不同的沥青所吸收的水量存在较大的差别（在给定水的蒸汽压时），所以水对沥青混凝土刚度的影响高度取决于沥青的组分。而且沥青的组分也对水在沥青薄膜中扩散的速度有显著的影响。

小结

沥青混凝土的刚度受到如此多不同因素和条件的影响，可能会使人觉得不可能在短期内，将各因素相互之间的关系整理清楚，以及将针对不同因素的、独立的研究结果汇总成一个可用于实践的、可用于预测的成果。将这些成果于仿真合成结合起来的秘密是使用力学，这将在本章的后面部分讨论。

沥青混凝土刚度的重要性

随后的章节提出了以力学为基础的本构模型来描述沥青混凝土的行为。所有这些模型的重要主题都是精确表征材料的基本刚度。正如杨氏模量对于预测结构中钢梁的挠度至关重要一样，沥青混凝土的刚度对于预测材料在路面结构中的行为也至关重要。建造路面所用的材料非常复杂，尽管它们看起来很普通。这种复杂性要求使用数值程序，例如需要大量计算工作的有限元程序。随着近年来技术的进步，计算速度有了很大的提高，原则上现在可以预测沥青混凝土损伤的出现时间和恶化速率。这并不是说使用现有的模型可以可靠地预测所有的损伤，但现在有可能建立一个模型来快速地提供可靠的预测。开发这样一个模型的唯一障碍是，人们是否愿意弄懂所选损伤类型的机理，鉴定材料的相关属性，设计能够获得这些材料属性的测试方法，选择最合适的数值方法来使用，并组合计算机模型。

有了这样一个模型，就有可能正确和定量地解释在役路面、试验车道和加速路面试验的结果，并将这些结果推广到其他路面。它使得通过简单、准确、严密、便宜的室内测试获得材料属性成为可能；也使得通过现场无损检测获得影响材料力学性能的关键属性的现场测试结果成为可能。

计算机预测损伤技术使得基于性能所做的规范、监管及施工质量保证和质量控制具有可能性和可操作性。该技术还可以预测路面剩余寿命，以便规划维修和修复活动，以及对路面网络进行全面的资产管理，包括时间对安全和支出概算的影响。如果对材料的刚度属性进行测量和并正确地用于计算机数值预测方法中，这一切是可能的，因为现代计算机已具有处理路面需要的计算任务的能力。

在计算中使用刚度

在数值计算中可利用沥青混凝土刚度，计算主要响应和损伤的机理。主要响应包括，处于各种荷载、温度和湿度条件下的路面结构的变形、应力和应变。损伤主要机理是沥青混凝土的断裂和流动。可以利用断裂力学对断裂进行预测，利用各种塑性理论对流动进行预测。两种预测处理过程都引入了导致沥青劣化的能量，损伤理论（damage theory）就基于这一点。损伤理论是以数学形式描述如何使用各种能量组分来预测作用于沥青混凝土的荷载和环境应力导致的损坏的速度和量级。由于沥青混凝土是一种粘弹性材料，影响其加荷响应的能量成分是储存和能够回收的能量成分，以及加荷与卸载过程中耗散的能量成分。部分耗散能量用于克服材料的粘性阻力，而其余的耗散能量导致了材料破坏。作为一种材料属性，沥青混凝土刚度的正确表述、测量和使用，对于正确预测这种能量分配是至关重要的。

刚度测定试验

沥青混凝土的刚度必须是一种材料属性，而不是特性指标，才能在对路面的主要响应和损伤进行的、基于力学的和计算机的数值预测中发挥作用。必须使用能够在响应时间或频率、行程和量值的响应范围内工作的测试仪器和传感器，在实验室中对材料性能进行准确、严密和可重复的测量。必须在恒温恒湿环境中，对试样上处于均匀应力场、均匀应变场的部位进行测试测量。例如在三轴压缩和拉伸试件的中间 1/3 部位，以及间接拉伸试件的中部进行测量。只有这样，才能保证被测材料的属性独立于测试仪器、样品大小和几何形状。否则，测试结果就会差异巨大，导致预测结果的低重复性、显著差异性，以及后续工作的高风险性。

沥青混凝土刚度等材料属性可以从非均匀的压力、应变、温度或湿度等条件下的测试结果反演获得，但这需要使用计算机程序，这些计算机程序是基于样品的加荷机理和几何尺寸甚至三维累积损伤而设计的。用这种间接方法获得材料属性不能从直接测试中确定，但这也是导致最终结果存在较高差异性的主要原因之一。

用于确定沥青混凝土刚度，甚至所有的沥青混凝土材料属性的最佳测试方法是通过精准测试样品的负载和位移获得的，在测试中是在样品上进行实际测量，并使用比加荷速度或频率变化更快的高速响应的反馈控制。

以上是总体原则。而现场无损检测往往需要进行反演以获得材料属性，这是无损检测结果存在较大差异的内在原因。

决定沥青混凝土刚度的因素

　　沥青混凝土的刚度的取决于加荷应变速率、温度、沥青的含水量、应力状态、集料颗粒形态、沥青自身性能、胶浆内部的矿粉、液态和蒸汽态的水及其混合料中的位置、混合料中的空气、老化及其与氧气的反应性，以及在混合料中掺加的所有添加剂或改性剂等。此后将对每一项进行讨论。

温度和加荷速率

　　沥青混凝土的刚度取决于温度和加荷应变速率。在任何给定的温度下，沥青混凝土在缓慢加荷的情况下都会发生缓慢而永久的变形。而在高速加荷的情况下，沥青混凝土会变得更坚硬，导致脆性断裂。在任一给定的加荷应变速率都存在某个临界温度值，在该温度以上时材料将足够快地松弛下来，使得应力不会累积在样品中，而导致脆性断裂。关于沥青混凝土材料的这两个已知性质，一般可以用应变速率与温度的定性关系图来显示，在图中可以看到温度和应变速率的无应力界线，在该线以上时材料会出现微裂纹和愈合等现象，在该线以下时材料将发生塑性流动变形，而混合料中集料的特性会对限制塑性流动模式的大小和形状起到很重要的作用。该概念图如图 3-1 所示。

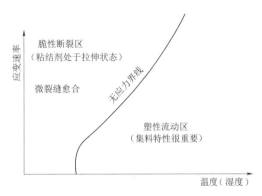

图 3-1　温度和加荷应变速率对沥青混凝土破损的影响

　　湿度对沥青混凝土的刚度和损伤类型有类似的影响。虽然机理有明显的不同，但高湿度和高温度都会导致塑性流动。在任一给定的应变速率下都存在一个沥青临界含水率，超过这个含水率，材料的松弛速度就会超过应力在材料中累积的速度。在应变速率与含水率的关系图上有一个类似的无应力界线，位于脆性的易断裂形态和软的塑性流动形态之间。

应力状态

　　沥青混凝土的应力状态可以改变其刚度。在各向同性混合料中，刚度取决于第一主应力和第二偏应力不变量 I_1 和 J_2' 的水平。在各向异性混合料中，通常情况下刚度是有方向性的，它既依赖于刚才提到的两种应力状态不变量，也依赖于应力张量的各分量。根据集料颗粒的形状和沥青混凝土混合料的压实方式，有垂直模量、水平模量和剪切模量。还有两个泊松比，一个在垂直面，另一个在水平面。通过对三轴试验测试和数据的分析，能够获得这一横观各向异性情况下的所有 5 个模量。横观各向异性对路面能同时抵抗脆性断裂和塑性变形具有重要的影响。

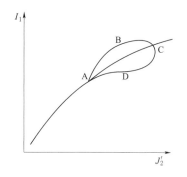

图 3-2 各向同性应力敏感材料
加荷和卸载的应力路径图

在应力敏感材料如沥青混凝土中，弹性的表现就是在加荷和卸载时遵循不同的应力路径，但其自身应力路径能够封闭的材料示意图如图 3-2 所示。该图是第一主应力不变量与第二偏应力不变量的关系图，说明了在加荷和卸载过程中应力不变量是如何遵循路径 A-B-C-D-A 的变化的。

这种材料的弹性功势能的由下式给出（Lade 和 Nelson，1989）：

$$W = \int_{ABCDA} \left(\frac{I_1 \mathrm{d}I_1}{9K} + \frac{\mathrm{d}J'_2}{2G} \right) \qquad (3-1)$$

式中 W——弹性功势能；

I_1——第一应力张量不变量；

J'_2——第二偏应力张量不变量；

K、G——材料的体积模量和剪切模量。

如果材料的弹性模量取决于两个相同的应力不变量，见如下方程：

$$E = K_1 (I_1)^{K_2} (J'_2)^{K_3} \qquad (3-2)$$

按照弹性势能不做净功的要求，泊松比必须满足如下的偏微分方程（Lytton 等，1993）：

$$-\frac{2}{3} \frac{\partial \nu}{\partial J'_2} + \frac{1}{I_1} \frac{\partial \nu}{\partial I_1} = \nu \left(\frac{2}{3} \frac{k_3}{J'_2} + \frac{k_2}{I_1^2} \right) + \left(-\frac{1}{3} \frac{k_3}{J'_2} + \frac{k_2}{I_1^2} \right) \qquad (3-3)$$

式中 ν——泊松比；

k_2、k_3——满足偏微分方程边界条件的系数。

这个微分方程的解表明，如果模量与应力相关，那么泊松比也必然与应力相关。由 Allen（1973）测量，并由式（3-3）的解推算的泊松比如图 3-3 所示。

图中所示的泊松比远远高于 0.5，这是具有恒定弹性模量的材料可以达到的最大值。超过 0.5 的泊松比测量值常见于应力相关材料，如沥青混凝土和无粘结基层粗集料。泊松比也随着荷载的频率和方向而变化。典型模式如图 3-4 所示。

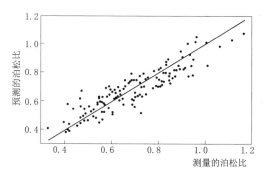

图 3-3 测量的与预测的泊松比（与应力相关）

当加荷频率升高到 1Hz 以上时，虽然压缩泊松比高于 0.5，但拉伸泊松比仍保持在 0.5 以下。高速公路上的交通加载频率通常在 8Hz 以上，这意味着沥青混凝土层会横向膨胀。如果横向膨胀受阻，在沥青混凝土层中就会形成一个内部压力，使得沥青混凝土变硬，抵抗横向塑性变形，并压缩封闭在沥青中生成的所有微裂缝，如图 3-5 所示。

最近对横观各向异性铺装材料的研究表明，使用式（3-4）所示的弹性功势能可以预测同样的大径向应变现象，而不需要将泊松比上升到 0.5 以上（Lytton，2000）。

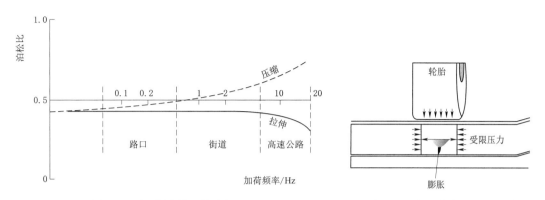

图 3-4 沥青混凝土的泊松比　　　　图 3-5 大压缩泊松比的影响

$$W = \int_{ABCDA} \frac{\alpha \dfrac{I_1}{9} \mathrm{d}I_1 + \beta \tau_{zx} \mathrm{d}\tau_{zx}}{E_{xx}} + \frac{\mathrm{d}J_2'}{2G_{xy}} \tag{3-4}$$

其中

$$\alpha = 2 + \frac{1}{m} - 4n - 2r$$

$$\beta = 2 + 2r - \frac{s}{m}$$

$$m = \frac{E_{yy}}{E_{xx}}$$

$$n = n_{xy}$$

$$r = n_{xz}$$

$$s = \frac{E_{xx}}{G_{xy}}$$

式中　E_{xx}——横向弹性模量；

　　　E_{yy}——纵向弹性模量；

　　　W——横观各向异性弹性势能。

对于横观各向异性弹性沥青混凝土中大径向应变的形成，仍可用"有效"泊松比来描述。横观各向异性材料的 5 种材料属性，不能仅通过测量三轴试验的轴向径向的应力和应变、使用材料的应力-应变关系来确定。取而代之的是，需要使用一个通过偏应变能来求解剪切模量的额外关系式，该偏应变能可在只施加偏应力张量的第二不变量进行测试的条件下获得该偏应变能（Adu-Osei，2000）。也有学者提出了其他一些使用约束优化方法获得剪切模量实际估计的方法（Tutumluer 和 Seyhan，2002）。

集料颗粒

沥青混凝土刚度的横观各向异性现象产生的根本原因是由于集料颗粒的形状。当沥青混凝土被压实时，椭圆形集料颗粒倾向于平躺，导致其模量在垂直方向比水平方向大。除了形状外，颗粒大小、颗粒级配和颗粒质地也对沥青混凝土的不同方向刚度和有效泊松比产生影响。图 3-6 定性地显示了颗粒级配对沥青混凝土"有效"泊松比的影响。

颗粒级配越接近最大密度线，"有效"泊松比越高。

沥青胶结料性能

影响沥青混凝土刚度的沥青胶结料的材料属性主要是柔量、胶浆膜厚度、老化以及表面能的润湿和去湿分量。蠕变柔量是材料对恒定应力的响应。在单轴试验中，当施加应力并保持恒定时，应变随加荷时间的增加而增加。这个随时间变化的应变除以恒定应力就是蠕变柔量。蠕变柔量与加荷时间的常用修正幂律关系式见式（3-5）（Daniel 和 Kim，1998）：

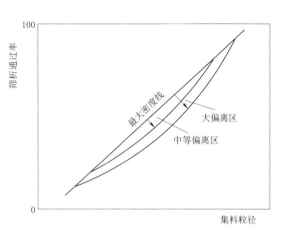

图 3-6　颗粒级配对"有效"泊松比的影响

$$D(t) = D_0 + \frac{D_\infty - D_0}{\left(1 + \frac{\tau_0}{t}\right)^n} \tag{3-5}$$

式中　D_0、D_∞——最小柔量和最大柔量；

τ_0、n——修正幂律关系式的系数和指数。

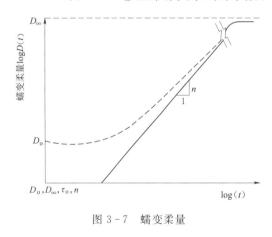

图 3-7　蠕变柔量

修正幂律关系式的对数-对数图如图 3-7 所示。在开始加荷的较短时间内曲线的斜率接近水平，中段曲线以接近直线的形式上升，在长时间加荷后最终恢复水平，趋近于 D_∞ 渐近线。斜率 n 不可能大于 1.0。蠕变柔量与松弛模量有关。松弛模量可以通过在材料上施加恒定应变的单轴试验测定。在开始施加恒定应变后，材料中的应力随时间的延长而逐渐松弛。松弛模量是用随时间变化的应力除以恒定应变得到的。在第 6 章中专门讨论了这一特性与蠕变柔量之间的关系。关于这一点需要明白的是，只要测量结果能够真实地反映线性粘弹性行为，线性粘弹性理论就可以用来转换任一线性粘弹性反应函数。

表面能

沥青表面能可以用许多不同的测试装置来测量。用于测量表 3-1 所示的表面能是用 Wilhelmy plate 仪器测量的。第 12 章图 12-3 给出了该仪器的示意图，并详细说明了测试流程。表面能有 3 种分量：非极性或 Lifshitz-范德华分量、Lewis 酸极性分量和 Lewis

碱极性分量。润湿与去湿表面能之间存在滞后效应。润湿表面能与沥青微裂缝的愈合有关，而去湿表面能与沥青的开裂有关。总表面能由部分非极性分量和各极性分量组合效应一起构成，关系式见式（3-6）（Good 和 van Oss，1991）：

$$\Gamma = \Gamma^{LW} + 2\sqrt{\Gamma^+ \Gamma^-} \tag{3-6}$$

式中　Γ——总表面能；

$\quad\quad\Gamma^{LW}$——非极性或 Lifshitz - 范德华分量；

$\quad\quad\Gamma^+$——Lewis 酸极性分量；

$\quad\quad\Gamma^-$——Lewis 碱极性分量。

在表 3-1 中给出了新老沥青的润湿和去湿表面能各分量和总表面能，以及水的表面能。

表 3-1　　　　　　　　　　　沥青与水的润湿和去湿表面能

表面能分量 /(erg/cm²)	水	新 沥 青		老 化 沥 青	
		润湿	去湿	润湿	去湿
Γ^{LW}	21.6	8.80	13.62	14.91	6.76
Γ^-	25.5	1.50	18.87	1.74	15.28
Γ^+	25.5	2.81	10.52	1.07	15.03
Γ^{AB}	51.0	4.13	28.18	2.64	30.30
$\Gamma^{总}$	72.6	12.93	41.80	17.55	37.06

表 3-1 表明，随着沥青老化，其表面能发生变化，导致微裂缝愈合减少，同时更易断裂。因此，随着沥青老化，润湿表面能的非极性分量增大，极性分量减小。同时，去湿表面能的非极性和极性分量都随着老化程度增加而减小，导致断裂功减小。表面能对沥青胶结料的影响的数据详见第 12 章。一旦在沥青胶结料中形成了微裂纹或裂缝，裂缝两侧界面上的表面能会相互作用，即提供抗裂的粘结强度，又提供促进愈合的表面能。在干燥和有水的情况下裂缝界面上粘结强度的计算，也详见第 12 章。

集料颗粒也具有表面能分量，并与沥青胶结料的表面能相互作用，在两者之间的界面上形成粘结强度。可采用通用吸附装置（USD）测量集料表面能，如图 12-5 和图 12-6 所示。USD 用于将真空中的蒸汽粒子沉积在集料颗粒的表面。将不同蒸汽压下在集料颗粒表面的蒸汽分子质量累加起来，计算集料颗粒的比表面积，确定集料表面能的润湿分量和干燥分量。在第 12 章中介绍了沥青胶结料与集料颗粒的粘结强度的计算方法，包括表面干燥时和界面有水时两种情况。在此需要强调，当沥青和集料表面之间的界面上有水存在时，会破坏两者的粘合。见表 12-16，对不同的沥青和集料组合，水的作用强度变化很大。表面能特性是确定哪些沥青和集料组合会剥落、哪些不会剥落的科学依据，也解释了为什么某些集料会与某些沥青剥落而不会与其他沥青剥落。

水分对沥青混凝土刚度的损害主要有两方面：一种是浸泡作用；另一种是由于重复荷载会逐步破坏沥青混凝土中集料表面界面粘结区。浸水损害取决于水分扩散速度和沥青膜所能吸附的水量。水分扩散速度又取决于紧邻每个集料颗粒的相对蒸汽压和集料周围胶浆膜的厚度。每种沥青都有独特的水与相对蒸汽压特性曲线。在相同的相对蒸汽压下，有些沥青比其他沥青能够吸附更多的水。根据已获得的测试结果，相对蒸汽压特性曲线是确定水分扩散对沥青混凝土造成多大损害的至关重要的因素。含有较多水的沥青会因为浸泡而遭受更大的破坏。此外，根据最新的测试结果，存在水分的情况下，水对沥青-集料混合料界面的破坏作用越大，重复加荷造成的破坏也越大。

矿粉

沥青混凝土混合料中的矿粉是指粒径小于 0.075mm 的部分，约占胶浆体积的一半。矿粉与沥青胶结料的结合程度、矿粉的粒度和粒度分布、矿粉在胶浆中的分散程度、矿粉与沥青的表面能相容性（有水和无水情况下）等都对混合料的刚度具有重要影响。矿粉的粒度、粒度分布和分散程度等特性共同作用，在微裂纹较小时就将其拦截并阻止其继续扩展。微裂纹起始于胶浆中一团细小、分散的缺陷。当对混合料重复加荷形成的应变能量使裂纹扩展时，这些缝隙就会增长。如果在微裂纹扩展的路径上遇到矿粉颗粒，矿粉颗粒就会起到阻挡作用，而这个微裂纹就会停止生长。如果胶浆中有许多良好分散的矿粉颗粒，大量的微裂纹就会被抑制。在沥青混合料中形成的微裂缝的主要影响之一是逐步降低其刚度，而良好分布的矿粉则可以抑制裂缝、维持刚度。这也意味着矿粉颗粒必须与沥青能够良好粘结，特别是有水时。如前所述，两者之间的粘结强度取决于沥青和矿粉颗粒的表面能特性。

对有助于提高沥青-集料混合料的刚度、强度和韧性的添加物也有同样的要求，无论其组成如何，添加物的颗粒必须要小且分散均匀，并且必须与沥青良好粘结，这样才能提高混合料的力学性能。

孔隙

在一定程度上，孔隙可以看作刚度为零的小颗粒。细小的、分散良好的孔隙，对沥青混凝土混合料是有益的，包括充当微裂纹阻止器，并为高温下沥青的膨胀提供分散足够的空间。过多的孔隙会加速微裂纹的生长，过少的孔隙会导致沥青泛油，并增大塑料变形。过多的孔隙也会使得空气和水迅速进入沥青混凝土层的内部，加速老化和水损害。与矿粉颗粒一样，孔隙必须小且分散均匀，才能对混合料的刚度产生预期的影响。

小结

沥青混凝土的刚度取决于多种因素，如应力状态、温度、加荷速率、混合料组分以及各组分的力学性能和表面能特性。不可能从经验上评估这些因素对沥青混凝土刚度具体数值的相互作用。幸运的是，可以采用微观力学和粘弹性断裂力学等学科的相关原理，来确定这些因素如何影响混合料的刚度。下一节将概述这些原理在沥青混凝土混合料中的应用。

沥青混凝土刚度的表征

沥青混凝土刚度的表征是指从力学（包括微观力学和断裂力学）发现的应力、应变、温度、加荷速率、湿度和组分之间的数学关系。沥青在未损伤状态下的刚度不同于在损伤状态下的刚度，这种差异与材料的表面能、黏附和内聚断裂与愈合、塑性与粘塑性、水损害特性等因素有直接关系。当已知各组分材料的性能时，复合材料性能微观力学的表征方法可以参考大量的技术文献。接下来将讨论受损和未受损沥青混凝土刚度表征的要点。

未损伤时的刚度

几种微观力学方法中都假定：加荷时施加到复合材料上的应变能都全部存储在复合材料的各组成材料中。当复合材料卸载时能量也是如此释放的。目的是获得一种单一的刚度，该刚度将复合材料视为均质材料，但以与复合材料相同的方式吸收和释放应变能。通过几种基本的微观力学方法可以得到刚度的上限和下限。通过这个数学过程可以得到复合材料的剪切模量 G^* 与嵌入固体组成物的基体的剪切模量 G_m 之比，基体用于嵌入固体组成物。关系如式（3-7）所示（Christensen，1991；Aboudi，1991）：

$$\frac{G}{G_m}=1-\frac{15(1-\nu_m)\left[1-\left(\frac{G_i}{G_m}\right)\right]c_i}{7-5\nu_m+2(4-5\nu_m)\left(\frac{G_i}{G_m}\right)} \tag{3-7}$$

式中　G_m、G_i——基体和组成物的剪切模量；

ν_m——基体的泊松比；

c_i——组成物占总体积的比例。

当组成物是刚性的或是空洞两种情况时，分别大致相当于沥青基体中的集料颗粒和空隙。

对刚体颗粒，剪切模量关系如式（3-8）所示：

$$\frac{G}{G_m}=1+\frac{5}{2}c_i \tag{3-8}$$

这个关系式最早由爱因斯坦发表（Einstein，1956）。在壳牌诺莫图采用了它的某种修改的形式，可以用来从沥青的刚度估算混合料的刚度（Heukelom 和 Klomp，1964；Van der Poel，1954）。

对空隙，剪切模量关系如式（3-9）所示：

$$\frac{G}{G_m}=1-\frac{5}{2}c_i \tag{3-9}$$

利用这些方程可以粗略估算沥青混凝土的剪切刚度与沥青的剪切刚度之间的关系（式3-8），或沥青中的气泡对沥青的刚度的影响，见式（3-9）。

复合材料的体积模量的对应关系如式（3-10）所示（Christensen，1991）：

$$\frac{K-K_m}{K_i-K_m}=c_i\frac{4G_m+3K_m}{\left[4G_m+3K_i+3(K_m-K_i)c_i\right]} \tag{3-10}$$

式中　K——复合材料的体积模量；

K_m、K_i——基体和组成物的体积模量；

G_m——基体的剪切模量；

c_i——组成物占总体积的比例。

还有很多其他不同关系式可估算复合材料的体积模量，这些关系式采用的数学方法略微不同，但都有其局限性。通过这些公式估算出的复合材料的体积模量和剪切模量，可以进一步估算复合材料的杨氏模量和泊松比。认识到这些局限性，其后开发的单元法采用一种数值方法来估算体积模量和剪切模量以及其他材料特性，该方法考虑了组成物的一维、二维或三维几何形状（Aboudi，1991）。数值计算结果与实测结果非常吻合。利用这些微观力学方法估算的其他性能，包括热膨胀系数、导热系数、蠕变柔量和松弛模量、时温位移函数、电导率和介电常数，以及复合材料在其他材料中的各向异性屈服强度等（Christensen，1991）。

由于沥青混凝土刚度是一种粘弹性，而不是弹性性质，因此常常需要将复合材料各组分的粘弹性性质转化为有效的复合材料粘弹性性质。这可以用同样的微观力学公式和相应的原理来实现，见式（3-11）、式（3-12）和式（3-13）。式（3-10）的有效弹性体积模量公式，可以在模量项上加"横线"改写为式（3-11）（Christensen，1991）：

$$\frac{\overline{K}-\overline{K}_m}{\overline{K}_i-\overline{K}_m}=c_i\ \frac{4\overline{G}_m+3\overline{K}_m}{\left[4\overline{G}_m+3\overline{K}_i+3(\overline{K}_m-\overline{K}_i)c_i\right]} \tag{3-11}$$

K 或 G 上的横杠的意义是松弛模量的拉普拉斯变换乘以 s（Carson 变换），即拉普拉斯变换参数，见式（3-12）。

$$\overline{K}(s)=s\int_0^\infty K(t)\mathrm{e}^{-st}\,\mathrm{d}t \tag{3-12}$$

式（3-11）是复合材料体积模量 $K(s)$ 的拉普拉斯变换解，将整个表达式倒转可以得到复合材料的有效体积松弛模量的函数 $K(t)$。通过类似的计算可得到复合材料的有效剪切松弛函数 $G(t)$。这个表达式的反演通常是用数值方法来完成的，尽管其闭合形式可能使用了 Schapery 近似拉普拉斯逆变换方法（Schapery，1962，1965）。由于估算弹性复合材料的体积模量和剪切模量的方法不同，通常有必要通过与实际测试结果的比较来验证换算结果的可靠性。可用类似的变换将复合材料的复模量转化为有效的复模量。通过这种方法，将计算复合材料的弹性体积模量的公式转化为计算复合材料的复体积模量的公式，如式（3-13）所示（Christensen，1991）。

$$\frac{K^*-K_m^*}{K_i^*-K_m^*}=c_i\ \frac{4G_m^*+3K_m^*}{\left[4G_m^*+3K_i^*+3(K_m^*-K_i^*)c_i\right]} \tag{3-13}$$

公式中带星号的 K 项和 G 项是基体及组成物的复体积模量和复剪切模量，它们都有一个实分量和一个虚分量，见式（3-14a）、式（3-14b）和式（3-14c）（Christensen，1991）：

$$K_m^*(\omega)=K_m'(\omega)+iK_m''(\omega) \tag{3-14a}$$

$$K_i^*(\omega)=K_i'(\omega)+iK_i''(\omega) \tag{3-14b}$$

$$G_m^*(\omega)=G_m'(\omega)+iG_m''(\omega) \tag{3-14c}$$

如果材料是非线性粘弹性的，上面给出的公式必须作为近似处理。但这些公式形式是正确，因为考虑到了复合材料各组成部分的应变能储存。

微裂纹对刚度的影响

由于能够利用对应关系将关于沥青混凝土刚度的弹性解转化为粘弹性公式，人们确信可以使用弹性理论推导关系将其他性能，如蠕变柔量、松弛模量、复柔量或复模量，也转换成合适的粘弹性形式。在沥青混凝土上进行重复荷载试验时，其刚度随加荷次数的增加而降低。然而，真实情况是在材料中形成了少量微裂纹，导致材料模量明显减小。如图 3-8 所示，两个条上施加了相同的拉伸应力。

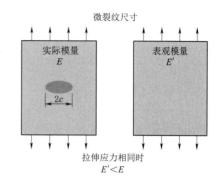

图 3-8　微裂纹对表观模量的影响

左边是实际情况的胶带，其中有一条长度为 $2c$ 的裂缝。右边是一个完好的胶带，其表观弹性模量为 E'。在与左侧实际情况胶带存储了相同的应变能，且实际弹性模量 E 不变的条件下，要得到表观弹性模量 E'，则材料的表观弹性模量与实际弹性模量之比见式（3-15）：

$$\frac{E'}{E}=\frac{1}{1+2\pi\dfrac{c^2}{bh}\left(1-\dfrac{8\varGamma E}{\sigma^2 c}\right)} \tag{3-15}$$

式中　c——裂纹长度的一半；

　　b，h——胶带的宽度和长度；

　　$\varGamma$——材料的断裂表面能；

E、E'——材料未损坏时的弹性模量和明显损坏时的弹性模量；

　　σ——胶带上施加的拉应力。

若对同一条胶带重复加荷，且随着加荷次数的增加，裂纹不断扩展，则实际弹性模量与表观模量的关系如式（3-16）所示：

$$\frac{E'}{E}=\frac{1}{1+2\pi\dfrac{c^2}{bh}\left[1-2\varGamma\left(\dfrac{4At}{\dfrac{\mathrm{d}W}{\mathrm{d}N}}\right)^{\frac{1}{1+n}}\right]} \tag{3-16}$$

式中　t——胶带厚度；

　　A、n——Paris-Erdogan 断裂定律参数；

　　$\dfrac{\mathrm{d}W}{\mathrm{d}N}$——每次加荷循环耗散的应变能的变化率；

　　N——加荷重复次数。

若不是单个长度为 $2c$ 的大裂纹，而是分布着不同尺寸的、裂纹密度为（m/bh）的微裂纹，则表观弹性模量与实际弹性模量之比如式（3-17）所示：

$$\frac{E'}{E}=\frac{1}{1+2\pi c^{-2}\left(\dfrac{m}{bh}\right)\left[1-2\varGamma\left(\dfrac{4At}{\dfrac{\mathrm{d}W}{\mathrm{d}N}}\right)^{\frac{1}{1+n}}\right]} \tag{3-17}$$

式中 m——胶带中微裂纹的数量；

（m/bh）——微裂纹的密度；

$\bar{c}$——平均裂缝尺寸。

式（3-16）和式（3-17）均表明，刚度的表观损失取决于材料的断裂特性 A 与 n、微裂纹密度（m/bh）、每次加荷循环耗散应变能的瞬时变化率（dW/dN）和微裂纹平均尺寸 c。

如果材料是粘弹性的，而不是前例中的弹性材料，那么在每次加荷循环中消耗的部分能量是克服材料的粘滞阻力的，而不作用于材料损伤。为了在材料的表观松弛模量和实际松弛模量之间建立正确的关系，有必要对没有直接作用于材料损伤的耗散能量进行修正。为了进行这种修正，引入了"伪应变能"的概念。伪应变的概念将在第 7 章中详细介绍，此处重复是为了强调它在本章内容的应用中的细微差别。伪应变能是作用于材料损伤的耗散能。梁试件的典型疲劳试验过程如图 3-9 所示。

加荷后再减荷，必须施加反向力，才能使梁恢复到最初的无应变位置。载荷与挠度关系图必须加以修正，以减去克服梁上下运动时的粘性阻力所需要的能量。可以通过在低应力水平下对材料进行松弛测试，先得到梁的松弛模量。然后对梁的应变速率过程进行卷积积分，预测梁的线性粘弹性应力 $\delta_{LVE}(t)$ 过程。将计算出的线性粘弹性应力与实测应力做图，如果得到如图 3-10 所示的直线，表明材料为线性粘弹性。反之，如果是如图 3-10 所示的封闭曲线，则表明为非线性粘弹性材料。

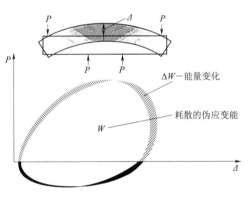

图 3-9 梁试件的典型疲劳试验过程

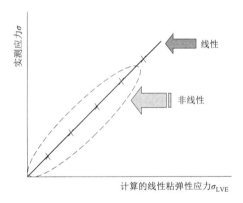

图 3-10 计算的粘弹性应力

将计算得到的线性粘弹性应力除以基准模量，其结果为应变形式，称为伪应变。通过这种方法，将实测与计算的线性粘弹性应力的关系图转换为应力与伪应变的关系图，并将封闭曲线环内的面积转换为耗散的伪应变能，如图 3-11 所示。

耗散的伪应变能是在材料加荷和卸载过程中损失的能量减去克服材料的粘性阻力损失的能量，它代表的是造成材料损坏的能量。因此，如果材料反复加荷卸荷，而闭合曲线环的形状和面积没有变化，则代表材料没有改变，没有损伤。材料的损伤可以由耗散的伪应变能环的形状和面积的变化来表征。图 3-12 显示了耗散的伪应变能环中的一个微小变化。

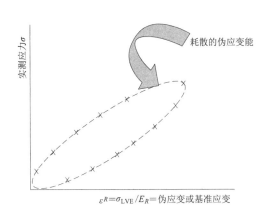

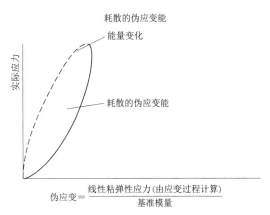

图 3-11　耗散伪应变能示意图　　　　图 3-12　由耗散的伪应变能的变化表征的损伤

一个加荷和卸载循环中的微小改变可以随着重复的加载循环不断积累，损伤也相应地不断增加。为了使伪应变能与实测能量消耗相匹配，基准模量 E_R 必须是材料的真实模量，即用测得的最大应力除以最大应变。该耗散伪应变区相对于微裂纹表面积的变化率被定义为伪 J 积分，并应用于断裂力学的基本定律中，所有的断裂预测都是用该定律推导出来的。Schapery（1984）提出的基本定律如下：

$$2\Gamma = E_R D(t_a) J_R \tag{3-18}$$

式中　Γ——材料的粘性断裂表面能；

　　　E_R——材料的基准模量；

　　$D(t_a)$——材料的蠕变柔量；

　　　t_a——裂纹扩展过程中通过断裂区域（长度为 a）所需的时间；

　　　J_R——伪 J 积分。

这个断裂基本定律的几个应用实例见第 12 章，这里不再重复。式（3-18）中给出的定律适用于内聚力断裂（cohesive fracture）。对于粘聚断裂（adhesive fracture），公式稍有不同，需考虑粘合界面处的材料之间的相互作用，甚至包括在界面上可能存在的第 3 种材料（如水）的影响。从各组分材料的表面能计算内聚强度和粘结强度的方法也将在第 12 章中进行了说明。因此，考虑到反复加荷时耗散的伪应变能的变化率，非线性粘弹性材料的损伤模量与未损伤模量之比的表达式如式（3-19）所示：

$$\frac{E}{E'} = 1 + 2\pi\left(\frac{m}{bh}\right)\left\{\int c^2\left[1 - 2\Gamma\left(\frac{4At}{\frac{dW_R}{dN}}\right)^{\frac{1}{1+n}}\right]p(c)dc\right\} \tag{3-19}$$

对已经开裂损坏的材料，如果在反复加荷之间留出一定的时间，使裂缝闭合并修复断裂，材料就会愈合。愈合是断裂的补偿，只是湿润或愈合表面能的极性和非极性部分在愈合中的作用不同与它们在断裂中的作用。在断裂过程中，它们都能抵抗断裂。在愈合过程中，润湿的极性表面能越强，越有助于形成愈合键；而润湿或愈合的非极性表面能越强，它们越抗拒断裂键的修复。非极性表面能，基本属于 Lifshitz-vander Waals forces（利夫什茨-范德华力），会在数秒的时间内影响短期愈合的速度。极性表面能，主要是氢键，会影响以分钟和小时范围内的长期愈合速率。因此，在反复的交通荷载作用下，路面可能出现微裂缝，甚至出现大的扩散性的剪切裂缝，如图 3 - 13 所示。但如果铺筑路面采用的沥青混凝土能够良好抵抗断裂和愈合，在低交通流量时期，某些微裂缝甚至一些扩散性的裂缝也可能会大幅愈合，并恢复材料的大部分原始强度和刚度。

对沥青混凝土路面性能的另一个值得关注的问题是其塑性刚度。一种材料如会大量或高频率地产生车辙是不受欢迎的。图 3 - 14 为沥青混凝土在反复荷载作用下形成的塑性应变的典型图示。初期形成车辙的速率很快，随着沥青变硬、塑性蠕变柔量降低后减缓下来，最终趋于塑性应变为 ε_0^P 的水平渐近线。

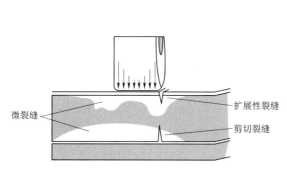

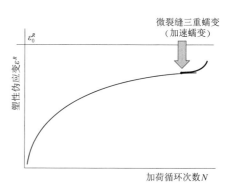

图 3 - 13　交通荷载作用下的微裂纹和扩展裂缝　　　图 3 - 14　重复加荷下的塑性伪应变累积

有时候沥青混凝土变得太硬、太脆，很容易出现微裂缝。按照前述的微裂缝形成过程，此时沥青混凝土会软化，塑性应变曲线急剧攀升。描述这种加荷-硬化和材料塑性柔量增长率减缓过程的方程如式（3 - 20）所示：

$$D^P(N) = \left(\frac{\varepsilon_0^P}{\Delta\sigma}\right) \mathrm{e}^{-\left(\frac{\rho}{N}\right)} \qquad (3 - 20)$$

式中　$D^P(N)$——沥青混凝土的塑性蠕变柔量，随着循环加荷速率的减缓而增大；

　　　　ε_0^P——塑性应变的最大或渐近值；

　　　　ρ，β——塑性柔量曲线的尺度因子和形状因子；

　　　　$\Delta\sigma$——循环加荷应力。

该方程的 ρ 是一个尺度因子，β 是一个具有重要物理意义的形状因子，可用它测定沥青混凝土塑性蠕变柔量的对数递减率。系数 ε_0^P 是塑性应变累积接洽的渐近值。如果用塑性应变渐近值除以导致相应的循环加荷应力，就可以得到材料的最大塑性蠕变柔量，见式（3 - 21）：

$$D_\infty^P = \frac{\varepsilon_0^P}{\Delta\sigma} \qquad (3 - 21)$$

材料塑性蠕变柔量 D 的对数变化率为常数 β，如图 3 - 15 所示。

从图中还可以看出，随着塑性蠕变柔量减小，材料变硬使得微裂缝更易于生成。

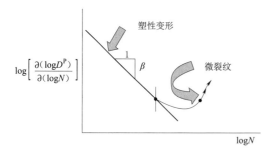

图 3 - 15　微裂纹和塑性变形

随着微裂缝的生成和增多，材料软化，塑性变形加速，偏离直线形成向上弯的曲线。如果塑性柔量 $D^P(N)$ 相对于 $\log(N)$ 的变化率为常数，则指数 β 在数值上等于蠕变柔量指数 n。即使该变化率不是常数，斜率 β 也十分接近于蠕变柔量指数 n。这个指数在沥青混凝土的断裂和愈合过程中有重要作用，也非常接近于相同材料中塑性应变累积速率的对数值。它还制约了微裂纹对沥青混凝土的软化速率，以及微裂纹对材料永久变形的加速速率（即加速蠕变）。意味着这两个指数是衡量路面恶化速度的重要指标，因此最好能在现场实际测量在役路面的这些特性。

微裂纹与塑性是密切相关的。前者减小了沥青混凝土的刚度，而后者则增加了刚度。降低刚度的其他类型的损伤包括水损害和老化，老化使沥青混凝土更脆，更易出现微裂缝。水损害的成因、测量和预测将在第 12 章中详细讨论。

结论

沥青混凝土的刚度属于材料属性，是沥青路面性能的核心。它取决于许多因素，包括应力状态、温度、湿度、应变速率和损伤情况。在实验室和现场都能够精确地测量它，对于现在和将来能够实现路面的设计、施工和管理都是至关重要的。随后的章节中介绍了沥青混凝土刚度的测量方法和注意事项。进行这些测量的绝大部分原因是，在所有与路面有关的工程和施工操作中，用计算机力学模型进行数值预测正发挥着越来越大的作用。在力学模型要求的材料性能中，沥青混凝土刚度是最重要的性能之一。沥青混凝土的组成决定了它在损坏和未损坏状态时的刚度，也决定了在通车情况下对各种施加其上的压力的反应。混合料关键组分的细微变化会对荷载作用下的材料的行为产生巨大的影响，这也是施工质量控制在未来将成为一个越来越重要的角色的原因。从力学角度上确定所有这些因素是如何影响沥青混凝土刚度的，才有可能识别关键组分，并将它们组合起来得到各种路面需要的特定性能，以满足纳税人、安全及公共政策的期望。

参考文献

1. Aboudi, J. (1991), Mechanics of Composite Materials: A Unified Micromechanical Approach, Elsevier, New York.
2. Adu - Osei, A. (2000)," Characterization of Unbound Granular Layers in Flexible Pavements," Ph. D. dissertation, Texas A&M University, College Station, Tex., December.
3. Allen, J. J. (1973)," The Effects of Non - Constant Lateral Pressures on Resilient Response of Granular Materials," Ph. D. dissertation, University of Illinois at Urbana - Champaign.
4. Christensen, R. M. (1991), Mechanics of Composite Materials, Krieger Publishing Company, Malabar, Fla.
5. Daniel, J. S., and Kim, Y R. (1998),"Relationships among Rate - Dependent Stiffnesses of Asphalt Concrete Using Laboratory and Field Test Methods," Transportation Research Record No. 1630, Transportation Research Board, National Research Council, Washington, D. C., pp. 3 - 9.
6. Einstein, A. (1956), Investigations of the Theory of Brownian Movement, Dover, New York.
7. Findley, W. N., Lai, J. S., and Onaran, K. (1989), Creep and Relaxation of Nonlinear Viscoelastic

Materials, Dover, New York.

8. Good, R. J. , and van Oss, C. J. (1991),"The Modern Theory of Contact Angles and the Hydrogen Bond Components of Surface Energies," in Modern Approaches to Wettability (M. E. Schrader and G. Loeb, eds.), Plenum Press, New York.

9. Heukelom, W. , and Klomp, A. J. G. (1964),"Road Design and Dynamic Loading," Proceedings, Association of Asphalt Paving Technologists, Ann Arbor, Mich.

10. Lade, P. V, and Nelson, R. D. (1987),"Modeling the Elastic Behavior of Granular Materials," International journal for Numerical and Analytical Methods in Geomechanics, Vol. 11, No. 5, pp. 521 – 542.

11. Lytton, R. L. , Uzan, J. , Fernando, E. M. , Roque, R. , Hiltunen, D. , and Stoffels, S. M. (1993),"Development and Validation of Performance Prediction Models and Specifications for Asphalt Binders and Paving Mixes," SHRP A – 357 Report, National Research Council, Washington, D. C.

12. Lytton, R. L. (2000),"Characterizing Asphalt Pavements for Performance," Transportation Research Record No. 1723, Transportation Research Board, National Research Council, Washington, D. C. , pp. 5 – 16.

13. Schapery, R. A. (1962),"Approximate Methods of Transform Inversion for Viscoelastic Stress Analysis," Proceedings, 4th U. S. National Congress of Applied Mechanics, p. 1075. Schapery, R. A. (1965),"A Method of Viscoelastic Stress Analysis Using Elastic Solutions," Journal of the Franklin Institute, Vol. 279, No. 4, pp. 268 – 289.

14. Schapery, R. A. (1984),"Correspondence Principlesand a Generalized J – Integral for Large Deformation and Fracture Analysis of Viscoelastic Media," International journal of Fracture, Vol. 25, pp. 195 – 223.

15. Tseng, K. – H. , and Lytton, R. L. (1989),"Prediction of Permanent Deformation in Flexible Pavement Materials," in Implications of Aggregates in the Design, Construction, and Performance of Flexible Pavements, STP 106, ASTM, Philadelphia, Pa. , pp. 154 – 172.

16. Tutumluer, E. , and Seyhan, U. (2002),"Characterization of Cross – Anisotropic Aggregate Base Behavior from Stress Path Tests," Proceedings, 15th ASCE Engineering Mechanics Division Conference, Columbia University, New York.

17. Van der Poel, C. (1954),"A General System Describing the Visco – Elastic Properties of Bitumens and Its Relation to Routine Test Data," Shell Bitumen Reprint No. 9, Shell Laboratorium – Koninklijke, Amsterdam, Netherlands.

第4章　沥青混凝土复模量的表征方法

Terhi K Pellinen

摘要

在美国用来表征沥青混合料复模量的试验有两种：动态模量$|E^*|$试验和动态剪切模量$|G^*|$试验，即单剪试验机（SST）剪切频率扫描试验。新版 AASHTO 路面设计指南选择了动态模量试验，它将取代目前路面设计中使用的弹性模量试验。其中动态模量试验的新协议包括改进试件检测仪器的技术水平和试验数据分析方法。采用不同的信号分析方法进行的研究表明，模量对试验数据缺陷的敏感性小于相位角。但是，通过限制标准正弦波偏差的反馈波形，可以提高模量和相位角的数据质量。对比单轴动态模量$|E^*|$和 SST 剪切模量$|G^*|$表明，所测得的剪切模量有可能比理论预测值低 2～30 倍，而且随着试验温度升高，误差增大；SST 试验得到的相位角数据也明显高于单轴试验。据推测，SST 试验的测试仪器和试件尺寸问题是造成这种差异的主要原因。此外，不同的试件加载方式也可能影响得到的参数值。有人开发了一种利用 S 型拟合函数和试验位移，构建循环模量数据主曲线的新方法。在低温和高温下，S 型函数都趋近于混合料的极限刚度。在低温下，极限刚度与胶结料的玻璃化模量（the glassy modulus）有关，而在高温下，极限刚度与集料骨架（aggregate skeleton）的模量有关。研究还表明，刚度与车辙和疲劳开裂有很好的相关性，因此可以作为一种简单的性能试验，作为高性能沥青路面（Superpave）体积配合比设计方法的补充。

　　［译者注：Superpave 是 Superior Performing Asphalt Pavement 的缩写，中文意思就是"高性能沥青路面"。Superpave 高性能沥青路面，是美国 SHRP 计划（SHRP）的研究成果之一。Superpave 沥青混合料设计法是一种全新的沥青混合料设计法，包含沥青胶结料规范，沥青混合料体积设计方法，计算机软件及相关的使用设备、试验方法和标准。］

简介

　　采用弹性层理论进行路面设计时，需要每层材料的两个弹性参数：弹性模量（刚度）和泊松比。在力学-经验结构路面设计过程中，更为广泛使用的沥青混合料刚度参数是动态模量$|E^*|$。在亚利桑那州立大学（ASU）的 NCHRP 1-37A 项目采用了 2002 年版 AASHTO "路面结构设计指南"，其中也用动态模量来表征沥青混合料。此外，动态模量对于力学建模的重要性也将在本书的其他章节中进行讨论。动态模量将取代目前用于路面设计的弹性模量试验。本章讨论了一种动态模量试验方案的进展，并提出了对不完善的正

弦循环试验数据（imperfect sinusoidal cyclic test data）进行分析时的一些注意事项。此外，还将讨论作为热拌沥青（HMA）性能指标的刚度问题。

〔译者注：力学-经验法路面设计，参阅《Mechanistic - Empirical Pavement Design Guide - A Manual of Practice》，即 AASHTO 的"力 学 - 经 验 法 路 面 设 计 指 南"（MEPDG）。力学-经验法路面设计指南 MEPDG 由 AASHTO 和美国国家合作公路研究项目（NCHRP）于 2004 年推出，目前 MEPDG 已在美国超过 40 个州内采用并推广，并引起了世界范围内的广泛注意。该设计指南在各层材料的特性和气候条件的基础上采用力学方法计算路面结构关键反应（即应力、应变、变形）。而用经验方面的方法设计来弥补室内试验和现场性能之间的差距，也反过来用来反映当地实际的施工水平和其他变异性的因素。MEPDG 基于力学-经验原理，为柔性路面、刚性路面及复合路面的设计提供了统一的基础，并采用共同的交通、路基、环境及可靠度设计参数，不但能预测多种路面性能，还在材料、路面结构设计、施工、气候、交通及路面管理系统之间建立联系。与传统的经验方法相比，力学-经验法是路面设计理论的又一次革新。〕

构建主曲线是表征混合料特点的关键。采用主曲线才能综合考虑交通速度、气候影响以及老化路面和损伤模型的响应等。本章介绍了利用 S 型拟合函数和试验修正来构建沥青混合料主曲线的新方法，并介绍了基于应力的主曲线构造方法。

在美国用来表征沥青混合料复模量的试验有两种：动态模量$|E^*|$试验和动态剪切模量$|G^*|$试验。本文讨论了这两种试验在用于配合比设计和路面设计时的差异。

复模量

对于解决沥青混合料和胶结料在循环荷载作用下的粘弹性行为，复数是一种方便的工具。一维正弦荷载可以用复数形式表示为：

$$\sigma^* = \sigma_0 e^{i\omega t} \tag{4-1}$$

以及由此产生的应变为：

$$\varepsilon^* = \varepsilon_0 e^{i(\omega t - \varphi)} \tag{4-2}$$

将轴向复模量$E^*(i\omega)$定义为复数：

$$\frac{\sigma^*}{\varepsilon^*} = E^*(i\omega) = \left(\frac{\sigma_0}{\varepsilon_0}\right) e^{i\varphi} = E_1 + iE_2 \tag{4-3}$$

式中　σ_0——压力幅值；

　　　ε_0——应变幅值；

　　　ω——角速度。

角速度与频率有关：

$$\omega = 2\pi f \tag{4-4}$$

在复数平面上，复模量$E^*(i\omega)$的实数部分为存储模量或弹性模量E_1，虚数部分为损耗模量或黏性模量 E_2，如图 4-1 所示。对于弹性材料，$\varphi = 0$；对于粘性材料，$\varphi = 90°$。另一种命名方式是将存储模量称为 E'，损耗模量称为 E''。

当线性粘弹性材料受到单轴压缩、拉伸或剪切加载时，就会导致稳态应变 $\varepsilon = \varepsilon_0 \sin(\omega t - \varphi)$ 与应力相位之间存在滞后角 φ，如图 4-2 所示。

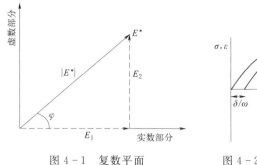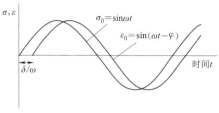

图 4-1　复数平面　　　　　图 4-2　循环加载时的正弦应力和应变

可以用应力和应变幅值的比值 σ_0/ε_0 定义动态（或循环）模量 $|E^*(\omega)|$，如式（4-5）所示：

$$|E^*(\omega)| = \sqrt{E_1^2 + E_2^2} = \frac{\sigma_0}{\varepsilon_0} \tag{4-5}$$

其中，E_1 和 E_2 可以表示为相位滞后或滞后角的函数：

$$E_1 = \frac{\sigma_0 \cos\varphi}{\varepsilon_0} \text{ 和 } E_2 = \frac{\sigma_0 \sin\varphi}{\varepsilon_0} \tag{4-6}$$

滞后角的正切代表了循环变形中损耗能量和储存能量的比值：

$$\tan\varphi = \frac{E_2}{E_1} \tag{4-7}$$

从图 4-1 可见，动态模量值可以用复数模量向量 E^* 在复数平面上的长度表示。需要注意的是，由于试验时可能使用正应力或切应力，所以复数模量的模，既可以是 $|E^*|$ 也可以是 $|G^*|$。对沥青材料的粘弹性，混合料的相位角通常用 φ 或 $\varPhi$ 表示，胶结料的相位角用 δ 表示。

复数平面又称科尔-科尔平面（Di Benedetto 和 de la Roche，1998），或对数坐标系（the Black space），可以用来检查试验数据的质量。在复数平面中，存储模量 E_1 为实轴（x 轴），损耗模量 E_2 为虚轴（y 轴）。图 4-3（a）给出了一个用复数平面记录动态模量试验数据的例子，通过使用复数平面可以评价中低温条件下的数据。在复数平面上绘出复模量 E^* 的数据点，应该能形成一条独特的、与频率和温度无关的曲线。

［译者注 1：科尔-科尔平面——1941 年 K. S. Cole 和 R. H. Cole 对复数介电常数 $\varepsilon^*(\omega) = \varepsilon'(\omega) - j\varepsilon''(\omega)$ 的试验值提出一种图示方法，利用在各频率测得的 ε' 和 ε'' 值，在复平面上做出 ε'' 对 ε' 的图形，通常称为 Cole - Cole 图。从 Cole - Cole 图的形状可以推断介质的弛豫性能是服从只有单一弛豫时间的 Debye 型弛豫，还是遵从具有弛豫时间分布的其他类型的弛豫。］

［译者注 2：布莱克空间（the Black space），是对数坐标系，横坐标为对数值。］

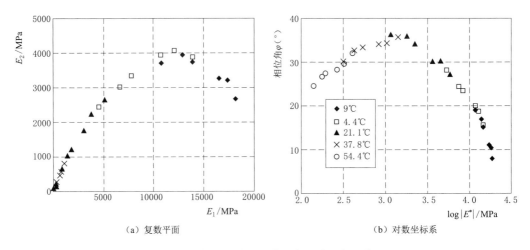

(a) 复数平面　　　　　　　　　　　　　　　(b) 对数坐标系

图 4 - 3　复数平面内和对数坐标系内的 $|E^*|$ 和 φ

(Pellinen 等，2002，美国土木工程师协会)

在对数坐标系中，模量值采用对数，相位角采用算术数。通过使用对数坐标系可以更好地评价高温下的数据，如图 4 - 3 (b) 所示。与复数平面相似，对数坐标系也表明复模量和相位角都与频率、温度无关。通过对数坐标系，还可以估算极低温下复模量的纯弹性分量 $E(\varphi=0)$。在文献中，对数坐标系图都用来分析动态模量 $|E^*|$ 或 x 轴上相位角 φ。

试验方案

在美国常用来表征沥青混合料材料的两种复模量试验是动态模量 $|E^*|$ 试验和剪切模量 $|G^*|$ 试验，亦即众所周知的单剪试验仪 (SST) 剪切频率扫描试验。

还可以采用一些其他试验装置和其他几何形状的试件测试混合料的复模量，比如使用小梁弯曲试验，和各种形式的剪切试验 (Di Benedetto 等，2001)。一些试验是同构的，即通过测试可以直接获得应力和应变，从而直接得到本构定律。还有一些试验是异构的，即要求先假定本构定律 (如线弹性)，并且需要得到与试件几何形状有关的参数，才能应用本构定律。

本章介绍的重点是轴向动态模量试验和 SST 剪切模量试验，当然涉及的某些数据分析方法和仪器问题也适用于任何循环试验。这两个试验都是同构试验。

SST 剪切频率扫描试验

利用 SST 进行的剪切频率扫描试验是由美国公路战略研究计划 (SHRP) 研究项目开发的。该试验方案最初被称为 SHRP 导则 M - 003："使用 Superpave 剪切试验机测定改性和未改性热拌沥青的剪切刚度性能的标准试验方法" (Harrigan 等，1994)。后来，美国国家高速公路和交通运输协会 (AASHTO) 采用该试验方案作为临时标准：AASHTO TP7 - 94 导则 (AASHTO，1994)。

恒高剪切频率扫描 (SFSCH) 是一种应变控制试验；最大剪切应变被限制为 100 个微应变。试验过程中，水平剪切应变采用正弦应变模式，频率为 $10 \sim 0.01\,\text{Hz}$。同时，通过附在试件两侧的纵向 LVDTs（线性差动位移计）的闭环反馈，对试件进行轴向压缩或拉伸，使试件高度保持恒定。如图 4 - 4 所示，在试件底部施加剪切应变。圆柱试件直径为 150mm，高度为 50mm，粘贴在两个铝板之间。根据 TP7 试验方案，试验在 4℃、20℃ 和 40℃ 条件下进行，但是也使用过更高的温度。在高温下，两个执行器的应变控制模式使测试难以进行，并且非常软的混合物会在高温下引起严重的控制

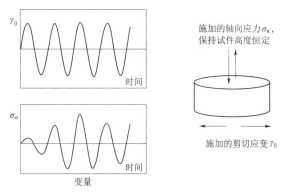

图 4 - 4 剪切频率扫描试验示意图

问题。此外，试验温度限制在 4℃ 以上，是因为在较低温度下，混合料的刚度可能超过胶水的刚度，试件可能会从压板上剪切下来。

压缩动态模量试验

背景情况

1979 年，复数动态模量试验初次被美国试验与材料学会（ASTM）列为标准方法——沥青混凝土混合料动态模量试验方法（ASTM D 3497—1979）。试验施加 $0 \sim 241$kPa 的半正矢荷载，温度为 5℃、25℃ 和 40℃，频率为 1Hz、4Hz 和 16Hz。

［译者注：Haversine，半正矢。在三角函数中，称 $1/2(1 - \cos\alpha)$ 为角 α 的半正矢，记作 $\text{hav}\alpha$，即 $\text{hav}\alpha = 1/2(1 - \cos\alpha)$。半正矢函数为正矢（versed sine）函数乘以 1/2，在三角函数中，称 $1 - \cos\alpha$ 为角 α 的正矢，记作 $\text{vers}\alpha$，即 $\text{vers}\alpha = 1 - \cos\alpha$。半正矢函数是非常罕见三角函数的一种，现已经很少使用。］

马里兰大学（UMd）的 Witczak 等在试验方案中增加了额外的温度和频率（Witczak 等，1996；Witczak 和 Kaloush，1998；Pellinen 和 Witczak，1998），以构建完整的沥青混合料主曲线。他们使用的试验温度范围为 $15 \sim 55℃$，频率范围为 $25 \sim 0.1$Hz。

在原 ASTM 试验方案中，试样采用高径比 $\geqslant 2$ 的带盖圆柱体试件，加载单轴压缩半正矢应力，如图 4 - 5 所示。试验以荷载控制模式进行，在整个频率扫描过程中保持荷载稳定。然而，作

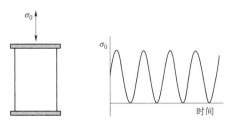

图 4 - 5 压缩动态模量试验的加载模式

为试验温度的函数，荷载水平需要降低以保持被测的应变水平较小，并在初始蠕变［即试件的可恢复性和不可恢复性（永久性）应变累积］产生后，实现稳态应变模式。

在马里兰大学的试验项目中，Witczak 等使用了相同的加载方法。他们创建了一个大型数据库，用于开发动态模量预测方程（Andrei 等进行了改进，1999），将用于改版路面设计指南，预估沥青混合料刚度的初始近似值。

近年来，在简单性能试验和改进路面设计指南等方面的工作，推动了动态模量试验

的新研究和试验方案开发。下一节将讨论在进行循环正弦试验时应该解决的试验方案问题。

试件制作及仪器设备

在多年的试验中，各种测试技术在不断发展。在早期的试验开发中，用应变计测量位移，而现在使用弹簧加载式位移传感器（LVDT）测量变形。在美国马里兰大学的早期研究中，Witczak 等将这些 LVDTs 垂直夹紧在试件轴向相对的两侧来测量变形。

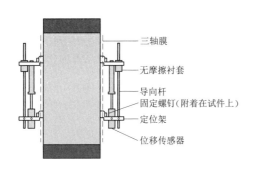

图 4-6　测量点示意图（不按比例）
（Witczak 等，2000。已获沥青路面技术协会授权使用）

Superpave 模型管理研究团队（Witczak 等，2000）开发了一种试件检测装置。轴向变形由装在支架上的 LVDT 测量，支架粘在试件上，示意图如图 4-6 所示。在测量支架中，LVDT 固定在定位架上，定位支架再用螺丝连接在固定螺钉上。此外，这种装置还加有一根导向杆，用于防止试件高温膨胀时 LVDT 滑脱。这种装置允许在试件周围使用薄膜进行受侧限测试，它还可以防止样品周围的夹具在高温时对试件的约束。虽然一般选取相距 180°的两个位置进行变形测量，但是建议在相距 120°的 3 个位置进行测量，以尽量减少重复试验、减少试件数量。对在试验中表现出大的不可恢复变形的沥青试件，这种装置是必需的。

多年来，试验室中制备试件的压实方法一直在变化。早期的压实方法包括揉压法和轮碾法。在 Superpave 体积配合比设计方法中，采用 Superpave 旋转压实机（SGC）对试件进行压实。该压实机压实的试件也可用于简单性能试验，以及新型路面设计导则的材料特性试验。

试验室测定沥青混凝土刚度的标准试验方案中，假定在试件内产生均匀的应力分布，不受试件尺寸和边界条件的影响。Witczak 等（2000）的一项研究中确定了最小的试样尺寸，该尺寸下使用旋转压实的试验室试件可以得到与试件尺寸（端部效应）和集料尺寸无关的材料性能。试验包括 1、1.5、2、3 等 4 个高径比，70mm、100mm 和 150mm 等 3 个试件直径。并以试件直径作为 LVDTs 的测量标距。试验采用了集料公称粒径分别为 12.5mm、19.0mm 和 37.5mm 的三种混合料。在 4℃和 40℃下进行的动弹模试验中，直径 70mm、高径比为 1.5 或更大的试件的试验结果均可接受。在美国亚利桑那州立大学（ASU）开发的动态模量试验方案中，选择了直径 100mm 和高度 150mm 的试件尺寸，标距为 100mm。

压实后，从直径 150mm 的旋转压实试件的中心，钻芯取出直径 100mm 的圆柱形试件。如果所要求的试件高度为 150mm，则必须在高度至少 170mm 的旋转模内压实试件。这使得每个试件两端 10mm 可以锯掉，以获得与试件轴线垂直的光滑端部。在任何直径方向测量，端部的平面度公差建议值为 0.05mm，可以使用直尺和塞规检查。试件端部与轴线的垂直度公差不得超过 0.5°。

在 ASTM 规程中，要求在试件端部用硫磺砂浆做盖，以确保试件两端平行，防止在试验过程中出现任何偏差和晃动。Witczak 等（2000）则认为试件不应加盖，应在试件端部与压板（硬质钢盘）之间进行降低摩擦处理。这种端部处理方式使用两个由硅酮或真空油脂隔开的、0.5mm 厚的乳胶片，以保证试件中应力分布均匀，并避免加盖后可能引入的任何约束。

控制模式

原 ASTM 试验方案中的控制模式是，在整个频率扫描试验过程中施加恒定的压缩循环荷载，实现以荷载控制方式进行动态模量试验。改版试验方案也计划采用这种方法。然而，由于混合料的粘弹性特性，随着扫描频率的降低，施加的恒定应力会导致相应的弹性应变增加。改版试验方案准备以 150 个微应变作为线性粘弹性区域的限值。然而，当在较高的温度下施加恒定应力时，低频应变可能达到高频应变的 3 倍，而且低频应变的大小也可能超过 150 微应变，虽然高频应变仍保持在 50 微应变。这样对循环应变模式不仅施加了蠕变，还可能造成试件的损伤累积。在数据分析中计算模量和相位值时，需要将这一点考虑进去。

因此，一些欧洲研究者（Di Benedetto 和 de la Roche，1998；Doubbaneh，1995）倾向于采用拉伸-压缩加载的应变控制模式进行循环试验。然而，试件需要粘在拉板上，才能施加拉力。该加载模型平均应力为零，实现了稳态应变模式，消除了蠕变。在试验过程中，应变幅值也可以控制在期望的限值以下。然而在纯拉伸时，应变随时间的变化呈蠕变趋势，未能达到稳态模式。

频率扫描的间歇期

在提出的改进试验方案中，没有讨论频率扫描试验中不同频率间歇期的问题。然而，过去甚至是当前使用的一些控制器，并不能产生连续的频率扫描；每个频率必须单独编程，以至于在每个频率之间有一定的延迟时间或间歇期。在循环试验中，虽说间歇期有助于防止试件过热，但是模量试验的循环次数通常限制在 200 次以内，而且增加的热量也不是问题。然而，间歇期会导致试验期间的瞬态应变得到恢复，这可能会对测得的模量值和选择合适的数据分析方法产生一些影响。

轴向压缩模量与 SST 剪切模量

模量与相位角值的相关性

Witczak 等（2000）比较了 SST 频率扫描试验和单轴动态模量试验，认为由于仪器和样本尺寸问题，SST 试验得到的剪切模量值$|G^*|$并不是一个真正的基本材料性能，比如$|E^*|$。因此，根据 Witczak 等的研究，SST 装置的试验结果可以归类为沥青混合料剪切模量的指标值，而不是基本的材料性能。

这意味着，在需要混合刚度的路面设计应用中，$|G^*|$不能直接替代$|E^*|$。方程（4-8）给出了由 Christensen、Pellinen 和 Bonaquist（2003）开发的一个转换模型，该模

型可用于将 $|E^*|$ 转化为 $|G^*|$。两个模的值在方程中的单位都是 psi：

$$|G^*| = 0.0603 |E^*|^{1.0887} \quad R^2 = 0.93 \tag{4-8}$$

Pellinen 和 Witczak（2002a）的研究得出了类似的结论。对各种密实度等级的混合料，在线性粘弹性区域内，测得的动态模量 $|E^*|$ 和 SST 剪切模量 $|G^*|$ 线性相关系数为 $R^2 = 0.87$。图 4-7（a）显示，在极限低温和极限高温下，试验结果的偏差较大，远超 $|E^*| \approx 2.5 \sim 3|G^*|$ 的刚度比，这个刚度比是以泊松比值 $0.2 \sim 0.5$ 为基础从理论上推导出的。

从动态模量和 SST 剪切模量两种试验测得的相位角值的总体线性相关系数为 $R^2 = 0.61$，在最好的情况下具有良好的相关性。更重要的是，从图 4-7（b）可以看出，在单轴和剪切条件下测得的相位角没有直接的关系。SST 装置测量的相位角值范围为 $12° \sim 70°$，而单轴试验的相位角值范围为 $12° \sim 42°$。

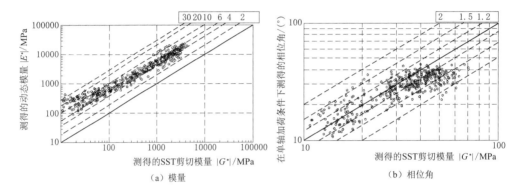

图 4-7 轴向与剪切条件下测得的模量、相位角的关系
（在 MnRoad、FHWA-ALF 和 WesTrack 试验场测得）

（译者注：MnRoad、FHWA-ALF 和 WesTrack 分别是美国三个常设的沥青混凝土路面试验设施。其中 MnRoad 为美国交通部明尼苏达州寒冷气候路面试验设施，位于美国明尼苏达州阿尔伯特维尔市附近，有关资料见 http：//www.dot.state.mn.us/mnroad/；FHWA-ALF 为美国交通部联邦高速公路局路面测试实验室加速加载设施，位于美国弗吉尼亚州乔治敦市派克麦克莱恩，有关资料见 https：//highways.dot.gov/research/laboratories/pavement-testing-laboratory/pavement-testing-facility-overview；WesTrack 为美国交通部热拌沥青混凝土路面加速试验设施，位于美国内华达州雷诺市西南约 100km，有关资料见 https：//infopave.fhwa.dot.gov/Westrack/Overview。）

可以猜测导致这些结果有两种可能：在非常高和非常低的试验温度下，SST 装置可能存在控制问题，或者不同的试件加载方式可能导致不同的材料响应。在单轴压缩加载时，平均应力值始终大于零；而在 SST 装置中，由于剪切应变曲线穿过零点（即对称于横轴波动），平均剪切应变和平均应力幅值均为零，如图 4-4 所示。因此，在较高试验温度下，单轴压缩试验受集料骨架效应（弹性）的影响较大，测得的相位角值偏低、模量值偏高。当然材料的非均质性和各向异性也可能造成一些差异。

以刚度作为沥青混合料性能的指标介绍

1990 年代中期，战略公路研究项目（SHRP）开发了一种新的配合比设计程序——Superpave 体积配合比设计。然而，与马歇尔混合料设计方法不同的是，新的 Superpave 体积混合料设计程序在体积设计程序部分完成后，不再进行力学试验以检查混合料性能。从近年来实施过程的经验来看，没有力学性能试验的体积混合料设计程序，不足以确保获得可接受的混合料性能。亚利桑那州立大学的 Task - C 项目组（Pellinen 和 Witczak，2002a），即 NCHRP 9 - 19 项目"Superpave 支持和性能模型管理"，进行了一种简单性能试验的开发工作。

拟开发的简单性能试验（SPT）的焦点在于能够测量材料的基本工程性能，这些基本工程性能够向上链接一些（详细病害分析所需的）材料高级特性的测量。在沥青混合料设计过程中考虑的 3 种主要病害是永久变形、疲劳开裂和低温开裂。NCHRP 9 - 19 Task - C 研究任务的主要目标是，从几个候选试验方法中，推荐最有前途的基本 SPT，用于 Superpave 体积混合料设计程序。已研究过的候选 SPT 可归类为刚度相关试验、变形能力试验和开裂试验。

刚性相关试验：对 SPT 的建议

Pellinen（2001）、Pellinen 和 Witczak（2002a）进行的刚度相关室内试验，采用了来自美国国内 3 个不同试验性测试地点的同类混合料。这些地点分别是 MnRoad、FHWA - ALF 和 WesTrack，所有混合料都是密级配混合料。另外，也研究了来自芬兰沥青路面研究项目（ASTO）的两种沥青胶浆碎石混合料（SMA）和两种密级配混合料。ASTO 项目于 1987—1992 年进行，对芬兰沥青混合料进行室内和现场的综合研究（Saarela，1993）。ASTO 试件由芬兰技术研究中心（the Technical Research Center of Finland）制作，在美国亚利桑那州立大学（ASU）进行测试。

试验使用两个同类样本。试件仪器如图 4 - 6 所示。每个试件都在较低的温度下 -9℃、4.4℃ 和 21.1℃，按温度递增的顺序进行了试验，动态应力水平为 138～965kPa。在 37.8℃ 和 54.4℃ 较高温度下，分别使用了 46～68kPa 和 21kPa 左右的应力。对各温度等级，按频率递减顺序进行试验，使用的频率有 25Hz、10Hz、5Hz、1Hz、0.5Hz 和 0.1Hz。在每个频率之间间歇 60s，以便在较低频率重新加载前，试件能够恢复一些，减少试验过程中的可能损伤和热量积累。也尽量保证在所有温度和频率水平下，试验都在不超过 150 微应变的情况下进行。

进行受侧限试验时，在试验框架中配备了一个 3 轴压力室，可施加高达 690kPa 的围压。高温应力水平根据应力强度比确定，应力强度比根据 54.4℃ 高温条件下三轴强度试验测定的粘结力和摩擦参数确定。在较低的温度下，围压（偏应力）根据混合料的刚度确定。与无侧限试验一样，每个频率之间也间歇 60s。

受侧限动态模量试验使用的仪器和试验装置见下面两张照片。图 4 - 8（a）为试件加载到压力室的情况，图 4 - 8（b）为密封的压力室，准备试验。

研究表明，在车辙试验中，可暂时用混合料的动态模量 $|E^*|$ 评价其刚度。对于密级

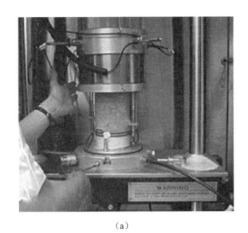

(a) (b)

图 4-8　受侧限动态模量$|E^*|$试验安装图

配混合料，使用较小的应力水平使得试件变形维持在线性粘弹性区域，就可以在无侧限应力状态下得到参数$|E^*|$。限定的试验条件是温度为 54.4℃，频率为 5Hz。在这个条件下，所有混合料都表现出与车辙的最佳相关性。按照时间-温度叠加原理可将试验结果转换到性能标准要求的气候条件和交通速度下。

对芬兰 SMA 混合料的分析表明，与密级配混合料相比，对 SMA 混合料进行约束可以获得更好的性能。因此，建议对 SMA 和开级配混合料（open-graded mixtures）进行约束试验。然而，对于在美国制备的混合料还需要进行试验以确定约束的水平。

除轴向刚度外，研究内容还包括 SST 剪切模量$|G^*|$。试验由先进沥青技术公司（Advanced Asphalt Technologies）进行的。$|E^*|$和$|G^*|$值与车辙的总体相关性是相同的，相关系数均为 0.79。但是混合料的顺序或排名是不同的。因此，这两个模量值不可互换。

［译者注：Advanced Asphalt Technologies，LLC（AAT），先进沥青技术有限公司，是一家美国沥青混凝土工程技术公司，专门提供沥青混凝土试验设备和技术咨询，相关内容查阅：http://advancedasphalt.com/。］

最有可能的情况是，主要由胶结料产生刚度的混合料的排名接近，而采用不同级配集料的混合料，如紧密级配和 SMA 级配，排名可能不同。

在限定的条件下，也建议采用混合料的无侧限压缩动态模量，作为评价疲劳开裂性能的刚度参数。然而，这一结论是基于有限的数据提出的。沥青混合料的动态模量并不能很好地反映低温开裂性能。

$$|E^*|\text{与}|E^*|/\sin\varphi$$

Superpave 胶结料规范定义并规定了对车辙因子$|G^*|/\sin\delta$的要求，用该因子代表沥青胶结料的高温刚度或抗车辙性能。$|G^*|$是胶结料的剪切模量，δ是应力和应变之间的相位差。根据 Bahia 和 Anderson（1995）的研究，每个加载周期消耗的功 W 与参数$|G^*|/\sin\delta$成反比：

$$W = \pi\sigma^2 \left[\frac{1}{|G^*|/\sin\delta} \right] \tag{4-9}$$

为了使永久变形最小化，在每个荷载循环中消耗的功应该最小。以类似的方式，可以为沥青混合料定义一个车辙因子 $|E^*|/\sin\delta$，其中 δ 是混合料的相位角。对于疲劳裂纹，在 Superpave 胶结料规范中，性能因子是 $|G^*|\sin\delta$。因此，混合料的等效性能因子是 $|E^*|\sin\delta$。Superpave 胶结料规范对抗车辙因子 $|G^*|/\sin\delta$ 规定了一个最小值，对于抗疲劳开裂因子 $|G^*|\sin\delta$ 规定了一个最大值。

车辙性能与车辙因子 $|E^*|/\sin\delta$ 之间的相关系数为 $R^2=0.91$，而与 $|G^*|/\sin\delta$ 之间的相关系数仅为 $R^2=0.74$，尽管模量 $|E^*|$ 和 $|G^*|$ 本身的相关系数接近。如前面的图 4-7（b）所示，轴向模量与剪切模量的相位角之间的相关性较差，这可能是 $|G^*|/\sin\delta$ 与车辙性能的相关性较差的原因。但应该注意的是，这些结果只适用于试验项目中使用的密级配混合料。

尽管与车辙性能的相关性比模量本身更好，但不推荐 $|E^*|/\sin\delta$ 作为 SPT，原因是沥青混合料的相位角依赖于频率和温度，不同于传统胶结料的相位角。对于传统胶结料，相位角随温度递增，而沥青混合料的相位角随温度的升高先增大后减小。如图 4-9 所示，用对数坐标系显示了胶结料和混合料的数据。在高温下胶结料的相位角接近 $90°$，而由于受到集料骨架的阻碍，混合料的相位角只能接近某个极限值。这是由于在高温下，集料骨架的弹性作用会影响到胶结料的粘性作用。因此，如果相位角减小，可能是由于弹性胶结料较多，

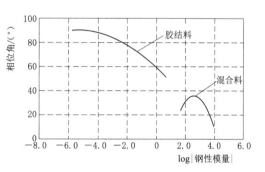

图 4-9　用对数坐标系表示的
胶结料和混合料的性能

或粘性胶结料较多使得集料骨架的弹性效应能够影响到相位角值。因此，对沥青混合料来说，$|E^*|/\sin\delta$ 不是一个稳定的性能参数。同样的现象也可以在一些相位角不随温度递增的改性胶结料中看到。

侧限和高应力水平的影响

在低应力/应变水平的试验中，使用刚度测量作为性能指标的一个潜在限制是没有充分考虑集料形状及由此导致的内摩擦的影响。为评估这种可能性进行了轴向试验，使用低水平和高水平的偏应力和不同程度的侧限。假设认为，高应力水平和侧限会调动 mobilize 混合料的内摩擦。然而，侧限（138～206kPa）或高应力水平（高达 552kPa）并没有改善与车辙的相关性。

周期加载正弦试验数据的分析

由于试验设备的限制和操作人员的误差，在高频试验中往往很难获得理想的正弦波反馈信号。如果反馈信号不是一个完美的正弦波，包含噪声，或者在正弦信号上包含有瞬态可恢复变形和永久变形，那么计算出的模量和相位角值会与所采用的信号滤波和信号相位检测的方法有关。快速傅里叶变换是处理应力应变信号的滤波方法之一。此外，还可以使

用各种回归技术来处理异常数据。

周期加载试验数据的缺陷

图 4-10 给出了 Pellinen 和 Crockford（2003）进行的周期加载试验中各种动态模量试验数据缺陷的一些例子。图 4-10（a）为应力加载信号比轴向应变信号 1、应变信号 2 略微偏左的数据。这种缺陷会导致较大的偏差（与完美正弦波相比，线性回归标准误差为 8.9%），见表 4-1。图 4-10（b）和图 4-10（d）显示了较好的数据，但是存在由瞬态可恢复变形和不可恢复变形引起的蠕变。对完美正弦波，荷载的线性回归标准差为 1.5%～2.1%，位移的线性回归标准差为 2.8%～6.5%。图 4-10（c）为存在大量噪声的位移和荷载数据，其中荷载的标准差为 11.6%，位移的标准差为 14.5%。图 4-10（e）显示了

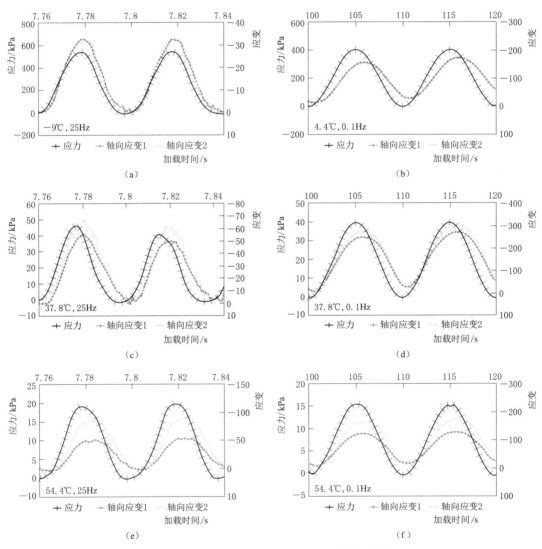

图 4-10 存在不同缺陷法正弦试验数据示例

（Pellinen 和 Crockford，2003，已获 RILEM 出版社授权使用）

荷载数据向左偏移和位移之间大幅偏离的情况，载荷和位移的标准差分别为 8.3％和 9％。图 4-10（f）为较好的荷载数据信号和略嘈杂的位移信号的情况，荷载的标准差为 3.7％，平均位移的标准差为 6.2％。

表 4-1　　　　　　　　　　　　　正弦波估计偏差的标准差

温度 /℃	加载频率/Hz						加载频率/Hz					
	25	10	5	1	0.5	0.1	25	10	5	1	0.5	0.1
	荷载的标准差/％						显示的平均标准差/％					
-9	8.9	6.0	3.4	1.2	0.8	0.6	9.6	14.4	5.8	3.8	10.4	3.3
4.4	8.6	3.7	3.3	1.2	1.0	1.5	8.7	4.9	4.0	3.1	3.0	2.8
21.1	9.5	5.6	3.6	2.4	2.0	2.2	12.0	9.5	3.9	3.1	6.9	6.5
37.8	11.6	7.3	5.5	3.2	3.1	2.1	14.5	7.6	6.4	6.8	7.4	8.4
54.4	8.3	9.1	6.8	5.3	4.4	3.7	10.0	9.0	7.2	6.8	6.1	6.2
平均值	9.4	6.3	4.3	2.7	2.3	2.0	11.0	9.1	5.5	4.7	6.8	5.4
标准偏差	1.3	2.0	1.8	1.7	1.5	1.1	2.3	3.5	1.5	1.9	2.7	2.3

注　来源 Pellinen 和 Crockford，2003，已获 RILEM 出版社授权使用。

快速傅里叶变换

以下简要介绍信号处理和快速傅里叶变换（FFT），相关内容汇总自惠普公司（Hewlett Packard，1989）的"信号分析基础"和 Ramsey（1975）的论文。

FFT 是一种将数据从时域转换到频域的算法。首先按离散的间隔时间 Δt 采取有限量的数据点。然后以输入信号的 N 个等间隔样本作为时间记录，快速傅里叶分析的要求是数据集要包含 $N = 2^m$ 个数据点（$m > 2$）。要完整地描述给定的频率需要两个数值：幅值和相位，或称为实部和虚部。因此，时域中的 N 个点可以导出频域中的 $N/2$ 个复数。

线性傅里叶谱是将时间波形进行傅里叶变换得到的复数函数。系统传递函数 $H(f)$ 用于将输入数据 $x(t)$ 和输出数据 $y(t)$ 传递到频域 $S_x(f)$ 和 $S_y(f)$，其 S_x 和 S_y 是 $x(t)$ 和 $y(t)$ 的线性傅里叶谱。因此，S_x 和 S_y 分别具有实部（同相或重合）和虚部（求积）。

一般来说，在任意时域的任何连续线性系统，输入信号 $x(t)$ 的结果都可以由系统脉冲响应 $h(t)$ 与输入信号 $x(t)$ 的卷积确定，得到输出 $y(t)$。

$$y(t) = \int_{-\infty}^{\infty} h(\tau)(t - \tau) \mathrm{d}\tau \tag{4-10}$$

［译者注：卷积——卷积是两个变量在某范围内相乘后求和的结果。卷积定理指出，函数卷积的傅里叶变换是函数傅里叶变换的乘积。即，一个域中的卷积相当于另一个域中的乘积，例如时域中的卷积就对应于频域中的乘积。$F(g(x) * f(x)) = F(g(x)) * F(f(x))$，其中 F 表示的是傅里叶变换。这一定理对拉普拉斯变换、双边拉普拉斯变换、Z 变换、Mellin 变换和 Hartley 变换等各种傅里叶变换的变体同样成立。在调和分析中还可以推广到在局部紧致的阿贝尔群上定义的傅里叶变换。利用卷积定理可以简化卷积的运算量。对于长度为 n 的序列，按照卷积的定义进行计算，需要做 $2n - 1$ 组对位乘法；而利用傅里叶变换将序列变换到频域上后，只需要一组对位乘法。这一结果可以在快速乘法

计算中得到应用。]

对卷积积分应用傅里叶变换：

$$S_y(f) = S_x(f)H(f) \qquad (4-11)$$

传递函数 H 可以定义为：

$$H = \frac{输出}{输入} = \frac{S_y}{S_x} \qquad (4-12)$$

输入 $x(t)$ 的功率谱定义为 $G_{xx} = S_x S^*{}_x$，其中 $S^*{}_x$ 是 S_x 的共轭复数。输出 $y(t)$ 的功率谱定义为 $G_{yy} = S_y S^*{}_y$，其中 $S^*{}_y$ 是 S_y 的共轭复数。总功率谱为 $G_{yx} = S_y S^*{}_x$，其中包含相位角信息。则可以用于任意波形的传递函数 H 定义为：

$$H = \frac{S_y}{S_x} \cdot \frac{S^*{}_x}{S^*{}_x} = \frac{G_{yx}}{G_{xx}} \qquad (4-13)$$

传递函数的质量取决于系统输出是否完全由系统输入引起。由于噪声和/或非线性效应会在不同的频率上引起较大的误差，因此在评价传递函数时也应包含误差。相干函数 γ^2 可以用来评价系统的质量，其中：

$$\gamma^2 = \frac{直接源于输入的响应功率}{测得的响应功率} \qquad (4-14)$$

$$\gamma^2 = \frac{|\overline{G_{yx}}|^2}{G_{xx} G_{yy}}, 0 \leqslant \gamma^2 \leqslant 1 \qquad (4-15)$$

如果在某一特定的频率上 $\gamma^2 = 1$，则在该频率上有非常完美的系统响应。如果 $\gamma^2 < 1$，那么就有额外的噪声也在影响输出功率。

［译者注：相干函数（coherency function）——指两过程在各频率上分量间的线性相关程度。相干函数是检查输出与输入的相干关系，可用于评定频响函数估计的可信度，它表示在频域内总输出中真正输入信号产生的输出所占的比例。如果相干函数为零，表示输出信号与输入信号不相干；那么，当相干函数为 1 时，表示输出信号与输入信号完全相干。若相干函数为 $0 \sim 1$，则表明有如下 3 种可能：①测试中有外界噪声干扰；②输出 $y(t)$ 是输入 $x(t)$ 和其他输入的综合输出；③联系 $x(t)$ 和 $y(t)$ 的线性系统是非线性的。］

所用分析方法的差异：时域方法

Pellinen 和 Crockford（2003）在一项研究中，比较了 3 种不同的滤波方法和 2 种不同的相位参考方法，用于从压缩动态模量试验的数据计算模量和相位角。所讨论的方法（非 FFT 方法）仅限可用于循环加载压缩试验的时域技术。研究表明，模量计算值对不同分析方法的灵敏度低于相位角。

在他们的研究中，分析了一种密级配沥青混合料在 5 种不同温度、6 种不同频率下的动态模量试验数据。在新的路面设计指南中，需要用这种类型的数据集来构建混合料的主曲线。试验采用应力控制模式，压应力的扫描频率分别为 25Hz、10Hz、5Hz、1Hz、0.5Hz、0.1Hz。

试验系统的最大采样速率能力为 1kHz，足以消除上述加载频率情况下的混叠。并采用了足够先进的固件滤波和采样技术，以最大限度地减少序列样本的偏置和输入信号的噪声。在固件滤波后仍存在噪声时，波峰一般是一个周期内噪声振幅最大的位置，因此波峰是进行分析确定相位角的最差位置。在峰值处存在更大噪声的部分原因是由于试验机的执行器和转换器在这个时间段改变了它们的运动方向。因此可以设想在波形的"中间"位置确定相位角要好得多，此时机器和转换器都处于相对"稳定"的运动状态。使用未经过滤的峰值很容易产生相位偏移，这些相位偏移是由于噪声而不是基本信号峰值造成的。因为必须用峰值计算模量，所以通常要采用额外的软件滤波来改进峰值测量。这种软件滤波必须仔细操作，尽量减小对基本信号幅度的相位差和变换的影响。

将任何类型的循环力函数用于沥青混凝土此类材料，在应力控制模式下，都期望得到反映力函数的具有不同振幅和相位偏移应变响应。即使在只有压缩载荷的情况下，这也是一种过度简化：

（1）即使力函数的波形完美，在循环加载过程中也存在非零的平均应力水平，因为循环加载会导致循环应变响应曲线与蠕变曲线叠加。对于沥青和聚合物，这种情况在高温下更为明显。减小载荷可以使蠕变最小，但由于载荷幅值有一定的要求，导致并不能完全消除蠕变。

（2）材料的工程性能特性会导致响应曲线偏离反映力函数的曲线。造成这些偏差的重要材料特性包括各向异性（横观各向同性、各向异性的正交程度尤其与在现场或旋转压实机中压实的沥青混凝土有关），以及所谓双模特性。

如果蠕变响应中存在损伤或应变软化等现象，则会产生附加响应。在每个加载循环中，如果应力从压缩变为拉伸或张拉，则产生一种在塑性理论中称为包辛格效应（Bauschinger effect）的附加响应（Chen 和 Han，1988）。由于区分应变软化和包辛格效应一般并不重要，因此单个塑性/损伤响应是广义应变响应曲线的最终组成部分，其中塑性/损伤响应可能导致广义应变响应曲线的幅值随时间变化。

研究分析技术

所研究的 3 种数据滤波方法分别为无滤波、Spencer 15 点滤波法和回归法。所研究的 2 种相位引用法包括：峰值拾取法和中部波形包围法。由此形成了 7 种分析方法的组合。方法 A 和 B 只是在相位角的计算方法上有所不同，方法 E 和方法 F 也是如此：

- 方法 A：Spencer 15 点数据滤波法和中部波形包围法。
- 方法 B：Spencer 15 点数据滤波法和峰值拾取法。
- 方法 C：基于 25％数据的二阶回归多项式法和峰值拾取法。
- 方法 D：基于 10％数据的二阶回归多项式法和峰值拾取法。
- 方法 E：无滤波和中部波形包围法。
- 方法 F：无滤波和峰值拾取法。
- 方法 G：基于 100％数据的正弦回归法和回归系数法。

图 4-11（a）给出了方法 C 和方法 D 的滤波和相位参考的示例。在 UMD 试验项目（Mirza 和 Witczak，1994）中使用了这些方法。信号滤波采用基于 25％数据的二阶多项式，信号峰值中的＋号标记表示在模量和相位角计算中使用的数据点。回归分析中包含的

数据点数基于一个周期中可用的总点数选取。二阶多项式可以很好地表征峰值区域的波形，虽然完美的波形是正弦曲线。方法 C 和方法 D 在峰值拾取方法中嵌入了滤波方法，即没有滤波的峰值（方法 F）是噪声的峰值，而基于不足 100％的数据进行回归滤波的峰值，其回归方程一阶导数为零（方法 C 和方法 D）。

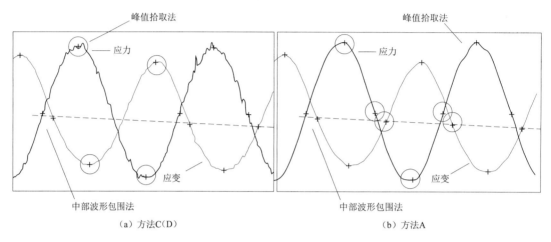

（a）方法C（D）　　　　　　　　　　　（b）方法A

图 4-11　方法 C（D）和方法 A 的示例

图 4-11（b）为方法 A 的滤波和相位参考的示例。信号滤波采用 Spencer 15 点滤波法，应力信号峰值中的＋号标记表示在模量计算中使用的数据点。计算相位角时采用了波信号中部的数据点，平均了应力与应变之间的滞后时间。Spencer 15 点滤波法（Kendall，1951）类似于一个移动的 3 次样条函数，对于减少倾斜趋势非常有效，这通常在移动平均技术中看到。3 次样条函数是一个插值函数，它将曲线通过一组点，而且曲线的一阶导数和二阶导数在每一点连续。中部波形包围法将峰值回归和数值搜索方法结合起来，以便找到一条能够表征波形周期和中部参考点位置的线（或曲线）来计算相位（Crockford，2001）。研究中假定信号中的潜在蠕变是线性的。这是一个近似取值，但由于用于分析的循环数太少不足以证明假设的合理性。

基于 100％数据的正弦回归法（方法 G），将数据与完美正弦波（AAT 2001）进行比较。相位参考来自于回归参数估计值，同样地假定潜在蠕变为线性。

模量和相位角值的变异性

基于 A、B、C、D、E、F 6 种方法，对模量和相位角值的变异性进行了分析。分析选用每个加载频率下的最后 5 次循环的数据。根据温度范围为 $-9 \sim 54.4$℃和频率范围为 $25 \sim 0.1$Hz 下的试验数据，首先分别确定每个循环的模量和相位角值，然后取平均值。估值 Se％的标准差按平均值的百分比计算。这种分析不适用于方法 G，因为所使用的分析计算方法，在一组循环中只能生成单个振幅和相位的估计值。针对所有试验温度下频率为 25Hz、5Hz 和 0.1Hz 的试验数据，采用所有研究方法对混合料模量的分析结果见表 4-2。对于模量计算，方法 A 和 B 基本相同，生成的模量值也相同。方法 E 和 F 与此类似。Se％在 $0.3 \sim 1.2$ 之间变化，随着频率降低和温度升高而增大。

表 4-2　　　　　　　　　　　不同分析方法的模量变化情况

加载频率/Hz	方法	−9℃		4.4℃		21.1℃		37.8℃		54.4℃	
		$\lvert E^*\rvert$/MPa	Se%	$\lvert E^*\rvert$/MPa	Se%	$\lvert E^*\rvert$/MPa	Se%	$\lvert E^*\rvert$/MPa	Se%	$\lvert E^*\rvert$/MPa	Se%
25	A\B	16825	0.3	9762	0.2	4229	0.8	814	0.7	280	0.5
	C	16759	0.3	9686	0.3	4234	0.7	810	0.6	276	0.4
	D	16876	0.4	9748	0.4	4243	0.7	815	0.9	282	0.4
	E\F	16576	0.5	9563	0.3	4074	1.5	777	0.6	282	0.5
	G	16734	—	9673	—	4233	—	810	—	272	—
5	A\B	14129	0.3	7553	0.4	2544	0.6	451	1.1	199	0.8
	C	14401	0.2	7618	0.1	2606	0.2	452	0.5	195	0.6
	D	14186	0.2	7581	0.1	2558	0.4	444	0.8	194	1.0
	E\F	13682	0.4	7464	0.5	2533	0.7	452	1.2	200	0.8
	G	14324	—	7562	—	2567	—	450	—	194	—
0.1	A\B	8928	0.3	3185	0.2	831	0.4	173	0.6	128	0.4
	C	8881	0.2	3181	0.1	828	0.2	173	0.4	124	0.3
	D	8923	0.3	3185	0.2	827	0.1	173	0.5	128	0.4
	E\F	8795	0.3	3160	0.2	817	1.0	174	0.9	131	0.9
	G	8720	—	2973	—	750	—	166	—	118	—

表 4-3 为相位角值的分析结果。可以发现方法 B 和 F 的稳定性非常差，Se% 分别为 12.8 和 19.7。这两种方法都使用峰值拾取技术获取数据点，方法 B 使用经过滤波的信号，而方法 F 使用未经滤波的数据。其他方法的 Se% 为 1.5~4.1。

表 4-3　　　　　　　　　　　不同分析方法的相位角值变化情况

加载频率/Hz	方法	−9℃		4.4℃		21.1℃		37.8℃		54.4℃	
		φ/(°)	Se%	φ/(°)	Se%	φ/(°)	Se%	φ/(°)	Se%	φ/(°)	Se%
25	A	10.2	1.7	17.4	2.4	31.0	1.4	34.1	4.2	32.7	1.1
	B	7.2	25.0	19.8	9.1	41.4	5.3	41.4	8.7	43.2	7.8
	C	9.0	5.0	18.2	1.6	32.0	1.6	34.5	1.2	33.2	0.6
	D	9.9	6.8	20.0	4.5	42.8	7.8	39.0	4.3	40.7	3.7
	E	9.9	3.2	17.3	1.8	31.8	2.4	34.4	7.0	32.9	1.8
	F	7.2	61.2	14.4	15.3	43.2	12.1	48.6	12.6	50.4	4.4
	G	10.8	—	19.5	—	33.1	—	36.8	—	34.7	—
5	A	12.1	1.7	21.1	0.4	33.3	1.1	31.9	1.3	28.7	2.9
	B	12.2	37.9	22.3	18.0	38.2	14.2	40.4	18.4	31.0	7.9
	C	12.0	1.8	22.7	1.5	34.0	0.9	31.3	1.5	29.3	1.5
	D	12.6	6.2	23.9	2.7	34.0	2.7	34.7	8.2	29.3	4.0
	E	11.9	3.4	20.9	0.7	34.0	1.2	32.4	1.3	28.7	3.7
	F	7.9	73.9	25.2	20.7	41.0	17.7	40.3	24.0	38.2	13.5
	G	12.1	—	21.8	—	32.3	—	30.7	—	27.3	—

续表

加载频率/Hz	方法	−9℃		4.4℃		21.1℃		37.8℃		54.4℃	
		$\varphi/(°)$	$Se\%$	$\varphi/(°)$	$Se\%$	$\varphi/(°)$	$Se\%$	$\varphi/(°)$	$Se\%$	$\varphi/(°)$	$Se\%$
0.1	A	16.1	1.0	29.9	0.5	31.5	1.3	23.6	1.7	21.7	1.2
	B	17.3	7.8	32.4	3.5	33.1	7.2	27.4	6.7	21.6	13.9
	C	17.2	1.1	33.3	0.2	36.5	0.7	27.4	1.2	25.1	1.4
	D	17.8	3.2	33.4	0.5	36.2	2.1	26.9	1.6	22.3	3.6
	E	15.6	1.1	30.0	0.5	31.4	1.5	23.5	1.7	21.2	1.8
	F	14.4	11.2	31.7	6.6	36.0	7.7	35.3	8.2	27.4	6.7
	G	16.3	—	29.8	—	31.3	—	23.0	—	20.6	—

从分析结果可以看出，方法 B 和 F 没有生成稳定的相位角参数值。

针对方法 A、C、D、G 进行了方差分析和 T 检验，以评价平均模量和平均相位角值的统计差异。T 检验表明，对于 25Hz 或 5Hz 的试验数据，总的来说，方法 A、C、D、G 的模量值只有微小的统计差异。但是对 0.1Hz 的数据（$a=5\%$），方法 G 计算的模量系统性偏低，达 11%。在相位角方面，对 54.4℃ 和 0.1Hz 频率的数据，方法 C 与 G 之间的偏差最大，达 22%。

与完美正弦波的偏差

AAT（2001）采用 G 方法对试验数据进行了分析，以估计其与完美正弦波的偏差，分析结果汇总见表 4-3。在 25Hz 和 10Hz 频率下获得的荷载反馈数据，与完美正弦波相比，标准差值全部超出 5%，而在提出的新试验方案（AAT，2001）中，认为该值是排除不合格数据的限值。最接近完美正弦波的是在所有试验温度下 0.1Hz 的荷载数据。这种趋势可用在反馈回路中调整波形的 PID 参数出现错误来解释，这些参数没有包含自适应电平控制或者硬件（伺服阀、执行器和相关的液压流量控制），有局限，导致无法提供所需的波形。

将同样的试验数据绘制在对数坐标系中见图 4-12，应该形成一个与温度和频率无关的单一曲线。图 4-12（a）给出了方法 F 以及方法 C 与 D 组合分析的数据图，每种数据图都是采用每种分析方法，依据在给定温度和频率下峰值的精度获得的。方法 F 生产的数据离散较大，不能应用于数据分析。图 4-12（a）还给出了方法 A 和方法 G 的数据图。方法 C 和方法 D 组合分析的相位角比方法 A 和方法 G 的相位角大，但结果非常相似，方法 A 的相关性稍好。图 4-12（b）给出了原始数据中的部分数据，排除了荷载波形的标准误差超过 5% 的 25Hz 和 10Hz 的数据。这样数据处理明显地减少了 A 和 G 数据集的干扰。

分析表明，从动态模量试验数据中获取参数的最可靠方法是方法 C 和 D 的组合分析，因为数据精简后 R^2 值只增加了 0.5%。然而，与方法 A 和方法 G 相比，这种方法测算的中间温度的相位角值似乎过大。分析还表明，方法 A 比方法 G 更可靠，因为数据精简后

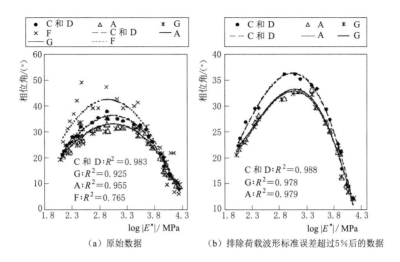

图 4-12　在对数坐标系中绘制的试验数据

(Pellinen 和 Crockford，2003，已获 RILEM 出版社授权使用)

R^2 值只增加了 2.4%，而方法 G 增长了 5.7%。总之，前述分析表明，依据完美正弦波对加载波形进行有限制的偏差控制对于获得高质量的数据是有效的。但是有必要进一步研究，以判定限值设定为 5% 是否合适。

采用的分析方法的差异：FFT 与时域方法

对上述数据集，也使用 Mathcad 软件中的快速傅里叶变换进行了分析。原始数据集数量不足，需要采用插值函数 cspline$(x，y)$ 和 interp$(S，X，Y，x)$ 来创建所需的数据点量。补足数据量后，利用 Mathcad 中的 FFT 函数 fft(v) 对应力和应变数据集进行分析。如果数据集恰好有 $N=2_m$ 个数据点，也可使用 Excel 电子表格和傅里叶分析工具集分析数据。

在进行 FFT 分析之前，对实测应变信号进行了修正，去除蠕变引起的漂移，以得到稳态正弦波。去除漂移时，假设循环复模量信号导致的是线性蠕变。另外，将应力和应变数据集标准化过 x 轴（通过 0 点），使得压缩应力应变的半正辛（haversin）波形标准化为正弦波形，如图 4-13 所示。

对于更复杂的数据处理，可以使用 Neifar、Di Benedetto 和 Dogmo（2003）提出的下述模型，对轴向循环应变进行建模：

$$\varepsilon_{ax}(N, t) = \alpha_{ax}(N)t + \varepsilon_{ax}^{av}(N) + \varepsilon_{0_{ax}}(N)^* \sin[\omega t + \varphi_{\varepsilon_{ax}}(N)] \qquad (4-16)$$

其中，$0 \leqslant t < 2T$，$\omega = 2\pi/t$。

式中　T——循环加载的周期；

　　　φ——混合料的相位角。

$\varepsilon_{ax}^{av}(N)$ 代表轴向永久变形，$\varepsilon_{0_{ax}}(N)$ 为循环 N 的轴向正弦应变分量的振幅，可以认为是在消除蠕变后的线性粘弹性响应（复模量）。$\propto_{ax}(N)$ 为循环 N（和 $N+1$）的平均变形的斜率。在前面讨论中，AAT（2001）使用了一种与方法 G 类似的方法来建模循

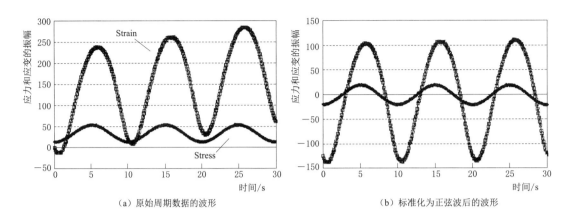

（a）原始周期数据的波形　　　　　　　　　　（b）标准化为正弦波后的波形

图 4-13　原始周期数据和处理后的用于 FFT 分析的数据

环动态模量信号。

　　图 4-14 比较了上面讨论的 FFT 和时域技术，采用了两种利用 FFT 分析得到模量和相位角值的不同方法。一种方法称为 FFT，对应力应变信号按照前述方法进行处理；另一种方法被称为 FFT-haversine，对应力应变数据用 fft(v) 函数进行处理，该方法应力和应变数据集未做标准化过 x 轴（通过 0 点）。以图 4-13 为例，左边是校正后的数据，右边是标准化后的数据。对各数据集采用二次多项式函数拟合，研究各数据点之间的相对变化。

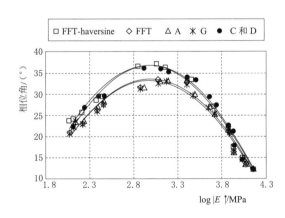

图 4-14　FFT 与时域技术对比

　　FFT 分析与方法 G 非常接近。但是，如果对没有标准化的数据进行分析（FFT-haversine），分析结果更接近于方法 C 和方法 D 的组合分析。这表明相位角值的增加与相位分析方法有关。与研究之初的假设一致，由于应力和应变信号的偏态性，峰值拾取方法产生的相位角值大于中心波形归类方法。但图 4-14 表明，模量并没有受到同等程度的影响。这也解释了与相位角值相比，模量值对分析方法不那么敏感的原因。因此，如果使用 FFT 或方法 G 以外的方法进行数据分析，则应从信号中心获取相位以分析相位角。按照前述分析，对不太理想的正弦循环试验数据应采用方法 A、方法 G、FFT 进行分析。虽然本次研究使用的是动态模量试验数据，但这些结果也适用于剪切模量数据或任何正弦循环试验数据。

主曲线开发

　　对沥青混合料进行全面的表征，需要构建一个主曲线，用于定义粘弹性材料的性能与温度和加载时间的函数关系。

时间-温度叠加原理

在不同温度下收集的试验数据可以依据加载时间或频率进行"平移"，从而使不同的曲线能够对齐形成单一的主曲线。平移因子 $a(T)$ 定义了给定温度下所需的平移量，也就是说，时间必须除以移位因子 $a(T)$ 以得到约化后的时间才能构建主曲线。在频域内，频率必须乘以移位因子 $a(T)$ 以得到约化后的频率 ξ：

$$\xi = fa(T) \quad 或 \quad \log(\xi) = \log(f) + \log[a(T)] \tag{4-17}$$

可以选用任意选择的参考温度 T_0，并将所有数据都移位到该温度，来构建主曲线。在参考温度下，移位因子 $a(T_0) = 1$ 或 $\log a(T_0) = 0$。

该方法的优点是，一旦建立起来主曲线，就可以通过内插值法获得在测量范围内的、任意组合的温度 T 或加载时间（频率）条件下的沥青混合料刚度。此外，这也使得比较两个试验室在不同的试验条件（如频率和温度）下得到的结果成为可能。

平移的技巧

通常使用 3 种不同的函数来模拟沥青粘弹性材料的时间-温度叠加关系，它们是对数-线性方程、阿伦尼乌斯方程和威廉姆斯、兰德尔和费里方程（WLF）。一般用阿伦尼乌斯方程和 WLF 方程来表征沥青胶结料的移位因子 $a(T)$ 和温度的关系，用阿伦尼乌斯方程和对数-线性方程来表征沥青混合料的移位因子 $a(T)$ 和温度的关系（Partl 和 Francken，1998；Huang，1993）。

不同的研究人员主要采用两种不同的函数型式，对沥青混合料的响应进行数学建模以形成主曲线。由于对时间或频率有依赖性，因此在低温到中等温度条件下，可使用拟合的幂函数对沥青混合料的蠕变或松弛试验数据进行平移（Rogue 和 Buttlar，1992；Christensen，1998）。当包含较高温度的数据时，可使用多项式拟合函数来构建材料特性的主曲线（Francken 和 Verstraeten，1998）。Gordon 和 Shaw（1994）通过对试验数据进行分段拟合形成的多项式函数来构建主曲线。Rowe 和 Sharrock（2000）对这种方法做了改进，通过添加 3 次样条插值方法（the cubic spline method）将数据平移到参考温度。

试验性的平移方法与 S 形拟合函数

Pellinen、Witczak 和 Bonaquist（2002）和 Pellinen（2001）开发了一种使用 S 型拟合函数的"试验性"平移技术，来构建完整主曲线的方法。这种试验性的平移方法可以同时求解平移因子和拟合函数的系数。在采用这种方法时，平移函数的形式不必与主曲线一致。然而，平移因子可能包含一些试验数据的误差。

如前所述，可以采用多项式拟合函数对沥青混合料试验数据进行分段拟合。然而，不能用单一的多项式模型来拟合整个主曲线，因为当外推超出数据范围时，多项式在低温和高温下的突变会导致不合理的模量值预测。为了避免这个问题，选择了一种新的函数形式——S 型函数方程式（4-18），来拟合从 −18～55℃ 大范围温度条件下的动态模量试验数据。

$$\log(|E^*|)=\delta+\frac{\alpha}{1+e^{\beta-\gamma\log(\xi)}}\qquad(4-18)$$

式中　　$|E^*|$——动态模量；

　　　　ξ——约化后的频率；

　　　　δ——最小模量值；

　　　　α——模量值的跨度；

　　　　β、γ——形状参数。

参数 γ 代表函数的陡度（最小值与最大值之间的变化率），β 代表转折点的水平位置，如图 4-15 所示。

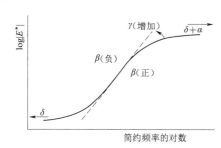

图 4-15　S 型函数（Pellinen 等，2002，ASCE）

用 S 型函数拟合压缩动态模量数据的合理性是基于对混合料性能的物理观察。S 型函数的顶部渐近于混合料的最大刚度，这与胶结料在低温下的极限刚度（玻璃态模量）密切相关。在高温条件下，压缩荷载对集料的影响比黏性胶结料的影响更显著，导致混合料的刚度接近极限平衡值，这与集料级配密切有关。因此，S 型函数能够表征压缩循环加载力学试验中观察到的沥青混合料在整个温度范围内的物理性能。

采用 S 型函数拟合的优势是可以利用 Excel 电子表格和求解程序构造主曲线。求解程序是在 Excel 电子表格中执行非线性最小二乘回归的工具。但是，应该注意的是，如果数据集没有包含全部温度范围内的模量值，那么在主曲线构造中就应该谨慎使用 S 型函数。在这种情况下，需要采取的措施是将渐近高模量值和低模量值限制在某些假设的默认值上；然后将渐近参数值 δ 和 $\delta+\alpha$ 约束到适当的模量值，以获得恰当的主曲线。

Witczak 等（Fonseca 和 Witczak，1996；Andrei 等，1999）引入了 S 型函数，并结合动态模量预测方程，对沥青混合料的性能进行建模。动态模量预测方程用于从体积信息和原材料信息来预测混合料的刚度。

HMA 主曲线的应力相关性

如上所述，热拌沥青（HMA）的刚度是试验温度和加载频率的函数，但施加的应力水平也会影响测得的模量值。图 4-16 为 3 条独立的主曲线，是基于 4 种不同组合的动态偏应力 δ_d 和约束力 δ_c 获得的试验数据，采用 S 型拟合函数和试验性平移构建。所有的主曲线在低温下都趋于相同的混合料渐近刚度值。在较高温度下主曲线发生偏离，表明混合料刚度受到所加应力状态（即应力强度比和体积应力 θ）的影响。在较低温度和中间温度，测量的应变水平在所有的应力水平条件下均保持在 100 微应变以下，但在高温下，高应力水产生高达 1000 的可恢复微应变。

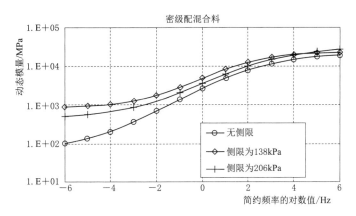

图 4 - 16　不同侧限水平时的主曲线图

模型开发

式（4 - 19）为"通用材料模型"，也称为 $k_1 - k_3$ 模型，是 Witczak 和 Uzan（1988）针对无粘结材料提出的。

$$E = (k_1 p_a) \left(\frac{\theta}{p_a}\right)^{k_2} \left(\frac{\tau_{oct}}{p_a}\right)^{k_3}$$

(4 - 19)

式中　　　E——可恢复弹性模量；

　　　　　p_a——大气压力，103.3kPa；

　　　　　θ——体积应力，kPa，等于第一应力不变量 I_1（$I_1 = \sigma_1 + \sigma_2 + \sigma_3$，其中 σ_i 为
　　　　　　　　主应力）；

　　　　　τ_{oct}——八面体剪应力，kPa，等于 $\sqrt{\frac{2}{3}}\sqrt{J_2}$（$J_2$ 为第二应力不变量，$J_2 =$

　　　　　　　　$\frac{\sqrt{2}}{3}\sigma_d$，其中 σ_d 为偏应力）；

　k_1、k_2、k_3——回归系数。

在 Pellinen（2001）、Pellinen 和 Witczak（2002b）进行的一项研究中，假设图 4 - 16 中的 3 条独立的主曲线，可以使用上述 Witczak 和 Uzan 针对无粘结材料提出的方法，结合在一起形成一个具有应力相关性的混合料主曲线。他们提出的用于构建混合料应力相关性主曲线的模型形式见式（4 - 20）和式（4 - 21）。

$$6\log|E^*| = \delta + \frac{\alpha - \delta}{1 + \exp^{(\beta - \gamma\log(\xi))}}$$

(4 - 20)

$$\delta = \left[(k_1 p_a)\left(\frac{\theta}{p_a}\right)^{k_2}\left(\frac{\tau_{oct}}{p_a}\right)^{k_3}\right]$$

(4 - 21)

式中　$\log|E^*|$——应力相关动态模量（10^6 kPa）的对数值；

　　　　　δ——平衡模量值；

　　　　　p_a——大气压力，103.3kPa；

　　　　　θ——体积应力，kPa；

　　　　　τ_{oct}——八面体剪应力，kPa；

k_1、k_2、k_3——回归系数；

α、β、γ——反曲函数的回归系数；

ξ——约化后的频率。

上式中应力相关性被纳入平衡模量值，即主曲线中的参数 δ，而不是将其纳入平移因子。这种方法不同于 Schapery（1969）提出的构造非线性粘弹性材料主曲线的方法。他将应变相关性纳入约化时间，即将垂直应变相关系数 $\alpha_\varepsilon(\varepsilon)$ 和水平时间相关系数 $\alpha_T(T)$ 合并成一个复合平移因子 $\alpha_{\varepsilon T}(\varepsilon T)$。

上述研究的混合料来自 FHWA - ALF、MnRoad 和 WesTrack 试验检测场。所研究混合料的基准模型系数为 $k_1 = -0.0124$，$k_2 = -0.59063$，$k_3 = 0.54011$，$\alpha = 1.395045$，$\beta = 0.464119$，$\gamma = -0.04893$。系数 k_2 和 k_3 的数值表明，体积应力 θ 和八面体剪应力 τ_{oct} 均对模量值有影响。

通过对单一的沥青混合料试件施加随机变化的约束应力水平和偏应力水平进行测试，对上述模型进行了独立验证。实测模量与预测模量之差小于 1.5，说明预测精度较好。可以推测，预测值与实测值之间的偏差是由损伤累积引起的，因为施加的应力状态在大部分时间都处于相变线的膨胀侧。

应力相关刚度的预测方程

沥青混合料的刚度可以用"动态模量预测方程"（Andrei 等，1999）和赫希（Hirsch）预测模型（Christensen 等，2003）等模型进行预测。这些模型的优点是，它们提供了一种可用于各种设计目的、粗略但有用的估算混合料刚度（模量）的方法。然而，这些模型只对线性粘弹性体的模量进行了建模。此外，没有简单的模型可用来估计非线性和约束对 HMA 模量值的影响。Pellinen 和 Witczak（2002b）还基于式（4-20）和式（4-21）建立了"应力相关刚度预测方程"。式（4-22）、式（4-23）、式（4-24）为其模型形式，式（4-25）为混合料级配（G_a）的计算方法，为 0.074mm、4mm、9.5mm 和 19mm（200 目、4 目、3/8 英寸和 3/4 英寸）4 个筛网尺寸通过百分率的平均值。表4-4 给出了模型中的系数。对于无侧限线性粘弹性应力的情况，该模型预测的最小体积应力值为 21kPa、八面体剪应力值为 9.9kPa。

表 4 - 4　　　　　　　　　　预 测 模 型 系 数

材料系数	$k_1 - k_3$ 回归系数	S 型函数回归系数
$a_0 = -10.429150$ $a_1 = 0.004106$ $a_2 = -0.015376$ $a_3 = 0.013351$ $a_4 = -0.000808$ $a_5 = -0.001594$ $c = 0.625379$	$k_1 = 0.099088$ $k_2 = 0.0217941$ $k_3 = -0.011816$	$\alpha = 1.324132$ $\beta = 0.615775$ $\gamma = -0.584201$

来源：Pellinen 和 Witczak，2002b，已获沥青路面技术人员协会授权使用。

$$\log(|E^*|)=\delta+A+\frac{\alpha-(\delta+A)+a_4 G_a+a_5 VFA}{1+\exp^{\beta+\gamma\log(f)-c\log(\eta)}} \qquad (4-22)$$

$$A=a_0+a_1 G_a+a_2 VFA+a_3\log(\eta) \qquad (4-23)$$

式中　　　　　$\log|E^*|$——应力相关动态模量（10^6 kPa）的对数值；

　　　　　　　　　δ——平衡模量值；

　　　　　　　　　G_a——平均级配（通过量），%；

　　　　　　　　VFA——有效沥青饱和度（体积），%；

　　　　　　　　　η——胶结料黏度，10^6 P；

　　　　　　　　　F——频率，Hz；

a_0、a_1、a_2、a_3、a_4、a_5——回归系数。

$$\delta=\left[(k_1 p_a)\left(\frac{\theta}{p_a}\right)^{k_2}\left(\frac{\tau_{\mathrm{oct}}}{p_a}\right)^{k_3}\right] \qquad (4-24)$$

式中　　　　δ——平衡模量值；

　　　　　　p_a——大气压力，103.3 kPa；

　　　　　　θ——体积应力，kPa；

　　　　τ_{oct}——八面体剪应力，kPa；

k_1、k_2、k_3——回归系数。

$$G_a=\frac{p_{200}+p_4+p_{3/8}+p_{3/4}}{4} \qquad (4-25)$$

式中　G_a——混合料平均级配，%；

　　p_{200}——通过 0.074 mm 筛的百分率，%；

　　p_4——通过 4.36 mm 筛的百分率，%；

　　$p_{3/8}$——通过 9.5 mm 筛的百分率，%；

　　$p_{3/4}$——通过 19 mm 筛的百分率，%。

总结

　　本章讨论了利用轴向动态模量 $|E^*|$ 试验和由剪切频率扫描试验得到的 SST 剪切模量 $|G^*|$，以获得沥青混合料的复模量。更具体地说，讨论了样品制作、仪器仪表、试验控制模式以及计算模量和相位角的试验数据分析。此外，提出了一种构建混合料主曲线的新方法。

　　研究表明，这两种试验方法在路面设计应用中是不可互换的，因为当泊松比为 0.5 时，$|E^*|$ 的理论线性弹性大约是 $|G^*|$ 的 3 倍，而这个基本规律在上述试验中并没有得到满足。因此，在从 SST 剪切模量 $|G^*|$ 试验结果中估算 $|E^*|$ 时，需要使用一个转换方程。

　　研究还表明，这两种试验方法均可以表征沥青混合料的性能。然而，在按照车辙性能对混合料排序时，两者并不相同。最有可能的是，以胶结料为主要刚度贡献者的混合料的排序将类似；而具有不同级配的混合料，如密级配和 SMA 级配，排序可能会有明显的差别。

致谢

　　感谢来自先进沥青技术有限责任公司（Advanced Asphalt Technologies，LLC）的 Donald W. Christensen 博士，谢谢他使用方法 G 帮助分析数据，方法 G 是他为国家合作公路研究项目合同（NCHRP 9 - 29，试验设备研发项目）开发的。还感谢 ShedWorks 公司的 Bill Crockford 先生对编写循环正弦试验数据分析部分给予的帮助。此外，还要感谢美国亚利桑那州立大学的 Matthew W. Witczak 教授在动态模量试验开发过程中的帮助和建议。

尾注

　　根据 Di Benedetto 和 de la Roche（1998）的观点，在样本内部具有不可忽略的惯性效应（例如当观察到波传播时）的试验中，才能使用"动态"（dynamic）这个词。因此，复模量试验并不是动态试验，而是反复加载的循环试验，因此可以理解为静态试验。然而，按照是美国相关文献中的习惯用法，本文作者仍然使用了"动态"这个词。

参考文献

1. Advanced Asphalt Technologies，LLC（AAT）.（2001）. First Article Equipment Specifications for the Simple Performance Test System. NCHRP Project 9 - 29：Simple Performance Tester for Superpave Mix Design，Sterling，Va. ：Advanced Asphalt Technologies，LLC，November 2001，p. 89.

2. American Association of State Highway and Transportation Officials（AASHTO）.（1994）. "Shear Device，AASHTO Designation：TP - 7 - 94. " AASHTO Provisional Standards.

3. American Society for Testing and Materials（ASTM）.（1979）. "Test Method for Dynamic Modulus of Asphalt Concrete Mixture. " Annual Book of ASTM Standards，ASTM D Vol. 04. 03，3497 - 79.

4. Andrei，D. ，Witczak，M. W. ，and Mirza，M. W.（1999）. Development of Revised Predictive Model for the Dynamic（Complex）Modulus of Asphalt Mixtures. Development of the 2002 Guide for the Design of New and Rehabilitated Pavement Structures，NCHRP 1 - 37A. Interim Team Technical Report. Department of Civil Engineering，University of Maryland of College Park，Md.

5. Bahia，H. ，and Anderson，D.（1995）. "The SHRP Binder Rheological Parameters：Why they are Required and How They Compare to Conventional Properties. " Transportation Research Board，75th Annual Meeting，Washington，D. C.

6. Chen，W F. ，and Han D. J.（1988）. Plasticity for Structural Engineers. Springer - Verlag，New York，p. 10.

7. Christensen，D. W，Pellinen，T. ，and Bonaquist，R. F.（2003）. "Hirsch Model for Estimating the Modulus of Asphalt Concrete. " Proceedings of the Association of Asphalt Paving Technologists. March 10 - 12，2003，Lexington，Ky.

8. Christensen，D. W（1998）. "Analysis of Creep Data from Indirect Tension Test on Asphalt Concrete. " journal of the Association of Asphalt Paving Technologists，Vol. 67，458 - 492.

9. Crockford，W. W.（2001）. Data Analysis—Load Controlled Dynamic Tests. ShedWorks Inc. Technical Note，2nd ed.

10. Di Benedetto，H. ，and de la Roche，C. （1998）. "State of the Art of Stiffness Modulus and Fatigue of Bituminous Mixtures. " RILEM Report 17，Bituminous Binders and Mixes，Edited by L. Francken，137 - 180，London.

11. Doubbaneh，E. （1995）. "Comportement Mécanique Des Enrobes Bitumineux Des " Petites"Aux Grandes Déformations. " Grade de Docteur. L'institut Nations Des Sciences Appliquées DeLyon，Laboratoire Géomatériaux du Département de Génie Civil，Lyon.

12. Di Benedetto，H. ，Partl，M. ，and de la Roche，C. （2001）. "Stiffness Testing for Bituminous Mixtures. " RILEM TC 182 - PEB Performance Testing and Evaluation of Bituminous Materials. Materials and Structure，Vol. 34 （236），March，2001，pp. 65 - 70.

13. Francken，L. ，and Verstraeten，J. （1998）. "Interlaboratory Test Program on Complex Modulus and Fatigue. " RILEM Report 17，Bituminous Binders and Mixes，Edited by L. Francken，182 - 215 London.

14. Fonseca，O. A. ，and Witczak，M. W （1996）. "A Prediction Methodology forthe Dynamic Modulus of In - Placed Aged Asphalt Mixtures. " journal of the Association of Asphalt Paving Technologists，Vol. 65，532 - 572.

15. Gordon，G. V，and Shaw，M. T. （1994）. Computer Programs for Rheologists. Hanser/Gardner Publishers，New York.

16. Harrigan，E. T. ，Leahy，R. B. ，and Youtcheff，J. S. （1994）. The Superpave Mix Design Manual Specifications，Test Methods，and Practices，SHRP - A - 379. Strategic Highway Research Program. National Research Council. Washington，D. C. ；National Academy of Science.

17. Hewlett - Packard Co. （1989）. The Fundamentals of Signal Analysis. Application Note 243. Hewlett - Packard Co. Printed in USA，5952 - 8898.

18. Huang，Y. （1993）. Pavement Analysis and Design. Appendix A，Theory of Visco - elasticity Prentice Hall，Englewood Cliffs，N. J.

19. Kendall，M. G. （1951）. The Advanced Theory of Statistics. Vol. Ⅱ，Hafner，New York，p. 377.

20. NCHRP 1 - 37A Draft Document. （2002）. 2002 Guide for the Design of New and Rehabilitated Pavement Structures. EKES Division of ARA Inc. ，Champaign，Ill.

21. Mirza，M. W. ，and Witczak，M. W. （1994）. Bituminous Mix Dynamic Material Characterization Data Acquisition and Analysis Programs Using 458. 20 MTS Controller. University of Maryland，Department of Civil and Environmental Engineering，College Park，Md.

22. Neifar，M. ，Di Benedetto，H. ，and Dogmo，B. （2003）. Permanent Deformation and Complex Modulus：Two Different Characteristics from a Unique Test. Proceedings in the 6th International RILEM Symposium，April 14 - 17，2003，Zurich，Switzerland，316 - 323.

23. Party M. N. ，and Francken，L. （1998）. "Introduction. " RILEM Report 17，Bituminous Binders and Mfixes. edited by L. Francken，2 - 10 London.

24. Pellinen，T. （2001）. Investigation of the Use of Dynamic Modulus as an Indicator of Hot - Mix Asphalt Performance. A Dissertation Presented in Partial Fulfillment of the Requirements of the Degree of Doctor of Philosophy Submitted to the Faculty of Graduate School of the Arizona Sate University，Tempe，Ariz.

25. Pellinen，T. ，and Crockford，B. （2003）. "Comparison of Analysis Techniques to Obtain Modulus and Phase Angle from Sinusoidal Test Data. " Proceedings in the 6th International RILEM Symposium，April 14 - 17，Zurich，2003，Switzerland，307 - 309.

26. Pellinen，T. ，and Witczak，M. W. （1998）. Assessment of the Relationship Between Advanced Material Characterization Parameters and the Volumetric Properties of A MDOT Superpave

Mix. Submitted to Maryland Department of Transportation State Highway Administration. Department of Civil Engineering, University of Maryland of College Park, Md.

27. Pellinen, T, K., and Witczak, M. W (2002a) ."Use of Stiffness of Hot – Mix Asphalt as a Simple Performance Test. " journal of Transportation Research Records, No 1789, 80 – 90.

28. Pellinen, T. K., and Witczak, M. W (2002b) . "Stress Dependent Mastercurve Construction for Dynamic (Complex) Modulus. " journal of the Association of Asphalt Paving Technologists, Vol. 71, 281 – 309.

29. Pellinen, T., Witczak M. W., and Bonaqusit, R. (2002) . "Master Curve Construction Using Sigmoidal Fitting Function with Non – linear Least Squares Optimization Technique. " Proceedings of the 15th ASCE Engineering Mechanics Division Conference, Columbia University, June 2 – 5, 2002, New York.

30. Ramsey, K. A. (1975) . "Effective Measurements for Structural Dynamics Testing. " Sound and Vibrations, November 1975, 24 – 35.

31. Rogue, R., and Buttlar, W. G. (1992) . "The Measurement and Analysis System to Accurately Determine Asphalt Concrete Properties Using the Indirect Tensile Mode. " journal of the Association of Asphalt Paving Technologists, Vol. 61, 304 – 328.

32. Rowe G. M., and Sharrock, M. J. (2000) . "Development of Standard Techniques for the Calculation of Master Curves for Linear – Visco Elastic Materials. " The 1st International Symposium on Binder Rheology and Pavement Performance. The University of Calgary, August 14 – 15, 2000, Alberta, Canada.

33. Saarela, A., (1993) . Asfalttipaallysteiden tutkimusohjelma ASTO 1987 – 1992 (Asphalt Pavements Research Program ASTO 1987 – 1992), Loppuraportti. Technical Research Centre of Finland. Road, Traffic and Geotechnical Laboratory Espoo.

34. Schapery, R. (1969) . "On the Characterization of Non – linear Visco – elastic Materials. " Polymer Engineering and Science, Vol. 9, 295 – 310.

35. Witczak, M. W., and Kaloush, K. (1998) . Performance evaluation of Asphalt Modified Mixtures Using Superpave and P – 401 Mix Grading. Submitted to: Maryland Department of Transportation, Maryland Port Administration. Department of Civil Engineering, University of Maryland of College Park, Md.

36. Witczak, M. W., and Uzan, J. (1988) . The Universal Airport Pavement Design System Report I of IV: Granular Material Characterization. Department of Civil Engineering, University of Maryland of College Park, Md.

37. Witczak, M. W., Bonaquist, R., Von Quintus, H., and Kaloush, K. (2000) . "Specimen Geometry and Aggregate Size Effects in Uniaxial Compression and Constant Height Shear Test. " journal of the Association of Asphalt Paving Technologists, Vol. 69, 733 – 793.

38. Witczak, M. W., Hafez, L, Ayres, H., and Kaloush, K. (1996) . Comparative Study of MSHA Asphalt Mixtures Using Advanced Dynamic Material Characterization Tests. Submitted to: Maryland Department of Transportation, Maryland Port Administration, Department of Civil Engineering, University of Maryland of College Park, Md.

第 5 章 从间接拉伸试验获取复模量

Y. Richard Kim，Youngguk Seo，Mostafa Momen

摘要

本章介绍了采用间接拉伸（IDT）模式对热拌沥青混合料（HMA）动态模量试验的分析/试验研究结果。利用线性粘弹性理论，提出了间接拉伸模式下动态弹性模量的解析解。为了验证分析结果，使用轴向压缩试验和间接拉伸试验对北卡罗来纳州常用的 24 种沥青混合料进行了温度和频率扫描试验。轴向压缩和间接拉伸试验结果的图形和统计比较表明，这两种方法得到的动态模量主曲线、相位角和平移因子是一致的。

前言

动态模量在路面管理中的作用问题之一是它在鉴定工程研究和路面修复设计中的应用。现行的动态模量规程（AASHTO TP-62）要求单轴压缩试验的沥青混凝土试样直径为 100mm、高 150mm。通常不可能从实际路面上获得这种尺寸的样本。考虑到典型的沥青层厚度在几英寸以内，且取芯是从实际路面获取样本的最有效方法，因此芯样的间接拉伸（IDT）试验似乎更适合评估现有路面。

在本章中，根据 IDT 试验数据，提出了测定沥青混凝土动态模量的线性粘弹性解。然后将间接拉伸试验的动态弹性模量值与北卡罗来纳州通常使用的 24 种不同沥青混合料的轴压复合模量试验确定的值进行比较。

理论背景

历史上，道路工程界一直使用 Hondros（1959）通过平面应力假设得出的弹性解进行 IDT 测试，直到 Roque 和 Buttar（1992）引入了解释试样膨胀效应的校正系数。后来，Kim 等（2000）利用线性粘弹性理论介绍了 IDT 蠕变试验的粘弹性解。

与单轴试样不同，IDT 试样的应力应变分布是双轴的。这种双轴状态的应力和应变会导致在确定 IDT 试验获得的材料性能时产生误差，除非仔细处理这些性能的推导。为了更清楚地说明这一点，下面给出了单轴和双轴情况下的虎克定律（弹性材料控制方程）：

单轴情况
$$\sigma_y = E\varepsilon_y \quad \text{或} \quad \varepsilon_y = \frac{\sigma_y}{E} \tag{5-1}$$

双轴情况
$$\varepsilon_x = \frac{1}{E}(\sigma_x - \upsilon\sigma_y) \tag{5-2}$$

其中，x 和 y 分别表示加载方向（即垂直方向）和垂直于加载方向（即水平方向）的方向。

在式（5－1）中的单轴情况下（比如轴向压缩动态模量试验），可以将轴向应力（σ_y）除以轴向应变（ε_y）得到模量。然而，在式（5－2）中的双轴情况下（比如 IDT 动态模量试验），不能通过将水平应力（σ_x）除以水平应变（ε_x）来获得模量。相反，确定材料模量的正确方法是将双轴应力（即 $\sigma_x - v\sigma_y$）除以水平应变（ε_x）。如果使用不正确的解（如 σ_x/ε_x）表示材料的模量，则该模量不应被视为与根据单轴测试确定的模量相同。

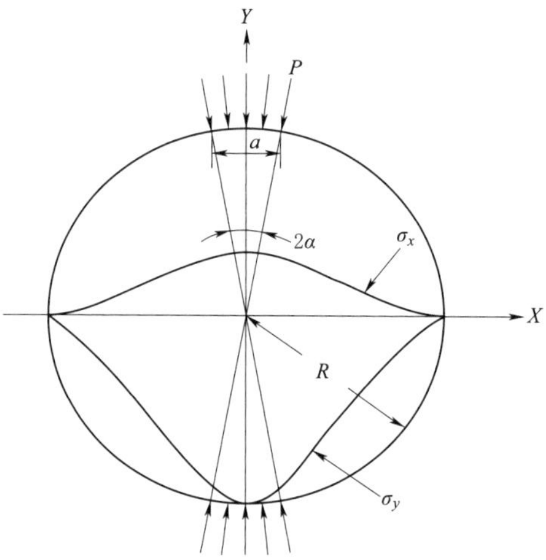

图 5－1　条形荷载作用下沿 IDT 试样示意图（kim 等，2004）

线性粘弹性解

Kim 等（2004）提出了 IDT 模式下 HMA 复数模量的线性粘弹性解，在本节中进行介绍。假设平面应力状态，Hondros（1959）提出了如图 5－1 所示在条形荷载作用下沿 IDT 试样水平直径的应力和应变表达式。

$$\varepsilon_x = \frac{1}{E}(\sigma_x - \nu\sigma_y) \tag{5-3}$$

以及

$$\begin{aligned}\sigma_x(x) &= \frac{2P}{\pi a d}\left[\frac{(1-x^2/R^2)\sin 2\alpha}{1+2x^2/R^2\cos 2\alpha + x^4/R^4} - \tan^{-1}\left\{\frac{1-x^2/R^2}{1+x^2/R^2}\tan\alpha\right\}\right] \\ &= \frac{2P}{\pi a d}[f(x)-g(x)]\end{aligned} \tag{5-4}$$

$$\begin{aligned}\sigma_y(x) &= \frac{2P}{\pi a d}\left[\frac{(1-x^2/R^2)\sin 2\alpha}{1+2x^2/R^2\cos 2\alpha + x^4/R^4} + \tan^{-1}\left\{\frac{1-x^2/R^2}{1+x^2/R^2}\tan\alpha\right\}\right] \\ &= \frac{2P}{\pi a d}[f(x)+g(x)]\end{aligned} \tag{5-5}$$

式中　x——距试样表面中心的水平距离；
P——施加荷载；
a——装载带宽度，m；
d——试样厚度，m；
R——试样半径，m；
α——径向角；
E——杨氏模量；
ν——泊松比。

对于在稳态下承受正弦载荷的粘弹性材料，式（5－3）可以改写为：

$$\varepsilon_x = \frac{1}{E^*}(\sigma_x - \nu\sigma_y) \tag{5-6}$$

式中　E^*——复数模量。

通常将 E^* 以极坐标形式表示。

$$E^* = |E^*| e^{i\phi} \tag{5-7}$$

式中　$|E^*|$——动态模量；

　　　ϕ——从负载和位移之间的时间滞后计算的相位角。

在复模量测试中应用的正弦负载的响应是由于下面所示的复杂负载 P 的响应的虚部：

$$P = P_0 e^{iwt} = P_0(\cos\omega t + i\sin\omega t) \tag{5-8}$$

式中　P_0、ω——复数模量试验中使用的正弦负载的幅度和角频率。

将式（5-4）、式（5-5）、式（5-7）和式（5-8）代入式（5-6）得到：

$$\varepsilon_x(x,t) = \frac{2P_0}{|E^*|\pi ad} e^{i(\omega t - \phi)} \left[(1+v)f(x) + (v-1)g(x)\right] \tag{5-9}$$

在标距长度上对式（5-9）进行积分，以确定水平位移 $U(t)$ 可以得到：

$$U(t) = \int_{-l}^{l} \varepsilon_x(x,t)\mathrm{d}x = \frac{2P_0}{|E^*|\pi ad} e^{i(\omega t - \phi)} \left[(1+v)\int_{-l}^{l} f(x)\mathrm{d}x + (v-1)\int_{-l}^{l} g(x)\mathrm{d}x\right] \tag{5-10}$$

式中　l——标距长度的一半。

可以通过采用总响应的虚部来提取仅由于正弦输入而发生的响应。因此，导出的动态模量可以使用水平位移 $U(t)$ 表示如下：

$$E^* = \frac{2P_0 \sin(\omega t - \phi)}{\pi ad \cdot U(t)} A \tag{5-11}$$

其中

$$A = \left[(1+v)\int_{-l}^{l} f(x)\mathrm{d}x + (v-1)\int_{-l}^{l} g(x)\mathrm{d}x\right] \tag{5-12}$$

$$f(x) = \frac{(1-x^2/R^2)\sin 2\alpha}{1+2x^2/R^2\cos 2\alpha + x^4/R^4} \tag{5-13}$$

$$g(x) = \arctan\left\{\frac{1-x^2/R^2}{1+x^2/R^2}\tan\alpha\right\} \tag{5-14}$$

类似地，使用垂直位移 $V(t)$ 表示的动态模量的类似表达式为：

$$E^* = \frac{2P_0 \sin(\omega t - \phi)}{\pi ad \cdot V(t)} B \tag{5-15}$$

其中

$$B = \left[(v-1)\int_{-l}^{l} n(y)\mathrm{d}y - (1+v)\int_{-l}^{l} m(y)\mathrm{d}y\right] \tag{5-16}$$

$$m(y) = \frac{(1-y^2/R^2)\sin 2\alpha}{1-2y^2/R^2\cos 2\alpha + y^4/R^4} \tag{5-17}$$

$$n(y) = \arctan\left\{\frac{1+y^2/R^2}{1-y^2/R^2}\tan\alpha\right\} \tag{5-18}$$

通过式（5-11）和式（5-15），可以获得

$$AV(t) = BU(t) \tag{5-19}$$

然后，可以得出泊松比的表达式如下：

$$v = \frac{\beta_1 U(t) - \gamma_1 V(t)}{-\beta_2 U(t) + \gamma_2 V(t)} \tag{5-20}$$

其中

$$\beta_1 = -\int_{-l}^{l} n(y)\mathrm{d}y - \int_{-l}^{l} m(y)\mathrm{d}y$$

$$\beta_2 = \int_{-l}^{l} n(y)\mathrm{d}y - \int_{-l}^{l} m(y)\mathrm{d}y$$

$$\gamma_1 = \int_{-l}^{l} f(x)\mathrm{d}x - \int_{-l}^{l} g(x)\mathrm{d}x$$

$$\gamma_2 = \int_{-l}^{l} f(x)\mathrm{d}x + \int_{-l}^{l} g(x)\mathrm{d}x \tag{5-21}$$

式（5-11）和式（5-15）的组合产生单一形式的动态模量，如下所示：

$$|E^*| = \frac{P_0 \sin(\omega t - \phi)AV(t) + P_0 \sin(\omega t - \phi)BU(t)}{\pi a d V(t) U(t)} \tag{5-22}$$

在将式（5-12）和式（5-16）代入式（5-22）之后，可以得到

$$|E^*| = 2\frac{P_0 \sin(\omega t - \phi)}{\pi a d}\frac{\beta_1\gamma_2 - \beta_2\gamma_1}{\gamma_2 V(t) - \beta_2 U(t)} \tag{5-23}$$

垂直和水平位移可以用正弦函数表示如下：

$$V(t) = V_0 \sin(\omega t - \phi) \tag{5-24}$$

$$U(t) = U_0 \sin(\omega t - \phi) \tag{5-25}$$

式中 V_0、U_0——垂直和水平位移的恒定幅度。

因此，动态模量的最终形式是

$$|E^*| = 2\frac{P_0}{\pi a d}\frac{\beta_1\gamma_2 - \beta_2\gamma_1}{\gamma_2 V_0 - \beta_2 U_0} \tag{5-26}$$

同样，泊松比的表达式可以简化为：

$$\nu = \frac{\beta_1 U_0 - \gamma_1 V_0}{-\beta_2 U_0 + \gamma_2 V_0} \tag{5-27}$$

式（5-26）和式（5-27）中的系数 β_1，β_2，γ_1 和 γ_2 是针对不同的试样直径和标距长度计算的，见表5-1。式（5-26）和式（5-27）基于平面应力假设。Kim 等（2000）使用三维有限元分析来计算 IDT 试样中的中心应变，并得出结论：由平面应力假设引起的误差可以忽略不计。

表 5 - 1			泊松比与动态模量的系数			
试件直径 /mm	标距长度 /mm	β_1	β_2	γ_1	γ_2
101.6	25.4	−0.0098	−0.0031	0.0029	0.0091
101.6	38.1	−0.0153	−0.0047	0.0040	0.0128
101.6	50.8	−0.0215	−0.0062	0.0047	0.0157
152.4	25.4	−0.0065	−0.0021	0.0020	0.0062
152.4	38.1	−0.0099	−0.0032	0.0029	0.0091
152.4	50.8	−0.0134	−0.0042	0.0037	0.0116

HMA 的动态模量测试

本节包括选择用于测试的 HMA，样品制造程序，单轴压缩和 IDT 动态模量测试方法。

材料

在轴压和 IDT 模式下，共测试了 24 种具有不同集料和胶结料特性的沥青混合料。这些混合料是北卡罗来纳州用于铺路施工的典型 HMA。表 5 - 2 总结了所有混合料的混合料变量。从美国北卡罗来纳州山区到海岸的 6 种不同来源的花岗岩集料使用了 4 种不同的最大标称集料尺寸（NMASs）（9.5mm、12.5mm、19.0mm 和 25.0mm）。此外，6 种不同来源的胶结料的性能等级（PG）分别为 64 - 22、70 - 22 和 76 - 22，用于制造这些混合料。对这些混合料进行了超级路面体积混合料设计，得到的最佳沥青含量和每种混合料的最大比重（G_{mm}）见表 5 - 2。

表 5 - 2			混合料特性汇总		
混合料 ID	集料来源	沥青来源	沥青等级	沥青含量/%	G_{mm}
S[①]9.5[②]A[③] - C[④]	Morganton	Inman，SC	PG 64 - 22	5.80	2.615
S9.5A - F	Charlotte - Pineville	Citgo - Wilmington	PG 64 - 22	6.40	2.668
S9.5B - C	Haw River	Citgo - Wilmington	PG 64 - 22	5.90	2.579
S9.5B - F	Morganton	Inman，SC	PG 64 - 22	6.30	2.579
S9.5B - F	Charlotte - Pineville	Citgo - Wilmington	PG 64 - 22	5.80	2.689
S9.5C - C	Holly Springs	Citgo - Wilmington	PG 70 - 22	5.30	2.486
S9.5C - F	Garner	Citgo - Wilmington	PG 70 - 22	5.00	2.456
S12.5B - C	Haw River	Citgo - Wilmington	PG 64 - 22	5.50	2.595
S12.5B - F	Holly Springs	Citgo - Wilmington	PG 64 - 22	5.30	2.48
S12.5C - C	Morganton	Inman，SC	PG 70 - 22	4.60	2.663
S12.5C - F	Concord - Cabarrus	Citgo - Wilmington	PG 70 - 22	5.00	2.57

续表

混合料 ID	集料来源	沥青来源	沥青等级	沥青含量/%	G_{mm}
S12.5D-C	Concord-Cabarrus	Citgo-Wilmington	PG 70-22	5.00	2.582
S12.5D-F	Concord-Cabarrus	AA-Salisbury	PG 76-22	4.70	2.571
I19.0B-C	Haw River	Alpaso-Apex	PG 64-22	5.00	2.633
I19.0B-F	Garner	Citgo-Wilmington	PG 64-22	5.40	2.441
I19.0B-F	Charlotte-Pineville	Citgo-Wilmington	PG 64-22	4.30	2.773
I19.0C-C	Garner	Citgo-Wilmington	PG 64-22	4.70	2.472
I19.0C-F	Concord-Cabarrus	Alpaso-Charlotte	PG 64-22	4.80	2.582
I19.0D-C	Charlotte-Pineville	Citgo-Wilmington	PG 70-22	4.30	2.77
I19.0D-F	Concord-Cabarrus	AA-Salisbury	PG 70-22	4.10	2.597
B25.0B-C	Holly Springs	Citgo-Wilmington	PG 64-22	4.50	2.503
B25.0B-F	Garner	Citgo-Wilmington	PG 64-22	4.20	2.485
B25.0C-C	Haw River	Citgo-Wilmington	PG 64-22	4.00	2.678
B25.0C-F	Concord-Cabarrus	Alpaso-Charlotte	PG 64-22	4.40	2.599

注 ①S 为面层，I 为中间层，B 为基础层。
　　②是以 mm 为单位的标称最大集料尺寸。
　　③为交通量指示器。
　　④为总体等级类型（C 表示粗集料，F 表示细集料）。

试件制作

沥青混合料在符合每种胶结料要求的温度下混合和压实。在压实之前，所有混合料在 135℃下老化 4h（即短期烘箱老化）。

对于在单轴压缩模式下测试的混合料，样品被压入直径为 150mm、高度为 178mm 的模具中。随后，将其切割并钻取直径为 100mm、高度为 150mm 的圆柱形试样取芯。对于在 IDT 模式下测试的混合料，将样品压入到直径为 150mm、高度为 60mm 的模具中，并切割到 38mm 的高度。切割两端，以确保沿试样高度的空隙分布更加一致。

最终芯样的目标空隙率为 4%±0.5%。为了达到这个密度，旋转塞的目标空隙必须高于芯样的空隙。旋转塞的目标空隙与芯样的目标空隙之间的差异通常随着标称最大集料尺寸的增加而增加，平均值约为 1.5%~2%。

对于 IDT 试样，使用四种具有不同标称最大集料尺寸的混合料进行了一项小型研究，以估计当试样从 60mm 高度切割至 38mm 时，空隙率的减少。研究表明，一般来说，标称最大集料尺寸为 9.5mm 的空隙率减少约为 1%，随着标称最大集料尺寸增加到 12.5mm、19mm 和 25mm，空隙率减少增加约 0.5%。

利用 CORELOK 真空密封装置测量了空隙率。在进行这些测量和计算时，遵循了 ASTM D6752-03 中的规范。当在 25℃以外的温度下进行测量时，对水的密度进行了适当的调整。

对于所有 24 种混合料，一次测试 3 个试样。在试样制作或测试过程中，如果出现错误或密度不符合要求，则丢弃样品，并制作和测试额外的样品。

测试和分析

测试设置

试验采用材料试验系统（MTS）制造的闭环伺服液压机进行。使用液氮冷却的温度室控制试验温度。使用带有热电偶的伴随试样监测试样所承受的温度。

对于单轴压缩试验，使用连接在顶部和底部闸板上的直径为 100mm 的金属端板向试样施加压缩载荷。减少摩擦的末端处理措施用于减少由于与试样和金属端板之间的摩擦而产生的限制。末端处理措施由两层乳胶膜组成，每层 0.0125 英寸厚。在乳胶膜之间涂抹极少量的硅润滑脂，使试样可以相对于金属端板移动（膨胀）。润滑脂必须谨慎使用，用量只用必要的最小量，因为多余的润滑脂会产生光滑的界面，导致样品在高负荷和高频率组合下滑出测试装置。另外，在膜的中心引入直径约 25mm 的孔，以允许金属板和样品之间的少量接触，从而增加摩擦并减少测试期间样品的移动。

对于 IDT 测试，使用从战略公路研究计划（SHRP）开发的负载导向装置（LGD）作为装载装置。该装置如图 5-2（a）所示。从 NCHRP 1-28 研究中发现，与其他没有柱或四柱的装载设备相比，带有两个导柱的 SHRP LGD 导致 IDT 试样的"摇摆"量最小，而不会在重复荷载作用下在上部加载板和导柱之间产生明显摩擦（Barksdale 等，1997）。

 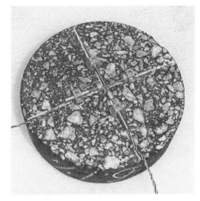

（a）使用SHRP LGD的IDT测试设置　　　　（b）表面安装的 LVDT 传感器

图 5-2　装载装置

对于单轴压缩试验，使用 4 个抽芯 CD 型 LVDT（线性可变差分传感器）在 90°径向间隔处测量垂直变形。将传感器夹头粘在样本中间 2/3（100mm）的表面上，并将 LVDT 传感器安装到夹头上。使用一种装置来保持 LVDT 夹头之间的间距一致。单轴压缩试验的 LVDT 设置如图 5-3 所示。

对于 IDT 试样，采用抽芯微型 XSB LVDT 传感器测量其垂直和水平变形。如图 5-2（b）所示，使用 50.8mm 标距长度将其安装在每个试样表面上。

数据采集系统

本项目使用的数据采集系统由 LabVIEW 软件和国家仪器生产的 16 位的数据采集板组成。1 个通道用于机器上的荷载传感器，1 个通道用于传动装置 LVDT 传感器，4 个通道用于试样上的 LVDT 传感器。数据采集率为每周期 100 点。

试验和分析方法

原则上，遵循 AASHTO TP-62 协议。为了确保测试记录材料的线性粘弹性行为，将 75 微应变用作单轴压缩和 IDT 测试的最大允许轴向和水平应变。

通过在不同频率和温度下施加正弦载荷进行试验。在每个温度下应用第一个频率之前，先以 25Hz 施加预

图 5-3　LVDT 在单轴压缩测试中
的安装和间距

处理循环，然后将实际测试中使用的一半荷载用于 25Hz。在每个加载频率之后，允许 5min 的休息时间，然后再应用下一个频率。

使用平均变形来计算动态模量和相位角。在单轴情况下，取 4 个相距 90° 的 LVDT 读数的平均值。在 IDT 测试中，对两个表面的垂直变形和水平变形求平均值，以确定每个轴上的变形。

动态模量值比较

图形比较

利用式（5-26）中的粘弹性解分析了 24 种混合料的 IDT 试验数据。根据这些分析得出了 12 种代表性沥青混合料动态模量主曲线，如图 5-4～图 5-6 所示。使用 10℃ 的参考温度作为数据平移的基准。这些图中的数据是 3 次测试的平均值，其余数据见 Kim 等（2005）的文献。

从这些图可以看出，使用双轴线性粘弹性解进行 IDT 试验得到的动态模量主曲线与单轴压缩试验得到的结果基本一致。研究还发现，从主曲线构建过程中获得的时间-温度平移因子在单轴压缩和 IDT 试验中基本相同。

统计分析

使用 P 值

由于样本间存在差异，对每种混合料在每种测试温度下的两个频率进行了不等量方差 t 检验的统计分析。在这项分析中，都采用重复测试（3 个来自单轴压缩，3 个来自 IDT 测试）。空假设是指 IDT 试验的动态模量与单轴压缩试验的动态模量相同。计算 P 值并与

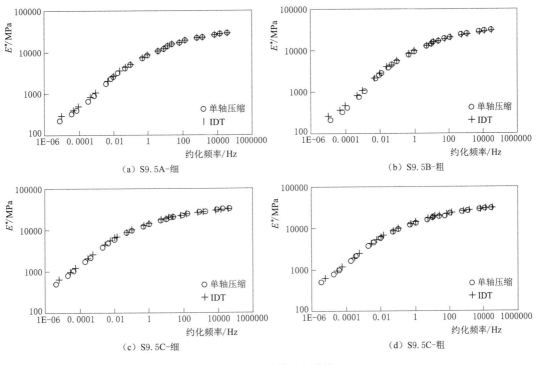

（a）S9.5A-细　　　　　　　　　（b）S9.5B-粗

（c）S9.5C-细　　　　　　　　　（d）S9.5C-粗

图 5-4　动态模量主曲线

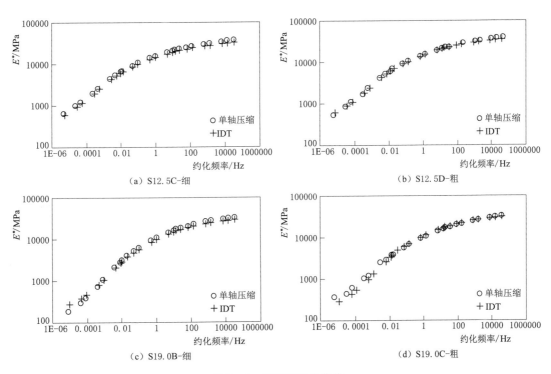

（a）S12.5C-细　　　　　　　　　（b）S12.5D-粗

（c）S19.0B-细　　　　　　　　　（d）S19.0C-粗

图 5-5　动态模量主曲线

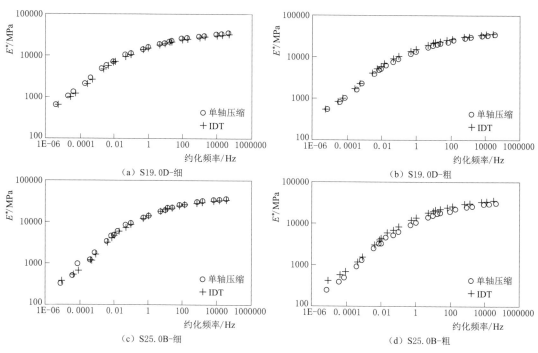

图 5-6 动态模量主曲线

0.05 的临界值进行比较，以拒绝或接受空假设。P 值表示计算出的测试统计量与空假设下的期望值相比异常的程度。因此，在本研究中，P 值大于 0.05 表明 IDT 试验的动态模量与单轴压缩试验的动态模量在统计学上是相同的。

144 个试验（2 种频率×3 种温度×24 种沥青混合料）的 P 值汇总见表 5-3。约 19% 的试验表明，IDT 试验的动态模量与单轴压缩试验的动态模量有统计学差异。

表 5-3　　　　　　　IDT 和单轴压缩测试的动态模量的 P 值和百分比差异

		标称最大集料尺寸				所有
		9.5mm	12.5mm	19.0mm	25.0mm	
P 值	<0.05	15%	14%	19%	33%	19%
	>0.05	85%	86%	81%	67%	81%
差异	<5%	48%	46%	28%	25%	39%
	5%~10%	21%	33%	42%	19%	31%
	10%~20%	21%	21%	26%	19%	22%
	>20%	10%	0%	4%	38%	8%

使用百分比差异

除统计分析外，还计算了 288 个温度和频率组合（8 种频率×3 种温度×12 种沥青混合料）的单轴压缩和 IDT 试验确定的动态模量的百分比差异。表 5-3 中也总结了这些值。对该表中数据的比较以及对个别试验数据的进一步调查得到了一些重要的结果。

首先，大约 70％ 的测试的差异在 10％ 以下。其次，虽然表 5-3 中没有显示，但对具有高百分比差异的测试条件的进一步调查表明，由于百分比差异计算分母中的动态模量值非常小，大部分高百分比差异来自 35℃ 的试验数据。最后，可以在表 5-3 中观察到，百分比差异随着标称最大集料尺寸的增加而变大。对单个测试数据的调查显示了相同的趋势；也就是说，随着标称最大集料尺寸的增加，重复测试数据之间的变异性也会增加。这些观测值可能与标距长度与标称最大集料尺寸之比有关。通常，建议使系数为 3 以保持代表性体积单元（RVE）。单轴压缩试样几何结构满足这一要求不是问题。然而，在 50.8mm 标距长度的 IDT 试验中，标称最大集料尺寸 9.5mm 和 12.5mm 沥青混合料满足此要求，但 19.0mm 和 25.0mm 的沥青混合料不满足此要求，导致重复测试数据之间的变异性更高。

从详细数据分析中得出的另一个观察结果是，在标称最大集料尺寸 25.0mm 沥青混合料的一些重复测试数据中，发现 IDT 试样前后表面的位移存在显著差异。这些观察结果表明，在标距长度范围内的大型集料颗粒的位置会影响数据，并且标称最大集料尺寸 25.0mm 的沥青混合料需要更大的标距长度。

对图 5-4～图 5-6 中平均主曲线的目视观察和进一步的统计分析表明，利用式（5-26）中的线性粘弹性解通过 IDT 试验确定的动态模量在统计上与通过单轴压缩试验测得的相同。可能会出现一个问题：为什么在单轴压缩和 IDT 试验中，压实方向和进行应力应变分析的方向之间的不同关系的影响似乎无关紧要。当比较单轴压缩圆柱和 IDT 试样时，可能存在这种差异，也可能存在各向异性。然而，由于在这些试验中的应变水平非常小（50～80 微应变），动态模量试验只是或多或少地"触动"了沥青胶浆，因而并不能完全捕获这些差异的影响，这些差异主要与大的集料方向有关。

相位角比较

结果表明，在 IDT 试验中，轴向压缩试验得到的相位角一般在水平应变和垂直应变计算出的相位角之间。基于这一观察，从水平和垂直应变计算出的相位角被平均并绘制在图 5-7 和图 5-8 中。

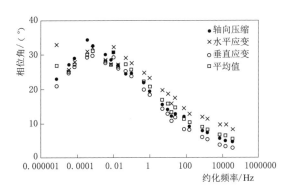

图 5-7　相位角主曲线（S9.5A-细）

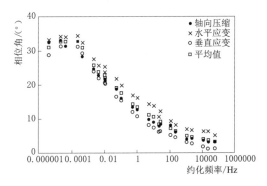

图 5-8　相位角主曲线（l19.0D-细）

平均相位角接近单轴压缩试验的值。这一发现需要使用更严格的方法进一步完善。Kim 等（2005）的研究包含了在 IDT 和单轴压缩试验之间更多的相位角比较。

泊松比

为了调查由水平应变和垂直应变确定的相位角差异的原因，根据 IDT 试验结果计算了 4 种代表性混合料的泊松比，并绘制在图 5-9 中。首先要注意的是，泊松比在不同温度下的平均值似乎是合理的，即在－10℃时约为 0.18，在 10℃时约为 0.25，在 35℃时约为 0.45。在较低频率和 35℃条件下，泊松比的一些值超过了 0.5 的线性弹性极限，这表明在这些条件下，试样在动态模量试验过程中受到损坏。

图 5-9 中的另一个重要观察结果是泊松比与加载频率有轻微的相关性。泊松比的这种频率依赖性导致了垂直应变和水平应变之间的相位滞后，从而根据图 5-7 和图 5-8 中的垂直应变和水平应变计算出相位角不同。

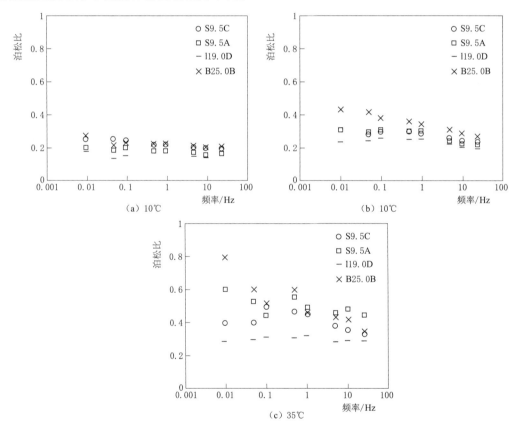

图 5-9　泊松比（a）－10℃；（b）10℃；（c）35℃的情况

结论

本章利用线性粘弹性理论，提出了 IDT 模式下沥青混合料动态模量的解析解。利用

24 种常用北卡罗来纳沥青混合料的单轴压缩和 IDT 试验的实验数据，成功地验证了该方法的准确性。

同时发现泊松比是加载频率的弱函数。泊松比的频率依赖性导致相位角的不同，这取决于使用的是水平应变还是垂直应变。这两个相位角的平均值与单轴压缩测试的相位角一致。

本章中的研究结果提供了可用于标准试验的解析解以及可用于 IDT 测试确定沥青混合料的动态模量和相位角预曲线的分析协议。该协议将成为在鉴定中使用动态模量的重要手段，该分析利用了 NCHRP 1 - 37A 项目制定的《新的和修复的路面结构设计指南》中的力学原理。

致谢

本材料基于美国北卡罗来纳州运输部根据第 HWY - 2003 - 09 号项目支持的工作。作者感激地承认这一支持。

参考文献

1. ASTM D6752 - 03，2003，Standard Test Method for Bulk Specific Gravity and Density of Compacted Bituminous MixturesUsing Automatic Vacuum Sealing Method. American Society for Testing and Materials.

2. Barksdale，R. D.，J. Alba，N. P. Khosla，Y R. Kim，P. C. Lambe，and M. S. Rahman，1997，Laboratory Determination of Resilient Modulus for Flexible Pavement Design. Final Report，National Cooperative Highway Research Program 1 - 28 Project，National Research Council，Washington，D. C.

3. Hondros，G，1959，Evaluation of Poisson's Ratio and the Modulus of Materials of a Low Tensile Resistance by the Brazilian（Indirect Tensile）Test with Particular Reference to Concrete. Australian journal of Applied Science，Vol. 10，No. 3，pp. 243 - 268.

4. Kim，Y. R.，J. Daniel，and H. Wen，2000，Fatigue Performance Evaluation of WesTrack and Arizona SPS - 9 Asphalt Mixtures Using Viscoelastic Continuum Damage Approach. Final report to Federal Highway Administration/North Carolina Department of Transportation.

5. Kim，Y. R.，Y. Seo，M. King，and M. Momen，2004，Dynamic Modulus Testing of Asphalt Concrete in Indirect Tension Mode. journal of Transportation Research Board，No. 1891，National Research Council，Washington，D. C.，pp. 163 - 173.

6. Kim，Y R.，M. Momen，and M. King，2005，Typical Dynamic Moduli for North Carolina Asphalt Concrete Mixtures. Final report to the North Carolina Department of Transportation，Report No. FHWA/NC/2005 - 03.

7. NCHRP 1 - 37A Research Team，2004，Guide for Mechanistic - Empirical Design of New and Rehabilitated Pavement Structures，Final Report. NCHRP 1 - 37A，ARA，Inc. and EKES Consultants Division.

8. Rogue，R.，and W. G. Buttlar，1992，The Development of a Measurement and Analysis System to Accurately Determine Asphalt Concrete Properties Using the Indirect Tensile Mode. Proceedings，The Association of Asphalt Paving Technologist，pp. 304 - 333.

第 6 章　沥青混凝土刚度函数的相互关系

Ghassan R. Chehab，Y. Richard Kim

摘要

本章讨论了表征沥青混凝土混合料的线性粘弹性性能的 3 个主要响应函数，给出了蠕变柔量、松弛模量、复模量等函数的定义和解析表达式，介绍了通过试验确定函数分析参数的方法。此外，还介绍和比较了数值和解析互换技术，即从一个线性粘弹性（Linear Viscoelastic，简称 LVE）响应函数确定另一个函数。还给出了数值实例和图表，对所提出的方法进行补充说明。

简介

沥青混凝土表现出时间/速率依赖性，其中材料响应不仅是当前输入量的函数，而且是当前和过去输入历史的函数。当加载条件不会对沥青混合料造成损伤时，可以定义为线性粘弹性响应，并用卷积遗传积分表示。虽然粘弹性通常与系统的时间相关响应有关，但线性与满足同质性和叠加条件的系统有关：

同质性 $\qquad\qquad\qquad R\{AI\}=AR\{I\}$ $\qquad\qquad\qquad$ （6-1）

叠加性 $\qquad\qquad\qquad R\{I_1+I_2\}=R\{I_1\}+R\{I_2\}$ $\qquad\qquad$ （6-2）

式中　I、I_1、I_2——输入历史；

$\qquad$ R——响应；

$\qquad$ A——任意常数。

括号 $\{\}$ 表示响应是输入历史的函数。同质性也称为比例性，本质上就是输出与输入成正比。例如，如果输入加倍，响应也加倍。叠加性表示对两个输入之和的响应等于对分别单独输入的响应之和。

对于线性粘弹性（LVE）材料，可采用遗传积分表示输入-响应关系，并对任一时间输入的响应进行计算，见下式：

$$R = \int_{-\infty}^{t} R_H(t,\tau) \frac{dI}{d\tau} d\tau \qquad\qquad （6-3）$$

式中　R_H——单位响应函数；

$\qquad$ I——输入；

$\qquad$ t——任一时间；

$\qquad$ τ——积分变量。

对于已知的单元响应函数，如果输入在 t_0 时刻开始，并且输入和响应在 $t<0$ 时都等

于 0，那么积分的下限可以减小到 0^-（恰好在时间 0 之前）。用 0^- 的值来代替 0，是考虑到在 t_0 处的输入可能存在不连续变化。为便于说明，在所有连续方程中均以 0 为下限，并按 0^- 解释，除非另有规定。式（6-3）适用于时效系统，其中时间零点为材料生产时间，而不是加载时间。在非时效系统中，时间零点对应于加载程序（load application）的开始，而不代表材料的生产时间。本文将沥青混凝土作为一种非时效系统处理；因此，式（6-3）简化为：

$$R = \int_0^t R_H(t-\tau) \frac{\mathrm{d}I}{\mathrm{d}\tau} \mathrm{d}\tau \tag{6-4}$$

LVE 响应函数的类型

可以用来表征沥青混凝土（AC）的 LVE 性能的几种粘弹性响应函数，其中最基础的有松弛模量 $E(t)$、蠕变柔量 $D(t)$ 和复模量 E^*。选用哪种类型的响应函数取决于多种因素，包括加载程序的类型、评价材料特性时的条件，以及试验性测试（experimental testing）的困难对确定这些函数的限制。

这些响应函数，或线性粘弹性特性，不仅是在线性粘弹性范围内表征 AC 的基础，也是描述 AC 在损伤情况下非线性性能的本构模型的关键部分。此外，当 AC 试件用于试验性测试时，响应函数可以作为"粘弹性指纹图谱"来评估试件与试件之间的不同，和/或评价材料是否已经损坏。

蠕变柔量和松弛模量

蠕变柔量 $D(t)$ 为应变响应对恒定应力输入的比值；而松弛模量 $E(t)$ 是应力响应对恒定应变输入的比值。如果沥青混凝土是纯弹性的，则 $D(t)$ 和 $E(t)$ 互为倒数。然而，由于沥青混凝土的粘弹本性，只有在拉普拉斯变换域才如此。

方程形式为：

$$D(t) = \frac{\varepsilon(t)}{\sigma_0} \tag{6-5}$$

$$E(t) = \frac{\sigma(t)}{\varepsilon_0} \tag{6-6}$$

式中　$D(t)$、$E(t)$——蠕变柔量和松弛模量；

σ_0、ε_0——恒定的输入应力和输入应变；

$\sigma(t)$、$\varepsilon(t)$——应力响应和应变响应。

在单轴加载和非时效、等温条件下，线性粘弹性应力应变-关系可以用（玻尔兹曼）卷积积分（Boltzmann convolution integral）表示如下：

$$\sigma = \int_0^t E(t-\tau) \frac{\mathrm{d}\varepsilon}{\mathrm{d}\tau} \mathrm{d}\tau \tag{6-7}$$

$$\varepsilon = \int_0^t D(t-\tau) \frac{\mathrm{d}\sigma}{\mathrm{d}\tau} \mathrm{d}\tau \tag{6-8}$$

式中 τ——积分变量。

式（6-7）右边的 ε 可由式（6-8）取代，得到 $D(t)$ 和 $E(t)$ 的本构方程为：

$$1 = \int_0^t E(t-\tau) \frac{dD(t)}{d\tau} d\tau \qquad (6-9)$$

复模量

复模量 E^* 是一个响应函数，表示在正弦载荷作用下的线性粘弹性材料的应力-应变关系。它由两部分组成：动态模量 $|E^*|$ 和相位角 ϕ，分别定义如下：

$$|E^*| = \frac{\sigma_{amp}}{\varepsilon_{amp}} \qquad (6-10)$$

$$\phi = 2\pi f \Delta t \qquad (6-11)$$

式中 σ_{amp}——应力幅值；

ε_{amp}——应变幅值；

f——加载频率；

Δt——应力与应变响应之间的时间滞差。

作为复函数，E^* 由实分量和虚分量组成，分别称为存储分量和损耗分量，数学表达式为：

$$E^* = E' + iE'' \qquad (6-12)$$

其中

$$E' = |E^*| \cos\phi$$

$$E'' = |E^*| \sin\phi$$

$$|E^*| = \sqrt{(E')^2 + (E'')^2}$$

$$i = \sqrt{-1}$$

式中 E'——存储分量；

E''——损耗分量。

LVE 响应函数的确定

粘弹性响应函数可以通过在 LVE 范围内的试验性测试来确定，也可从其他已知响应函数互换而来。从粘弹性理论可以看出，所有的 LVE 响应函数都是相互关联的，因而任何函数都可以从另一个已知函数得到。

蠕变柔量试验和复模量试验都是简单的力学试验，在 LVE 范围内可以准确表征 AC 材料的特性。蠕变试验表明 $D(t)$ 为时间的函数；而复模量试验表明 $|E^*|$ 和 ϕ 是频率的函数。不同于从力学试验中得到 $D(t)$ 和 $|E^*|$ 的简单性，从松弛试验中得到 $E(t)$ 是非常困难的，松弛试验更难操作，而且需要一台额定荷载更高和更坚固的试验机。因此，通常情况下 $E(t)$ 都是通过对 $D(t)$ 或 $|E^*|$ 转换得到的。

如果不能在所需领域的整个范围内通过单一的试验类型确定材料的某项性能函数，此时也需要进行转换。例如，$D(t)$ 和 $E(t)$ 不能在很短的时间内确定下来；在这种情况下，可通过在频域中的对应范围进行复模量试验，然后转换为 $D(t)$ 和 $E(t)$ 来确定 E^*。在阐述不同的相互转换技术之前，有必要提出和讨论响应函数的解析表述，因为这将影响对互换方法的选择和所使用互换方法的精确度。

LVE 响应函数的解析表述

为了获得准确的材料特性，必须建立具有代表性的 LVE 响应函数的解析表达式，而不管这些函数是如何得到的。例如，如果要建立 E^* 的解析表达式，首先要在几个温度和频率下进行复模量试验。然后利用时间-温度叠加原理得到 $|E^*|$ 和 f 的单一主曲线，作为在选择的参考温度下约化频率的函数。这些内容在第 4 章中已经做了更深入的讨论。然后，对主曲线进行拟合得到一个数学函数，从而获得该响应在一个较宽的频率（时间）范围内的、具有代表性的解析表达式。

幂律表述方法

常用各种幂律表达式来表示粘弹性响应。这些表述通常虽然粗糙和简单，但导出的拟合函数在全局上却是光滑和稳定的（Park 等，1996）。

下面列出了在粘弹性响应函数拟合中一些常用的幂律表达式。虽然这些表达式是针对 $D(t)$ 的，但它们同样适用于 $E(t)$。

纯幂律

纯幂律（PPL）是幂律表述中最简单的，其形式如下：

$$D(t) = D_1 t^n \tag{6-13}$$

其中，常数 D_1 为 $t=1$ 时的蠕变柔量值，指数 n 为在对数-对数图上绘制的、过渡区（transient region）的试验数据的代表性斜率。PPL 的局限性在于，它不能代表过渡区以外区域的数据（Park 和 Kim，1996）。

广义幂律

广义幂律（GPL）也可以用来表示响应函数，一般表示为：

$$D(t) = D_g + D_1 t^n \tag{6-14}$$

其中，D_g 为玻璃态柔量：$D_g = \lim_{t \to 0} D(t)$。图 6-1 给出了简单的图示，其中 $D_g = 7.0E^{-5}$ MPa^{-1}、$D_2 = 2.3E^{-3}$ MPa^{-1}、$n = 0.45$。GPL 比 PPL 能够更精确地拟合响应数据，由于增加了 D_g 参数，它对短期性能的模拟更加真实。然而，它不能

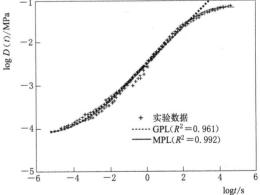

图 6-1　蠕变试验数据的不同解析
表述方式（Park 等，1996）

够模拟长时间段的数据。

改进的幂律

改进的幂律（MPL）（Williams，1964）的表述形式如下：

$$D(t) = D_g + \frac{D_e - D_g}{\left(1 + \frac{\tau}{t}\right)^n} \qquad (6-15)$$

如图 6-1 所示，其中 $D_g = 7.0E^{-5}\,\mathrm{MPa}^{-1}$、$D_e = 6.6E^{-2}\,\mathrm{MPa}^{-1}$、$\tau = 1.5E^3\,\mathrm{s}$、$n = 0.45$。常数 D_e 是长期平衡柔量或长期橡胶态柔量，定义为 $D_e = \lim_{t \to 0} D(t)$。常数 D_g 和 D_e 可通过对试验数据的观察而定。对于 τ 和 n，通常需要进行非线性分析而定，然而两者都可以通过适当简化的程序合理地估算出来。

MPL 比前述两种幂律更适合用于数据拟合，它生成了一个有特色的、宽范围的、S形曲线。特别是 MPL 能够分别描述短期玻璃态和长期橡胶态的性能。指数 n 代表玻璃态性能和橡胶态性能之间过渡区的蠕变曲线的斜率，τ 代表特定的滞后时间（Park 等，1996）。

正如所观察到的，MPL 表述在顶部和底部渐近线处（曲率最大的地方）的拟合效果比较差，这是由于表达式的自由度有限造成的缺陷。增强契合度需要扩大自由度，如幂律级数表达式（Park 等，1996）。为了增强对试验数据的契合度，Park 等（1996）研究的幂律级数表达式如下：

$$D(t) = D_g + \sum_{i=1}^{M} \frac{\hat{D}_i}{\left(1 + \frac{\hat{\tau}_i}{t}\right)^n} \qquad (6-16)$$

$\hat{D}_i$ 和 $\hat{\tau}_i$（$i=1,\cdots,M$）、n、M 都是常数。n 的一个固定值是先验选择的，以便在式（6-16）中每一项只允许两个自由度，就像 PPL 一样。虽然单个 n 可以得到令人满意的拟合效果，但也可以考虑采用离散的指数集，n_i（$i=1,\cdots,M$），而不是使用单个固定的 n。

在拟合蠕变主曲线时，考虑了四种不同 M 和 $\hat{\tau}_i$ 的情况。总体而言，随项数的增加，拟合效果更好；然而研究表明，5 项（$M=5$）足以准确拟合如图 6-1 所示的试验数据。

Prony(普龙尼)级数

Prony 级数，亦称 Dirichlet(狄利克雷)级数，由一系列衰减指数组成，被广泛用于表述粘弹性响应(Schapery,1961；Tschoegl,1989)。Prony 级数表述的流行主要在于它能够描述广泛的粘弹性响应，以及作为指数基函数它具有相对简单的和高效的计算效率。此外，LVE 响应函数的 Prony 级数表达式具有物理理论基础，即处理线性弹簧和阻尼器的力学模型(Park 等,1996)。

[译者注:Prony 方法是用一组指数项的线性组合,对等间距采样数据进行拟合的方法。可以从中分析出信号的幅值、相位、阻尼因子、频率等信息。早在 1795 年,Prony 就提出了

复指数函数的一个线性组合,来描述等间隔采样数据的数学模型,常称为 Prony 模型,并给出了线性化的近似求解算法。在干扰噪声背景下,该模型的严格求解是一个高度非线性的最优化问题。Prony 模型作为傅里叶级数的一种拓展,在理论和应用上都有十分重大的意义。]

解析表述

对于蠕变柔量,Prony 级数表述的形式如下:

$$D(t) = D_0 + \sum_{m}^{M} D_m \left[1 - \mathrm{e}^{-t/\tau_m} \right] \qquad (6-17)$$

式中　τ_m——延迟时间;

　　D_m——回归系数;

　　D_0——玻璃态柔量。

玻璃态柔量为短期蠕变性能，即 $D_0 = \lim\limits_{t \to 0} D(t)$。式（6-17）的右边是一个力学模型，通常称为广义 Voigt 模型。这意味着材料的粘弹性滞后过程，可以看作是应变呈指数式滞后的基本过程的叠加。

对于松弛模量,Prony 级数表达式的形式基本类似:

$$E(t) = E_\infty + \sum_{m=1}^{M} E_m \mathrm{e}^{-t/\rho_m} \qquad (6-18)$$

式中　E_∞、ρ_m、E_m——长期平衡模量、松弛时间和普龙尼回归系数。

从根本上来说，这种表述与 Wiechert（或广义 Maxwell）模型有关。

图 6-2 给出了分别与 Voigt 模型和 Wiechert 模型相关联的弹簧和阻尼器组合的图例。

试验数据拟合

对给定的试验数据用 Prony 级数表达式进行拟合有许多方法。Cost 和 Becker（1970）提出了所谓"基于最小二乘法的多数据法"，并将其用于拉普拉斯变换的 Prony 级数，对拉普拉斯变换后的数据进行拟合。Schapery（1961）使用的"配置法"，用 Prony 级数模型，对从聚甲基丙烯酸甲酯的拉伸松弛试验和聚异丁烯的动态剪切蠕变试验中，获得的数据进行拟合。Park 和 Kim（1996）也将其用于砂石沥青（sand-asphalt）和沥青混凝土混合料的松弛、蠕变试验的数据拟合。对"配置法"的用法说明如下。

在用 Prony 级数表达式拟合蠕变主曲线时，有 $2N$ 个未知数，包括 D_i 和 τ_i（$i=1,\cdots,N$），和相应的 $2N$ 个非线性方程组。然而，为了避免求解未知数时过于复杂，松弛时间 τ_i 通常是根据经验预先指定的，因此只有 D_i 是未知的，需要通过求解生成的线性方程组来确定。通常，τ_i 取 1/10 间隔就足够（Schapery,1974），而玻璃态柔量 D_0 可以通过将试验曲线逼近 $t=0$ 得到。

虽然上述方法简单直观，通常会产生负的 Prony 系数，这种情况在物理上是不现实

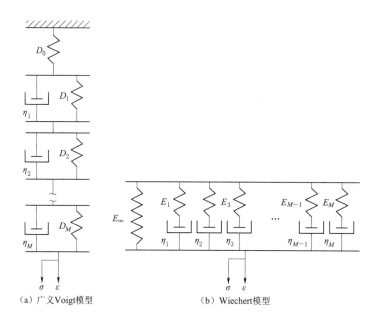

图 6-2　Voigt 模型和 Wiechert 模型示意图

η_m—粘性系数；D_m—第 m 项的柔量；E_m—第 m 项的刚度

的，并经常会导致重构曲线的振荡。为了克服 Prony 级数表示中的负系数问题，提出了许多拟合改进方法。Emri 和 Tschoegl（1993，1994，1995）、Tschoegl 和 Emri（1992，1993）设计了一种递归算法（recursive algorithm），通过从整套试验数据集中选用定义良好的子集进行拟合来避免负系数。

Kashhta 和 Schwarzl（1994a，1994b）开发了一种方法，通过对松弛或延迟时间的交互调整来确保正系数。其他人采用所谓的 Tikhonov 正则化方法（Honerkamp 和 Weese，1989；Elster 等，1991）和最大熵方法（Elster 和 Honerkamp，1991），来克服由于问题的不适定性（或非唯一性）导致的难以确定系数的问题。Baumgaertel 和 Winter（1989）通过非线性回归发现了一个级数表达式，其中频谱、时间常数和级数项都是可变的；他们从大量的松弛模式开始（通常间隔 5～10），并在负系数出现时合并或消除不必要的数据。Mead（1994）提出了一种基于约束线性回归确定离散线谱的数值方法。

在 Prony 级数拟合之前预光滑处理试验数据

使用线性粘弹性响应的 Prony 级数表述式能够获得令人满意的效果，在于它便于进行数学运算，只要可能产生的拟合的局部波动和某些系数的负值等问题能够得到解决。由于这些问题主要是由非光滑数据的大范围离散引起的，因此在拟合前，最好先对试验数据进行预处理，消除离散，再用 Prony 级数拟合。

如前所述，幂律级数能够在全局平滑地和宽范围地表述 LVE 响应数据。它的主要缺点是在进行数学运算时存在关联的解析困难。然而，缺点并没有消除幂律级数的重要性，它是预光滑处理数据以便后续使用 Prony 级数进行拟合的一种理想候选方法。对预光滑处理的试验数据进行 Prony 级数拟合的结果是，能够生成一条更光滑的重建曲线，该曲线不受局部波动的影响，而且在进行数学运算解析时也很简单。在 Park 和 Schapery（1999）对沥青混合料的松弛数据进行处理时，采用了五项幂律级数表述（$M=5$），对试验数据进行预处理，其后采用 Prony 级数进行拟合。拟合得到的重构曲线在图形上与 5 项幂律级数表述基本没有区别。图 6-3 说明了预光滑处理对采用 Prony 级数拟合松弛数据的质量的作用。

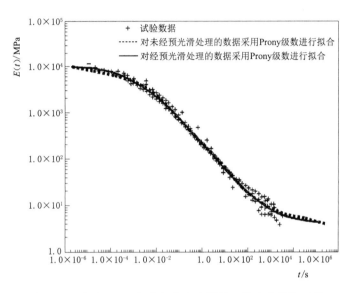

图 6-3　采用 Prony 级数拟合未光滑处理的和光滑处理的
松弛模量 $E(t)$ 数据

上述拟合技术同样适用于其他响应函数，如松弛模量。在用 MPL 级数拟合松弛数据后，再用 Prony 级数进行拟合，其系数采用"配置法"确定（Chehab，2002）。拟合结果如下：

将式（6-18）转换成用列向量（$\{A\}$ 和 $\{C\}$）和矩阵 $[B]$ 表示，回归系数由下式确定（Mun 等，2007）：

$$\underbrace{E(t_n)-E_\infty}_{\{A\}}=\sum_{m=1}^{M}\underbrace{\exp(-t_n/\rho_m)}_{[B]}\underbrace{E_m}_{\{C\}},\quad n=1,\cdots,N \qquad (6-19)$$

利用 MATLAB 提供的嵌入式线性编程函数，求解非负系数 $\{C\}$。下述的重新排列后的形式，迫使系数在满足式（6-19）的同时为正值：

$$取\,|[B]\{C\}-\{A\}|\,的取小值　其中\{C\}\geqslant0 \qquad (6-20)$$

图 6-4 为试验数据的 MPL 级数拟合和 Prony 级数拟合。正如所看到的，这两种拟合非常接近，但 Prony 级数拟合由于在数学应用分析处理时比较简单而更具有优势。

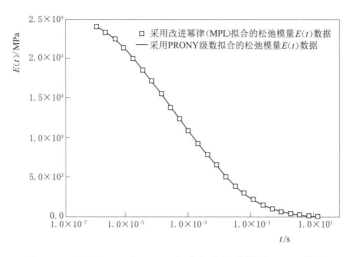

图 6-4 采用 MPL 和 Prony 级数拟合松弛模量 $E(t)$ 数据

LVE 响应函数之间的相互转换

由于 LVE 响应函数在数学上是等价的，因此可以使用几种数学互转换技术进行互换（Schapery 等，1999）。这适用于剪切和单轴加载模式。如前所述，当不具备条件通过直接试验性测试确定响应函数时，就需要相互转换。一个常见的例子是，从松弛试验中直接获得 $E(t)$ 比较困难，松弛试验需要一个坚固的试验机，有时候不具备这个条件。因此，$D(t)$ 或 E^* 的转换得到 $E(t)$ 更为常用，一般来说，这两种函数容易通过试验测试得到。在其他情况下，不可能在其域的全部范围进行单项试验来确定响应函数，此时，可以通过从不同类型试验获取的响应进行叠加，而得到所需的大范围的响应。当难以从瞬态激励试验中获取准确的短期响应时，也可以使用互换方法，从稳态正弦激励试验中获得。这通常需要响应在时间域和频率域之间的相互转换（Park 和 Schapery，1999）。

Hopkins 和 Hamming（1957）是早期研究线性粘弹性函数相互转换问题的学者之一，他们开发了一种数值技术将 $D(t)$ 和 $E(t)$ 联系起来。后来，Knoff 和 Hopkins（1972）以及 Baumgaertel 和 Winter（1989）改进了这种方法，利用拉普拉斯变换域和 Prony 级数表述（源和目标两者的响应函数）的相互关系，建立了解析转换技术。Mead（1994）提出了一种基于正则化的、有约束的、线性回归的数值互换方法，Ramkumar 等（1997）则提出了一种使用二次优化技术的正则化方法。上述方法以及其他未提及的方法，Schwarzl 和 Struik（1967）、Ferry（1980）和 Tschoegl（1989）等均有介绍。本章着重介绍沥青材料 LVE 响应函数互换中最常用的一些技术。

$D(t)$ 和 $E(t)$ 是表征粘弹性响应的两种基本要素，已被纳入开发和使用多年的几种本构模型中，包括在本书中提出的一些（Schapery，1961 和 1974；Ferry，1980；Christensen，1982；Tschoegl，1989；Kim 等，1990 和 1997；Lee 和 Kim，1998；Uzan，1996；Bahia 等，2000；Daniel 和 Kim，2002；Roque 等，2002；Chehab 等，2003）。对

于 E^*，作为沥青混凝土混合料性能的指标，其接受度一直在上升，特别是作为 QC/QA 工具，被选作一种简单性能试验用于高性能沥青路面（Superpave）混合料设计，以及作为刚度指标用于 M-E 设计指南中。它还用于描述材料在正弦载荷作用下的响应。因此，基于复模量试验的简单性和广泛应用，利用互换法从 E^* 得到 $D(t)$ 和 $E(t)$，比进行额外的试验得到它们更有利。

相互转换并不总是简单和直接的。为了使用精确的解决方案，可能需要在无限的范围内进行整合，这通常都是一项很复杂的工作，无论是用分析方法还是用数值方法。此外，相互转换所需的试验数据，只能用于所需时间或频率域的有限范围。为了克服这些困难，必须采用近似解析技术和近似数值技术。在接下来的内容中，给出了相互转换的近似方法和解析方法。

近似数值方法

在 LVE 响应函数的相互转换中，采用了多种数值方法。根据 Taylor 等（1970）、Park 和 Schapery（1999）的研究，当响应函数以 Prony 级数形式表示时，这些方法特别有用。在接下来的内容中，t 和 w 分别作为时间和径向频率的符号，或者作为相应的、温度约化量的代号。

$D(t)$ 和 $E(t)$ 的相互转换

松弛模量 $E(t)$ 与蠕变柔量 $D(t)$ 在时域内的确切关系，由以下积分给出：

$$\int_0^t E(t-\tau)\frac{\mathrm{d}D(\tau)}{\mathrm{d}\tau}\mathrm{d}t = 1 \tag{6-21}$$

对式（6-21）做 Laplace（拉普拉斯）变换生成：

$$\overline{E}(s)\overline{D}(s)=\frac{1}{s^2}(\text{其中 } t>0) \tag{6-22}$$

其中，$\overline{f}(s)=\int_0^\infty f(t)\mathrm{e}^{-st}\mathrm{d}(t)$ 表示 $f(t)$ 的拉普拉斯变换；s 为变换参数。在求解积分时，典型的数值方法要求将积分分成大量的时间段。当函数以 Prony 级数形式表示时，这很容易实现。比如这个实例，当已知 $\{\rho_i, E_i(i=1,\cdots,m)$ 和 $E_e\}$ 或 $\{\tau_j, D_j(j=1,\cdots,n), D_g$ 和 $\eta_0\}$，并指定目标时间常数时，可以通过线性代数方程组求解未知常数集。例如，蠕变柔量 $D(t)$ 的 Prony 级数形式，$D_j(j=1,\cdots,n)$，可由松弛模量 $E(t)$ 求解如下：

$$[A]\{D\}=\{B\} \tag{6-23}$$

或 $A_{kj}D_j=B_k$（对 j；$j=1,\cdots,n$；$k=1,\cdots,p$ 求和），其中

$$A_{kj}=\left\{E_e(1-\mathrm{e}^{-t_k/\tau_j})+\sum_{i=1}^m\frac{\rho_iE_i}{\rho_i-\tau_j}(\mathrm{e}^{-(t_k/\rho_i)}-\mathrm{e}^{-(t_k/\rho_i)})\quad \rho_i\neq\tau_j\right\} \tag{6-24}$$

或

$$E_e(1-\mathrm{e}^{-(t_k/\tau_j)})+\sum_{i=1}^m\frac{t_kE_i}{\tau_j}(\mathrm{e}^{-(t_k/\rho_i)})\quad \rho_i=\tau_j$$

和

$$B_k=1-\left(E_e+\sum_{i=1}^mE_i\mathrm{e}^{-(t_k/\rho_i)}\right)\Big/\left(E_e+\sum_{i=1}^mE_i\right) \tag{6-25}$$

符号 $t_k(k=1,\cdots,p)$ 表示与式（6-21）积分上限对应的离散时间。一旦确定了模型常数 D_g、D_j 和 τ_j，就可以得到函数 $D(t)$ 的 Prony 级数形式。

同样 $E(t)$ 可以由 $D(t)$ 确定，通过求解 $E(t)$ 的 Prony 级数表述中的未知常数 E_i（$i=1,\cdots,m$）来确定 $E(t)$。

$$D_g \equiv \frac{1}{E_e + \sum\limits_{i=1}^{m} E_i}$$

$$E_e \equiv \frac{1}{D_g + \sum\limits_{j=1}^{n} D_j} \tag{6-26}$$

式（6-23）～式（6-26）可用于将沥青混凝土混合料的 $E(t)$ 数据转换为 $D(t)$。源和目标响应的 Prony 级数的系数见表 6-1，相应的拟合数据如图 6-5 所示。

表 6-1　　　　　沥青混凝土混合料 $E(t)$ 和 $D(t)$ 的 Prony 级数的系数

松弛模量 $E(t)$/MPa		蠕变柔量 $D(t)$/MPa^{-1}	
E_∞	34.5	D_0	4.00×10^{-5}
Prony 级数			
$\rho_i(s)$	E_i	$\tau_j(s)$	D_i
1.0×10^{-6}	9.34×10^{2}	1.0×10^{-6}	1.26×10^{-6}
1.0×10^{-5}	4.09×10^{3}	1.0×10^{-5}	6.53×10^{-6}
1.0×10^{-4}	5.39×10^{3}	1.0×10^{-4}	1.54×10^{-5}
1.0×10^{-3}	4.84×10^{3}	1.0×10^{-3}	2.48×10^{-5}
1.0×10^{-2}	5.19×10^{3}	1.0×10^{-2}	5.27×10^{-5}
1.0×10^{-1}	2.96×10^{3}	1.0×10^{-1}	1.64×10^{-4}
1.0	1.31×10^{3}	1.0	3.33×10^{-4}
1.0×10	1.33×10^{2}	1.0×10	2.93×10^{-3}
1.0×10^{2}	1.14×10^{2}	1.0×10^{2}	3.21×10^{-3}
1.0×10^{3}	3.57×10	1.0×10^{3}	1.63×10^{-2}
1.0×10^{4}	1.44	1.0×10^{4}	7.48×10^{-3}
1.0×10^{5}	-3.00×10^{-1}	1.0×10^{5}	-1.52

关于上述方程的更多细节和推导，读者可以参考 Park 和 Schapery（1999）的报告，其中记录并比较了文献中可用的其他近似互换技术。下一节只介绍少量的常用技术。

准弹性互换法

$E(t)$ 和 $D(t)$ 之间最直观、最原始的相互关系是基于准弹性近似的关系：

$$E(t)D(t) \cong 1（其中\ t > 0） \tag{6-27}$$

式（6-27）给出的互换方法，在材料性能以弹性性能为主且粘弹性最小时，反应函数之间具有良好的关系。

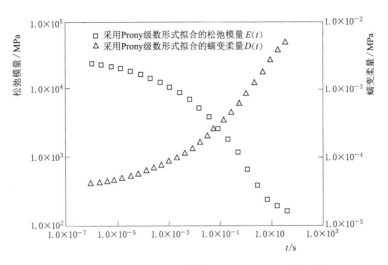

图 6-5　沥青混凝土混合料 $E(t)$ 和 $D(t)$ 的互换

幂律互换法

在过渡区的小范围内，LVE 材料可以用简单幂律近似表述式。用纯幂律形式表述 $E(t)$ 和 $D(t)$ 见式 （6-28） 和式 （6-29），相互关系见式 （6-30）。

$$E(t) = E_1 t^{-n} \tag{6-28}$$

$$D(t) = D_1 t^n \tag{6-29}$$

$$E(t)D(t) = \frac{\sin n\pi}{n\pi} \tag{6-30}$$

其中，E_1、D_1 和 n 都是正常数。式 （6-30） 最早由 Leaderman （1958） 给出。在对数-对数坐标系上，$E(t)$ 和 $D(t)$ 能够用直线近似表述的区域，式 （6-30） 是比较准确的，指数 n 是这些直线斜率的绝对值。当 n 趋近于 0 时，即对于弹性材料，式 （6-30） 的右边为 1，即为式 （6-27）。在方程形式中，n 可以表示为：

$$n = \left| \frac{\mathrm{d}\log R_H(t)}{\mathrm{d}\log t} \right| \tag{6-31}$$

式中　$R_H(t)$——目标性能的单位响应函数。

克里斯坦森互换法

利用材料复函数的实部和虚部之间，以及瞬态函数和材料复函数的实部之间的近似关系，Christensen （1982） 开发了一个 $E(t)$ 和 $D(t)$ 之间的近似互换方法：如果 $E(t)$ 已知，那么 $D(t)$ 可以按式 （6-32） 求得：

$$D(t) \approx \frac{E(t)}{E^2(t) + \frac{\pi^2 t^2}{4} \left\{ \frac{\mathrm{d}E(t)}{\mathrm{d}t} \right\}^2} \tag{6-32}$$

式 （6-32） 也适用于 $E(t)$ 和 $D(t)$ 的互换。式 （6-32） 可变换为用 n 表示的形式：

$$E(t)D(t) \cong \frac{1}{1+\dfrac{n^2\pi^2}{4}} \tag{6-33}$$

Denby 互换法

Denby（1975）提出了一种类似于上述方法的近似方法，导出了以下互换式：

$$E(t)D(t) \approx \frac{1}{1+\dfrac{n^2\pi^2}{6}} \tag{6-34}$$

Park 等（1996）发现式（6-30）、式（6-33）和式（6-34）导出的互换关系是可比较且准确的，尤其是在对数-对数图中 $E(t)$ 和 $D(t)$ 函数均在大范围内平滑变化时。此时，还具有以下互转换方式：

$$D(t) = \frac{1}{E(\alpha t)} \tag{6-35}$$

$$E(t) = \frac{1}{D\left(\dfrac{t}{\alpha}\right)} \tag{6-36}$$

其中

$$\alpha = \left(\frac{\sin n\pi}{n\pi}\right)^{\frac{1}{n}} \tag{6-37}$$

E^* 和 D^* 的相互转换

在本章和其他章节中都强调了使用响应函数在复域范围内表征沥青材料 LVE 性能的重要性。在此前提下，建立复域内的材料性能函数之间的关系，特别是 E^* 和 D^* 之间的关系就显得尤为重要。当 $E(t)$ 和 $D(t)$ 在 Laplacec（拉普拉斯）域中以下述形式表示时，可以更为便捷地得到 E^* 和 D^* 之间的关系（Tschoegl，1989）：

$$\widetilde{E}(s) \equiv s\int_0^\infty E(t)e^{-st}\,dt \tag{6-38}$$

$$\widetilde{D}(s) \equiv s\int_0^\infty D(t)e^{-st}\,dt \tag{6-39}$$

其中，式（6-38）和式（6-39）的积分，分别是 $E(t)$ 和 $D(t)$ 的拉普拉斯变换。将上述方程与式（6-21）结合，得到如下松弛模量与蠕变柔量在拉普拉斯域内的关系：

$$\widetilde{E}(s)\widetilde{D}(s) = 1 \tag{6-40}$$

材料复函数代表角频率为 w 的稳态正弦加载产生的响应，根据 Tschoegl（1989）的提议，材料复函数与拉普拉斯传递函数的关系如下：

$$E^*(w) = \widetilde{E}(s)\big|_{s \to iw} \tag{6-41}$$

$$D^*(w) = \widetilde{D}(s)\big|_{s \to iw} \tag{6-42}$$

因此，E^* 和 D^* 之间的关系可以从式（6-40）推导为式（6-43）：

$$E^*(w)D^*(w)=1 \tag{6-43}$$

实部和虚部分别用素数和双素数表示如下：

$$E^*(w)\equiv E'(w)+iE''(w) \tag{6-44}$$

$$D^*(w)\equiv D'(w)-iD''(w) \tag{6-45}$$

其中，D'' 为正数。响应函数的实部也称为存储分量，虚部称为损耗分量。模量和蠕变的储存分量和损失分量的 Prony 级数表达式如下（Park 和 Schapery，1999）：

$$E'(w)=E_e+\sum_{i=1}^{m}\frac{w^2\rho_i^2 E_i}{w^2\rho_i^2+1} \tag{6-46}$$

$$E''(w)=\sum_{i=1}^{m}\frac{w\rho_i E_i}{w^2\rho_i^2+1} \tag{6-47}$$

$$D'(w)=D_g+\sum_{j=1}^{n}\frac{D_j}{w^2\tau_j^2+1} \tag{6-48}$$

$$D''(w)=\frac{1}{\eta_0 w}+\sum_{j=1}^{n}\frac{w\tau_j D_j}{w^2\tau_j^2+1} \tag{6-49}$$

从式（6-46）～式（6-49）可以看到，如果已知复函数实分量或虚分量的 Prony 级数，则可以求解另一个分量的级数表述。E^* 和 D^* 的实部或虚部可以通过式（6-43）、式（6-44）及式（6-45）关联起来：

$$D'=\frac{E'}{(E')^2+(E'')^2} \tag{6-50}$$

然后可以用相同的常数集求解 D''。

通过式（6-50）中的 E'、E'' 和 D' 的关系，及它们在式（6-46）～式（6-48）中的 Prony 级数表述，可以将 E^* 和 D^* 关联起来。然后利用与式（6-23）相同的形式可以实现互转换，其中 A_{kj} 和 B_k 如下：

$$A_{kj}=\frac{1}{w_k^2\tau_j^2+1} \tag{6-51}$$

$$B_{kj}=\frac{E_e+\sum_{i=1}^{m}\dfrac{w^2\rho_i^2 E_i}{w^2\rho_i^2+1}}{\left(E_e+\sum_{i=1}^{m}\dfrac{w^2\rho_i^2 E_i}{w^2\rho_i^2+1}\right)^2+\left(\sum_{i=1}^{m}\dfrac{w\rho_i E_i}{w^2\rho_i^2+1}\right)^2}-\frac{1}{E_e+\sum_{i=1}^{m}E_i} \tag{6-52}$$

其中，$\omega_k(k=1,\cdots,p)$ 为角频率。它的选择过程与在式（6-24）和式（6-25）中选择 t_k 的过程相同。同理，D_g 可以由式（6-26）从 E_e 和 E_i 解得。

近似解析法

Tschoegl（1989）、Schapery（1962）和 Park 等（1996）及其他人提出了具有不同基础、简化、假设和精度的大量近似解析互换方法。应该首先关注的方法，是那些已经被沥青研究人员广泛用来联系模量和柔量的时间、频率和拉普拉斯域表达式的方法。

Schapery（1962）提出了两种近似分析方法，用于单轴松弛模量 $E(t)$ 与运算模量

$\widetilde{E}(s)$ 的互换，定义为 $E(t)$ 的 Carson 变换或 s 倍拉普拉斯变换。见式（6-53）：

$$\widetilde{E}(s) \equiv s \int_0^\infty E(t) e^{-st} d(\ln t) = s \int_{-\infty}^\infty E(t) t e^{-st} d(\ln t) \qquad (6-53)$$

第一种关系如下：

$$E(t) \cong \widetilde{E}(s)|_{s=\alpha/t} \quad 或 \quad \widetilde{E}(s) \cong E(t)|_{t=\alpha/s} \qquad (6-54)$$

其中，$\widetilde{E}(s) = s\overline{E}(s)$，$\overline{E}(s)$ 是 $E(t)$ 的拉普拉斯变换；$\alpha = e^{-c}$，其中 C 为欧拉常数，因此 $\alpha \approx 0.56$。

第二种关系如下：

$$\widetilde{E}(s) \cong E(t)|_{t=\beta/s} \qquad (6-55)$$

其中，$\beta = \{\Gamma(1-n)\}^{-1/n}$；$\Gamma(\cdot)$ 是伽马函数，和 n 是源函数的对数-对数图的斜率，以 $n \equiv \left| \dfrac{d\log E(t)}{d\log t} \right|$ 或 $n = \left| \dfrac{d\log \widetilde{E}(s)}{d\log s} \right|$ 的形式给出。如果将式（6-54）和式（6-55）中的模数 $E(t)$ 替换为柔量 $D(t)$，得到 $D(t)$ 和 $\widetilde{D}(s)$ 的类似关系。

Christensen（1982）提出的 $E(t)$ 与存储分量 $E'(w)$ 的近似互换公式如下：

$$E(t) \cong E'(w)|_{w=2/\pi t} \quad 或 \quad E'(w) \cong E(t)|_{t=2/\pi w} \qquad (6-56)$$

将式（6-56）中的字母 E 替换为字母 D，可以得到柔量 $D(t)$ 函数的类似关系。

Staverman 和 Schwarzl（1955）给出了从存储分量 $E'(w)$ 到损耗分量 $E''(w)$ 的近似转换方法：

$$E''(w) \cong \frac{\pi}{2} \frac{dE'(w)}{d\ln(w)} \qquad (6-57)$$

Booij 和 Thoone（1982）提出了将 $E''(w)$ 转换为 $E'(w)$ 的方法：

$$E'(w) \cong E_e - \frac{\pi w}{2} \frac{d[E''(w)/w]}{d\ln w} \qquad (6-58)$$

$$E'(w) \cong E_e + \frac{\pi}{2} \left(1 - \frac{d\ln E''}{d\ln w} \right) E''(w) \qquad (6-59)$$

其中，E_e 为平衡模量。当 $E'(w)$ 和 $E''(w)$ 分别被 $D'(w)$ 和 $-D''(w)$ 所取代时，式（6-57）和式（6-59）也适用于柔量的分量。

最新的互换技术是由 Schapery 和 Park（1999）开发的。该方法采用可变调整因子，其取决于对数-对数图上的源函数的斜率。下面给出了一组用于松弛模量及其分量相互转换的关系。蠕变柔量也存在类似的关系（Schapery 和 Park，1999），当对参数进行适当的更改，如：$E(\ ) \rightarrow D(\ )$，$n \rightarrow -n$，$\widetilde{E} \rightarrow \widetilde{D}$，$E' \rightarrow D'$ 及 $E'' \rightarrow -D''$。$E'' \rightarrow -D''$ 中的符号变化，要求 n 的符号也发生变化，以便在柔量和模量互换时，出现在 λ 参数集合中的三角函数的参数保持不变。

$$E(t) \cong \frac{1}{\widetilde{\lambda}} \widetilde{E}(s)|_{s=(1/t)} \qquad \widetilde{\lambda} = \Gamma(1-n) \qquad (6-60)$$

$$\widetilde{E}(s) \cong \widetilde{\lambda} E(t)|_{t=(1/s)}$$

$$E(t) \cong \frac{1}{\lambda'} E'(w) \big|_{w=(1/t)} \qquad \lambda' = \Gamma(1-n)\cos(n\pi/2) \qquad (6-61)$$

$$E'(w) \cong \lambda' E(t) \big|_{t=(1/w)}$$

$$E(t) \cong \frac{1}{\lambda''} E''(w) \big|_{w=(1/t)} \qquad \lambda'' = \Gamma(1-n)\sin(n\pi/2) \qquad (6-62)$$

$$E''(w) \cong \lambda'' E(t) \big|_{t=(1/w)}$$

$$\widetilde{E}(s) \cong \frac{1}{\widehat{\lambda}} E'(w) \big|_{w=s} \qquad \widehat{\lambda} = \cos(n\pi/2) \qquad (6-63)$$

$$E'(w) \cong \widehat{\lambda} \widetilde{E}(s) \big|_{s=w}$$

$$\widetilde{E}(s) \cong \frac{1}{\overline{\lambda}} E''(w) \big|_{w=s} \qquad \overline{\lambda} = \sin(n\pi/2) \qquad (6-64)$$

$$E''(w) \cong \overline{\lambda} \widetilde{E}(s) \big|_{s=w}$$

$$E'(w) \cong \frac{1}{\dot{\lambda}} E''(\dot{w}) \big|_{\dot{w}=w} \qquad \dot{\lambda} = \tan(n\pi/2) \qquad (6-65)$$

$$E''(w) \cong \dot{\lambda} E'(\dot{w}) \big|_{\dot{w}=w}$$

为了得到沥青混凝土混合料的 $E(t)$ 的 Prony 级数表达式，可以将式（6-61）中的近似互换应用于 E^* 试验得到的试验数据。互换得到的 $E(t)$ 拟合为 Prony 级数的形式如图 6-6 所示。

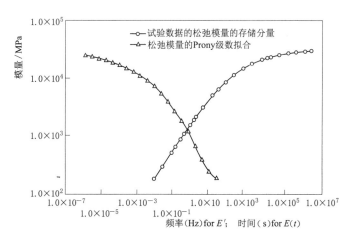

图 6-6　由沥青混凝土混合料的 E' 转换为 $E(t)$

参考文献

1. Bahia, H., Zeng, M., and Nam, K. (2000),"Consideration of Strain at Failure and Strength in Prediction of Pavement Thermal Cracking," journal of Asphalt Paving Technology, AAPT, Vol. 69, pp. 497 – 539.

2. Baumgaertel, M., and Winter, H. H. (1989),"Determination of Discrete Relaxation and Retardation

time Spectra from Dynamic Mechanical Data," Rheologica Acta, Vol. 28, pp. 511 - 519.

3. Booij, H. C., and Thoone, G. P (1982),"Generalization of Kramers - Kronig Transforms and Some Approximations of Relations between Viscoelastic Quantities," Rheologica Acta, Vol. 21, pp. 15 - 24.

4. Chehab, G. R. (2002),"Characterization of Asphalt Concrete in Tension Using a Viscoelastoplastic Model," Ph. D. dissertation, North Carolina State University, Raleigh, N. C.

5. Chehab, G. R., Kim, Y R., Schapery, Y. R., Witczack, M., and Bonaquist R. (2002),"Time - Temperature Superposition Principle for Asphalt Concrete Mixtures with Growing Damage in Tension State," journal of Asphalt Paving Technology, AAPT, Vol. 71, pp. 559 - 593.

6. Chehab, G. R., Kim, Y. R., Schapery, R. A., Witczack, M., and Bonaquist, R. (2003)," Characterization of Asphalt Concrete in Uniaxial Tension Using a Viscoelastoplastic Model," journal of Asphalt Paving Technology, AAPT, Vol. 72, pp. 315 - 355.

7. Christensen, R. M. (1982), Theory of Viscoelasticity, 2d ed., Academic Press, New York, 1982, Section 4. 6.

8. Cost, T. L., and Becker, E. B. (1970),"AMulti - Data Method ofApproximate Laplace Transform Inversion," International journal for Numerical Methods in Engineering, Vol. 2, pp. 207 - 219.

9. Daniel, J. S., and Kim, Y. R. (2002),"Development of a Simplified Fatigue Test and Analysis Procedure Using a Viscoelastic Continuum Damage Model," journal of Asphalt Paving Technology, Vol. 71, pp. 619 - 650.

10. Elster, C., and Honerkamp, J. (1991),"Modified Maximum Entropy Method and Its Application to Creep Data," Macromolecules, Vol. 24, pp. 310 - 314.

11. Elster, C., Honerkamp, J., and Weese, J. (1991),"Using Regularization Methods for the Determination of Relaxation and Retardation Spectra of Polymeric Liquids," Rheologica Acta, Vol. 30, pp. 161 - 174.

12. Emri, L, and Tschoegl, N. W. (1993),"Generating Line Spectra from Experimental Responses, Part I. Relaxation Modulusand Creep Compliance," Rheoogica Acta, Vol. 32, pp. 311 - 312.

13. Emri, L, and Tschoegl, N. W (1994),"Generating Line Spectra from Experimental Responses, Part IV Application to Experimental Data," Rheologica Acta, Vol. 33, p. 6070.

14. Emri, I., and Tschoegl, N. W. (1995),"Determination of Mechanical Spectra from Experimental Responses," International journal of Solid Structures, Vol. 32, pp. 817 - 826.

15. Ferry, J. D. (1980), Viscoelastic Properties of Polymers, 3d ed., John Wiley&Sons, Inc., New York.

16. Honerkamp, J., and Weese, J. (1989),"Determination of the Relaxation Spectrum by a Regularization Method," Macromolecules, Vol. 22, pp. 4372 - 4377.

17. Hopkins, I. L., and Hamming, R. W. (1957),"On Creep and Relaxation," journal of Applied Physics, Vol. 28, pp. 906 - 909.

18. Kashhta, J., and Schwarzl, F. R. (1994a),"Calculation of Discrete Retardation Spectra from Creep Data: I. Method," Rheologica Acta, Vol. 33, pp. 517 - 529.

19. Kashhta, J., and Schwarzl, F. R. (1994b),"Calculation of Discrete Retardation Spectra from Creep Data: II. Analysis of Measured Creep Curves," Rheologica Acta, Vol. 33, pp. 530 - 541.

20. Kim, Y R., and Little, D. L. (1990),"One - Dimensional Constitutive Modeling of Asphalt Concrete," ASCE journal of Engineering Mechanics, Vol. 116, No. 4, pp. 751 - 772.

21. Kim, Y. R., Lee, H. J., and Little, D. N. (1997),"Fatigue Characterization of Asphalt Concrete Using Viscoelasticity and Continuum Damage Theory," journal of Asphalt Paving Technology, Vol. 66, pp. 520 - 569.

22. Knoff，W. L. , and Hopkins，I. L. (1972),"An Improved Numerical Interconversion for Creep Compliance and Relaxation Modulus," journal of Applied Polymer Science，Vol. 16，pp. 2963 - 2972.

23. Leaderman，H. (1958),"Viscoelasticity Phenomena in Amorphous High Polymeric Systems," Rheology，Vol. II , F. R. Eirich，Academic，New York.

24. Lee，H. J. , and Kim，Y R. (1998),"A Uniaxial Viscoelastic Constitutive Model for Asphalt Concrete under Cyclic Loading," ASCE journal of Engineering Mechanics，Vol. 124，No. 11，pp. 1224 - 1232.

25. Mead，D. W. (1994),"Numerical Interconversion of Linear Viscoelastic Material Functions," journal of Rheology，Vol. 38，pp. 1769 - 1795.

26. Mun，S. , Chehab，G. R. , and Kim，Y. R. (2007),"Determination of Time - Domain Viscoelastic Functions Using Optimized Interconversion Techniques," Road Materials and Pavement Design，Lavoisier，Vol. 8，No. 2，pp. 351 - 365.

27. Park，S. W. , and Schapery，R. A. (1999),"Methods of Interconversion between Linear Viscoelastic Material Functions，Part I - A Numerical Method Based on Prony Series," International journal of Solids and Structures，Vol. 36，pp. 1653 - 1675.

28. Park，S. W. , Kim，Y R. , and Schapery，R. A. (1996),"A Viscoelastic Continuum Damage Model and Its Application to Uniaxial Behavior of Asphalt Concrete," Mechanics of Materials，Vol. 24 (4)，pp. 241 - 255.

29. Ramkumar，D. H. S. , Caruthers，J. M. , Mavridis，H. , and Shroff，R. (1997),"Computation of the Linear Viscoelastic Relaxation Spectrum from Experimental Data," journal of Applied Polymer Science，Vol. 64，pp. 2177 - 2189.

30. Rogue，R. , Birgisson，B. , Sangpetngam，B. , and Zhang，Z. (2002),"Hot Mix Asphalt Fracture Mechanics：A Fundamental Crack Growth Law for Asphalt Mixtures," journal of Asphalt Paving Technology，AAPT，Vol. 71.

31. Schapery，R. A. (1961),"A Simple Collocation Method for Fitting Viscoelastic Models to Experimental Data," Report GALCIT SM 61 - 23A，California Institute of Technology，Pasadena，California.

32. Schapery，R. A. (1962),"Approximate Methods of Transform Inversion for Viscoelastic Stress Analysis," Proc. 4th U. S. Nat. Cong. Appl. Mech. , pp. 1075 - 1085.

33. Schapery，R. A. (1974),"Viscoelastic Behavior and Analysis of Composite Materials," Composite Materials，Chap. 4，Vol. 2，G. P Sendeckyj Ed. , Academic Press，pp. 85 - 168.

34. Schapery，R. A. , and Park，S. W. (1999),"Methods of Interconversion between Linear Viscoelastic Material Functions. Part II - An Approximate Analytical Method," International journal of Solids and Structures，Vol. 36，pp. 1677 - 1699.

35. Schwarzl，F. R. , and Struik，L. C. E. (1967),"Analysis of Relaxation Measurements," Advances in Molecular Relaxation Processes；Vol. 1，pp. 201 - 255.

36. Taylor，R. L. , Pister，K. S. , and Goudreau，G. L. (1970),"Thermomechanical Analysis of Viscoelastic Solids," International journal for Numerical Methods in Engineering，Vol. 2，pp. 45 - 49.

37. Tschoegl，N. W. (1989), The Phenomenological Theory of Linear Viscoelastic Behavior，Springer - Verlag，Berlin.

38. Tschoegl，N. W. , and Emri，I. (1992),"Generating Line Spectra from Experimental Responses. Part III：Interconversion between Relaxation and Retardation Behavior," International journal of Polymeric Materials，Vol. 18，pp. 117 - 127.

39. Tschoegl，N. W, and Emri，I. (1993),"Generating Line Spectra from Experimental Responses. Part

Ⅱ：Storage and Loss Functions," Rheologica Acta，Vol. 32，pp. 322 – 327.

40. Uzan，J.（1996），"Asphalt Concrete Characterization for Pavement Performance Prediction，" journal of Asphalt Paving Technology，AAPT，Vol. 65，pp. 573 – 607.

41. Williams，M. L.（1964），"Structural Analysis of Viscoelastic Materials，" AIAA journal，Vol. 2（5），pp. 785 – 808.

第三部分

本 构 模 型

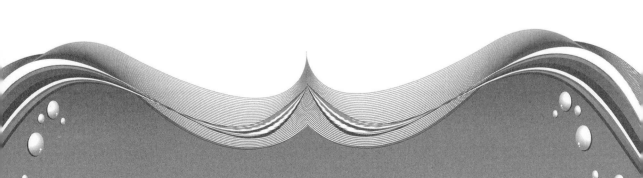

第 7 章 沥青混凝土粘弹塑性损伤(VEPCD)模型

Y. Richard Kim，Shane Underwood，Ghassan R. Chehab，

Jo S. Daniel，H. J. Lee，T. Y. Yun

摘要

本章介绍了在拉伸和压缩状态下沥青混凝土粘弹塑性连续损伤（VEPCD）模型的研究进展。所采用的建模策略基于：①弹性-粘弹性对应原理；②考虑微裂纹对本构行为影响的连续损伤力学；③考虑塑性和粘塑性行为的与时间和应力相关的粘塑性模型；④描述温度对本构行为影响的时温等效原理（TTS）。利用应变分解方法对得到的模型进行整合，形成 VEPCD 模型。

建立了 4 种沥青混合料在拉伸状态下的 VEPCD 模型，其中有 3 种混合料经过聚合物改性。该模型可以准确地预测材料在不同条件下的拉伸行为，包括在不同冷却速率下的约束试件温度应力试验（TSRST）的结果。最后，简要讨论了 VEPCD 压缩模型及其有限元实现。

介绍

建立沥青混凝土真实力学行为的数学模型是一个复杂的问题。复杂性归因于胶结料的粘弹性滞回效应、描述损伤演化的复杂性、胶结料的粘弹性和粘塑性流动、集料颗粒间的摩擦以及这些机制之间的耦合。额外的困难来自于这样一个事实，即模型必须考虑加载速率、加载时间、静止期、温度、老化和应力状态的影响，从而使所得模型适用于路面中经历的一系列荷载和环境条件。

本章提出一个可以描述沥青-集料混合料在各种温度下复杂加载条件下的变形行为的本构模型。所采用的建模策略基于：①基于伪应变的弹性-粘弹性对应原理研究沥青混凝土的弹性和粘弹性行为；②基于连续损伤力学研究微裂纹对本构行为的影响；③采用时间和应力相关的粘塑性模型研究材料的塑性和粘塑性行为；④采用累积损伤的时温等效原理（TTS）研究温度对本构行为的影响。通过应变分解方法对得到的模型进行整合，形成 VEPCD 模型。然后，在各种荷载和温度条件下，验证了 VEPCD 模型的合理性。最后，在有限元程序中引入粘弹性连续损伤（VECD）模型，模拟沥青路面的开裂行为。目前，美国北卡罗来纳州立大学正在将完整的 VEPCD 模型应用到有限元程序中。

分析框架

VEPCD 模型的分析框架是基于 Schapery（1999）提出的应变分解原理，即在给定的

加载历史下，总应变分解为粘弹性（VE）应变和粘塑性（VP）应变两个相对独立的部分，如下所示：

$$\varepsilon_{Total} = \varepsilon_{ve} + \varepsilon_{vp} \qquad\qquad (7-1)$$

式中　ε_{Total}——总应变；

　　　ε_{ve}——粘弹性（VE）应变；

　　　ε_{vp}——粘塑性（VP）应变。

其中，粘弹性应变包括线性粘弹性（LVE）应变和微裂纹引起的应变，塑性应变包含在粘塑性应变中。

VEPCD 模型采用逐步设计方法，即设计模型表征所需的实验，以便从最简单的状态到包含更复杂机制的状态，系统地评估这些应变分量。更具体地说，材料在最简单状态下（即没有任何开裂或永久应变的线性粘弹性行为），首先由弹性粘弹性对应原理建模。其次，将连续损伤力学应用于粘塑性应变最小的低温和高应变率下的实验，模拟微裂纹损伤的影响。然后，将应变硬化粘塑性模型应用于高温和慢应变速率下的实验，以建立粘塑性模型。最后，将这些模型与时温等效原理相结合，可以预测材料在任何温度下的行为。Chehab 等（2002）证明了时温等效原理对沥青混凝土的拉伸变形有效，其他人（Zhao，2002；Gibson 等，2003；Kim 等，2005）也证明了其对压缩变形有效。

在过去的 15 年里，通过一系列的研究项目，已经对 VEPCD 模型的基本原理进行了描述和验证，读者可以参考以下报告（Kim 和 Lee，1997；Kim 等，2002；Kim 和 Chehab，2004；Kim 等，2005）和论文（Chehab，2002；Daniel，2001；Lee 1996），以获得这些原理的理论细节。在以下几节中，将简要介绍这些原理。

时温等效原理（TTS）

众所周知，沥青混凝土的性能取决于时间和温度，在线性粘弹性范围内，沥青混凝土是热流变简单材料（TRS），即时间、频率和温度的影响可以通过一个联合参数来表示。粘弹性材料的特性为时间（或频率）的函数，如不同温度下的松弛模量（或动态模量）可以沿水平对数时间（或对数频率）轴移动，形成单一的特征主曲线。如果这一原则可以扩展到线性粘弹性范围之外，它对测试需求和建模效率的影响是显著的。

可以使用图 7-1 所示的简单技术来验证时温等效原理。简而言之，由不同速率和温度下的恒应变率单调试验确定应力和时间。利用线性粘弹性表征（如频率和温度扫描动态模量试验）的时温转换因子将相应的时间转换为约化时间，并与相应的应力一起绘制。如果得到的曲线在大范围的应变水平下是连续的，那么时温等效原理得以验证。有关这项技术的理论背景的详细信息见 Chehab 等（2002）。

Chehab 等（2002）证明，热流变行为远远超出线性粘弹性的极限，达到了沥青混凝土在拉伸状态下的高应变损伤水平。Underwood 等（2006）证明了时温等效原理对各种改性沥青混合料都是有效的。其他研究人员（Zhao，2002；Gibson 等，2003；Kim 等，2005）还发现，沥青混凝土在压缩状态下的热流变行为达到了高应变损伤水平。

为简洁起见，图 7-2 和图 7-3 显示了美国联邦公路局加速荷载设备（FHWA ALF）研究中使用的 SBS 改性混合料的代表性验证情况。图 7-2 为不同应变速率下的应力-应变

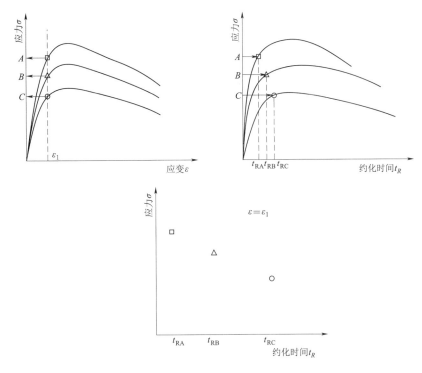

图 7-1　用于验证时温等效原理的单一应变水平示意图
（Underwood 等，2006，已获沥青铺路技术协会授权使用）

曲线，以及提供了用于时温等效原理分析的应变水平。图 7-3 给出了图 7-2 中注明的应变水平的应力-约化时间曲线。请注意，此图中的每个数据点代表一次测试的结果。观察到，通过使用线性粘弹性表征的时温转换因子来获得约化时间（图 7-3），在所有应变水平下都获得了连续曲线。

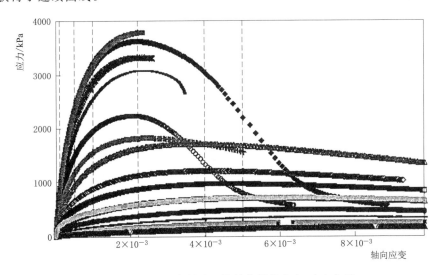

图 7-2　SBS 混合料时温等效分析的应力-应变曲线
（Underwood 等，2006，已获沥青铺路技术协会授权使用）

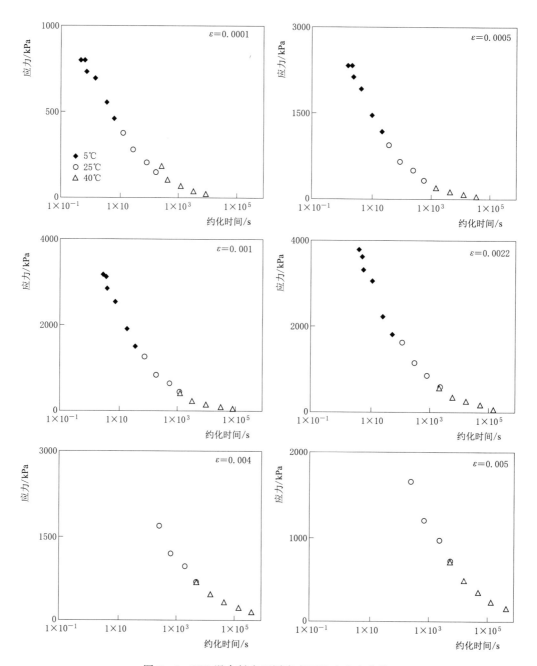

图 7 - 3 SBS 混合料在不同应变下的应力主曲线
（Underwood 等，2006b，已获沥青铺路技术协会授权使用）

时温等效原理的重要性在于减少了建模所需的测试条件。一旦已知给定温度下的行为，就可以使用时温转换因子预测其他温度下的行为。在 VEPCD 模型中，使用约化时间代替物理时间，一般由式（7 - 2）计算得出。如果温度不随时间变化，则根据式（7 - 3）计算：

$$\xi = \int_0^t \frac{\mathrm{d}t}{\alpha_T} \tag{7-2}$$

$$\xi = \frac{t}{\alpha_T} \tag{7-3}$$

在本章的其余部分，基于累积损伤时温等效原理，使用约化时间（ξ）而不是物理时间（t）来建立模型。

粘弹性连续损伤（VECD）模型

如前所述，粘弹性应变包括线性粘弹性应变和微裂纹造成的损伤。VECD 模型构成了粘弹性应变的基础。该模型基于两个原理：基于伪应变的弹性-粘弹性对应原理和基于连续损伤力学的功势理论。

弹性-粘弹性对应原理

粘弹性材料的应力-应变关系可以通过伪变量用类弹性方程来表示，这种简化特性使弹性-粘弹性对应原理得以建立，并应用于粘弹性变形和断裂行为的线性和非线性分析（Schapery，1984）。利用弹性-粘弹性对应原理，可以通过简单的转换过程，从它们的弹性对应物中获得粘弹性解。通常基于拉普拉斯变换的对应原理仅限于具有时变边界条件的线性粘弹性行为，而基于伪变量的对应原理适用于一类具有平稳或时变边界条件的粘弹性材料的线性和非线性行为。而且，后者不需要变换反演步骤来获得粘弹性解，而是需要比反演步骤更容易处理的卷积积分。

考虑线性粘弹性材料的应力-应变方程：

$$\sigma_{ij} = \int_0^\xi E_{ijkl}(\xi - \tau) \frac{\partial \varepsilon_{kl}}{\partial \tau} \mathrm{d}\tau \tag{7-4}$$

式中　σ_{ij}、ε_{kl}——应力和应变；

　　　$E_{ijkl}(t)$——松弛模量；

　　　　ξ——约化时间，$\xi = t/\alpha_T$；

　　　　t——物理时间；

　　　α_T——时温转换因子；

　　　　τ——积分变量。

式（7-4）可以写成：

$$\sigma_{ij} = E_R \varepsilon_{kl}^R \quad \text{或} \quad \varepsilon_{kl}^R = \frac{\sigma_{ij}}{E_R} \tag{7-5}$$

如果定义：

$$\varepsilon_{kl}^R = \frac{1}{E_R} \int_0^\xi E_{ijkl}(\xi - \tau) \frac{\partial \varepsilon_{kl}}{\partial \tau} \mathrm{d}\tau \tag{7-6}$$

其中，E_R 为参考模量，它是一个常数，与松弛模量 $E_{ijkl}(t)$ 具有相同的量纲。式（7-5）的优点在于其与线弹性应力-应变之间存在对应关系，即式（7-5）采用弹性应力-应变方程的形式，而实际上是粘弹性应力-应变方程。ε_{kl}^{R} 称为伪应变。伪应变通过卷积积分解释了材料的滞回效应。这里引入参考模量 E_R，是因为它是讨论特殊材料行为和引入无量纲变量的有用参数。例如，如果在式（7-6）中取 $E_{ijkl}(t)=E_R$，则得到 $\varepsilon_{kl}^{R}=\varepsilon_{kl}$，式（7-5）简化为线弹性方程 $\sigma_{ij}=E_{ijkl}\cdot\varepsilon_{kl}$ 或 $\varepsilon_{kl}=\sigma_{ij}/E_{ijkl}$。如果在式（7-6）中取 $E_R=1$，伪应变就是对特定应变输入的线性粘弹性应力响应。在本章的剩余部分中，E_R 设置为 1。

　　这些观察结果表明，如果沥青混凝土的滞回行为仅仅是由于线性粘弹性引起的，那么用应力和伪应变（而非物理应变）表示的滞回数据会使材料的滞回行为看起来与线性弹性行为相同。图 7-4 中的实验数据说明了这一观察结果。图 7-4（a）显示了在材料线性粘

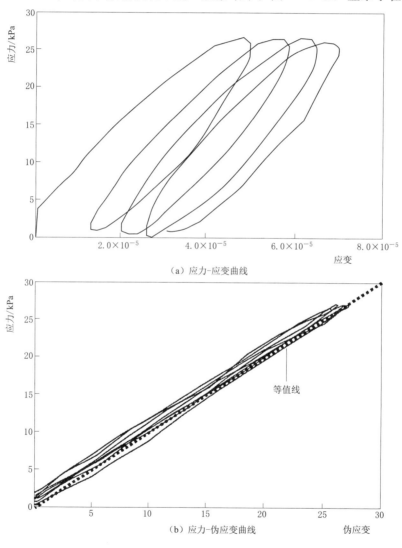

（a）应力-应变曲线

（b）应力-伪应变曲线

图 7-4　（a）混合料在线性粘弹性循环载荷下的应力-应变曲线和
（b）相同数据下的应力-伪应变曲线
（Daniel 和 Kim，2002，已获沥青铺路技术专家协会授权使用）

弹性范围内（如复数模量试验）控制应力循环加载的应力-应变行为。由于该材料是在其线性粘弹性范围内进行测试的，因此不会造成损伤，其滞回行为和累积应变仅由粘弹性引起。图 7-4（b）显示了相同的应力数据，根据式（7-6）计算伪应变，其中 $E_R=1$。从图 7-4（b）可以看出，由于加载-卸载和重复加载引起的滞回行为在使用伪应变时已经消失。还应注意，图 7-4（b）中的应力-伪应变关系是线性的，斜率为 1（即遵循等值线）。

　　图 7-5 给出了另一个例子，使用了两种不同加载速率下恒应变率单调试验的应力-应变数据。初始加载期间的行为如图中插图所示。在应力-应变曲线中，如图 7-5（a）所

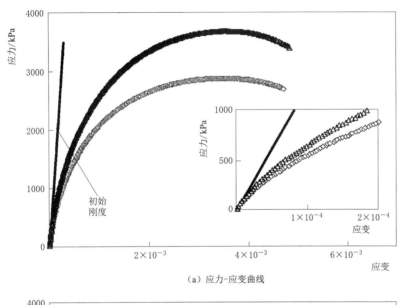

（a）应力-应变曲线

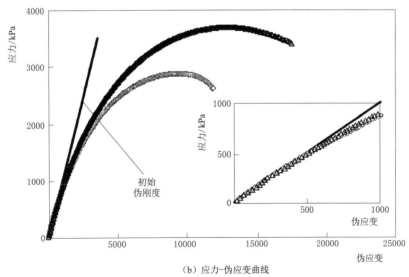

（b）应力-伪应变曲线

图 7-5　恒应变率单调试验结果

（Underwood 等，2006，已获沥青铺路技术专家协会授权使用）

示，非线性出现在加载的初始阶段，表明损伤从一开始就有了。然而，该区域的非线性仅与材料的时间效应有关。当使用如图 7 - 5（b）所示的伪应变消除这些时间效应时，损伤不会在加载开始时出现，事实上，直到应力水平达到大约 500kPa 时才开始。

这两个例子说明了使用伪应变的好处，即伪应变本质上解释了材料的粘弹性，并将粘弹性问题简化为相应的弹性问题，使沥青混凝土复杂滞回性能的建模更加容易。Kim 和 Little（1990），Kim 等（1995）以及 Lee 和 Kim（1998）使用沥青材料在各种试验条件下的单轴单调和循环数据，对弹性-粘弹性对应原理进行了实验验证。计算式（7 - 6）中伪应变所需的材料性质是松弛模量。通常，松弛模量测试不容易进行，因为在测试开始时，位移阶跃输入会产生大量的应力。因此，利用理论反演过程由复数模量确定松弛模量，这种方法将在第 9 章中详细说明。

复数模量试验是在一组单独的代表性混合料试样上进行的，由于试验间的差异，由复数模量试验确定的松弛模量可能与用于损伤试验的试样的松弛模量不同。在这种情况下，图 7 - 4（b）中的初始伪刚度可能不会遵循等值线（LOE）。为了尽量减少样本间差异性的影响，引入了初始割线伪刚度 I。因此，单轴模式下的控制本构方程变为

$$\sigma = I\varepsilon^R \tag{7-7}$$

其中

$$\varepsilon^R = \frac{1}{E_R}\int_0^\xi E(\xi-\tau)\frac{\partial\varepsilon}{\partial\tau}d\tau \tag{7-8}$$

在大多数情况下，I 值保持在 0.9 到 1.1 之间。当 I 值明显超出该范围时，需要重新检查数据（松弛模量和测试结果）。

伪应变计算

式（7 - 8）中所示的伪应变通过线性分段技术自然得出一个解，如下所示：

$$\varepsilon^R = \frac{1}{E_R}\left[\int_0^{t_1}E(t-\tau)\frac{d\varepsilon_1}{d\tau}d\tau + \int_{t_1}^{t_2}E(t-\tau)\frac{d\varepsilon_2}{d\tau}d\tau + \cdots + \int_{t_{n-1}}^{t_n}E(t-\tau)\frac{d\varepsilon_n}{d\tau}d\tau\right]$$

$$\tag{7-9}$$

这种技术虽然从根本上说是合理的，但在分析大量数据时却非常低效。低效率的根源在于需要分析感兴趣的时间步长之前的所有时间步长，从而导致分析时间呈指数级增长，数据量不断增加。为了克服这一不足，使用了计算力学中常用的一种方法，即状态变量法。

状态变量法的目标是将卷积过程转化为代数运算。状态变量技术的理论细节可以在文献中找到（Simo 和 Hughes，1998）。但从物理意义上讲，状态变量法为松弛模量的 Prony 表示中的每个 Maxwell 元素分配一个变量，如下所示：

$$E(t) = E_\infty + \sum_{i=1}^m E_i e^{-t/p_i} \tag{7-10}$$

然后，该变量在整个加载过程中跟踪给定元素的行为或状态。本研究中使用的公式如下：

$$\varepsilon^{R(n+1)} = \frac{1}{E_R}\left[\eta_0^{n+1} + \sum_{i=1}^m \eta_i^{n+1}\right] \tag{7-11}$$

其中，η_0 和 η_i 分别是在时间步长 $n+1$ 时的弹性响应和特定 Maxwell 元素 i 的内部状态

变量。这些变量的定义由方程式（7-12）和式（7-13）给出，分别为：

$$\eta_0^{n+1} = E_\infty (\varepsilon^{n+1} - \varepsilon^0) \tag{7-12}$$

$$\eta_i^{n+1} = e^{-\Delta t/p_i} \eta_i^n + E_i e^{-\Delta t/2p_i} (\varepsilon^{n+1} - \varepsilon^n) \tag{7-13}$$

式（7-11）是一种非常有效的伪应变求解方法。使用式（7-9）分析4000个点的数据集大约需要100s，但是如果使用式（7-11）分析只需要1.5s。

功势理论

图7-6（a）为控制应力循环试验中不同循环次数下的典型应力-伪应变滞回曲线。相对较高的应力幅值被用来在样品中诱发显著的损伤。与图7-4（b）可忽略不计的损伤情况不同，由于试样中发生损伤，从该图中可以观察到每个应力-伪应变循环斜率的变化（即材料伪刚度的降低）。

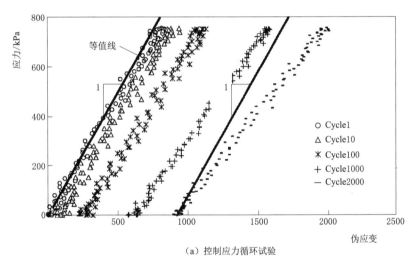

（a）控制应力循环试验

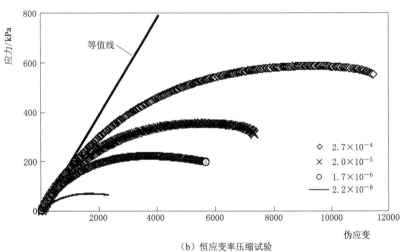

（b）恒应变率压缩试验

图7-6 沥青混凝土在试验中的应力-伪应变行为（不同符号表示不同的应变率）

损伤对伪刚度的影响也可以从图 7-6（b）所示的单调数据中看到。在该图中，随着损伤的增大，应力-伪应变曲线偏离了等值线。此外，随着加载速率的变化，这种偏差在不同的时间出现，这表明存在与速率相关的损伤机制。

基于这些观测结果，对于有损伤和无损伤的线弹性和线粘弹性体，给出了下列单轴形式的本构方程。它们还展示了不同复杂程度的模型是如何从较简单的模型演变而来的。

无损伤弹性体 $\qquad\qquad \sigma = E\varepsilon$ $\qquad\qquad\qquad$ (7-14)

有损伤的弹性体 $\qquad\qquad \sigma = C(S_m)E\varepsilon$ $\qquad\qquad\quad$ (7-15)

无损伤粘弹性体 $\qquad\qquad \sigma = E_R\varepsilon^R$ $\qquad\qquad\qquad$ (7-16)

有损伤的粘弹性体 $\qquad\qquad \sigma = C(S_m)E_R\varepsilon^R$ $\qquad\qquad$ (7-17)

式中 S_m——损伤参数，是用来表征材料内部损伤程度的物理量；

$C(S_m)$——C 是损伤参数 S_m 的函数，表示由于损伤增加而引起的材料刚度变化。

式（7-17）由式（7-14）、式（7-15）和式（7-16）得出。式（7-17）也得到了图 7-6 的观测结果的支持；也就是说，伪刚度随着损伤的增加而变化。为了确定损伤函数的解析表示，采用了由 Schapery（1990）提出的连续损伤力学原理——功势理论。

在研究含损伤材料的本构行为时，通常考虑两种方法：细观力学方法和连续介质方法。由 Kachanov（1958）发起，连续损伤力学已经被许多研究者广泛研究并应用于各种工程材料（如 Lemaitre，1984；Kachanov，1986；Krajcinovic，1984，1989；Bazant，1986）。在连续损伤力学中，损伤体可以看作宏观尺度上的均匀连续体，损伤的影响通常表现为材料刚度或强度的降低。损伤状态可以通过一组参数来量化，这些参数在不可逆过程热力学中通常被称为内部状态变量或损伤参数。损伤的增长受适当的损伤（或内部状态）演化规律的制约。材料的刚度随损伤程度而变化，通过将理论模型与实验数据拟合，确定为内部状态变量的函数。

具有恒定材料特性（即无损伤增长）的弹性介质的力学行为通常可用适当的热力学势（如等温过程的亥姆霍兹自由能或等熵过程的吉布斯自由能）来描述。这些势是热力学状态变量的点函数。当不考虑热效应时，亥姆霍兹自由能和吉布斯自由能势都与所谓的应变能一致，代表系统中储存的能量，该能量在代数上等于外部荷载对系统所做的功。但是，当由于外部荷载而发生损伤时，对物体所做的功并不完全以应变能的形式存储；它的一部分被消耗在对物体的损害上。产生给定程度的损伤所需的能量表示为内部状态变量的函数。在损伤发生的过程中，输入到机体的总功一般取决于加载路径。然而，已经观察到，对于某些发生损伤的过程，功输入与加载路径无关（Schapery，1987；Lamborn 和 Schapery，1988，1993）。

应变能密度函数 $\qquad\qquad W = W(\varepsilon_{ij}, S_m)$ $\qquad\qquad\qquad$ (7-18)

应力-应变关系 $\qquad\qquad \sigma_{ij} = \dfrac{\partial W}{\partial \varepsilon_{ij}}$ $\qquad\qquad\qquad$ (7-19)

损伤演化规律 $\qquad\qquad -\dfrac{\partial W}{\partial S_m} = \dfrac{\partial W_S}{\partial S_m}$ $\qquad\qquad\qquad$ (7-20)

式中 σ_{ij}——应力；

ε_{ij}——应变；

　　S_m——内部状态变量（或损伤参数）；

　　W_S——由于损伤增长而耗散的能量，$W_S = W_S(S_m)$。

　　内部状态变量 $S_m(m = 1, 2, \cdots, M)$ 解释了损伤的影响，并且内部状态变量的数量（即 M）通常由控制损伤增长的不同机制的数量决定。该方程式类似于裂纹扩展方程式（如 $G = G_c$，其中 G 是能量释放速率，G_c 是断裂韧性），实际上利用式（7 - 20）求出 S_m 作为 ε_{ij} 的函数。式（7 - 20）的左侧为可用的热力学力，右侧为损伤增长所需的力。

　　基于弹性-粘弹性对应原理，将式（7 - 18）～式（7 - 20）弹性损伤模型中出现的应变 ε_{ij} 替换为由式（7 - 6）定义的相应伪应变 ε_{ij}^R。然后，根据对应原理，用伪应变表示的方程组表示相应的粘弹性损伤问题。

　　实验研究（如 Park，1994）发现，弹性材料的损伤演化规律不能通过对应原理直接转化为粘弹性材料的演化规律。对于大多数粘弹性材料来说，不仅 S_m 生长的有效力与速率有关，而且 S_m 生长的阻力也与速率有关。本研究采用以下演化定律，其形式类似于著名的粘弹性材料幂律裂纹扩展定律（Schapery，1975），因为它们可以合理地表示许多粘弹性材料的实际损伤演化过程：

$$\dot{S}_m = \left(-\frac{\partial W^R}{\partial S_m} \right)^{a_m} \tag{7 - 21}$$

式中　W^R——伪应变能密度函数，$W^R = W^R(\varepsilon_{ij}^R, S_m)$；

　　　$\dot{S}_m$——损伤演化速率；

　　　a_m——与粘弹性相关的材料常数。

　　式（7 - 21）与裂纹扩展速率方程相似。同样形式的演化规律已被成功地用于描述具有损伤增长的填充弹性体的行为（Park，1994）。Park 等（1996）也采用功势理论来模拟沥青集料混合料在恒定应变率单调加载下的速率相关行。

　　最后，在单轴加载条件下，适用于速率型损伤演化规律的粘弹性介质的功势理论可以用以下 3 个分量来表示：

伪应变能密度函数　　　　$$W^R = W^R(\varepsilon^R, S_m) \tag{7 - 22}$$

应力-应变关系　　　　　　$$\sigma = \frac{\partial W^R}{\partial \varepsilon^R} \tag{7 - 23}$$

损伤演化规律　　　　　　$$\dot{S}_m = \left(-\frac{\partial W^R}{\partial S_m} \right)^{a_m} \tag{7 - 24}$$

S 值测定

　　功势理论指定了一个内部状态变量 S_m 来量化损伤，该变量被定义为导致观察到的刚度降低的任何微观结构变化。对于受拉状态下沥青混凝土，该变量主要与微裂缝现象有关。因此，仅使用一个内部状态变量（即 S）来模拟受拉损伤增长。

　　应优先求解式（7 - 24）中的损伤演化规律，因此，本书提出了两种不同的解决方案。第一种是 Park 等（1996 年）提出，将方程的原始形式转化为积分形式，假设 $\alpha \gg 1$，并定义一个新的参数 $\hat{S}$。式（7 - 25）以离散形式给出了 Park 等提出的方法：

$$S = \left[\hat{S} \left(1 + \frac{1}{\alpha} \right) \right]^{\frac{1}{1+1/\alpha}} \tag{7-25}$$

其中，$\hat{S}$ 由式（7-26）给出：

$$\hat{S}_{i+1} = \hat{S}_i - \frac{1}{2}(C_i - C_{i-1})(\varepsilon_i^R)^2 t^{\frac{1}{\alpha}} \tag{7-26}$$

Lee 和 Kim（1998a，1998b）也提出了一个利用链式法则的解决方案，并且对 a 不做任何假设，见式（7-27）。值得注意的是，这两种方法都已成功地应用于沥青混凝土研究（Park 等，1996；Daniel 和 Kim，2002；Chehab 等，2003）。

$$S_{i+1} = S_i + \left[-\frac{1}{2}(C_i - C_{i-1})(\varepsilon_i^R)^2 \right]^{\frac{\alpha}{1+\alpha}} \Delta t^{\frac{1}{1+\alpha}} \tag{7-27}$$

本研究采用迭代改进技术求解这些方法的近似值。简而言之，该方法假定损伤的变化率在某个离散的时间步长上是恒定的。这种变化率是在接近当前损伤值（$S_i + \delta S$）的点上确定的，在这个点上外推误差是最小的。

该方法首先用两种近似方法中的任意一种进行 S 的初始计算，这两种方法都要求恒应变率单调加载试验中获得应力-伪应变关系的结果。将初始 S 值与伪刚度值 C 绘图，伪刚度值 C 由式（7-28）计算得到：

$$C = \frac{\sigma}{1 \times \varepsilon^R} \tag{7-28}$$

然后将 C 和 S 的初始值拟合，见式（7-29），其中 a 和 b 是拟合参数：

$$C = e^{aS^b} \tag{7-29}$$

回到损伤演化规律，注意到时间的增量通常很小，可以将损伤的变化率写成：

$$\frac{dS}{dt} = \frac{\Delta S}{\Delta t} \tag{7-30}$$

将此表达式代入式（7-24），并以离散形式重新排列和书写，得到如下公式：

$$S_{i+1} = S_i + \Delta t \left[-\frac{(\delta W_d^R)_i}{\delta S} \right]^{\alpha} \tag{7-31}$$

必须注意，对于单轴情况，功函数（W^R）由下式给出：

$$W^R = \frac{1}{2} C(S) \varepsilon^R \tag{7-32}$$

将式（7-32）代入式（7-31）并简化，得到：

$$S_{i+1} = S_i + \Delta t \left[-\frac{1}{2}(\varepsilon^R)^2 \frac{(\delta C)_i}{\delta S} \right]^{\alpha} \tag{7-33}$$

在式（7-33）中，假定在加载前，S 和 C 值分别为 0 和 1。此外，δS 必须指定，并且应该明显小于一个时间步长内的损伤变化（通常使用 0.1）。在计算给定时间步长的损伤值（S_i）和损伤增量值（$S_i + \delta S$）后，由式（7-29）求出相应的 C 值。然后，将这些值之间的差值（δC）用于计算下一个时间步长的损伤。重复此过程，直到处理完所有数据点。

在完成第一次迭代后，将新的 S 值与原始的伪刚度值绘图，并找到新的解析关系。

重复整个过程，直到连续迭代中的变化很小为止。在这项研究中，执行了 8 次这样的迭代，但是在第三次或第四次迭代之后很少有改进。

图 7-7 和图 7-8 给出了使用两种近似技术以及迭代改进技术计算的初始 S 值的结果。从这些图可以看出，使用改进方法计算的 S 值介于两种近似方法之间。注意，在这些图中，改进方法的种子值是通过链式规则方法获得的。然而，试验表明，无论使用何种方法来寻找种子值，迭代都会折叠到同一条曲线上。Kim 和 Chehab（2004）的工作可以找到这种改进方法的细节。

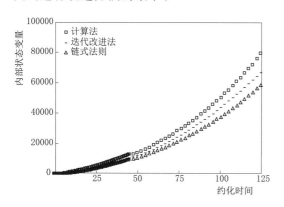

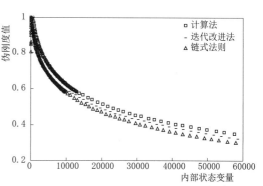

图 7-7　改进和近似损伤计算技术的比较
（Underwood 等，2006b，已获沥青铺筑
技术专家协会授权使用）

图 7-8　改进和近似损伤特征关系的比较
（Underwood 等，2006b，已获沥青铺筑
技术专家协会授权使用）

损伤特征关系

Daniel 和 Kim（2002）研究了不同加载条件下损伤参数（S）与伪刚度（C）之间的关系。研究中最重要的发现是，无论加载类型（单调或循环）、加载速率和应力/应变幅值如何变化，C 和 S 之间都存在独特的损伤特征关系。此外，应用温等效原理，在不同温度下随着损伤的增加，在约化时间范围内产生相同的损伤特征曲线。为了产生损伤特性关系，必须满足的唯一条件是试验温度和加载速率的组合必须使得只有弹性和粘弹性行为占优势，而粘塑性（如果有的话）可以忽略不计。当试验温度过高或加载速率过慢时，发现 C/S 曲线偏离了特性曲线。

为了确保试验温度足够低，加载速率足够快，不会引起任何明显的粘塑性应变，试验在低温（通常为 5℃）下以不同的加载速率进行。如果不同加载速率下的 C/S 曲线能重叠形成一种独特的关系，则温度和加载速率的组合足以满足发展损伤特性关系的要求。

最后，VECD 模型为：

$$\sigma = C(S)\varepsilon^R \qquad (7-34)$$

或

$$\varepsilon_{ve} = E_R \int_0^\xi D(\xi-\tau) \frac{d\left(\dfrac{\sigma}{C(S)}\right)}{d\tau} d\tau \qquad (7-35)$$

通过转换公式（7－34）来预测粘弹性应变。注意式（7－35）中的 E_R 被设为1，式（7－34）中未使用初始割线伪刚度 I，仅在使用几个重复样本的实验数据来校准模型时才需要初始割线伪刚度。

损伤特性关系的主要优点是可以减少测试需求。由于在单调和循环试验中存在相同的关系，因此可以从更为简单的单调试验的损伤特征特性曲线来预测材料在循环载荷下的行为。Daniel 和 Kim（2002）验证了该方法可以在样本间的变化范围内预测沥青混凝土的疲劳寿命。

粘塑性应变（VP）模型

假定粘塑性应变遵循应变强化模型（Uzan，1996；Seibiet 等，2001），则有：

$$\dot{\varepsilon}_{VP} = \frac{g(\sigma)}{\eta_{vp}} \tag{7-36}$$

式中 $\dot{\varepsilon}_{VP}$——粘塑性应变率；

$\quad g(\sigma)$——应力函数，其中 $g(0)=0$；

$\quad \eta_{vp}$——材料的粘度系数。

假设 η 是应变的幂律（Perl 等，1983；Kim 等，1997；Schapery，1999），式（7－36）变为：

$$\dot{\varepsilon}_{VP} = \frac{g(\sigma)}{A\varepsilon_{vp}^{p}} \tag{7-37}$$

其中，A 和 p 是模型系数，经重新排列和整合得到：

$$d\varepsilon_{vp}\varepsilon_{vp}^{p} = \frac{g(\sigma)dt}{A} \tag{7-38}$$

和

$$\varepsilon_{vp}^{p+1} = \frac{p+1}{A}\int_{0}^{t}g(\sigma)dt \tag{7-39}$$

将式（7－39）的两边同时对 $(1/p+1)$ 求幂，得到：

$$\varepsilon_{vp} = \left(\frac{p+1}{A}\right)^{1/p+1}\left(\int_{0}^{t}g(\sigma)dt\right)^{1/p+1} \tag{7-40}$$

令 $g(\sigma)=B\sigma_{1}^{q}$（Uzan，1996；Perl 等，1983；Kim 等，1997），并将系数 A 和 B 耦合成系数 Y，则式（7－40）变为：

$$\varepsilon_{vp} = \left(\frac{p+1}{Y}\right)^{1/p+1}\left(\int_{0}^{t}\sigma^{q}dt\right)^{1/p+1} \tag{7-41}$$

在式（7－42）中用约化时间替换时间，得到：

$$\varepsilon_{vp} = \left(\frac{p+1}{Y}\right)^{1/p+1}\left(\int_{0}^{\xi}\sigma^{q}d\xi\right)^{1/p+1} \tag{7-42}$$

在这个模型中，塑性应变为零，因为粘塑性应变在 $x=0$ 时消失。研究发现沥青混凝土中确实存在这种简单性（Chehab 等，2003）。

VEPCD 模型

基于式（7-1）中的应变分解原理，式（7-35）中的粘弹性（VE）模型和式（7-42）中的粘塑性（VP）模型，构建 VEPCD 模型，如下所示：

$$\varepsilon_T = E_R \int_0^\xi D(\xi - \xi') \frac{d\left(\frac{\sigma}{C(S)}\right)}{d\xi'} d\xi' + \left(\frac{p+1}{Y}\right)^{1/p+1} \left(\int_0^\xi \sigma^q d\xi\right)^{1/p+1} \qquad (7-43)$$

其中，ξ' 是积分变量。在下面的章节中，将使用实验结果对 VEPCD 模型进行校准。

拉伸状态下 VEPCD 模型的校准

材料和测试系统

在本节中，使用前面描述的原理对各种沥青混合料的 VEPCD 模型进行校准。由于本章的目的是描述 VEPCD 建模技术，而不是比较不同的混合料，因此不介绍混合料的详细属性。读者可以参考 Kim 和 Chehab（2004），以及 Kim 等（2005）了解这些细节。此外，Underwood 等（2006b）对不同混合料的行为进行了详细比较。

本章介绍了 5 种混合料的数据：2 种常规 Superpave 混合料和 3 种改性沥青混合料。2 种常规混合料包括在 NCHRP 9-19 项目中用作对照混合料的马里兰 12.5mm Superpave 混合料和在 FHWA ALF 研究中用作对照混合料的 12.5mm Superpave 混合料。马里兰混合料由 100% 石灰岩集料和未改性的 PG 64-22 沥青组成，而 ALF 混合料由花岗岩集料和 PG 70-22 沥青组成。改性混合料用于 ALF 研究，具有与 ALF 对照混合料相同的集料和级配。在这些混合料中使用的改性沥青胶结料包括 PG 70-28 SBS 改性沥青、PG 70-28 橡胶粉改性沥青，以及 PG 70-28 乙烯三元共聚物改性沥青。

使用澳大利亚 Superpave 旋转压实仪 ServoPac 制作直径为 150mm，高度为 180mm 的 Superpave 旋转压实（SGC）试样，通过钻芯和切割得到直径为 75mm，高度为 150mm 的标准试件，目标空隙率为 4%，公差为 ±0.5%。

本研究采用量程为 100kN 的 MTS-810 测试系统。该系统由伺服液压材料试验机，16 位数据采集板和一套用于数据采集和分析的 LabView 程序组成。使用松芯 LVDTs 测量位移，其中两个标距长度为 75mm，两个标距长度为 100mm，连接在试样中部、距离两端相等之处。使用两种不同的标距长度可以确定裂缝开始的位置，因为在标距点之间的沥青基质中开始形成的主要裂缝的张开度将在数值上除以两个不同的标距长度，从而导致两个不同的应变值。因此，不同标距的应变差异表明局部化和宏观开裂的开始。

校准测试程序

VEPCD 模型的主要优点是校准测试要求简单。校准测试程序由 3 个阶段组成：①线性粘弹性（LVE）表征；②粘弹性（VECD）表征；③粘塑性（VP）表征。

在不同温度和频率下的复数模量测试用于 LVE 表征。使用 AASHTO TP62-03 中给出的程序确定动态模量和时温转换因子，然后用于 VECD 和 VP 建模。使用第 6 章提出的算法将动态模量转换为松弛模量。

对于 VECD 和 VP 表征，采用恒应变率单调加载试验。这些测试不是在有限的速率和温度下进行多次重复测试，而是在更大范围的加载速率下进行了几个或只有一次重复测试。通常，在 5℃ 和 40℃ 下使用 4 种不同的速率分别校准 VECD 和 VP 模型。

线性粘弹性表征

图 7-9 和 7-10 给出了所有 FHWA ALF 混合料的重复平均动态模量和相位角主曲线。这些数据表明，在较高的约化频率（较低的温度）下，未改性的混合料比任何其他混合料均显示出更大的刚度和弹性（由较低的相位角证明）。在这些条件下，SBS 和 CR-TB 混合料的刚度和弹性大致相同。此外，SBS 和 CR-TB 主曲线在过渡期的斜率也比对照和三元共聚物混合料的主曲线小。最后，在较低的约化频率（较高的温度）下，CR-TB 和 SBS 混合料的硬度最大，这与在较高的约化频率下观察到的结果相反。

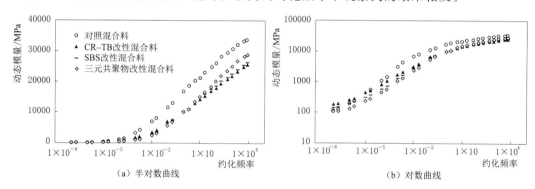

（a）半对数曲线　　　　　　　（b）对数曲线

图 7-9　以半对数曲线和对数曲线表示的对照、CR-TB、SBS 和
三元共聚物混合料的动态模量主曲线

（Underwood 等，2006b，已获沥青铺路技术协会授权使用）

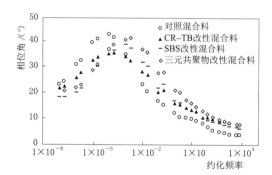

图 7-10　对照、CR-TB、SBS 和三元共聚物
混合料的相位角主曲线

（Underwood 等，2006b，已获沥青铺路技术协会授权使用）

动态模量和相位角主曲线记录了不同混合料的复杂的时间和温度依赖关系。将第 9 章提出的转换技术应用于线性粘弹性特性，以获得混合料的松弛模量，然后将其用于伪应变计算。转换后的松弛模量符合式（7-10）中的 Prony 级数表示。由复数模量测试表征的另一个重要材料特性是时温转换因子。在 VEPCD 建模方法中，此属性用于将物理时间转换为约化时间。

粘弹性损伤（VECD）表征

粘弹性损伤（VECD）模型的校准需要粘塑性可以忽略的应力-应变数据。因此，采用 5℃ 下恒应变率单调加载试验结果。校准过程从使用式（7-11）～式（7-13）计算伪应变和 Prony 级数中的松弛模量开始。一旦计算出伪应变，则使用式（7-33）中给出的迭代求解技术确定 S 值。C 值也可以根据式（7-28）计算，使用测得的应力、伪应变，以及从应力、伪应变数据的早期线性部分（通常伪应变小于 500）确定的初始割线伪刚度（I）。然后，将多个应变速率试验的 C 值和 S 值绘图，以检查曲线的塌陷，这表明在应力-应变数据中粘塑性可以忽略不计。由此得到 C 与 S 关系是损伤特征关系，并构成 VECD 模型的基础。

为了确保在测试过程中可以忽略粘塑性应变，需要进行反复的试验。试验以不断增加的应变率进行，直到在应力-应变曲线的卸载部分出现脆性破坏。根据以往的研究（Kim 和 Chehab，2004）可知，在这种情况下，粘弹性损伤机制主导了材料的行为。一旦确定了参考速率，就将相邻速率的 $C-S$ 曲线与参考速率的曲线进行比较，以建立损伤特征曲线。

图 7-11 为四种 ALF 混合料的损伤特征曲线。从图中可以清楚地看出，CR-TB 和对照混合料的损伤特性最优，其次是 SBS 混合料，最后是三元共聚物混合

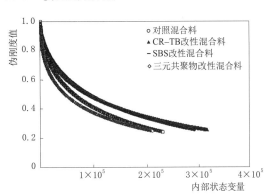

图 7-11 对照、CR-TB、SBS 和三元共聚物混合料的损伤特征曲线

（Underwood 等，2006b，已获沥青铺路技术协会授权使用）

料。然而，在评估不同混合料的疲劳性能时必须谨慎，因为沥青混凝土对疲劳开裂的抗力必须通过考虑对变形的抗力和对损伤的抗力来量化。此外，在加载条件下，其他机制（如粘塑性）开始发挥重要作用，性能排名可能会改变。

粘塑性（VP）表征

式（7-42）VP 模型的校准首先需要从单调数据中测得的总应变中确定粘塑性应变。在有静止期的循环加载中，静止期后的永久应变可作为粘塑性应变。然而，在拉伸状态下，当试样粘在加载板上时，很难在静止期内保持零应力。在单调加载中，尽管在高温和低加载速率下的应力-应变数据在测量应变中具有更大比例的粘塑性应变，但尚不清楚为了将测量的总应变视为粘塑性应变，温度必须有多高，加载速度必须有多慢。

利用式（7-1）中的应变分解原理解决了这一难题。通过 5℃ 单调试验得到材料的损伤特性曲线，根据式（7-35）可以预测高温下的粘弹性应变。然后从测得的总应变中减去粘弹性应变，可以得到粘塑性应变。利用遗传算法等优化算法，从提取的粘塑性应变和相应的应力、时间中确定式（7-42）中的 VP 模型系数（p、q 和 Y）。

考虑到 VEPCD 模型的应变分解性质，有必要研究应变速率和温度对混合料粘弹性和粘塑性特性的影响。图 7-12（a）显示了在恒应变压缩试验期间，粘弹性和粘塑性效应对 Maryland 混合料行为的影响。该图显示了在 25℃ 时，由于粘弹性和粘塑性效应而引起的总应变百分比与约化应变速率的函数。该图中的每个数据点代表在特定应变速率和温度下进行的单个测试的结果，并且是在峰值应力下获得的。从该图可以看出，随着约化应变速率的增加，粘塑性应变的重要性总体上下降了。

如图 7-12（a）所示，在 C 区中约化应变速率达到 $4\varepsilon/s$ 之后，总应变仅由粘弹性应变组成。在 B 区，约化应变速率范围为 0.01 到 $4\varepsilon/s$，粘弹性应变约占总应变的 95%。在

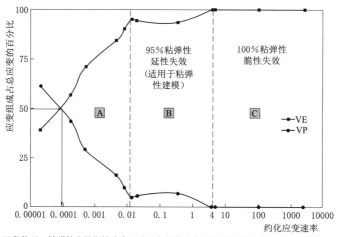

（a）25℃条件下，粘弹性和粘塑性应变百分比与约化应变率的函数关系，（马里兰Superpave混合料）
（Chehab等，2002，已获沥青摊铺技术人员协会授权使用）

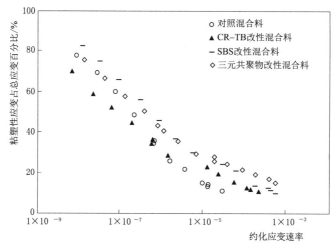

（b）5℃条件下，粘塑性对各种混合料行为的影响（Underwood等，2006，
已获沥青摊铺技术人员协会授权使用）

图7-12 应变速率和温度对混合料粘弹性和粘塑性特性的影响
（Chehab等，2002，已获沥青摊铺技术人员协会授权使用）

A区，在约化应变速率为 0.0001ε/s 时，粘弹性和粘塑性行为都存在，且它们的比例相等。现在，对于特定的加载条件，可知组成应变的百分比，能更准确地选择各应变建模所需的条件。

温度和应变速率对各种混合料的粘塑性特性的影响如图 7-12（b）所示，图中参考温度为5℃。该图表明，CR-TB 混合料在较低的约化应变速率下表现出最不明显的粘塑性行为。考虑到 CR-TB 胶结料的高温 PG 等级为 76℃，高于研究中使用的其他胶结料，因此这种行为是可以预期的。还观察到，在所有测试条件下，对比混合料均显示出比三元共聚物和 SBS 混合料低的粘塑性。然而，未改性的混合料比改性的混合料具有更陡的斜率，并且预计在测试范围之外的范围内表现出更大的粘塑性。由于这种斜率的增加，并且基于图 7-10 的结果，现场改性混合料（即在现场加载速率下）的实际弹性区间发生在高温下。

图 7-12 强调了速率和温度对沥青混凝土性能的重要性。回想一下，约化应变速率取决于物理应变速率和温度。根据这一概念，如果应变速率足够慢，即使在非常低的温度下，粘塑性机制也可能显著影响材料的性能。更笼统地说，如果输入条件缓慢，则粘塑性可在任何温度下影响材料性能。相反，如果温度足够高，任何输入条件都会产生粘塑性效应。这种双重性对于正确理解材料行为至关重要。

VEPCD 拉伸模型的验证

在本节中，使用与校准过程中完全不同的加载历史来验证针对不同混合料校准的 VEPCD 模型。本章介绍的验证试验包括随机循环加载试验，其中频率、振幅、循环次数被随机分配给每个加载组，以及约束试件温度应力试验（TSRST）强度测试。其他加载历史的验证结果可以在 Kim 和 Chehab（2004）和 Kim 等（2005）的文章中找到。

需要注意的是，本节中的所有图形都显示的是变形局部化之后的。变形局部化是单个宏观裂纹开始主导材料行为的点。在这一点上，应变测量不能准确地代表整个测量过程中的材料行为。对于恒应变速率试验，可以观察到变形局部化发生在峰值之后和应力达到峰值应力的 90% 时。对于随机荷载测试，通过在试样中间以两种不同的标距长度（100mm 和 75mm）测量变形来定义变形局部化。当这两个测量值发生差异时，就会发生变形局部化（图 7-13）。

随机荷载试验的输入荷载历时如图 7-14 所示。在此加载历时中，每个加载组中的加载频率、应力振幅和循环次数都是随机变化的。所有情况下的试验温度均为 25℃，每种混合料输入相同的荷载。图 7-15 显示了每种混合料的测量响应和建模响应，按粘弹性损伤和粘塑性分开。注意，这些图仅显示变形局部之前的部分。

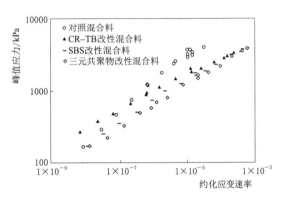

图 7-13　对照混合料与 CR-TB、SBS 和三元共聚物改性混合料的强度主曲线

（Underwood 等，2006，已获沥青铺筑技术专家协会授权使用）

对这些数据的检查表明，测量和模拟的行为非常一致。当试件接近变形局部化时，模型往往会低估测得的数据。但是，在最极端的情况下（SBS），该差异小于 15%，并且可能与试件间的差异有关。

约束试件温度应力试验（TSRST）验证

在本节中，使用 TSRST 试验验证了马里兰 Superpave 混合料开发的 VEPCD 模型。根据 AASHTO TP10-93，TSRST 试验在 FHWA 特纳-费尔班克斯高速公路研究中心进行。制备长度为 250mm，横截面为 50mm×50mm，空隙率为 4%±0.5% 的沥青混凝土

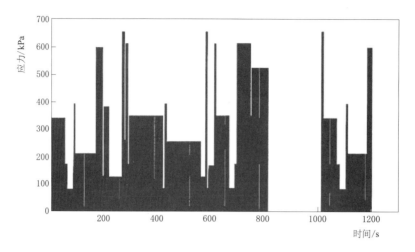

图 7-14　用于 VEPCD 模型验证的随机载荷历史记录

（Underwood 等，2006，已获沥青铺路技术协会授权使用）

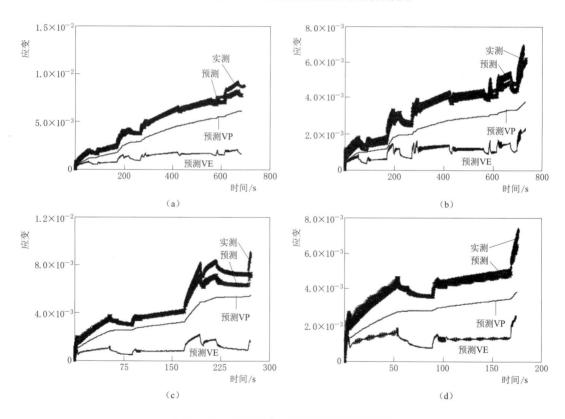

（a）

（b）

（c）

（d）

图 7-15　ALF 混合料的随机荷载预测结果

（a）对比试样；（b）CR-TB；（c）SBS 和（d）三元共聚物

（Underwood 等，2006，已获沥青铺路技术协会授权使用）

梁试样。在试验机中使用应力控制的正弦荷载进行压实，然后用水冷双锯切割试样。

　　TSRST 试验采用自动闭环系统进行，该系统以恒定速率冷却样品，同时抑制其收缩。目标冷却速率分别为 5℃/h、10℃/h 和 20℃/h，实际冷却速率分别为 4.4℃/h、8.6℃/h 和 17.7℃/h。在最低的 2 个速率和最高的 4 个速率下，分别记录 6 个重复试验的时间、应力和试样表面温度。对于在非等温条件下承受力学荷载的试样，总应变（ε_{Total}）是力学应变（$\varepsilon_{Mechanical}$）和温度应变（$\varepsilon_{Thermal}$）的总和。当 TSRST 试样冷却时，它有收缩的趋势。然而当试样在顶部和底部受到约束时，不允许产生变形（即 $\varepsilon_{Total} = 0$）。因此，温度应力相当于冷却时试样自由收缩、发展并逐渐增加直至断裂时，由力学变形产生的应力。因此，在 TSRST 试验中，$\varepsilon_{Mechanical} - \varepsilon_{Thermal} = \alpha \Delta T$，其中 ΔT 为温度下降值，α 为混合料的热收缩系数。马里兰混合料的热收缩系数为 $2.055 \times 10^{-5}/℃$，高于玻璃化转变温度 T_g（Superpave 性能模型报告，2002），该测量值与文献中报道的具有相似材料特性的混合料的典型值一致（Fwa 等，1995）。

TSRST 验证尤其重要，不仅因为 TSRST 数据没有用于模型开发，还因为 TSRST 测试中的应力是由温度荷载引起的，不像在模型开发中使用的应力是由力学荷载引起的。用于预测的输入数据包括试样尺寸、初始温度和荷载以及降温速率。预测的响应包括应力-时间历史和应力-温度历史，以及失效时的应力、时间和温度。这些响应来自 3 个模型，包括 LVE 模型、VECD 模型和 VEPCD 模型。LVE 模型是式（7-4）的单轴形式，VECD 和 VEPCD 模型分别由式（7-34）和式（7-43）给出。由于在 TSRST 试验中温度随时间变化，因此使用式（7-2）计算时温转换因子。将预测响应与实测值进行比较，以确定模型的准确性。以下将介绍这些比较，更多详情请参见 Chehab 和 Kim（2005）。

温度应力历程预测

为简明起见，温度应力和应变分别用 σ 和 ε 表示。在图 7-16 中，用 3 种模型预测的 3 种冷却速率的应力被绘制成时间的函数，还绘制了在每个速率下测试的所有重复测试的

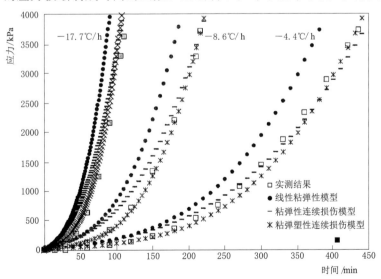

图 7-16　不同冷却速率下材料的实测应力和模型预测应力的关系

（Chehab 和 Kim，2005，ASCE）

平均测量应力。目测结果表明，使用 LVE 模型预测的应力大于实测应力，且随时间的增加和降温速率的降低，差异会增加。这种差异是由于 LVE 模型没有考虑微裂纹引起的应力松弛。在所有降温速率下，VECD 模型预测的应力与实测应力之间的误差远小于 LVE 模型。此外，随着时间的增加和冷却速度的降低，误差减小。VEPCD 预测的应力与实测值非常吻合，在最慢的降温速率下差异最大。通过相互之间预测应力的比较，可以明显看出 VEPCD 模型的预测最准确，略好于 VECD 模型。另一个重要的观察结果是，VECD 预测的应力随时间的增长率与测量值和其他预测值相偏离。

粘塑性对低温下温度应力预测的显著影响并不令人惊讶，因为沥青混凝土的本构行为不仅取决于温度，还取决于加载速率。事实上，美国北部沥青路面的典型冷却速率为 0.5~1℃/h，加拿大最高为 2.7℃/h（Jung 和 Vinson，1994）。这些速率比本研究中使用的冷却速率要慢得多，因此，粘塑性模型的重要性甚至可能比本章中提出的研究更大。

开裂点预测

当试样冷却时，温度应力会增加，直到与沥青混合料的拉伸强度相等，最终导致试样断裂。虽然力学材料特性模型可以预测温度应力历时，但它们不能单独用于确定破坏实例。大多数利用 TSRST 数据预测开裂点的模型都将强度作为破坏准则（Jung 和 Vinson 1994，SHRP-a-357 1993）。

在本研究中，温度和加载速率对强度的影响是通过约化应变速率来反映的，即应变速率与时温转换因子的乘积。从这个意义上说，该应变不是测量应变，因为它是零。如前几节所述，如果试样未受到约束，则在这种情况下会产生温度应变。不同沥青混合料的强度与约化应变速率关系如图 7-13 所示。

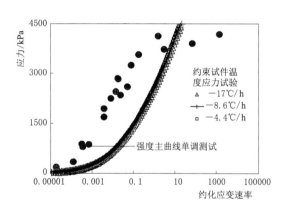

图 7-17 使用强度破坏包络线确定开裂点：
(a) -17℃/h，(b) -8.6℃/h，和 (c) -4.4℃/h，
参考温度 25℃ (Chehab 和 Kim，2005，ASCE)

在开发 VECD 和 VEPCD 模型时，在不同温度和应变速率（-10~40℃；10^{-5}~0.1ε/s）下进行了单调测试。使用式（7-2）时温转换因子将参考温度（本研究中为 25℃）下的应变速率转换为约化应变速率。将每个单调测试的峰值应力（脆性破坏的断裂应力）与该测试相应约化应变速率作图，以构建混合料的强度破坏包络线。然后，在同一张图上绘制给定 TSRST 试验的预测温度应力历时。单调测试的温度应力曲线与强度破坏包络线的交点是该试验的预测断裂点。图 7-17 显示了强度破坏包络线与 VEPCD 模型预测的应力是约化应变速率的函数。一旦确定了断裂应力，就可以确定相应的时间和温度。

图 7-18 给出了 TSRST 参数的比较。总的来说，预测值与实测值非常吻合。

除了用于 VP 建模的测试程序外，还将拉伸建模的校准程序应用于压缩数据。图 7-

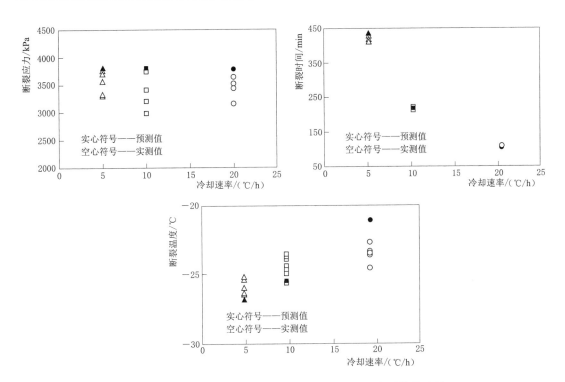

图 7-18　由 VEPCD 模型预测的 TSRST 参数与实测值的比较

(Chehab 和 Kim，2005，ASCE)

19 给出了由拉伸-压缩试验和最小零应力的压缩试验确定的动态模量主曲线。图 7-19 中显示的拉伸压缩试验数据是多个样品的平均值。发现这两条动态模量主曲线基本相同。保持应变幅度低于 70 微应变是达成这一协议的一个重要条件。还发现在拉压试验和压缩试验中，时温转换因子也是相同的。

在 5℃下的单调恒应变压缩试验的数据用于粘弹性损伤表征。对伪应变与应力关系作图，见图 7-20（a）和（b）。图 7-20（b）所示的应力-伪应变关系与拉伸时基本相同。也就是说，当载荷较小时，应力与伪应变在荷载的早期遵循等值线，当开始偏离等值线时，表明损伤增大。

应力和伪应变用于计算 C 和 S 值。从图 7-20（c）可以看出，在不同的加载速率下，C 与 S 曲线重叠良好，表明在这些测试条件下的粘塑性应变最小。并且，拉伸和压缩的损伤特性曲线被绘制在同一张图中。可以看出，压缩引起的损伤特征曲线的位置高于拉伸引起的损伤特征曲线的位置。在拉伸状态下，在 5℃下的主要损伤是垂直于加载方向的方向上的微裂纹，而在压缩过程中的主要损伤是沿加载方向的垂直裂纹。因为压缩时的垂直裂纹是由垂直压缩载荷引起的水平拉伸应力引起的，对于相同数量的微裂纹（即相同的 S 值），材料在压缩中的抗裂性（即，C）大于在拉伸中的抗裂性。由不同速率拉伸试验得到的峰值应力 C 值为 0.3~0.35。

对于 VP 模型，进行了固定时间和固定应力的重复蠕变和恢复荷载。间歇时间结束时的永久应变用于确定 p、q 和 Y 值。压缩过程中的 p、q 和 Y 值分别为 2.088、2.482 和

6.33×10^{20}。

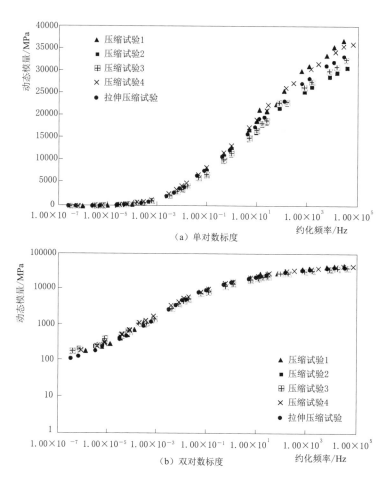

图 7-19 由压缩试验和拉伸-压缩试验确定的动态模量

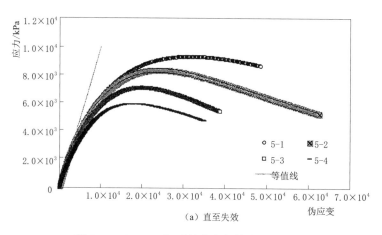

图 7-20（一） 5℃时的应力与伪应变的关系

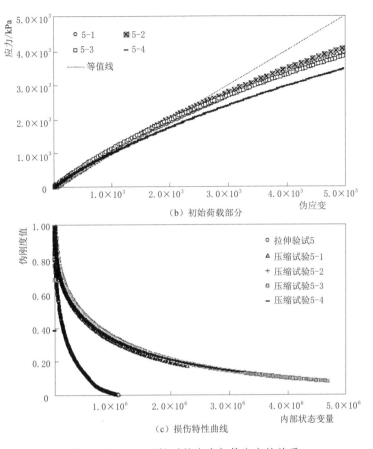

（b）初始荷载部分

（c）损伤特性曲线

图 7 - 20（二）　5℃时的应力与伪应变的关系

VEPCD 压缩模型的验证

式（7 - 43）的 VEPCD 模型，具有从复数模量转换的蠕变柔量，损伤特性关系（即 C 与 S 曲线）以及确定的 p，q 和 Y 值等参数，用于预测重复蠕变和恢复荷载作用下沥青混凝土的应力应变特性。注意，蠕变和恢复试验的加载部分提供了 VP 模型表征中未使用的数据。

图 7 - 21 显示了整个加载过程的粘弹性应变，以及根据 VEPCD 模型预测的间歇时间结束时的粘塑性应变。由于恢复结束时的永久应变用于确定 VP 模型系数，因此预测的粘塑性应变与恢复结束时测得的永久应变非常吻合。而且，发现在间歇时间之后，粘弹性应变完全恢复。

由图 7 - 21 得出的最值得注意的观察是对粘弹性应变的预测过高，因此对总应变的预测过高。预测过高的程度随着温度的升高而增加。从单调预测中得出了相同的观察结果，尽管本章未显示它可以节省空间。VEPCD 模型可以很好地预测材料在拉伸状态下的行为，而压缩状态却非常差，这一事实表明，VEPCD 模型中缺失的机制是压缩荷载所特有的。

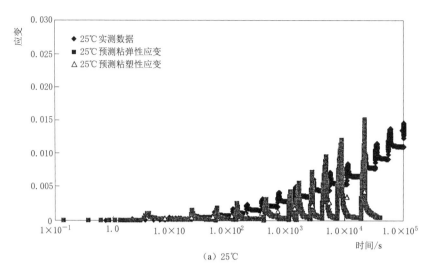

（a）25℃

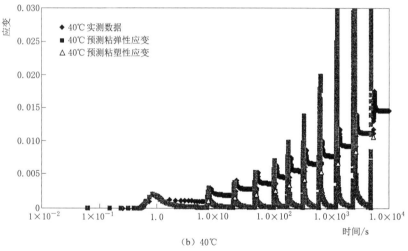

（b）40℃

图 7-21　固定应力蠕变和恢复试验的测量应变和预测应变的关系

　　为了研究沥青混凝土在拉伸和压缩行为之间的差异，首先要检查应力与伪应变之间的关系。图 7-22 给出了从中温到高温的应力与伪应变曲线。5℃时的应力与伪应变曲线如图 7-20 所示。从这些图中可以看出，随着温度的升高，应力-伪应变曲线从简单的软化形状变为更复杂的形状。也就是说，在 5℃时，应力-伪应变的关系沿等值线开始（即粘弹性主导行为，且微裂纹破坏最小），然后变为软化曲线，表明由于垂直方向的微裂纹导致刚度降低。在峰值应力处或稍微超过峰值应力的位置开始变形局部化，这是宏观裂纹扩展的开始。在较高的温度下，应力-伪应变曲线沿等值线开始，然后斜率变为向上方向，表示硬化行为。曲线的形状最终发生变化，以表示软化行为，然后在峰值应力下破坏。随着温度的升高和加载速率的降低，这种模式变得更加明显。注意，在拉伸应力下，从未观察到这种模式。

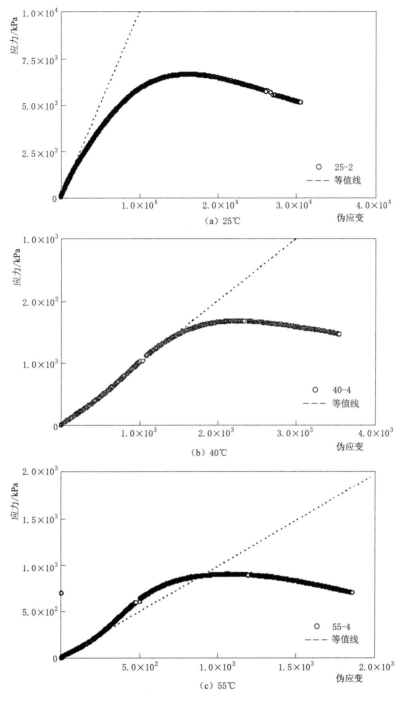

图 7-22　应力与伪应变曲线

　　决定沥青混凝土在拉伸状态下本构行为的主要机理是粘弹性，胶结料的塑性流动和开裂。在压缩过程中，集料颗粒的自锁是影响沥青混凝土性能的重要因素。随着胶结料粘度的降低，集料颗粒的自锁效果增加，这种现象在温度升高或加载速率降低时发生。集料自锁的主要特征是，随着沥青混凝土变形的增加，集料自锁会硬化并变得更明显，直到集料颗粒开始滑动。由于集料自锁，图 7-22 的观察结果得到沥青混凝土的预期性能的良好支持。

必须注意的是，由于粘弹性和集料互锁的混合效应，无法在应力与应变曲线中检测到这种行为。在图 7-22 中清楚地表明了使用伪应变的好处（即从图中消除了粘弹性）。

为了更有效地显示沥青混凝土在压缩状态下的硬化和软化特性，计算了表观伪割线刚度 (C_A)，如图 7-23 所示。由于真实的割线刚度仅使用粘弹性应变来计算，因此该图中的伪割线刚度被称为表观刚度。在该图中，使用总应变计算表观伪割线刚度，总应变包括粘弹性应变和粘塑性应变以及集料互锁对这些应变的影响。图 7-23 中的 3 个图例中所示的第一和第二个数字分别代表温度和加载速率的等级（即 1 表示最快速率，4 表示最慢速率）。在图 7-23（a）中，25℃时，随着应变的增加，C_A 一直减少直至失效。随着温度的升高和应变速率的降低 [图 7-23（b）和（c）]，C_A-应变曲线的 S 形变得更加明显。注意，C_A-应变曲线中的峰值出现在 0.4%～0.6% 应变之间。无论温度和应变速率如何，应力-应变曲线中的峰值应力都在 1%～1.6% 应变之间。

图 7-22 和图 7-23 的比较揭示，沥青混凝土在高温下的压缩性能可分为 4 个区域，如图 7-22（c）和图 7-23（c）所示。在第一个区域中，粘弹性和胶结料的流动支配着

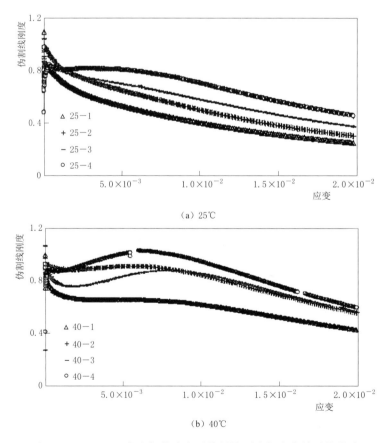

（a）25℃

（b）40℃

图 7-23（一） 温度和加载速率对伪割线刚度与应变关系的影响

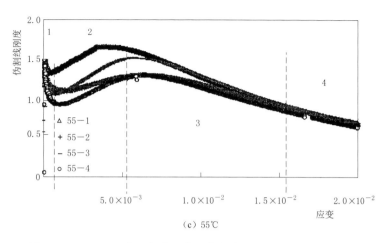

（c）55℃

图 7-23（二）　温度和加载速率对伪割线刚度与应变关系的影响

沥青混凝土的性能，因此，应力-伪应变曲线显示了软化特性。在该区域中，集料颗粒变得更近，空隙率变小，但是尚未形成明显的集料自锁。从 2 区开始发生集料到集料的自锁。由于将集料颗粒自锁在一起，混合料的刚度增加（即硬化行为），如区域 2 中所示。在区域 3 中，集料自锁随着载荷的增加而缓慢降低。在峰值应力下，集料颗粒相互滑移，从而导致剪切破坏，该破坏由区域 4 中的应力与伪应变曲线下降部分表示。

集料自锁机理的力学模型包括在侧限压力下进行三轴试验，然后采用具有屈服面和流动规律的粘塑性的严格公式。第 15 章给出了这种更严格的模型的一个例子。

VEPCD 模型的有限元实现

开发沥青混凝土本构模型（如 VEPCD 模型）的最终目的是以可靠的方式预测沥青路面结构的响应和性能。美国北卡罗来纳州立大学的研究小组目前正在研究如何将 VEPCD 模型应用到由 Guddati（2001）开发的有限元程序 FEP++ 中。在下文中，介绍了一些来自 VECD-FEP++ 的初步成果，以便在整个系统可用后对期望值有所了解。

图 7-24 和图 7-25 分别显示了在薄沥青混凝土层和厚沥青混凝土层上重复加载时损伤云图的变化。在这些模拟中，选择的加载持续时间为 0.03s，休息时间为 0.97s。薄沥青混凝土层和厚沥青混凝土层的厚度分别为 3 英寸和 12 英寸。沥青混凝土层由 VECD 模型表示，集料基层和路基采用非线性应力状态相关模型。路面结构采用轴对称有限元模型。

图 7-24 和图 7-25 最重要的观察结果是裂纹起始位置随沥青混凝土层厚度的变化。在图 7-24 中的薄层，在该层的底部发现严重的损伤，而顶部的则可以忽略不计。然而，对于图 7-25 中的厚层，损伤从沥青层底部和轮胎边缘正下方开始，并同时传播，形成联合损伤云图。可以看出，轮胎边缘下方的损伤强度与沥青混凝土层底部的损伤强度一样。图 7-25 所示的这种联合的损伤云图支持了路面现场自上而下开裂的研究结果（Gerritsen 等，1987）。

此外，联合损伤云图表明，随着这些自下而上和自上而下的微裂纹进一步扩展并结合

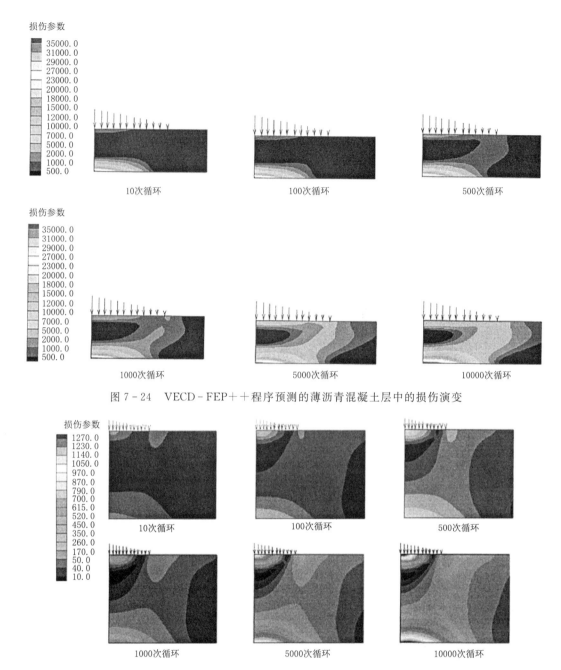

图 7-24　VECD-FEP++程序预测的薄沥青混凝土层中的损伤演变

图 7-25　VECD-FEP++程序预测的厚沥青混凝土层中的损伤演变

在一起，可能会出现贯穿厚度的裂纹。Gerritsen 等（1987 年）报告称，他们在同一个试样中发现 10cm（4 英寸）厚的沥青混凝土层中有自上而下裂缝，5cm（4 英寸）厚完全没有裂缝，以及 10cm（4 英寸）厚自下而上裂缝。图 7-25 中的联合损伤云图解释了该观察结果的原因。这一发现清楚地说明了传统疲劳性能预测方法存在的问题，即沥青层底部的拉伸应变与路面的疲劳寿命有关。

应该注意的是，VECD－FEP＋＋模型不需要假设微裂纹的起始位置。VECD－FEP＋＋程序的这一特点与基于断裂力学的典型有限元分析有很大的不同。在基于断裂力学的分析中，在施加载荷之前必须引入人工裂纹，并确定对宏观裂纹扩展贡献最大的临界应力。

结论

本章介绍了 VEPCD 模型作为沥青混凝土的本构模型，该模型考虑了时间和温度的依赖性，微裂纹损伤和粘塑性流动。将 VEPCD 拉伸模型应用于 FHWA ALF 研究中测试的四种混合料，包括三种聚合物改性混合料。结果表明，该模型能够准确地预测恒应变压缩试验、随机荷载循环试验和 TSRST 试验下的性能。通过表征和验证过程，发现 TTS 损伤增长原理适用于未改性和改性沥青混合料。这一发现意义重大，因为表征材料所需的测试要求大大降低。

由于集料颗粒在高温和/或缓慢加载速率下的作用复杂，压缩时的 VEPCD 建模比拉伸时的建模更为复杂。试验结果表明，必须考虑集料自锁的刚度效应，才能准确地模拟沥青混凝土的压缩行为。第 11 章提出了基于 HiSS 屈服面和 Perzyna 粘塑性理论的压缩模型作为替代。

最后，将粘弹性连续损伤模型引入有限元程序（VECD－FEP＋＋）中，不仅可以用于评价重复荷载作用下的路面响应，而且可以真实地研究沥青路面的复杂开裂机理。结果表明，随着沥青层厚度的增加，自上而下开裂的倾向增大，这为现场观测提供了依据。

NCSU 研究小组目前正在开发三维 VEPCDFEP＋＋程序，可用于预测沥青路面的性能，包括疲劳开裂（自上而下和自下而上）、车辙和热裂纹。

致谢

感谢联邦公路管理局提供的财政支持。

参考文献

1. American Association of State Highway and Transportation Officials（1993），"TP10－93 Method for Thermal Stress Restrained Specimen Tensile Strength. " Washington，D. C.

2. American Association of State Highway and Transportation Officials（2003），"TP－62 Standard Method of Test for Determining Dynamic Modulus of Hot－Mix Asphalt Concrete Mixtures. " Washington，D. C.

3. Bazant，Z. P（1986），"Mechanics of Distributed Cracking，" Applied Mechanics Reviews，ASME，Vol. 39，pp. 675－705.

4. Chehab，G.（2002），"Characterization of Asphalt Concrete in Tension Using a Viscoelastoplastic Model，" Ph. D. dissertation，North Carolina State University，Raleigh，N. C.

5. Chehab，G. R. ，Y R. Kim，R. A. Schapery，M. W. Witczak，and R. Bonaquist（2002），" Time－

Temperature Superposition Principle for Asphalt Concrete Mixtures with Growing Damage in Tension State," journal of Association of Asphalt Paving Technologists, Vol. 71, pp. 559 - 593.

6. Chehab, G. R., Y. R. Kim, R. A. Schapery, M. W. Witczak, and R. Bonaquist (2003),"Characterization of Asphalt Concrete in Uniaxial Tension Using a Viscoelastoplastic Model," journal of the Association of Asphalt Paving Technologists, pp. 315 - 355.

7. Chehab, G. R., and Y. R. Kim (2005),"Viscoelastoplastic Continuum Damage Model Application to Thermal Cracking of Asphalt Concrete," journal of Materials in Civil Engineering, ASCE, Vol. 17, No. 4, pp. 384 - 392.

8. Daniel, J. S. (2001),"Development of a Simplified Fatigue Test and Analysis Procedure Using a Viscoelastic, Continuum Damage Model and Its Implementation to WesTrack Mixtures," Ph. D. dissertation, North Carolina State University, Raleigh, NC.

9. Daniel, J. S., and Y. R. Kim (2002),"Development of a Simplified Fatigue Test and Analysis Procedure Using a Viscoelastic Continuum Damage Model," journal of the Association of Asphalt Paving Technologists, Vol. 71, pp. 619 - 650.

10. Federal Highway Administration. Pooled - Fund Study entitled "Full - Scale Accelerated Performance Testing for Superpave and Structural Validation," FHWA Turner - Fairbanks Highway Research Center.

11. Fwa, T. F., B. F. Low, and S. A. Tan (1995),"Laboratory Determination of the Thermal Properties of Asphalt Mixtures by Transient Heat Conduction Method," Transportation Research Record, Transportation Research Board, National Research Council, Vol. 1492.

12. Gerritsen, A. H., C. A. P. M. Van Gurp, J. P. J. Van der Heide, A. A. A. Molenaar, and A. C. Pronk (1987)," Prediction and Prevention of Surface Cracking in Asphalt Pavements," 6th International Conference on Structural Design and Asphalt Pavements, The University of Michigan, Ann Arbor, Michigan, pp. 378 - 391.

13. Gibson, N. H., C. W. Schwartz, R. A. Schapery, and M. W. Witczak (2003),"Viscoelastic, Viscoplastic, and Damage Modeling of Asphalt Concrete in Unconfined Compression," Transportation Research Record, No. 1860, pp. 3 - 15.

14. Guddati, M. N. (2001),"FEP＋＋: A Finite Element Program in C＋＋, Input Manual," Department of Civil, Construction, and Environmental Engineering, North Carolina State University.

15. Jung, D. H., and T. S. Vinson (1994),"Prediction of Low Temperature Cracking: Test Selection," Rep. SHRP - A - 400, SHRP, National Research Council, Washington, D. C.

16. Kachanov, L. M. (1958),"Time of Rupture Process under Creep Conditions," Izvestiya Akademii Nauk SSR OtdelenieTechnicheskikh Nauk, Vol. 8, p. 26.

17. Kachanov, L. M. (1986), Introduction to the Theory of Damage, Martinus Nijhoff, The Hague.

18. Kim, Y R., and D. N. Little (1990)," One - Dimensional Constitutive Modeling of Asphalt Concrete," ASCE journal of Engineering Mechanics, Vol. 116, No. 4, pp. 751 - 772.

19. Kim, Y. R., Y C. Lee, and H. J. Lee (1995),"Correspondence Principle for Characterization of Asphalt Concrete," journal of Materials in Civil Engineering, ASCE, Vol. 7, No. 1, pp. 59 - 68.

20. Kim, Y. R., and H. J. Lee (1997),"Healing of Microcracks in Asphalt and Asphalt Concrete," Final report submitted to Federal Highway Administration/Western Research Institute.

21. Kim, Y R., J. Daniel, and H. Wen (2002),"Fatigue Performance Evaluation of WesTrack and Arizona SPS - 9 Asphalt Mixtures Using Viscoelastic Continuum Damage Approach," Final report to Federal Highway Administration/North Carolina Department of Transportation, Report No. FHWA/NC/2002 - 004.

22. Kim，Y. R. , and G. Chehab（2004),"Development of a Viscoelastoplastic Continuum Damage Model for Asphalt – Aggregate Mixtures: Final Report as Part of Tasks F and G in the NCHRP 9 – 19 Project," National Cooperative Highway Research Program, National Research Council, Washington, D. C.

23. Kim，Y R. , M. N. Guddati, B. S. Underwood, T. Y Yun, V Subramanian, and A. H. Heidari (2005),"Characterization of ALF Mixtures Using the Viscoelastoplastic Continuum Damage Model," Final report to the Federal Highway Administration.

24. Krajcinovic D. （1984),"Continuum Damage Mechanics," Applied Mechanics Review, ASME, Vol. 37, pp. 397 – 402.

25. Krajcinovic D. （1989),"Damage Mechanics," Mechanics of Materials, Vol. 8, pp. 117 – 197.

26. Lamborn，M. J. , and R. A. Schapery（1988),"An Investigation of Deformation Path – Independence of Mechanical Work in Fiber – Reinforced Plastics," Proceedings of the Fourth Japan – U. S. Conference on Composite Materials, Washington, D. C. , pp. 991 – 997.

27. Lamborn，M. J. , and R. A. Schapery（1993),"An Investigation of the Existence of a Work Potential for Fiber Reinforced Plastic," journal of Composite Materials, Vol. 27 （4), pp. 352 – 382.

28. Lee，H. J. （1996),"Uniaxial Constitutive Modeling of Asphalt Concrete Using Viscoelasticity and Continuum Damage Theory," Ph. D. dissertation, North Carolina State University, Raleigh, NC.

29. Lee，H. J. , and Y. R. Kim（1998a),"A Uniaxial Viscoelastic Constitutive Model for Asphalt Concrete under Cyclic Loading," ASCE journal of Engineering Mechanics, Vol. 124, No. 1, pp. 32 – 40.

30. Lee，H. J. , and Y R. Kim（1998b),"A Viscoelastic Continuum Damage Model of Asphalt Concrete with Healing," ASCE journal of Engineering Mechanics, Vol. 124, No. 11, pp. 1224 – 1232.

31. Lemaitre J. （1984),"How to Use Damage Mechanics," Nuclear Engineering Design, Vol. 80, pp. 233 – 245.

32. Park，S. W. （1994),"Development of a Nonlinear Thermo – Viscoelastic Constitutive Equation for Particulate Composites with Growing Damage," Ph. D. dissertation, Texas A&M University, Tex.

33. Park，S. W, Y R. Kim, and R. A. Schapery（1996),"A Viscoelastic Continuum Damage Model and Its Application to Uniaxial Behavior of Asphalt Concrete," Mechanics of Materials, Vol. 24, No. 4, pp. 241 – 255.

34. Perk M. , J. Uzan, and A. Sides（1983),"Visco – Elasto – Plastic Consititutive Law for a Bituminous Mixture under Repeated Loading," Transportation Research Record 911, TRB, National Research Council, Washington, D. C. , pp. 20 – 27.

35. Schapery，R. A. （1975),"A Theory of Crack Initiation and Growth in Viscoelastic Media, Part Ⅰ: Theoretical Development，Part Ⅱ: Approximate Methods of Analysis, Part Ⅲ: Analysis of Continuous Growth," International journal of Fracture, 11, pp. 141 – 159, 369 – 388, 549 – 562.

36. Schapery，R. A. （1981),"On Viscoelastic Deformation and Failure Behavior of Composite Materials with Distributed Flaws," Advances in Aerospace Structures and Materials, AD – 01, ASME, New York, pp. 5 – 20.

37. Schapery，R. A. （1984),"Correspondence Principles and a Generalized J – integral for Large Deformation and Fracture Analysis of Viscoelastic Media," International journal of Fracture, Vol. 25, pp. 195 – 223.

38. Schapery，R. A. （1987a),"Deformation and Fracture Characterization of Inelastic Composite Materials Using Potentials," Polymer Engineering, Vol. 27, pp. 63 – 76.

39. Schapery，R. A. （1987b),"Nonlinear Constitutive Equations for Solid Propellant Based on a Work Potential and Micromechanical Model," Proceedings, 1987 jANNAF Structures F} Mechanical Behavior

Meeting，CPIA.

40. Schapery，R. A. (1990)，"A Theory of Mechanical Behavior of Elastic Media with Growing Damage and Other Changes in Structure," journal of the Mechanics and Physics of Solids，Vol. 38，pp. 215 – 253.

41. Schapery，R. A. (1999)," Nonlinear Viscoelastic and Viscoplastic Constitutive Equations with Growing Damage," International journal of Fracture，Vol. 97，pp. 33 – 66.

42. Seibi，C. ，G. Sharma，Ali Galal，and J. Kenis (2001)，"Constitutive Relations for Asphalt Concrete under High Rates of Loading," Transportation Research Record 1767，TRB，National Research Council，Washington，D. C. ，pp. 111 – 119.

43. SHRP – A – 357 (1993)，"Development and Validation of Performance Prediction Models and Specifications for Asphalt Binders and Paving Mixes," Strategic Highway Research Program，Washington，D. C.

44. Sicking，D. L. (1992)," Mechanical Characterization of Nonlinear Laminated Composites with Traverse Crack Growth," Ph. D. dissertation，Texas A&M University，Tex.

45. Simo，J. C. ，and T. J. R. Hughes (1998)，Computational Inelasticity. Springer – Verlag，New York.

46. Underwood，B. S. ，YR. Kim，and G. R. Chehab (2006a)，"A Viscoelastoplastic Continuum Damage Model of Asphalt Concrete in Tension," Proceedings of the 10th International Conference of Asphalt Pavements.

47. Underwood，B. S. ，Y. R. Kim，and M. N. Guddati (2006b)，"Characterization and Performance Prediction of ALF Mixtures Using a Viscoelastoplastic Continuum Damage Model," journal of Association of Asphalt Paving Technologists，AAPT，Vol. 75，pp. 577 – 636.

48. Uzan，J. (1996)，"Asphalt Concrete Characterization for Pavement Performance Prediction," Asphalt Paving Technology，AAPT，Vol. 65，pp 573 – 607.

49. Zhao，Y. (2002)，"Permanent Deformation Characterization of Asphalt Concrete Using a Viscoelastoplastic Model," Ph. D. dissertation，North Carolina State University.

第 8 章　沥青混凝土扰动状态的统一本构模型

Chandrakant S. Desai

摘要

尽管已经确定了对路面材料力学和统一本构模型的需求，但此类模型仍不容易获得。一些统一的方法已经被提出。但是，它们通常是基于特定特性（如弹性、塑性、蠕变和断裂）模型的临时组合。此类方法无法为粘结和无粘结材料中的耦合响应提供适当的连接。它们通常涉及较大数量的参数，有些没有物理意义。本章介绍的扰动状态概念（DSC）提供了一种建模过程，其中包括耦合响应，弹性、塑性和蠕变、微裂纹和断裂，以及在力学和环境（热，湿度等）荷载下的软化和愈合等因素。它基于一个统一且耦合的框架，可应用于固体（粘结和无粘结材料），界面和接头。本章简要介绍了各种可用方法，并指出了 DSC 的区别和优势。DSC 已被验证并应用于多种材料，例如土壤、岩石、混凝土、沥青混凝土、陶瓷、合金（焊料）和硅；本章主要针对沥青混凝土的建模。DSC 可以评估各种缺陷，例如永久变形（车辙）、微裂纹和断裂、反射裂缝、温度裂缝和愈合，并已在二维和三维有限元（FE）程序中实现，允许进行静态、重复和动态加载。在分级方案中，DSC 允许用户根据需要选择不同的版本，如弹性、塑性、蠕变，导致断裂和失效的微裂纹。考虑了柔性（沥青）路面的各种破坏，给出了柔性（沥青）路面各种病害的若干实例。DSC 模型也适用于刚性（混凝土）路面。可以相信，DSC 能够为路面结构材料的本构模型提供统一、通用的方法，而非线性有限元代码可以为路面工程中的分析和设计提供一种新颖的方法。进一步的研究可能涉及对沥青混凝土、混凝土和路面界面的详细（实验室）测试，以及对模拟（在实验室中）和现场问题的测量和验证。

介绍

多年来，人们已经认识到需要改进力学程序来设计、维护和修复公路和机场的人行道。力学程序是基于力学原理建立的，而不是经常使用的临时和经验程序。

准确预测路面在力学和环境荷载下的响应需要考虑诸多重要因素，如多维几何形状、实际荷载和适当的本构模型。影响路面响应的一个重要因素是路面材料的非线性行为。在反复的力学和环境载荷作用下，以及初始或原位应力条件下，弹性、塑性、蠕变变形、微裂纹、软化和愈合是非线性行为建模和测试中需要考虑的重要特征。

为了将非线性材料响应和多维效应纳入到设计、维护和修复的解决程序中，需要引用力学的基本原理，以开发统一的力学程序。

范围

本章的范围包括：①简要回顾一些现有的材料模型；②讨论主要基于经验和/或经验机制方法的现有程序的局限性；③描述基于扰动状态概念（DSC）的统一建模方法，该方法为影响路面材料性能的重要因素提供了一个力学模型；④简要描述了 DSC 模型实施过程中的二维和三维非线性有限元计算机程序；⑤描述 DSC 程序处理主要缺陷的能力：力学和温度荷载下的永久变形（车辙）、微裂纹、断裂和反射裂缝，以及典型的应用和验证。本章基于以前的各种出版物，例如 Desai（2001）、Desai 和 Ma（1992）、Desai 等（1986）开发的本构模型和计算机模型，以及 Desai（2002，2007）在路面分析中的应用。本章的重点是沥青混凝土。

路面分析与设计方法

图 8-1 显示了用于设计、维护和修复路面的各种方法的示意图。经验法（E）是基于对材料性能表征的经验和认识，如加州承载比（CBR）、极限剪切破坏和极限挠度（Huang，1993）。指数模型和经验模型不包括多维几何、荷载、材料行为以及多层路面系统中位移、应力和应变的空间分布的影响。因此，经验法被认为仅具有有限的能力。

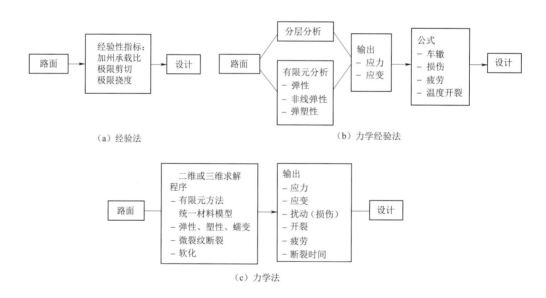

图 8-1 路面分析与设计方法

力学-经验法（M-E）基于对力学原理（如弹性、塑性和粘弹性）的有限使用。它包括两个步骤。第一步，采用分级弹性理论和有限元程序等力学模型，包括弹性、非线性弹性［如弹性模量（RM）模型］或弹塑性模型，对层状路面系统进行分析。第二步，可能涉及诸如 von Mises、Mohr - Coulomb 等经典塑性模型和硬化或连续屈服理论 (Desai, 2001; Schofield 和 Wroth, 1968; Vermeer, 1982)。通常在车轮荷载的全部或增量作用下计算应力和应变, 并在经验公式中将其用于计算车辙、损伤、在力学和温度荷载下的开裂及疲劳破坏。通常使用经验公式 (Huang, 1993) 计算各种损伤, 如沥青层底部的拉伸应变 ε_t、路基层顶部的垂直压缩应变 ε_c、车轮荷载下的垂直应力 σ_y 和沥青层底部的拉应力 σ_t。

与经验法相比, 力学经验法可以改进设计。然而, 它不允许实际的材料行为受力学和环境荷载下的弹性、塑性和蠕变响应的影响。此外, 基于经验公式中的单轴参数评估损伤可能无法提供受多维几何、非均匀性、各向异性和非线性材料响应 (取决于应力、应变、时间和荷载重复) 影响的损伤的准确预测。

力学法 (M) 允许以统一的方式对所有层的几何、非均匀性、各向异性和非线性材料特性进行研究。因此, 在不需要经验公式的情况下, 作为解决方案 (例如有限元) 程序的一部分评估缺陷。

美国国家公路与运输协会 (AASHTO) 设计指南 (如 1986, 1993) 通常用于路面设计。最新的设计指南 (NCHRP 2004) 包括力学-经验法 (M - E) 路面设计。战略公路研究计划 (SHRP) (Lytton 等, 1993) 和正在进行的高性能沥青路面 (Superpave) 研究尝试开发通用和统一的材料模型。然而, 这种统一模型通常是基于特定材料特性的模型组合, 例如线性弹性蠕变、粘塑性蠕变、损伤和断裂 (Kim 等, 1997; Rowe 和 Brown, 1997; Schapery, 1965, 1990, 1999; Secor 和 Monismith, 1962)。尽管此类模型在路面工程领域中已得到广泛应用, 但通常情况下, 当材料在外荷载作用下同时发生弹性、塑性、蠕变、损伤、断裂和愈合时, 这种特殊组合可能不适合材料的实际行为。模型的组合有一定的局限性: 组合模型可能无法集成在一起, 它们可能相对复杂, 并且涉及的材料参数可能很大。有些参数没有物理意义, 它们可能与变形过程中的特定状态无关, 因此需要采用曲线拟合和最小二乘法来确定。

另一方面, 在其他工程领域, 如力学、地质力学和机械工程中, 可以使用统一而简洁的模型来克服上述许多限制。20 世纪 80 年代初期, 作者实施了一项研究项目 (Desai 等, 1983), 开发了当时可用的本构模型, 以二维和三维力学有限元程序实施, 用于轨道支撑和路面系统。利用综合材料试验对模型进行了校准, 并通过现场观测对计算机代码进行了验证。确实需要先进和统一的力学模型。基于 Desai 及其同事的分级单屈服面 (HISS) 塑性模型 (Desai 等, 1986; Desai 等, 1993; Desai, 2001), Scarpas 等 (1997) 开发了一个统一模型用于路面分析。HISS 模型已被 Bonaquist (1996) 和 Bonaquist 及 Witchzak (1997) 成功地用于无粘结材料。本章包含 DSC 模型, 其中包括作为特例的 HISS 模型。与当前可用的其他模型相比, 它被认为是统一且经济的。

目的

本章的主要目的是提出一种基于扰动状态概念 (DSC)、功能强大且统一的本构模型的完整力学方法, 该方法已经开发出来, 可用于沥青混凝土和路面应用的建模。在介绍

DSC 模型和相关的二维和三维代码之前，首先简要介绍一些可用的模型。

RM 方法回顾

弹性模量（RM）方法在路面工程中得到了广泛的应用（Witchzak 和 Uzan，1988；Barksdale 等，1990；Huang，1993）。尽管它能提供令人满意的弹性单轴位移预测，但它不能预测多维效应，如车辙、微裂纹和断裂。

RM 方法依赖于路面材料的试验行为，在该试验中，观察到在一定临界数量的循环荷载 N_c（图 8 - 2）后，材料达到所谓的弹性状态，在该状态下，材料被视为近似弹性（Huang，1993）。因此，可以使用弹性模量 M_R 计算弹性状态下的单轴（垂直）应变和位移。然而，在弹性循环 N_c 之前，材料可能在一个循环中经历微裂纹生长。微裂纹产生、生长、聚结，并且在临界循环 N_c 或临界扰动 D_c（如后文所述，可能在 N_c 之前或之后发生）时，可能发生断裂。使用 RM 方法可能无法预测断裂行为。

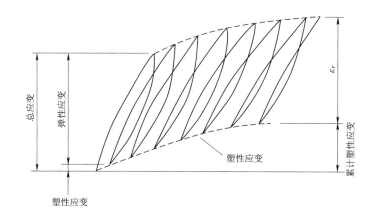

图 8 - 2　弹性条件，重复荷载

通常，RM 只是作为一个参数（模量）来评估，例如，路面的垂直挠度。通过双曲线、抛物线和指数函数（Witchzak 和 Uzan，1988；Huang，1993；Lytton 等，1993；Desai，2001）等数学函数，RM 可用于表征材料在弹性状态下的应力应变行为。然后，在求解（有限元）过程中，它可以实现为非线性或分段线弹性模型，从而产生应力和应变。RM 可用于各种损伤的经验公式中；例如，在力学-经验法中，见图 8 - 1（b），Desai（2000a）开发了一种带界面和无限元的分段非线性 RM 方法的有限元程序，并将其纳入《NCHRP 1 - 37A 力学-经验路面设计指南》（NCHRP，2004）。在各种出版物和其他章节中给出了 RM 的详细信息。以下是一些评论。

评论

（1）泊松比。当 M_R 用于非线性弹性时，它可以代替传统的切线弹性模量 E_t。对于各向同性材料，泊松比 ν 可以假定为常数，也可以表示为应力的函数（Lytton 等，

1993）。在非线性弹性公式中，材料在每次加载过程中的行为仍被视为弹性。因此，在弹性理论的背景下，泊松比必须小于0.5；否则，由于应力-应变矩阵的奇异性，该公式将崩溃（Desai 等，1984；Desai 和 Kundu，2001）。

（2）应变比（横向应变 ε_3 与轴向应变 ε_1）可能大于0.5。事实上，只有在 $\nu_t<0.5$ 时，也就是说，只有在收缩（体积）状态和膨胀之前，这种比值才可以称为泊松比。在线性弹性理论的背景下，这样的表述可能是不现实的。可塑性等理论可用于适应这种（膨胀）行为。关于沥青混凝土泊松比的更多细节见第3章。

（3）由于 M_R 通常是基于单轴（三轴）试验定义的，它主要适用于计算单轴（垂直）应变和位移。

（4）当 M_R 用于增量非线性分析时，它表示分段线性弹性模型。因此，它不能解决塑性变形或不可逆变形。

（5）当 M_R 用作弹性模量时，默认材料是各向同性的。换句话说，M_R 不允许各向异性行为。

（6）弹性模量通过仅涉及一个应力路径的试验进行评估；例如，三轴试验中的常规三轴压缩（CTC）（图 8 - 3）。然而，实际路面在车轮荷载作用下会经历不同的应力路径。因此，RM 方法仅对一个应力路径有效，并且对于不同的应力路径需要不同的材料参数集。因此，它可能无法提供真实情况的准确预测。

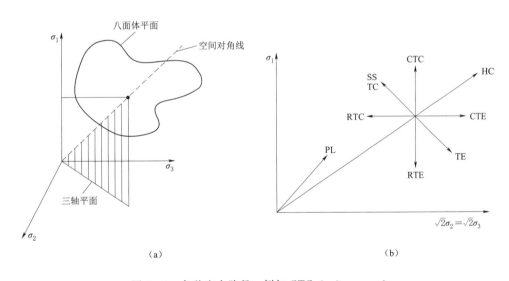

图 8 - 3　各种应力路径，例如 CTC（$\sigma_1>\sigma_2=\sigma_3$）

（7）胶结（沥青、混凝土）和非胶结（底基层、基层和路基）地质材料在车轮荷载引起的剪应力下经历体积变化响应。尽管非线性弹性模型（如弹性模量）可以考虑部分体积变化响应，但它无法预测影响路面变形和微裂纹的总体积变化。

（8）相对粒子运动（平移、滑动、旋转等）导致塑性运动或不可逆运动，通常用内部变量表示，例如总塑性应变（轨迹）和塑性功或耗散能量。这些不可逆应变是产生微裂纹导致破裂和破坏的主要因素。RM 方法主要产生弹性应变，不能解决微裂纹和断裂问题。

（9）尽管在弹性条件下承受重复载荷的材料可能主要经历弹性应变（图 8 - 2），但是在弹性状态前后伴随的微裂纹和开裂可能受到塑性应变或在弹性状态前期间累积的功的影响。因此，力学模型应该包含累积的塑性应变，或包含涉及永久应变（车辙）、微裂纹和断裂的后续响应累积的功。

（10）在路面文献中（Witczak 和 Uzan，1988），声称 R_M 方法可以表征地质（非胶结）材料的行为。实际上，许多研究人员已经注意到，这种非线性弹性模型不能表示非胶结（地质）材料的真实行为，因为它们受到塑性变形、应力路径、体积变化、载荷类型和现场条件等因素的影响（Desai 和 Siriwardane，1984；Desai，2001）。

其他模型

除了 RM 方法外，许多其他（半）经验方法也用于路面分析，以评估重要的损伤，如车辙、损坏和断裂。这些方法基于路面选定位置计算应力和应变，通常通过分级弹性分析或非线性弹性有限元程序获得。结合基于（现场）观测的经验因素，这种方法有时可以提供合理的预测。然而，它们可能不被认为是力学性的，因为它们不涉及基于多维路面中受非线性材料响应影响的应力和应变的破坏计算。

除了线性和非线性弹性模型外，塑性模型也经常用于路面材料。塑性模型包括经典模型（如 von Mises、Mohr – Coulomb 和 Drucker – Prager）和增强模型（如连续硬化或屈服：临界状态和上限、Vermeer 和分级单屈服面 – HISS）。尽管这些模型可以提供改进，特别是关于永久变形的预测，但它们不能直接处理如微裂纹和断裂等其他重要因素。

SHRP 项目（Lytton 等，1993）采用了沥青等路面材料常用的粘弹性模型（Schapery，1965，1999），以及塑性、断裂和损伤等其他模型。这些模型中的每一个基本上都是独立模型，将组合（弹性、塑性、蠕变、损伤和断裂）响应的整体模型视为代表模型的组合。结果，整个模型可能很复杂，并且涉及大量参数，其中许多参数没有物理意义。换句话说，它们与材料行为的特定状态无关，其确定主要涉及曲线拟合过程。简而言之，对于粘结和无粘结（地质）材料的统一行为的合理和现实建模，使用整体模型可能是不现实的。此前曾建议将 RM 模型用于无粘结材料。如前所述，这可能是不切实际的，因为先前对地质材料的研究表明，非线性弹性（弹性模量）模型不能表示考虑塑性变形、体积变化、应力路径和重复荷载等因素的实际行为（Desai，1998b，2001）。可以认为，基于单独的粘弹性与塑性、损伤和断裂力学模型相结合的方法可能无法形成统一且经济的路面材料模型。

统一模型

尽管在路面损伤分析方面已经取得了持续的改进，但尚未开发出统一的力学模型，并对设计、维护和修复进行验证。统一模型应该能够在单一框架中描述所有重要的材料响应。本章介绍了一种基于统一本构模型的集成方法，称为扰动状态概念（DSC），用于对路面材料、界面和接缝进行建模。采用二维和三维计算机有限元程序的 DSC 提供了一种完全力学的方法，被认为是路面工程中理想的方法。它可以提供一个统一的模型，该模型被认为优于其他可用模型，包括前面描述的临时组合。

力学统一模型中的因素

基本问题是预测在重复力学和环境（温度、流体等）荷载下的路面性能。力学荷载主要是由于车轮荷载的反复施加。温度荷载是由于温度随时间（每日和季节性）变化而产生的。路面材料中的流体可能是由于水的进入，这可能导致材料的全部或部分饱和。

在某些传统程序中，假定路面材料是线性弹性且各向同性的。那么，使用弹性分级理论等模型来预测位移、应力和应变（Huang，1993）。但是，路面中的粘结材料和无粘结材料都表现出非线性行为，受应力和应变状态、初始或原位条件（如压力、孔隙水压力和不均匀性）、不可逆（塑性）变形、粘性或蠕变响应、应力路径、体积变化、各向异性、温度、流体和荷载类型等因素的影响；因此，尽管弹性行为的假设可能会产生令人满意的结果，但其有效性是非常有限的。为了进行完整的力学表征，必须使用考虑上述因素的本构模型或材料模型。

扰动状态模型

DSC 力学方法包括以下主题的描述和陈述：①统一和分级 DSC 本构模型的简要描述；②DSC 应对各种路面损伤的能力，例如永久变形，微裂纹、断裂和反射裂缝，以及温度裂缝，受力学和环境荷载下塑性应变和蠕变应变影响；③确定 DSC 模型参数，并通过实验室测试进行确定；④使用 DSC 模型验证实验室测试数据；⑤在二维和三维有限元程序中实施 DSC；⑥对岩土工程和路面工程中的大量实验室模拟和现场问题的验证声明，和二维和三维路面问题的分析；⑦使用 DSC 的统一方法进行路面结构的设计，维护和修复。

扰动状态概念

DSC 基于这样的思想，即变形材料（元素）的行为可以用相对完整（RI）部分或连续体部分以及称为完全调整（FA）部分的微裂纹（或愈合）部分的行为来表示。在变形过程中，（初始）RI 材料连续转换为 FA 部分，并且在极限条件（载荷）下，整个材料元素都接近 FA 状态。图 8-4 给出了 RI 和 FA 状态的示意图。作为耦合和内插机制的干扰，可以根据 RI 和 FA 状态下的材料行为来定义实际或观察到的行为。

材料从 RI 状态到 FA 状态的转变是由于相对运动引起的微观结构变化，如粒子的平移、旋转和互穿，以及微观层面的软化或愈合。扰动表达了这种微观结构的运动，因此，不必像在微观力学方法中那样在粒子级别定义材料响应。实际上，DSC 允许 RI 和 FA 部分之间的相互作用和耦合，并且避免了定义粒子级响应（如在微观力学方法中）的需要，粒子级响应很难或无法测量。

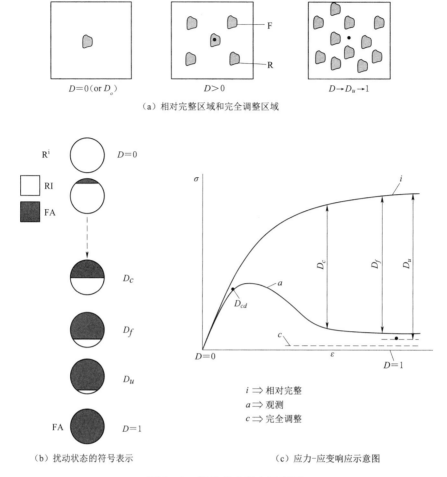

$D=0(\text{or } D_o)$　　　　$D>0$　　　　$D \to D_u \to 1$

（a）相对完整区域和完全调整区域

R^i　　○　$D=0$

RI

FA

D_c

D_f

D_u

FA　$D=1$

（b）扰动状态的符号表示

$i \Rightarrow$ 相对完整

$a \Rightarrow$ 观测

$c \Rightarrow$ 完全调整

（c）应力-应变响应示意图

图 8-4　扰动状态概念示意图

方程

基于材料单元上的力平衡，可得出增量本构方程为（Desai，2001）：

$$\mathrm{d}\sigma^a = (1-D)\mathrm{d}\sigma^i + D\mathrm{d}\sigma^c + \mathrm{d}D(\sigma^c - \sigma^i) \tag{8-1a}$$

或　　　　　$$\mathrm{d}\sigma^a = (1-D)C^i\mathrm{d}\varepsilon^i + DC^c\mathrm{d}\varepsilon^c + \mathrm{d}D(\sigma^c - \sigma^i) \tag{8-1b}$$

或　　　　　$$\mathrm{d}\sigma^a = C^{DSC}\mathrm{d}\varepsilon \tag{8-1c}$$

式中　a、i、c——观察到的 RI 和 FA 响应；

　　　　σ、ε——应力和应变向量；

　　　　C——本构矩阵或应力应变矩阵；

　　　　D——扰动；

　　　　$\mathrm{d}D$——D 的增量。

作为简化，假设 D 是加权意义上的标量。但是，如果可以得到定义 D 的方向值的测试数据，它可以表示为张量 D_{ij}（Desai，2001）。

功能和分级选项

图 8-5 总结了 DSC 模型的功能。在单一框架中，DSC 方法能够考虑在力学和环境荷载下的弹性、塑性和蠕变应变、微裂纹、断裂和扰动（损伤）、硬化等。与其他可用模型相比，这被认为是一个独特的优势。DSC 的一个主要优点是，可以从式（8-1）获得各种专用版本，例如弹性、塑性、蠕变、微裂纹、退化或软化、愈合或硬化等。如果没有因微裂纹和断裂引起的干扰（损坏），则 $D=0$，式（8-1）简化为经典增量方程为：

$$\mathrm{d}\sigma^i = C^i \, \mathrm{d}\varepsilon^i \qquad (8-2)$$

其中，C^i 可以表示弹性、弹塑性或弹粘塑性反应。如果 $D\neq0$，则模型可以包括损伤、软化和愈合，如图 8-6 所示。用户可以为给定的路面材料选择适当的选项，并且仅需要输入与该选项相关的参数。例如，粘结性沥青混凝土材料可以用 DSC 弹粘塑性模型来表征，而无粘结材料可以视为弹塑性。

假设受损部分完全没有应力，则式（8-1）简化为传统的连续损伤模型

DSC：功能	
多维：	二维或三维非线性分析
本构模型：	统一本构模型：分级方法
	— 弹性
	— 弹塑性
	— 蠕变弹塑性
	— 愈合或硬化
	— 微裂纹和断裂
	— 温度
	— 流体压力
加载：	重复、动态和静态加载
路面分析：	（1）车撤或永久变形
	（2）断裂和微裂纹
	（3）温度裂缝
	（4）反射裂缝
	（5）水分的影响

所有功能均在一个单一的模型框架中，应用程序简单易用。

图 8-5　DSC 功能

（Kachanov，1986）。然而，这样的模型不允许损伤和未损伤部分之间的相互作用，并且可能遭受虚假网格依赖等缺陷的困扰。许多工作者在损伤模型中引入了外部"增强"功能

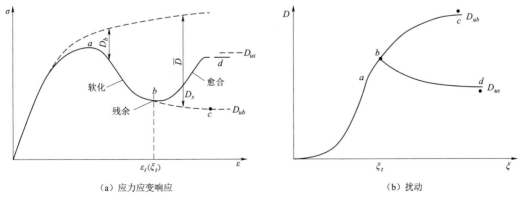

（a）应力应变响应　　　　　　　　　　（b）扰动

图 8-6　DSC 中软化和愈合（硬化）响应的示意图

（例如，Bazant，1994；Bazant 和 Cedolin，1991），以允许交互作用。DSC 模型允许隐式交互，并且与其他（增强）模型（Desai，2001）相比具有许多优点。

塑性模型

在一般的 DSC 方程中，如公式（8-1），C^i 代表 RI 材料的行为。它可以表征为弹性、非线性弹性或弹塑性硬化。对于后者，可以使用统一的分级单屈服面（HISS）塑性模型。Desai（1980）和 Desai 等（1986）给出了各向同性硬化 HISS 模型的屈服函数 F：

$$F = \overline{J}_{2D} - (-\alpha \overline{J}_1^n + \gamma J_1^2)(1 - \beta S_r)^{-0.5} = 0$$
$$= \overline{J}_{2D} - F_1 F_2 = 0 \tag{8-3}$$

式中 $\overline{J}_{2D}$——应力偏量 S_{ij} 的第二不变量，$\overline{J}_{2D} = J_{2D}/P_a^2$；

   P_a——大气压强常数；

   $\overline{J}_1$——总应力张量 σ_{ij} 的第一不变量，$\overline{J}_1 = (J_1 + 3R)/P_a$；

   R——与粘结应力成比例的参数；

   S_r——应力比 $J_{3D} J_{2D}^{-\frac{3}{2}}$；

   J_{3D}——应力偏量 S_{ij} 的第三不变量；

   n——阶段改变参数，阶段改变是指体积变化从压缩转为膨胀；

  γ、β——与最终屈服面相关的参数，如图 8-7 所示；

   α——硬化或生长函数，可表示为内部变化的函数。

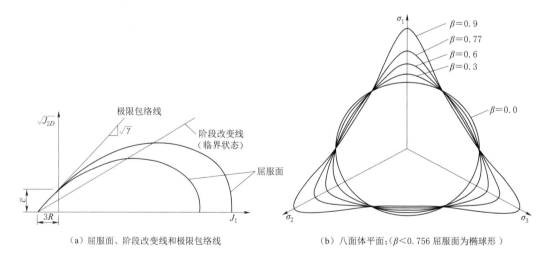

（a）屈服面、阶段改变线和极限包络线   （b）八面体平面；（$\beta < 0.756$ 屈服面为椭球形）

图 8-7 应力空间中屈服面示意图

α 的简单形式为：

$$\alpha = \frac{\alpha_1}{\xi^{\eta_1}} \tag{8-4}$$

其中，$\xi = \int (d\varepsilon_{ij}^p \, d\varepsilon_{ij}^p)^{1/2}$，$\xi$ 为塑性应变轨迹；α_1 和 η_1 为硬化参数。ξ 可以分解为：

$$\xi = \xi_v + \xi_D$$

$$\xi_v = \frac{1}{\sqrt{3}} \varepsilon_{ii}^{p}$$

$$\xi_D = \int (\mathrm{d}E_{ij}^{p} \, \mathrm{d}E_{ij}^{p})^{1/2}$$

(8-5)

其中，ε_{ij}^{p}、E_{ij}^{p} 和 ε_{ii}^{p} 分别为总塑性应变、偏塑性应变和体积塑性应变。在各种应力空间中屈服面示意图如图 8-7 所示。

式（8-3）中的屈服函数 F 适用于压缩或拉伸（屈服）响应，如图 8-7（a）的正象限所示。对于主要（屈服）的压缩行为，当材料进入拉伸状态时，可以使用一种特别的方案（如应力转移方法）近似地考虑拉伸状态的可能性。Erkens 等（2002）已经讨论了沥青混凝土的这种需要，并提出了用特别程序修改功能的建议。对于某些材料，式（8-3）中的函数 F 可能需要修改，以解决拉伸和压缩时的显著屈服（或硬化）行为。然而，由于压缩和拉伸响应的参数通常不同，因此很难建立这样的连续屈服函数（Desai，2007）。

作为式（8-3）中 F 的特例，包括了各种经典模型和其他可塑性模型，例如 von Mises，Drucker - Prager，Mohr - Coulomb，临界状态，Vermeer 和 Cap 模型（Desai，2001）。因此，一般 DSC 模型可以提供上述塑性模型的选择作为专用版本。

扰动

扰动函数（D）可以用 ξ 或（塑性）功 w 来表示，它可以表征导致破裂、退化或愈合的微裂纹。D 的简化形式为：

$$D = D_u (1 - e^{-A\xi_D^{Z}})$$ (8-6)

其中，D_u、A 和 Z 为扰动参数。图 8-4（c）和图 8-8 显示了带有干扰的准静态

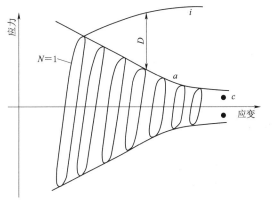

图 8-8　循环荷载和扰动

或循环试验的试验数据。这些试验数据可以从单轴、剪切或三轴试验中获得。

蠕变行为

式（8-3）DSC 模型允许通过使用分级多组件 DSC 系统来合并蠕变行为；包括弹性蠕变和塑性蠕变的流变模型，如图 8-9 所示。这种通用模型允许用户根据需要选择弹性、麦克斯韦、粘弹性、弹粘塑性（Perzyna，1966）和粘弹粘塑性模型。该模型的详细信息由 Desai（2001）、Desai 等（1995）给出。

多组件 DSC（Desai，2001）模型和叠加模型（Pande 等，1977）的主要优点是，它们与有限元分析结果一致，其材料参数类似于弹性、塑性和粘塑性模型，并且可通过标准实验室测试确定。与其他可用模型相比，这些都是重要的优势。对于多组件 DSC 的粘塑性模型，在以下公式（Perzyna，1966）中给出参数 Γ 和 N：

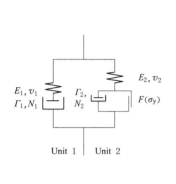

（a）有效模型　　　　　　　　（b）粘弹塑性响应

图 8-9　多元 DSC 模型

$$d\dot{\varepsilon}^{up} = \Gamma\langle\phi\rangle\frac{\partial F}{\partial\sigma} \tag{8-7a}$$

$$\phi = \left(\frac{F}{F_0}\right)^N \tag{8-7b}$$

式中　$\dot{\varepsilon}^{up}$——粘塑性应变的矢量；

F_0——F 的参考值。

温度效应

温度效应包括由于温度变化（ΔT）和材料参数对温度的依赖性而引起的响应。前者将增量应变向量表示为（Desai，2001；William 和 Shoukry，2001）：

$$d\varepsilon^t(T) = d\varepsilon^e(T) + d\varepsilon^p(T) + d\varepsilon(T) \tag{8-8}$$

式中　ε——应变向量；

t、e 和 p——总应变、弹性应变和塑性应变；

T——温度相关性；

$d\varepsilon(T)$——温度变化引起的应变向量。

式（8-3）和式（8-7）F 中的参数表示为 T 的函数。温度相关性用单一函数表示（Desai 等，1997）

$$p(T) = p(T_r)\left(\frac{T}{T_r}\right)^\lambda \tag{8-9}$$

式中　P——参数（弹性、塑性、蠕变）；

T_r——参考温度，例如室温（27℃ 或 300K）；

λ——参数。

$p(T_r)$ 和 λ 值可以从不同温度下的实验室测试数据中得到。

速率效应

速率效应可以通过将参数表示为应变 ε 或位移 δ 速率的函数：

$$p(T,\dot{\varepsilon})=p(T_r,\dot{\varepsilon}_r)f \tag{8-10}$$

其中，f 为包含速率和温度相关性的适当函数（Desai，2001；Scarpas 等，1997）。

开裂

在经典的断裂力学方法中（如 Lytton 等，1993），通常需要预先在路面的选定位置引入任意尺寸的裂纹，例如沥青路面和基础之间的交界处。然后使用断裂力学方程来评估断裂的产生和扩展。这种方法被认为是受限制的，因为初始裂缝及其位置的选择是任意的，并且裂缝可能会在路面上的其他位置开始，这取决于几何形状、材料特性和初始裂纹的存在。同样，断裂理论也不能充分考虑材料的非线性（弹塑性和蠕变）行为。

另外，DSC 可以根据几何形状、非线性特性和加载条件评估微裂纹的产生和位置以及它们的增长；图 8-10（a）显示了应力-应变曲线，表示裂纹的萌生和发展。在这里，通过临界扰动 D_{cm} 识别（微）裂纹的开始，而通过临界扰动 D_c 识别最终的断裂。D_{cm} 和 D_c 的值是根据在显示软化或愈合反应的准静态或循环荷载下的实验室测试确定的，如图 8-6 所示。

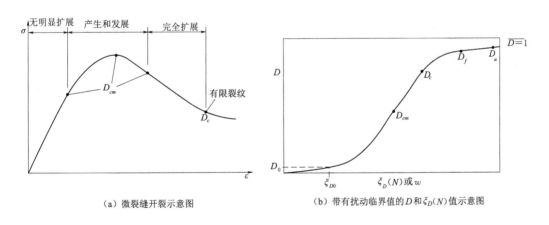

（a）微裂缝开裂示意图　　　　　（b）带有扰动临界值的 D 和 $\xi_D(N)$ 值示意图

图 8-10　微裂缝断裂和扰动示意图

在计算机分析中，根据给定的 D_{cm} 值确定单元中微裂纹的开始。微裂纹合并、生长，并在给定的 D_c 值下发生最终断裂。扰动值大于 D_c 时，表明在 $D=D_f$ 处裂缝增长导致破坏，如图 8-10（b）所示。该分析提供了在（循环）荷载作用下单元中微裂纹的增长和断裂的完整情况。然后，DSC 提供了自然而全面的断裂过程，而无需像断裂力学方法所要求的那样任意选择裂纹的位置和几何形状。

愈合或硬化

通过修改式（8－6）扰动函数 D，软化和愈合都已纳入 DSC。包括在图 8－6 中的残余状态（b）之后描述的愈合或变硬的效果。该方法已成功地应用于含杂质位错的硅中的温度诱导硬化（Desai 等，1998）。当试验结果能够表征路面的愈合情况时，它可以很容易地应用于路面的愈合。

界面和接头

DSC 的一个重要特性是，上述框架可用于对界面和接头的行为进行建模（Desai 等，1984；Desai 和 Ma，1992；Desai，2001）。

材料参数

具有微裂纹、断裂和软化作用的常规 DSC 模型涉及以下参数：

（1）弹性。

——杨氏模量 E；

——泊松比 ν。

这些参数可以视为应力的变量函数，如平均压力 p 和切应力 $\sqrt{J_{2D}}$。弹性模量是这种非线性模型的一个特例。

（2）弹塑性：

——弹性参数：E 和 v。

——塑性参数：

von Mises：内聚或屈服应力，$c(\sigma_y)$；

或者，Mohr－Coulomb：内聚力 c 和摩擦角 ϕ；

或者，Drucker－Prager：两个参数；

或者，分级单屈服面塑性模型（HISS）如下：

最终屈服面：γ 和 β；

硬化：α_1 和 η_1；

阶段改变参数：n；

与内聚力成正比：$3R$。

（3）蠕变：这里有 4 个叠加选项可用：

——弹性：E，v；

——粘塑性：Γ，N。

粘弹性，粘弹性粘塑性参数取决于（Desai，2001）中描述的模型（图 8－9）。

（4）扰动：

——最终扰动 D_u；

——参数 A 和 Z。

（5）温度效应：

——参数 λ，见式（8－9）。

需要注意的是，只需要特定选项的参数。只有在需要弹粘塑性和扰动（微裂纹、断裂、软化）表征时，才需要常规 DSC 模型的上述参数。

值得注意的是，对于 DSC 模型提供的一般功能和所有重要功能，上述参数的数量并不多。对于类似的性能，用于路面的其他模型通常需要更多的参数（Desai，2001），如 SHRP/SUPERPAVE 方法。此外，上述参数具有物理意义；换句话说，大多数参数与材料行为过程中的特定状态有关。

参数确定

上述参数可根据材料试样的标准单轴、剪切和/或三轴试验进行估算。通常，需要在不同围压、温度和速率（如果需要）下进行三轴试验来确定参数。Desai 和 Ma（1992）、Desai 等（1986）和 Desai（2001）给出了确定参数的程序。

实验室测试验证

DSC 模型及其专用版本已经针对多种材料的实验室测试数据进行了验证，例如土壤、岩石、混凝土、沥青、金属（合金）、硅及界面和接缝（Desai，2001）。验证包括用于确定参数的测试数据，以及不用于确定参数的独立测试；后者提供了对模型的严格验证。沥青混凝土的验证如下。

沥青混凝土验证

表 8-1 列出了 Monismith 和 Secor（1962）、Desai 和 Cohen（2000）和 Desai 等（2001）在不同围压和温度下对沥青混凝土进行三轴试验所得的材料参数。这些测试是全面的；然而，它们通常没有显示出软化区域。因此，仅针对 HISS 模型找到了参数。

表 8-1　沥青路面和反射裂缝的二维和三维分析用材料参数（1psi＝6.89kPa）

参数	沥青混凝土	基层	底基层	路基	混凝土
E	500000psi	56532.85psi, 24798.49psi, 10013.17psi, 3×10^6psi	24798.49psi	10013.17psi	3×10^6psi
v	0.3	0.33	0.24	0.24	0.25
γ	0.1294	0.0633	0.0383	0.0296	0.0678
β	0.0	0.7	0.7	0.7	0.755
n	2.4	5.24	4.63	5.26	5.24
$3R$	121psi	7.40psi	21.05psi	29.00psi	8×10^3psi
α_1	1.23×10^{-6}	2.0×10^{-8}	3.6×10^{-6}	1.2×10^{-6}	0.46×10^{-10}
η_1	1.944	1.231	0.532	0.778	0.826
D_u	1				0.875
A	5.176				668.0
Z	0.9397				1.502

Scarpas 等（1997）报道了沥青混凝土的单轴试验，在该试验中观察到了峰前和峰后（软化）行为。这些试验用于评估式（8-6）扰动参数 D（Simon 和 Desai，2001）。

应力-应变曲线的验证通过两种方式获得：通过对本构方程（8-1c）进行积分，以及使用有限元分析。图 8-11（a）~（c）显示了在 3 种典型温度（T）和围压（σ_3）下，应变速率为 1 英寸/min 时观测和预测的应力-应变曲线之间的比较：（a）$T=40°F$，$\sigma_3=43.8psi$，（b）$T=77°F$，$\sigma_3=0.0psi$，（c）$T=140°F$，$\sigma_3=250psi$（Monismith 和 Secor，1962）。图 8-12 显示了在 $T=25℃$ 和位移速率=5mm/s 的情况下，预测和观测的典型应力-应变曲线之间的典型比较（Scarpas 等，1997）。

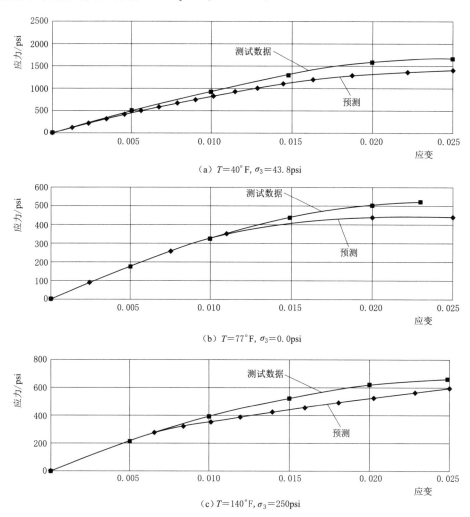

（a）$T=40°F$，$\sigma_3=43.8psi$

（b）$T=77°F$，$\sigma_3=0.0psi$

（c）$T=140°F$，$\sigma_3=250psi$

图 8-11　在不同温度和围压下（1psi=6.89kPa），DSC 预测值
与测试数据之间的关系

以上比较表明，DSC 模型可以很好地模拟沥青混凝土的性能。Desai（2001）给出了一系列其他材料的验证：混凝土、地质材料和金属合金。

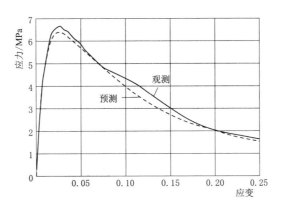

图 8 - 12　$T = 25℃$，位移速率 $= 5mm/s$ 时，预测值
与观测试验数据的关系

计算机实现

DSC 模型已在二维和三维计算机（有限元）程序中实现（Desai，1998a，2000b；Desai，2001）。计算机代码考虑了非线性材料行为、原位或初始应力、静态，重复和动态荷载，温度效应和流体效应。它们包括位移、应变（弹性，塑性，蠕变）、应力、孔隙水压力，以及增量加载和瞬态加载期间的扰动的计算。扰动 D 的临界值规范允许识别导致断裂和软化的微裂纹的萌生，以及导致疲劳失效的循环。作为计算的一部分，获得了扰动的增长曲线，即从微裂纹到断裂。累积塑性应变导致永久变形和车辙增长的评估。

加载

代码考虑了对干燥和饱和材料的准静态和动态加载。路面上的重复荷载可能涉及大量循环。大致步骤如下所述。

重复加载：加速程序

三维和二维理想化的计算机分析可能既耗时又昂贵，特别是当需要考虑大量的加载循环时。因此，针对民用（路面）（Huang，1993；Lytton 等，1993）、机械工程和电子包装（Desai 等，1997）中的广泛问题，开发了近似和加速分析程序。这里，仅对选定的初始循环（例如 10、20）执行计算机分析，然后根据塑性应变与从实验室测试数据获得的循环数之间的经验关系，估算塑性应变的增长。已经开发了一种具有新因素的通用程序（Desai 和 Whitenack，2001）。修改此程序以进行路面分析，如下所述。

从各种工程材料的循环试验来看，式（8 - 5）塑性应变（在 DSC 的情况下，偏塑性应变轨迹 ξ_D）与加载循环次数之间的关系可以表示为：

$$\xi_D(N) = \xi_D(N_r)\left(\frac{N}{N_r}\right)^b \tag{8 - 11}$$

其中，N_r 为参考循环，b 为参数，如图 8 - 13 所示。式（8 - 6）干扰方程可以写成：

$$D = D_u \left[1 - \exp(-A\{\xi_D(N)^Z\}) \right] \qquad (8-12)$$

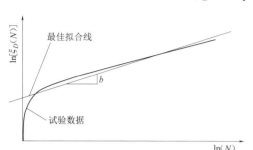

图 8-13　累积塑性应变与循环次数近似加速分析

将式 (8-11) 中的 $\xi_D(N)$ 代入式 (8-12) 得到：

$$N = N_r \left[\frac{1}{\xi_D(N_r)} \left\{ \frac{1}{A} \ln\left(\frac{D_u}{D_u - D}\right) \right\}^{1/Z} \right]^{1/b} \qquad (8-13)$$

现在，对于选定的扰动临界值 D_c（例如 0.50、0.75、0.80），可以使用式 (8-13) 找到失效周期 N_f。

重复载荷的加速近似过程是基于这样的假设，即在重复载荷作用下，不会因载荷的动态效应而产生惯性。使用三维和二维程序可以分析惯性和时间依赖性；但是，对于数百万个周期，这可能会非常耗时。因此，在近似程序中应用重复荷载涉及以下步骤：

（1）对直至 N_r 的循环执行完整的二维或三维有限元分析，并评估所有单元（或高斯点）的 $\xi_D(N_r)$ 值。

（2）使用式 (8-11) 计算所有单元中选定周期的 $\xi_D(N)$。

（3）使用式 (8-12) 计算所有单元的扰动。

（4）使用式 (8-13) 计算所选 D_c 值的失效循环 N_f。

上述扰动值允许在有限元网格中绘制 D 的等值线，并且基于所采用的 D_c 值，可以评估断裂程度和 N_f。

加载-卸载-重新加载

代码中集成了特殊程序，允许在重复荷载期间进行装载、卸载和重新装载。详细信息请参见 Desai（2001）。

验证和应用

DSC 二维和三维程序已被用于预测各种工程问题的实验室和/或现场行为，例如：静态和动态的土-结构相互作用、水坝和堤岸、加筋土、隧道、电子封装芯片-基板系统中的复合材料（Desai，2001）和微结构不稳定性或液化（Desai，2000c）。在多组件系统（如轨道和路面）领域，其专用版本已被用于预测现场行为（Desai 和 Siriwardane，1982；Desai 等，1983；Desai 等，1993）。

可以相信，DSC 方法可以成功地应用于刚性和柔性路面中粘结和无粘结材料的二维和三维非线性响应（Desai 等，2001；Desai，2002）。本文用 DSC 模型来说明对承受单调和重复载荷（包括永久变形、断裂和反射裂缝）的柔性路面进行二维和三维分析能力。鉴于长度限制，目前不包括温度裂缝的应用。此外，仅使用具有 HISS 塑性作为 RI 行为的 DSC 模型。DSC 多组件模型能够包含粘弹性和粘塑性蠕变，基于现有的试验数据基础上，在今后的工作中实现。

材料参数

表 8 - 1 显示了用于以下二维和三维分析的路面和无粘结材料的 DSC 参数。

根据 Monismith 和 Secor（1962）的综合三轴试验确定了沥青混凝土的参数；在不同围压和温度下进行了准静态和蠕变试验。在 Scarpas 等（1997）报道的沥青混凝土单轴试验的基础上，对扰动参数进行了评估。使用 HISS 模型将无粘结材料表征为弹塑性，其参数由 Bonaquist（1996）报道的三轴试验确定。混凝土参数取自 Desai（2001）。

涉及路面几何形状和荷载的典型应用如下。

示例 1：多层沥青路面

线性和非线性弹性模型（如弹性模量）具有有限的功能，尤其是它们不能解释塑性变形或车辙和断裂的问题。因此，有必要使用可允许塑性变形的模型。本示例旨在说明弹性和塑性模型结果之间的差异。

图 8 - 14 显示了一个 4 层沥青混凝土（柔性）体系的有限元网格。弹性、塑性（HISS 模型）和 DSC 性能见表 8 - 1。在理想轴对称中心附近施加等于 200psi（1.4MPa）的车轮载荷。以增量方式施加荷载，并使用增量迭代过程（Desai，2001）。

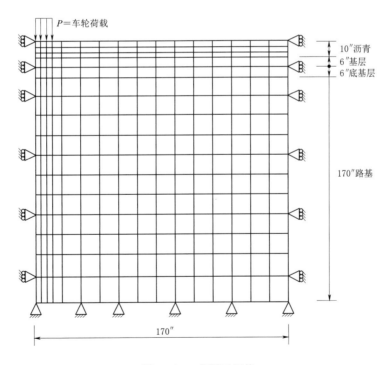

图 8 - 14　有限元网格

图 8 - 15 显示了在 200psi 最终载荷下的表面位移。可见，所有层均为弹性的变形远小于所有层均为弹塑性的变形（HISS -δ_0 模型）。由于车辙和导致断裂的微裂纹取决于塑

性变形，因此必须使用允许塑性变形或不可逆变形的模型。用 DSC 模型计算沥青混凝土的位移与 HISS 模型计算的各层位移无显著差异。原因之一可能是 200psi 的荷载不会引起足够的塑性应变，从而导致微裂纹和干扰（损伤）。如后文所述，重复情况下的类似荷载可导致较高的塑性应变和较高的循环扰动。

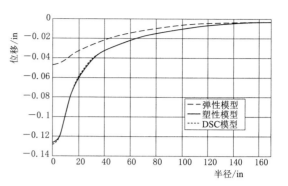

图 8-15　根据弹性、塑性和 DSC 模型计算出的表面位移（1in＝2.54cm）

示例 2：二维和三维分析

通常，路面问题和车轮荷载需要进行三维分析，尤其是预测微裂纹和断裂响应。然而，为了经济性，二维分析可以为某些应用提供令人满意的近似解决方案。

图 8-16 显示了一个理想化为二维和三维的问题。前者涉及平面应变假设，其中单元厚度沿 y 方向。使用 DSC（HISS）模型模拟沥青混凝土层，并使用塑性（HISS-δ_0 模型）模拟无粘结层。增量施加的车轮总荷载为 200psi。四层材料性能见表 8-1。

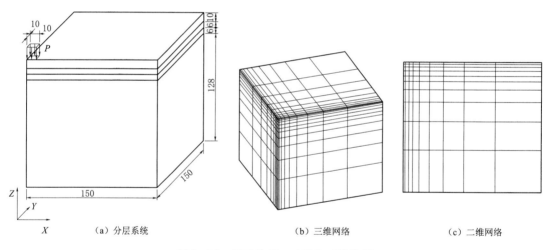

（a）分层系统　　　　　　（b）三维网络　　　　　　（c）二维网络

图 8-16　四层体系：二维和三维分析

图 8-17（a）和（b）分别显示了在中心节点处的荷载与位移的关系曲线，以及二维和三维分析中在顶部中心节点处的单元中的应力（σ_z）与荷载的关系。结果表明，两种方法计算的应力值相差不大，而位移值相差 20% 左右。然而，对于一些实际问题，这种差异是可以接受的，特别是因为三维分析需要花费更多的时间和精力。

示例 3：柔性路面的三维分析

图 8-18（a）和（b）分别为三维分析和网格前视图（x-z 平面）。使用的材料特性见表 8-1。

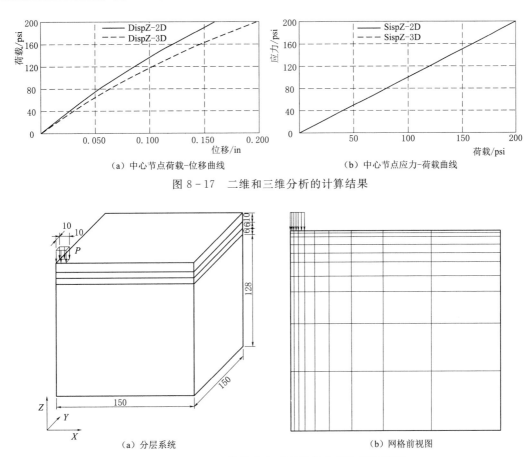

（a）中心节点荷载-位移曲线　　　　　　（b）中心节点应力-荷载曲线

图 8-17　二维和三维分析的计算结果

（a）分层系统　　　　　　　　　　　　　（b）网格前视图

图 8-18　用于三维静态和重复荷载分析的柔性路面

加载

采用线性单调加载和重复加载进行分析。在 50 个增量步中施加 200psi（1.4MPa）的单调荷载。

对于重复加载，见图 8-19，荷载振幅（P）等于 200psi（1.4MPa）。如前所述，循环荷载（加载、卸载、重新加载）按顺序施加；但是，此时不包括时间依赖性。

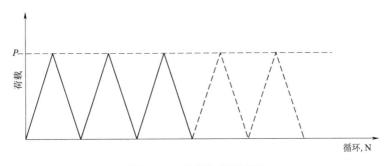

图 8-19　重复加载示意图

对 $N_r = 20$ 个循环的每个载荷振幅进行全有限元分析。然后，使用式（8-11）计算给定循环（N）处的偏塑性应变轨迹（ξ_D）。在给定的周期内，使用式（8-12）计算干扰 D。这允许对周期性干扰进行分析，并根据临界干扰 D_c 的选择标准计算失效周期 N_f ［式（8-13）］。

图 8-20 显示了荷载分别为 100psi 和 200psi 时的表面永久变形。图 8-21 显示了荷载为 200psi 时的扰动云图。可以看出，在 200psi 的单调载荷下，最大扰动约为 0.024。也就是说，没有发生微裂纹和断裂。然而，对于具有类似幅度的重复荷载，断裂会在较高的循环次数中发生（Desai，2002）。图 8-22 中（a）到（c）分别为荷载幅值为 70psi、$b = 1.0$ 时，循环 10、1000 和 20000 次后的扰动云图。在 $D_c = 0.8$ 时，经过约 20000 次循环后，部分路面发生了断裂。

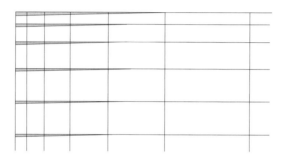

（a）步长25荷载100psi的永久位移

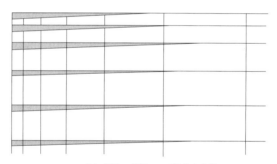

（b）步长50荷载100psi的永久位移

图 8-20　不同加载阶段的永久位移

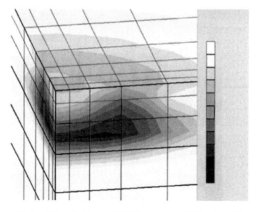

图 8-21　步长 50 荷载为 200psi 的扰动云图

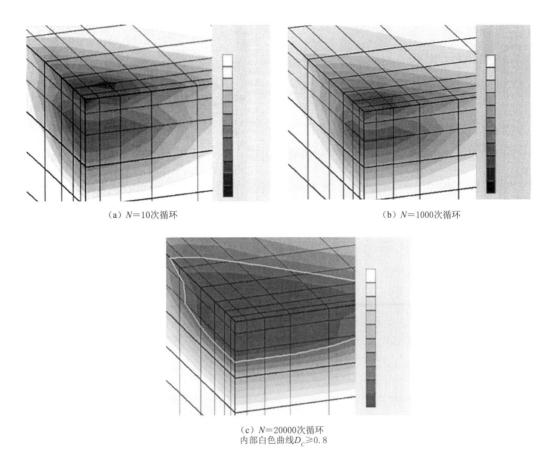

（a）N=10次循环　　　　　　　　　　　　　　（b）N=1000次循环

（c）N=20000次循环
内部白色曲线 $D_c \geqslant 0.8$

图 8-22　不同循环下的扰动云图：荷载幅值＝70psi，$b=1.0$（1psi＝6.89kPa）

反射裂缝

在现有路面上铺设覆盖层通常是合适的（Molenaar，1983；Huang，1993；FHWA，1987；Kilareski 和 Bionda，1990）。通常在静态和重复荷载作用下，裂缝会发展到现有路面裂缝正上方的覆盖层中。DSC 模型能够预测这种"反射"裂纹。

图 8-23 显示了 4 层柔性路面系统，在沥青的不同位置引入（3 条）裂缝。用 DSC 对混凝土覆盖层和沥青混凝土进行建模，而用 HISS-δ_0 塑性模型对无粘结层进行建模。材料参数见表 8-1。对于重复荷载行为，混凝土的 b 值取 0.80，而沥青混凝土的 b 值取 0.30。

铺有覆盖层的路面承受重复荷载幅度为 5.0MPa。图 8-24（a）～（d）显示了 $N=20$、100、1000、10^6 个循环时裂纹周围的扰动云图。可以看出，在较低的循环次数（$N_r=$ 20）下，由于 $D \leqslant 0.80$，因此路面不会破裂。然而，裂纹周围的最大扰动大于 0.6，在裂纹上方吸引了相对较高的扰动（≈0.40）。随着周期增加，趋势继续，并且在 $N=1000$（和 10^6）个周期左右，裂纹周围及其上方的扰动显示断裂（$D_c \geqslant 0.8$）。实际上，此处使用的重复荷载的幅值相当高；对于较低的幅值（例如 0.69MPa），循环次数将更高。

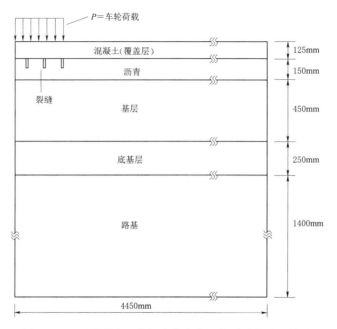

图 8-23 反射裂缝：在沥青中存在三条裂缝的分层体系

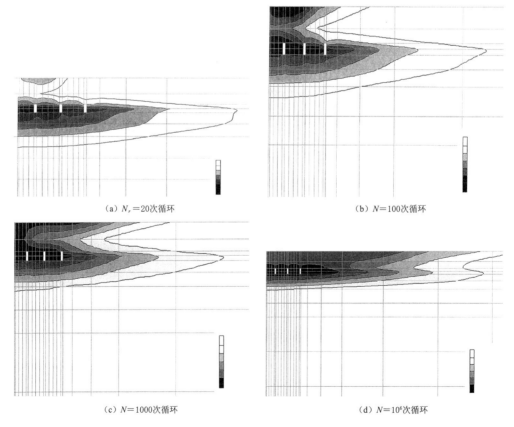

(a) N_r=20次循环   (b) N=100次循环

(c) N=1000次循环   (d) N=10⁶次循环

图 8-24 反射裂缝：不同周期的扰动云图。注意：图 8-24（a）～（d）中的比例尺不同

统一模型

尽管已经并正在努力开发用于路面工程的统一模型，但是尚未开发出能够在单一框架中表征所有重大响应的模型。然而，基于力学方面考虑，以及 DSC 模型和计算机程序（如 DSC - SST2D、DSC - DYN2D、DSC - SST3D）在路面和其他工程学科中的成功应用，现在有可能按照路面社区的需要，发展 DSC 统一模型，以便在各种病害下进行计算和设计。本章介绍了损伤预测的许多应用。考虑到长度限制，不包括其他因素的应用，如温度裂缝、水的影响和愈合。然而，它们包含在 DSC 功能的框架中，如图 8 - 5 所示。事实上，在分析、设计和修复中的应用中，包括与分析、现场或模拟路面性能进行比较在内的其他开发是可取的。

结论

开发了扰动状态（DSC）统一本构模型，用于表征刚性和柔性路面材料的弹性、塑性、蠕变、断裂、软化和愈合行为。该模型已在二维和三维非线性有限元程序中实现，并用于预测土木、机械和电气工程中各种问题的试验行为。本章应用它对路面的重要设计方面，如车辙（永久变形）、断裂和反射裂缝，进行二维和三维分析。

可以相信，DSC 方法比其他可用模型具有明显的优势。它的概念简单，与具有类似功能的其他模型相比，所涉及的参数较少，其参数具有物理意义，适用于分析、设计和维护。

这些模型和程序已针对土木和机械工程中的各种问题进行了现场和实验室测试验证。同时也通过路面工程中的有限问题对它们进行了验证。然而，最好对路面进行详细和仔细的（现场）试验，以进一步验证所提出的模型。

致谢

本构模型和应用程序的开发得到了各种政府和私人机构（例如美国国家科学基金会和美国交通运输部）的资助。本文报告的计算机结果是在 R. Whitenack 博士、H. B. Li 博士、A. Bozorgzadeh 女士、Z. Wang 博士和 D. Cohen 先生的帮助下获得的，我们深表谢意。非常感谢 Tom Scarpas 博士提出的有益意见和建议。

参考文献

1. American Association of State Highway Officials（AASHTO）（1986，1993），Guide for Design of Pavement Structures，Washington，D. C.
2. Barksdale，R. D.，Rix，G. J.，Itani，S.，Khosla，P N.，Kim，R.，Lamb，P C.，and Rahman，M. S.（1990），Laboratory Determination of Resilient Modulus for Flexible Pavement Design，NCHRP Report 1 - 28，Georgia Inst. of Technology.

3. Bazant, Z. P. (1994), Nonlocal Damage Theory Based on Micromechanics of Crack Interactions, j. Eng. Mech. , ASCE, 120, pp. 593 – 617.

4. Bazant, Z. P. , and Cedolin, L. (1991), Stability of Structures, Oxford University Press, New York.

5. Bonaquist, R. J. (1996), Development and Application of a Comprehensive Constitutive Model for Granular Materials in Flexible Pavement Structures, Doctoral dissertation, University of Maryland, College Park, Md.

6. Bonaquist, R. F. , and Witczak, M. W. (1997), A Comprehensive Constitutive Model for Granular Materials in Flexible Pavement Structures, Proc. 4th Int. Conf. on Asphalt Pavements, Seattle, Wash. , pp. 783 – 802.

7. Desai, C. S. (1980), A General Basis for Yield, Failure and Potential Functions in Plasticity, Int. j. Num. Analyt. Methods in Geomech. , 4, 4, pp. 36 – 37.

8. Desai, C. S. (1998a), DSC – SST2D Code for Two – Dimensional Static, Repetitive and Dynamic Analysis: User's Manual Ⅰ to Ⅲ, Tucson, Ariz.

9. Desai, C. S. (1998b), Application of Unified Constitutive Model for Pavement Materials Based on Hierarchical Disturbed State Concept, Report submitted to SUPERPAVE: University of Maryland, College Park, Md.

10. Desai, C. S. (2000a), Finite Element Code (DSC – 2D) for 2002 Design Guide, Report submit – ted to AASHTO 2002 Design Guide, Arizona State University, Tempe, Ariz.

11. Desai, C. S. (2000b), DSC – SST3D Code for Three – Dimensional Coupled Static, Repetitive and Dynamic Analysis: User's Manual Ⅰ to Ⅲ, Tucson, Ariz.

12. Desai, C. S. (2000c), Evaluation of Liquefaction Using Disturbed State and Energy Approaches, j. Geotech. Environ. Eng. , ASCE, 126, 7, pp. 618 – 631.

13. Desai, C. S. (2001), Mechanics of Materials and Interfaces: The Disturbed State Concept. CRC Press, Boca Raton, Fla.

14. Desai, C. S. (2002), Mechanistic Pavement Analysis and Design Using Unified Material and Computer Models. Keynote Paper, Proceedings, Third Int. Symp. on 3D Finite Element Modeling of Pavement Anaysis, Design and Research. Scarpas, A. and Shoukry, S. N. (Editors), Amsterdam, The Netherlands.

15. Desai, C. S. (2007), Unified DSC Constitutive Model for Pavement Materials with Numerical Implementation, Int. j. of Geomechanics, 7, 2, 83 – 101.

16. Desai, C. S. , Bozorgzadeh, A. , and Whitenack, R. (2001), Finite Element Analysis of Distresses in (Rigid) Pavement Systems, Report, University of Arizona, Tucson, Ariz.

17. Desai, C. S. , Chia, J. , Kundu, T. , and Prince, J. (1997), Thermomechanical Response of Materials and Interfaces in Electronic Packaging: Parts Ⅰ and Ⅱ, j. Elect. Packaging, ASME, 119, 4, pp. 294 – 300, 301 – 309.

18. Desai, C. S. , and Cohen, D. (2000), Determination of DSC Parameters for Asphalt Concrete, Report, University of Arizona, Tucson, Ariz.

19. Desai, C. S. , Dishongh, T. , and Deneke, P (1998), Disturbed State Constitutive Model for Thermomechanical Behavior of Dislocated Silicon with Impurities, j. Appl. Physics, 84, 11, pp. 5977 – 5984.

20. Desai, C. S. , and Kundu, T. (2001), Introductory Finite Element Method, CRC Press, Boca Raton, Florida.

21. Desai, C. S. , and Ma, Y. (1992), Modelling of Joints and Interfaces Using the Disturbed State

Concept，Int. jnl. Num. and Anlayt. Methods in Geomechs. ，16，pp. 623 - 653.

22. Desai，C. S. ，Rigby，D. B. ，and Samavedam，G. （1993），Unified Constitutive Model for Materials and Interfaces in Airport Pavements，Proc. ASCE Specialty Conf. on Airport Pavement Innovations—Theory to Practice，Vicksburg，Mississippi.

23. Desai，C. S. ，Samtani，N. C. ，and Vulliet，L. （1995），Constitutive Modelling and Analysis of Creeping Slopes，j. Geotech. Eng. ，ASCE，121，pp. 43 - 56.

24. Desai，C. S. ，and Siriwardane，H. J. （1982），Numerical Models for Track Support Structures，j. Geotech. Eng. Div. ，ASCE，108，GT3，pp. 461 - 480.

25. Desai，C. S. ，Siriwardane，H. J. ，and Janardhanam，R. （1983），Interaction and Load Transfer through Track Support Systems，Parts 1 and 2，Final Report，DOT/RSPA/DMA - 50/83/12，Office of University Research，Dept. of Transportation，Washington，D. C.

26. Desai，C. S. ，and Siriwardane，H. J. （1984），Constitutive Laws for Engineering Materials，Prentice - Hall，Englewood Cliffs，N. J.

27. Desai，C. S. ，Somasundaram，S. ，and Frantziskonis，G. （1986），A Hierarchical Approach for Constitutive Modelling of Geologic Materials，Int. j. Num. Analyt. Meth. Geomech. ，10，pp. 225 - 257.

28. Desai，C. S. ，and Whitenack，R. （2001），Review of Models and the Disturbed State Concept for Thermomechanical Analysis in Electronic Packaging，jnl. Elect. Packaging，ASME，123，pp. 1 - 15.

29. Desai，C. S. ，Zaman，M. M. ，Lightner，J. G. ，and Siriwardane，H. J. （1984），Thin - Layer Element for Interfaces and Joints，Int. j. Num. Analyt. Meth Geomech. ，8，1，pp. 19 - 43.

30. Erkens，S. J. J. G. ，Liu，X. ，Scarpas，A. ，and Kasbergen，C. （2002），Issues in the Constitutive Modeling of Asphalt Concrete，Proc. ，Third Int. Symp. on 3D Finite Element Modeling of Pavement Analysis，Design and Research. Scarpas，A. and Shoukry，S. N. （Editors），Amsterdam，The Netherlands.

31. FHWA（1987），Crack and Seat Performance. Review Report，Demonstration Projects and Pavement Divisions，Federal Highway Administration，Washington，D. C.

32. Huang，Y. H. （1993），Pavement Analysis and Design. Prentice - Hall，Englewood Cliffs，N. J.

33. Kachanov，L. M. （1986），Introduction to Continuum Damage Mechanics，Martinus Nijhoft Publishers，Dordrecht，The Netherlands.

34. Kilareski，W. P. ，and Bionda，R. A. （1990），Structural Overlays Strategies for Jointed Concrete Pavements，Vol. 1，Sawing and Sealing of Joints in A - C Overlay of Concrete Pavements，Report No. FHWA - RD - 89 - 142，Federal Highway Administration，Washington，D. C.

35. Kim，Y R. ，Lee，H. J. ，Kim，Y. ，and Little，D. N. （1997），Mechanistic Evaluation of Fatigue Damage Growth and Healing of Asphalt Concrete：Laboratory and Field Experiments，Proc. 8th Int. Conf. on Asphalt Pavements，University of Washington，Seattle，Wash. ，pp. 1089 - 1107.

36. Lytton，R. L. et al. （1993），Asphalt Concrete Pavement Distrss Prediction：Laboratory Testing，Analysis，Calibration and Validation，Report No. A357，Project SHRP RF 7157 - 2，Texas A&M University，College Station，Tex.

37. Molenaar，A. A. A. （1983），"Structural Performance and Design of Flexible Road Constructions and Asphalt Concrete Overlays，" Ph. D. dissertation，Delft University of Technology，The Netherlands.

38. Monismith，C. L. ，andSecor，K. E. （1962），Viscoelastic Behavior of Asphalt Concrete Pavements，Proc. Conf. Association of Asphalt Pavings and Technologists.

39. NCHRP （2004），"Mechanistic - Empirical Design of New and Rehabilitated Pavement Structures，" NCHRP Project 1 - 37A Draft Final Report，Transportation Research Board，National Research Coun-

cil, Washington, D. C.

40. Pande, G. N., Owen, D. R. J., and Zienkiewicz, O. C. (1977), Overlay Models in Time Dependent Nonlinear Material Analysis, Computer and Structures, 7, pp. 435 – 443.

41. Perzyna, P. (1966), Fundamental Problems in Viscoplasticity, Adv. Appl. Mech., 9, pp. 243 – 277.

42. Rowe, G. M., and Brown, S. F. (1997), Fatigue Life Prediction Using Visco – Elastic Analysis, Proc. 8th Int. Conf. on Asphalt Pavements, University of Washington, Seattle, Wash., pp. 1109 – 1122.

43. Scarpas, A., Al – Khoury, R., Van Gurp, C. A. P. M., and Erkens, S. M. J. G. (1997), Finite Element Simulation of Damage Development in Asphalt Concrete Pavements, Proc. 8th Int. Conf. on Asphalt Pavements, University of Washington, Seattle, Wash., pp. 673 – 692.

44. Schapery, R. A. (1965), A Method of Viscoelastic Stress Analysis Using Elastic Solutions, j. Franklin Inst., 279, 4, pp. 268 – 289.

45. Schapery, R. A. (1990), A Theory of Mechanical Behavior of Elastic Media with Growing Damages and Other Changes in Structure, j. Mech. Phys. Solids, 28, pp. 215 – 253.

46. Schapery, R. A. (1999), Nonlinear Viscoelastic and Viscoplastic Constitutive Equations with Growing Damage, Int. j. Fracture, 97, pp. 33 – 66.

47. Schofield, A. N., and Wroth, C. P. (1968), Critical State Soil Mechanics, McGraw – Hill, London, United Kingdom.

48. Secor, K. E., and Monismith, C. L. (1962), Viscoelastic Properties of Asphalt Concrete. Proc. 41st Annual Meeting, Highway Research Board, Washington, D. C.

49. Simon, B., and Desai, C. S. (2001), Analysis of Distresses in Flexible Pavements Using the Disturbed State Concept. Report, Department of Civil Engineering and Engineering Mechanics, The University of Arizona, Tucson, Ariz.

50. Vermeer, P. A. (1982), A Five – Constant Model Unifying Well – Established Concepts. Proc. Int. Workshop on Constitutive Relations for Soils, Grenoble France, pp. 175 – 197.

51. William, G. W., and Shoukry, J. N. (2001), 3D Finite Element Analysis of Temperature – Induced Stresses in Dowel Jointed Concrete Pavements, Int. j. Geomechanics, 3, 3, pp. 291 – 307.

52. Witczak, M. W., and Uzan, J. (1988), The Universal Airport Pavement Design System. Granulat Material Characterization Reports I to IV, University of Maryland, College Park, Md.

第 9 章　DBN 法则对沥青混凝土的热-粘-弹-塑性的影响

Herve Di Benedetto，Francois Olard

摘要

沥青混合料性能是复杂的。在施加荷载后，可以观察到不同类型性质的变化，如线性粘弹性（LVE）应变幅度非常小，而非线性有较大的应变幅度，大量循环加载会导致疲劳或车辙；在考虑温度和施加荷载之后，可能会产生触变性修复，但仍可能产生脆性或韧性破坏。由于引入了这些不同的"典型"影响，提出了 DBN（Di Benedetto 和 Neifar）法则。DBN 法则用途广泛，通过使用相同的形式提供一种有效的方法描述不同类型的混合影响，其重点在于解释此定律如何应对不同的典型行为，特别是对实验结果与基于 DBN 法则的数值模拟结果进行比较。描述的复杂性和常量数量有可能根据建模所需要的复杂程度而有所不同。DBN 法则还介绍了一种三维综合的方法，而且其中的一些方面仍是正在进行研究的工作。

引言

由于外界的作用，道路结构会受到复杂现象的影响。例如，可以观察到机械、热、物理和化学现象。并且这些影响之间经常出现耦合作用。

由于所要面对的问题的复杂性，以往开发的设计方法通常是经验性的，并且随着新型结构和有效材料的应用，以及交通的不断增长，这种方法更加受限。因此，使用更合理先进的方法似乎是一种必然的演变。第 8 章提出了力学-经验方法的论点，随后的章节将更详细地探讨这个问题。目前的工作已经朝着这个方向展开，例如，自 20 世纪 70 年代以来法国应用的方法（SETRA - LCPC，1997），最近在美国广泛应用（Superpave，1994）的高性能沥青路面方法和高速公路研究项目的力学经验路面设计指南。然而，从沥青材料性能研究得到的结果与在设计方法中引入这些知识仍然存在一定的差距。

首先，本章介绍了沥青路面的指标。通过分析对路面施加的荷载，考虑了沥青混合料热机械性能的不同方面。这些不同性能的各个方面将于下面几段展开介绍。本章分析的最新结果表明，在道路结构设计方法上仍需要一些必要的改进空间。

沥青路面的影响因素

普遍性

两项主要的影响是由车辆通行（交通影响）及气候变化导致的，主要是由于温度变化

（温度效应）引起的。这两种主要的影响比其他类型的影响（例如与水分或材料老化有关的降解）更为重要。这两个主要影响将在以下段落中说明。

交通影响

由于交通的影响，每一个路面层都受到复杂的弯压状态（图9-1）。循环载荷的幅度保持较低水平（应变水平大约为 10^{-4} m/m），这可以解释传统上通过考虑线性弹性多层模型来计算每个循环的应变和应力。由于材料是各向同性的，因此首先需要确定杨氏模量和泊松比值。

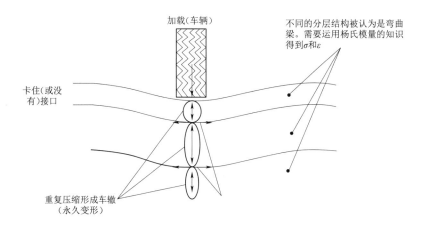

图9-1 交通引起的路面响应示意图

值得强调的是，由于沥青的特殊性质，沥青混合料性能具有速率依赖性（因此也具有速率相关的模量）（以及如下一小节所示的温度依赖性）。因此，弹性行为的假设对应于一个近似值，而这个近似值可以证明是非常粗糙的假设。特别是非线性和不可逆性的影响随着循环次数的增加而积累，循环次数在一个道路的生命周期中可以达到数百万次。

此外，在车辆通过的作用下，底层部位小的重复张力会产生积累的微观劣化。这是一种疲劳现象，在许多其他材料中也可以观察到。这种累积通常会导致道路中裂缝的形成和扩展，并可能导致结构的破坏。本书第5部分将更详细地讨论疲劳。

在负载通过下的重复压缩也可以产生永久变形，导致路面产生车辙。这种车辙可能是由于沥青混凝土层的压缩，也可能是由于底部无粘性颗粒层的变形引起的。关于这种现象的更多细节将在本书第6部分的讨论中给出。

温度影响

温度有两个主要的力学效应：

（1）材料的刚度（模量）变化。沥青混合料在高温下变得"更软"。更普遍地说，沥青混合料对温度更敏感。它们的粘塑性随温度的变化而变化。

（2）在温度变化过程中，由于热膨胀和收缩效应，材料内部应力和应变发生变化（图9-2）。

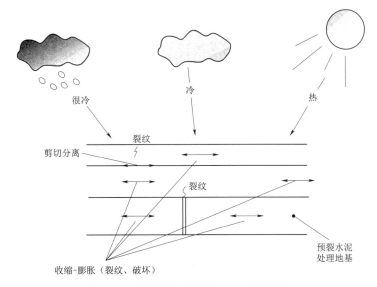

图 9 - 2　温度引起的路面响应的示意图

第一个效应一般为温度对刚度模量的影响。值得注意的是，模量也与沥青混合料的粘滞特性有关。

第二个影响是非常有害的：

（1）当温度冷却时，一些裂纹可能出现，然后在（每日和每年）热循环过程中扩展。

（2）当路面（半刚性结构）中存在的水泥结合基层时，由于水泥基收缩、热运动、干燥或混凝土板之间的接缝运动而发生开裂。一般情况下，加铺沥青层不具备变形能力，这种变形能力可以弥补损坏的活裂缝。这样，裂缝就会从混凝土中的已有裂缝向上发展。这种开裂现象对应于所谓的"反射裂缝"。

沥青材料在路面结构中的性能

除了非常薄的表层外，不同的沥青层还具有结构效应。为了解释这种效应及其随时间的变化，进行建模时必须考虑以下几个方面对沥青混合料的力学性能：

（1）刚度及其随时间的变化。

（2）疲劳与损伤演化规律。

（3）永久变形以及变形的累积。

（4）裂纹的出现和扩展，特别是在低温下。

在对道路进行建模时，这 4 个属性是最重要的。首先，可以观察到混合料会产生对应线性、粘弹性性能非常小的应变。通过分析数值方法，线性粘弹性定律获得路面所允许的应力和应变。另外 3 个方面分别是主要破坏的原因：疲劳、车辙和裂纹扩展引起的劣化。对于给定的加载域和相应的混合料类型，这些特性中每一个情况都会出现。

图 9 - 3 根据应变幅值和施加的循环荷载次数，突出显示了与前面介绍的不同方面相对应的区域，以及相对应的典型混合料性能类型（Di Benedetto，1990）。

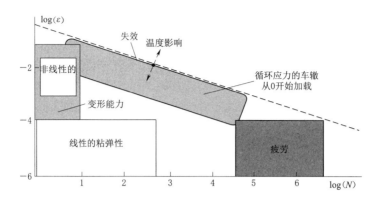

图 9 - 3 典型的沥青混合料影响（$|\varepsilon|$ 应变振幅 - n 加载周期数）

DBN 法则的简介

本构关系是由法国国家公共工程学院（ENTPE）的土木工程系（DGCB）开发的，称为 DBN 法则（Di Benedetto，Neifar），它描述了考虑加载范围的不同混合料的性能（图 9 - 3）。主要目的是提出一个可根据研究特性进行简化或调整的基本公式。该定律可以简单易用（线性粘弹性或甚至弹性），也可更加复杂（引入非线性、永久变形或疲劳等）。考虑到沥青材料的温度敏感性，要考虑温度的影响。

首先，给出了一个单轴公式。随后，解释了如何用 DBN 法则对非线性、脆性和流动破坏、永久变形和疲劳进行建模。利用相同的形式，提出并引入触变性和修复性，这些有时似乎发挥着更重要的作用。最后，给出了部分三维扩展情况的快速解释。

由于篇幅有限，下文仅做简要说明。有关该定律的一般表述的更多细节，请参考以下文献：例如，Neifar（1997），Di Benedetto 和 Neifar（2000），Neifar 和 Di Benedetto（2001），Olard（2003）。表示该定律的广义类比体如图 9 - 4（a）所示。EP_i 型主体是非粘性模型，可转换任何非粘性情况（即速率无关的响应）。V_i 型体为纯粘性模型，会引入粘性不可逆性。

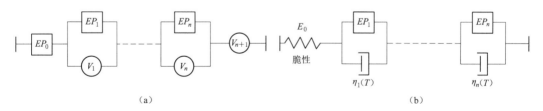

图 9 - 4 （a）通用类比体，（b）沥青混合料的粘塑性 DBN 模型（Di Benedetto，1987）

需要进一步强调的是，单元体的数目 n 可以随机选择。这个选择不会改变模型的常量数量。当 n 较大时，标定结果更接近实验数据，但复杂应力路径荷载的模拟计算变得更加费时。同时还提出了 n 趋于无穷规律的扩展（离散谱到连续谱）（Neifar，1997；Neifar 和 Di Benedetto，2001；Di Benedetto 等，2001），此扩展不会增加模型校准所需常数的数量。

EP_i 单元体的描述

每个 EP_i 单元在行为上都与颗粒无粘性材料相同。Di Benedetto（1981）为沙子开发了插值类型的增量形式，可以直接用于鉴定 EP_i 单元体。对于所考虑的单轴情况，通过从荷载反向的最后一点开始应力增加（$\Delta\sigma$）和应变增加（$\Delta\varepsilon$）之间的关系来描述物体的变化：

$$\Delta\sigma = f(\Delta\varepsilon) \tag{9-1}$$

函数 f 可由两个初次加载曲线得到，对于加载情况，f^+ 有渐近线 s^+；对于卸载情况，f^- 有渐近线 s^-。必须引入循环规则。图9-5给出了一个简单循环规则的例子，它是 Masing 规则的一般形式。在提出的模拟中，f 是双曲线的，且每个 EP_i 单元体（图9-5）仅需要3个常数（s_i^+、s_i^- 和 E_i）（图9-5），EP_0 除外，它是弹性模量为 E_0 的刚性弹性：

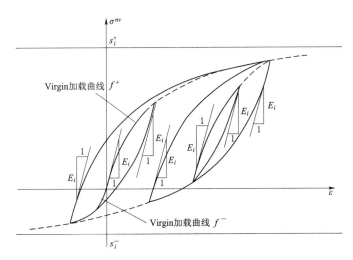

图9-5 EP_i 行为的表征，一系列循环的例子

（1）E_i 为原点处的斜率。

（2）s_i^+ 为压缩时的塑性（压缩流动）渐近线，s_i^- 为拉伸时的塑性（拉伸流动）渐近线。

原始曲线 f_i^+ 的方程为

$$f_i^+(\varepsilon_i) = \sigma_i = \frac{E_i\sigma_i}{1 + \dfrac{E_i\sigma_i}{s_i^+}} \tag{9-2}$$

其中，索引 i 相对于 EP_i 单元体。

对于原始曲线 f^- 的方程，式（9-2）中 s_i^+ 必须用 s_i^- 代替。粘塑性破坏准则 $[\sigma_{failure} = F(\dot{\varepsilon})]$ 的定义可以计算 s_i^+ 和 s_i^- 的值。通过恒定应变速率进行拉伸/压缩测试，对于所有 EP_i 单元体，s_i^+ 和 s_i^- 之间的比率 k 可以认为是相同的（Di Benedetto 和 Yan，

1994)。那么，f^- 可以由 f^+ 推出（$-k = s_i^+ / s_i^-$，对于每个 $i = 1 \sim n$）：

$$f^-(\Delta \varepsilon) = -k f^+ \left(-\frac{\Delta \varepsilon}{k} \right) \tag{9-3}$$

可以看出，对于非常小的循环幅度，EP_i 单元体相当于一个刚性 E_i。

正如下文所解释的，DBN 法则可以正确地解释混合料的疲劳或车辙状态，前提是 EP_i 单元体在一定程度上被新成分所替代。

V_i 单元体性能的描述

沥青混合料结构假定 V_i 单元体为线性阻尼器，其粘度 $\eta_i(T)$ 仅是温度 T 的函数。从理论上可以证明，如果所有 η_i 与 T 都具有相似的相关性，则 V_i 可以验证时间-温度叠加原理（TTSP）（即材料的简单热流变性）。用于模拟混合料性能的单轴模型的结构如图 9-4 所示。对于沥青混合料（通常视为固体），通常不存在粘性元件 V_∞（通常是串联的）。

刚性 E_0 的脆弹性性能

弹性刚度 E_0 会产生混合料的瞬时变形。这种特殊的脆弹性还模拟了混合料的脆性破坏（参见后面的部分）。当拉伸应力达到低温下实验得到的脆性拉伸强度时，弹性就会"断裂"。如图 9-6 所示，该拉伸强度随温度单调增加（Olard，2003；Olard 等，2004a，2004b，2004c）。

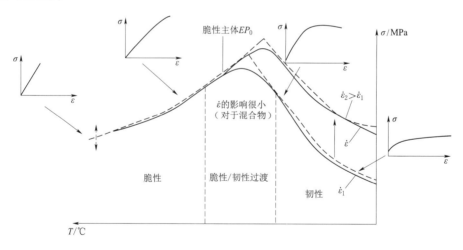

图 9-6　温度（T）和应变速率（$\dot{\varepsilon}$）对混合料在恒定应变速率下拉伸/压缩试验的脆性/韧性性能的影响（示意图）

如何使用同一个公式形式来描述不同的混合料特性

如图 9-3 所示，根据所考虑的荷载范围，沥青混合料表现出不同的特性。通过 DBN 法则的一般形式（图 9-4），可以描述这些不同类型的性能，但是需要解释和校准 EP_i 和

V_i。显然，描述越通用，每个单元体的流变公式就越复杂。对于给定的属性来说，仅考虑对该属性进行建模的模型的简化形式也是可行的。考虑到这两点，我们在接下来的段落中提出了不同的校准过程。每个属性都适应于所考虑的区域（或类型）（图 9-3），并应考虑到实验观察到的"典型"类型。通过使用更少的常数和更简单的方程，它将得到与一般公式相同的结果。该定律是通用的，根据所需的精度，可以考虑使用简单或更复杂的方程式。在考虑规则的一般性表达时，从一种形式演变为另一种形式仍然是连续的（没有"转换"边界）。

DBN 法则的现状

小应变和小周数：线性粘弹性（LVE）性能

小应变区域相当于混合料性能可按线性考虑的区域。Charif（1991）、Doubbaneh（1995）、Airey（2002，2003）等通过实验发现，对于沥青混合料，线性区域的极限约为 10^{-5} m/m。

在小应变区域（应变幅值 $<10^{-5}$ 左右）和少量循环时，混合料性能是线性粘弹性的，且遵循时-温等效原理（TTSP）。通过该定律计算得出 E_i（图 9-5）和 η_i 的值［图 9-4（b）］。在该区域内，单元具有线性弹性特性，可以用刚性 E_i 代替。选定的离散模型将成为 Kelvin-Voigt 系列的一部分［图 9-7（a）］，其复模量是：

$$E^{*DBN}(w, T) = \left(\frac{1}{E_0} + \sum \frac{1}{E_i + jw\eta_i(T)} \right)^{-1} \tag{9-4}$$

式中　j——j^2 的负数 $=-1$；

　　　w——脉冲（$w = 2\pi f$，$f =$ 频率）；

　　　T——温度。

得到的渐近类比体如图 9-7（a）所示。

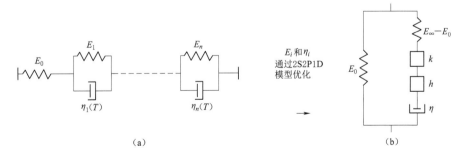

图 9-7　线性粘弹性（LVE）域中定律的类比渐近形式

校准过程对应了从 2S2P1D 模型获得的结果在频域上的优化，2S2P1D 模型具有连续频谱，并且由 Huet-Sayegh 模型的泛化组成，例如 Olard（2003）、Di Benedetto（2003）和 Di Benedetto 等（2004b），其复数模量具有以下表达式：

$$E^{*2S2P1D}(\omega\tau) = E(0) + \frac{E(\infty) - E(0)}{1 + \sigma(j\omega\tau)^{-k} + (j\omega\tau)^{-h} + (j\omega\beta\tau)^{-1}} \quad (9-5)$$

t 是温度（T）的函数，可以考虑 TTSP：

$$\tau = \tau_0 a_T(T) = \tau_0 10^{-\frac{C_1(T-T_S)}{C_2+T-T_S}} \quad (9-6)$$

τ_0 是要在随机选择的参考温度 T_S 下确定的常数，而 a_T 对应于 William、Landel、Ferry（Ferry，1980）给出的平移因子（C_1 和 C_2 是要确定的两个常数）。

离散 DBN 模型的 $2n+1$ 个参数（E_i，η_i）[见图 9-7（a），其中 EP_i 是刚度为 E_i 的弹性] 仅使用 2S2P1D 模型的 7 个常数和 William、Landel、Ferry（WLF）方程（Ferry，1980）中的 3 个常数优化得到，无论元素的个数 n 是多少，都可以得到 EP_i。该优化过程是将两种模型（2S2P1D 模型和 DBN 模型）在 N 个脉冲 ω_K 点处的复模量距离之和最小化。这是在参考温度（T_s）下，利用 MS Excel 的求解器特性实现的，具体如下：

$$\text{最小化} \sum\{[E_1^{2S2P1D}(\omega_K) - E_1^{DNB}(\omega_K)]^2 + [E_1^{2S2P1D}(\omega_K) - E_2^{DNB}(\omega_K)]^2\} \quad (9-7)$$

其中，E_1^{2S2P1D} 和 E_2^{2S2P1D} 分别是方程（9-5）给出的复模量 E 的实部和虚部。E_1^{DNB} 和 E_2^{DNB} 分别是方程（9-4）给出的复模量 E 的实部和虚部。注意式（9-5）中的"玻璃态模量"$E(\infty)$ 对应于离散 DBN 模型的刚度 E_0。式（9-5）中的"静态模量"E_0 是对应于脉冲 ω 趋于零时的混合模量。以下关系必须复核：

$$E(0) = \left(\sum \frac{1}{E_i}\right)^{-1} \quad (9-8)$$

图 9-8 给出了在小应变域中对 15 个单元（$n=15$）进行校准的示例。这些常数的值见表 9-1 和表 9-2。

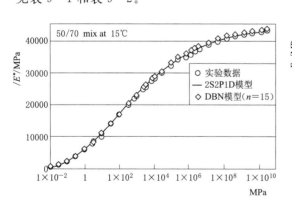
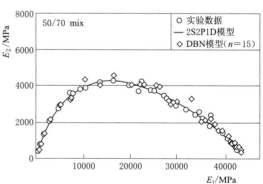

图 9-8　实验和建模的复数模量示例

左：主曲线，右：复 Cole-Cole 平面

表 9-1　　图 9-8 所示的 50/70 混合料的 2S2P1D 模型常数值 [公式 (9-5) 和图 9-7]

Material	d	k	h	E_0/MPa	E/MPa	β	$\log\tau(10\text{℃})$
50/70mix	2.5	0.20	0.56	200	45000	700	-0.523

大应变和少量循环：非线性和粘塑性流动

沥青混合料在恒定应变速率下的压缩和拉伸试验表明，在中、高温和/或低应变速率下，应力不能超过临界值 σ_p。该流动应力是应变速率（$\dot{\varepsilon}$）和温度（T）的函数。使用了 Di Benedetto（1987）以及 Di Benedetto 和 Yan（1994）提出的粘塑性准则。之后会给出该准则的三轴表示。对于考虑的单轴情况，准则的表达式为：

$$\sigma_p = \beta \ln\left(\frac{\dot{\varepsilon} + d}{\dot{\varepsilon}_0}\right) + \gamma \tag{9-9}$$

式中　$\dot{\varepsilon}_0$——1%/nm；

β、d 和 γ——材料的 3 个常数。

计算张力 s_i^- 的临界值以获得与准则所给定值接近的粘塑性流动应力（如 Olard，2003）。根据实验结果拟合得出准则常数。所考虑的试验包括在不同应变速率和不同温度下的拉伸和压缩。压缩 s_i^+ 的阈值通过常数比值参数 k（$-k = s_i^+ / s_i^-$，$i = 1 \sim n$）由 s_i^- 值得到（Di Benedetto 和 Yan，1994）[参考式（9-2）和式（9-3）]。

表 9-2　　通过优化表 9-1 中给出的 2S2P1D 模型常数获得的 15 个单元
DBN 模型的 E_j 和 η_j 值（$T = 15\,^{\circ}\!\mathrm{C}$）

单元编号	E_j/MPa	$\eta_j/(\mathrm{MPa \cdot s})$	$\tau_j = \dfrac{\eta_j}{E_j}(s)$
0	45000	—	—
1	381	80000	2.09×10^2
2	1200	20000	1.67×10
3	3700	10000	2.70×10
4	10500	8000	7.62×10^{-1}
5	13500	4000	2.96×10^{-1}
6	17300	500	2.89×10^{-2}
7	47400	100	2.11×10^{-3}
8	130000	30	2.31×10^{-4}
9	160000	9	5.63×10^{-5}
10	175000	0.6	3.43×10^{-6}
11	375210	0.05	1.33×10^{-7}
12	640000	0.005	7.81×10^{-9}
13	1300000	0.0005	3.85×10^{-10}
14	1830000	0.00005	2.73×10^{-11}
15	2960000	2.90×10^{-6}	9.81×10^{-13}

这 2n（s_i^+，s_i^-）个值是从粘塑性准则的 3 个常数中获得的［式（9-9）中的 β，δ，γ 和 E_q，通过优化过程获得］。单元 n 数目的增加并没有引入更多的常数。从一般的校核准则中可以得出，无论选择多少 n，基本常数的个数不变。该常数为 13，包括：

（1）WLF 方程的 3 个参数（TTSP）。

（2）线性粘弹性（LVE）域的 7 个参数。

（3）粘塑性流动的 3 个参数。

图 9-9 根据应变速率比较 15℃时，使用 15 单元 DBN 模型以及 Di Benedetto 和 Yan（1994）准则获得的塑性流动应力值（σ_p）。对于 LVE 域，采用相同的 50/70 混合料进行了复核，如图 9-10 所示。

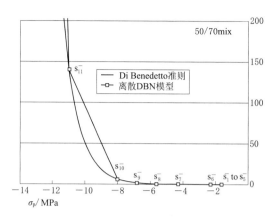

图 9-9　对于相同的混合物（与图 9-8 相同的混合料），根据与 15 个单元 DBN 模型和 Di Benedetto 和 Yan（1994）的标准给出的在 15℃下获得的粘塑性流应力（sp）的应变速率

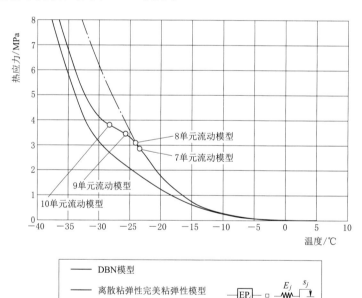

图 9-10　恒定冷却速率为 5℃/h 时不同类型流变性能 EP_j 的温度应力随温度的变化（图 9-4）（Neifar，1997）

此外，图 9-10 给出了温度变化率为 -5℃/h 的约束试件温度应力试验的仿真实例。为了显示非线性和塑性流动的影响，绘制了 3 种类型 EP_i 单元体的温度应力计算曲线：

（1）第一个计算给出了 DBN 模型的响应。

（2）第二个计算针对离散线性粘弹性模型，所选 EP_i 单元体为刚度 E_i 的弹性。

（3）第三个计算考虑每个 EP_i 的弹性完全塑性状态（离散粘弹性完全粘塑性模型），每个 EP_i 单元体由一系列刚度为 E_i 的弹性和一个压缩阈值 s_i^+、拉伸阈值 s_i^- 的滑块的组件组成。粘弹塑性模型中 EP_i 单元体的流动（滑动）如图 9-10 所示。

图 9-10 突出显示了对 EP_j 性能不同假设的影响。例如，线性粘弹性性能与粘塑性模型所描述的粘塑性性能之间的差异可达 50%。从这些曲线可以看出，要正确模拟约束试件温度应力试验，必须考虑非线性。

必须注意的是，在图 9-10 所示的仿真中未考虑破坏。下一节将讨论在低温和/或高应变速率下观察到的脆性破坏。

低温条件下大应变：脆性破坏

沥青混合料在高温下具有完全韧性性能（粘塑性流动的高度非线性应力-应变图），而在极低温下则具有完全脆性行为（具有突然破坏的线性应力-应变图）。在中等温度下，当温度降低时，它们的状态缓慢地从韧性（高温）转变为脆性（低温）（图 9-6）。

实验结果表明，由式（9-9）给出的粘塑性准则公式可知，混合料破坏时的应力与中高温下塑性区应变速率有很大关系（图 9-11）。此外，Olard 等（2003，2004a，2004b）在之前已经确定，在脆性区域的低温条件下，应变速率对混合料抗拉强度的影响可以忽略不计（图 9-11）。

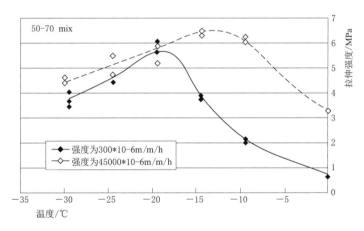

图 9-11　温度和应变速率对 50～70 份沥青混合料（与图 9-8 相同的混合料）的混合料抗拉强度的影响。（Allard 等，2003）

在这种情况下，如果将脆性低温破坏引入 EP_0 单元体 [图 9-4 (b)]，则可以对脆性低温破坏进行建模，此时 EP_0 单元体具有弹性和脆性，其破坏极限为 $\sigma_c(T)$，且只受温度（T）的影响。

破坏时的脆性应力可以用只有两个常数的温度函数来模拟。实际上，在给定的温度 T 下，当计算出的应力 σ 超过低温下实验获得的抗拉强度曲线 $\sigma_c(T)$ 时，使用 DBN 法则的数值模拟将会停止计算（图 9-12 和图 9-13）。

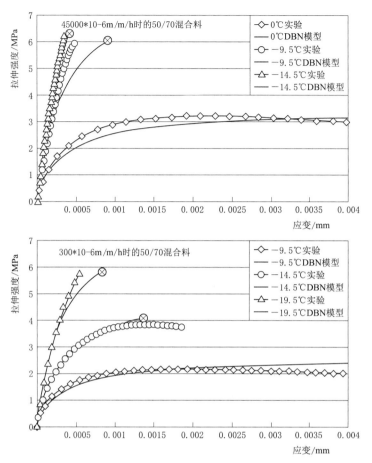

图 9 - 12 对于 50～70 份沥青混合料,在恒定应变速率下的拉伸试验的实验结果与使用 DBN
模型的数值模拟之间的比较 (Olard 等,2003)。$\otimes$符号表示 EP_0 单元的低温脆性破坏
(与图 9 - 8 相同的混合料)。(Olard 等,2003)

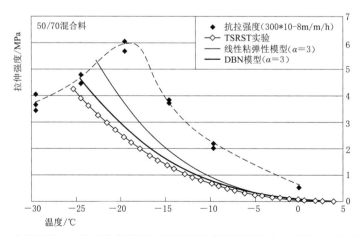

图 9 - 13 在每小时－10℃变化条件下,实验性约束试件温度应力试验 (也称为 TSRST)
(在混合料样品表面测量的温度) 与使用线性粘弹性模型或开发的 DBN 模型进行的数值模拟
之间的比较,热收缩系数 (α) 为 $23\mu m/(m \cdot ℃)$ (与图 9 - 8 相同)。(Olard 等,2004)

DBN 法则的进展

小应变和大量循环：疲劳破坏规律

在大约 10^{-4} m/m 的应变幅度和数十万次循环中可以观察到沥青混合料的疲劳现象（图 9 - 13）。由 ENTPE 开发了一种合理的方法（Di Benedict 等，1996 和 1997；Ashayer，1998；Baaj，2002；Di Beneditto 等，2004a）。该方法基于损伤理论，对传统疲劳测试中存在的实验伪效应进行了校正。这些进展允许考虑应力或应变控制的测试方式，能够得出相同的分析结果。图 9 - 14 为应力控制疲劳试验的全局非线性损伤仿真的实例。

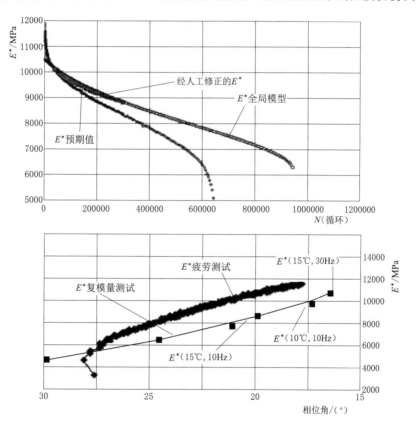

图 9 - 14　（a）在 0.9MPa，10℃，10Hz 的条件下的实验和模拟的疲劳应力控制测试；
（b）复数模量-相位角（$E^* - \phi$）图，并与复数模量测试结果进行比较。
（Baaj，2002；Di Benedetto 等，2004a）

通过在各 EP_i 单元体的初始模量（图 9 - 5 中的 E_i）中考虑疲劳损伤规律，可以利用 DBN 法则对该损伤行为进行建模，损伤规律如下：

$$\mathrm{d}(D_{iN})/\mathrm{d}(N) = 函数_E(\varepsilon_{iN}, D_{iN}) \tag{9 - 10}$$

式中　D_{iN}——EP_i 单元体在第 N 个循环时的损伤，$D_{iN} = 1 - E_{iN}/E_i$；

E_{iN}、ε_{iN}——第 N 个循环时的模量和应变幅值。

以布莱克图表示的疲劳曲线结果，即复模量和相位角 $[E^*-\phi$ 图 $9-14$（b）$]$ 显示粘度 η_i 也受到损伤。可以考虑下列方程：

$$d(D\eta_{iN})/d(N)=函数_\eta(\varepsilon_{iN},\eta_{iN}) \tag{9-11}$$

式中 η_{iN}——阻尼器 i 在第 N 个循环时的粘度 $[$图 $9-4$（b）$]$；

$D_{\eta iN}$——该粘度在第 N 个循环时的损伤，$D_{\eta iN}=1-\eta_{iN}/\eta_i$。

在每个 EP_i 和 V_i 单元体层面引入全局损伤规律（DBN 法则），这是正在进行的研究的主题。

应力控制循环荷载测试：累积永久变形

在道路上产生车辙的永久变形有两个不同的原因：

(1) 第一种情况可以在蠕变试验中观察到。

(2) 第二种与循环效应完全相关，循环效应产生了颗粒骨架的特定重组。

为了量化这两个因素，专门开发了一个适应性实验（Neifar 等，2002）。当考虑类型为 $\varepsilon^{vp}=f(\sigma)$ 的经典粘塑性规律时，可以对第一个效应进行建模。甚至线性或非线性粘弹性规律也能在一定范围内解释这种趋势。如果在 EP_i 模型中引入累积非粘性变形，则 DBN 模型可以考虑到第二种更为复杂的现象。这可以通过选择式（9-1），使得不可逆的应变随着循环次数的增加而积累，如图 9-15 所示。

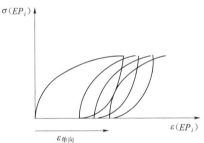

图 9-15 由每个 EP_i 单元体上的循环效应产生的永久变形的示意图

触变性

连续循环荷载试验结果表明，在试验开始时复数模量迅速降低。这种减少部分归因于由粘性效应引起的耗散能量产生的热量（局部和整体）。一些分析（Ashayer，1998；Di Benedetto 等，1999；De la Roche，1996）表明，流变现象（可能是触变性的）可以解释另一部分快速下降的原因。对于胶结料也可观察到这种现象。在我们理性的分析疲劳试验结果时，触变性效应与消耗能量是相关的（Di Benedetto 等，1999）。由于在测试开始时 Cole-Cole 或布莱克图表中的复数模量演化非常接近线性粘弹性"主"曲线（如图 9-14 所示），因此触变性引入 DBN 法则只能通过以下公式在粘度 η_i 层面完成：

$$D\eta_{i\,Nthixo}=F_{thixo}(耗散的能量，耗散的能量_N，\varepsilon_{iN}) \tag{9-12}$$

其中，$D\eta_{iN}$ 为触变引起的粘度 i 在第 N 个循环的损伤。必须强调的是，通过实验可以观察到这种损伤是完全可以恢复的。

自愈性

众所周知，沥青材料具有特殊的自愈性能。此特征的建模相当复杂，文献中很少提出合理的尝试。可以利用 DBN 法则考虑这一性质，引入一个随时间修复损伤的函数 $[$而不是如式（9-11）中的循环次数 N］：

$$\mathrm{d}(D\eta_{iN})/\mathrm{d}t = F_{healing}(加载参数, D_{iN}, D_{\eta iN}) \tag{9-13}$$

三维归纳

将之前开发的模型归纳成三维状态，需要对不同的参数引入张量而不是标量（Di Be-nedetto 等，2007a，2007b）。这种推广需要对道路情况正确地建模。这意味着实验不能只从一个方向进行分析，还要测量各方向的体积变化和/或应力或应变演化。对此，特别开发了一个粘塑性流动破坏准则（Di Benedetto 等，1994），如图 9-16 所示。

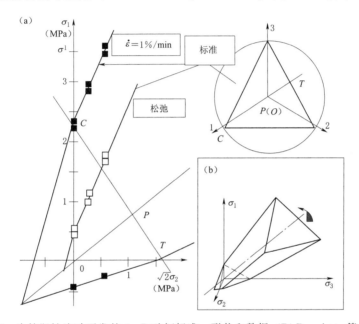

图 9-16　为粘塑性流动开发的 3-D 破坏标准：形状和数据（Di Benedetto 等，1994）

图 9-17 给出了不同应力幅值（拉伸和压缩）、温度和频率下应力加载过程中体积变化的一个例子（Neifar 等，2003）。可以观察到永久变形的收缩和膨胀区域。这些结果对于恰当描述沥青混合料中存在的复杂现象具有重要意义。

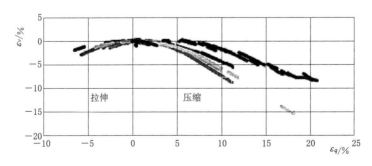

图 9-17　在不同的最大应力，温度和频率下进行正弦应力测试时，体积变化与不可逆偏变（轴向应变-径向应变）的关系（Neifar 等，2003）

结论

本章介绍了沥青混合料不同方面的复杂性能。考虑应变值和加载循环次数时，可以确定混合料性能的典型类型（图 9 - 3）。对实验室测试结果的正确解释以及合理的道路设计方法要求对沥青混合料性能的不同方面进行正确建模。

本章简要介绍了 DGCB 实验室开发的全局定律（DBN 法则）。它解释了如何以相同的形式对不同类型的状态进行建模。该定律建模的特性范围考虑很广，已被广泛应用，包括：

（1）线性粘弹性。

（2）非线性。

（3）粘塑性流动。

（4）脆性破坏。

（5）累积永久变形。

（6）疲劳。

（7）触变性。

（8）自愈。

模型可以使用户考虑任意数量的基本体，而无需更改基本常数的数量。这样就可以通过增加基本体的数量来选择功能更强大的描述。

因此，DBN 法则是对仅基于沥青材料的线性粘弹性（甚至弹性）的广泛程序的一种非常有效的替代方法。该定律可以模拟任何施加的应变或应力路径的响应。

根据所要求描述的性质和范围，可以选择更简单或更复杂的表达形式。当加载条件是典型性能时，可以通过连续方式获得与简单表达式相关的渐近性能。

本章介绍了该定律的三维推广。整合所有方向的实验结果非常重要，并且有必要进行推广。

一些表达方式仅显示了一般原理，需要进一步的研究开发。

参考文献

1. Airey，G. D. ，B. Rahimzadeh，and A. C. Collop，2002，Evaluation of the linear and nonlin - ear visco-elastic behaviour of bituminous binders and asphalt mixtures. International Symposium on Bearing Capacity of Roads，Railways and Airfields.

2. Airey，G. D. ，B. Rahimzadeh，and A. C. Collop，2003，Viscoelastic linearity limits for bituminous materials. 6th international RILEM Symposium on Performance Testing and Evaluation of Bituminous Materials，Zurich.

3. Ashayer，Soltani，M. A. ，1998，Comportement en fatigue des enrobés bitumineux. Ph. D. thesis，EN-TPE - INSA Lyon，p. 293. ［In French］.

4. Baaj，H. ，2002，Comportement des matériaux granulaires traités aux Hants hydrocarbones. Ph. D. thesis，ENTPE - INSA Lyon，2002，p. 248. ［In French］.

5. Charif，K.，1991，Contributionà l'étude du comportement mécanique du béton bitumineux en petites et grandes déformations. Ph. D. thesis，ECP［In French］.

6. De la Roche，C.，1996，Module de rigidité et comportement en fatigue des enrobés bitumineux. Expérimentations et nouvelles perspectives d'analyse. Thése de Doctorat：Ecole Centrale Paris. p. 189. ［In French］.

7. Di Benedetto，H.，1981，Etude du comportement cyclique des sables en cinématique rotationnelle. Thèse de Doctorat，ENTPE - USMG，p. 170. ［In French］.

8. Di Benedetto，H.，1987，Modélisation du comportement des géomateriaux：Application aux enrobées bitumineux et aux bitumes. Doctorat ès sciences，INP Grenoble. p. 252. ［In French］.

9. Di Benedetto，H.，1990，Nouvelle approche du comportement des enrobés bitumineux：résultats expérimentaux et formulation rhéologique. Proceeding of the 4th International RILEM Symposium MTBM，Budapest，pp. 387 - 400. ［In French］.

10. Di Benedetto，H.，and X. Yan.，1994，Comportement mécanique des enrobés bitumi neux et modélisation de la contrainte maximale. Materials and Structures，k. Nbs. pp 539 - 47. ［In French］.

11. Di Benedetto，H.，M. A. Ashayer Soltani，and P Chaverot，1996，Fatigue damage for bituminous mixtures：a pertinent approach. journal of the Association of Asphalt Paving Technologist，p. N65.

12. Di Benedetto，H.，M. A. Ashayer Soltani，P. Chaverot，1997，Fatigue damage for bituminous mixtures. Proceeding of the fifth International RILEM Symposium MTBM，Lyon.

13. Di Benedetto H.，M. A. Ashayer Soltani，and P Chaverot，May 1999，Etude rationnelle de la fatigue des enrobés：annulation des effets parasites de premier et second ordre. Intternational Eurobitume Workshop，Performance Related Properties for Bituminous Binders. ［In French］.

14. Di Benedetto，H. and M. Neifar，2000，Loi thermo - viscoplastique pour les enrobés bitu - mineux. 2nd Eurasphalt and Eurobitume Congress，Barcelone，p. 9 ［In French］.

15. Di Benedetto，H.，M. Neifar，B. Dongmo，and F. Olard，2001，Loi thermo - viscoplasti - que pour les mélanges bitumineux：simulation de la perte de linéarité et du retrait empêché，36^{erne} Colloque Annuel du Groupe Français de Rhéologie，Marne - la - Vallée. ［In French］.

16. Di Benedetto，H.，C. de la Roche，H. Baaj，A. Pronk，and R. Lundstrom，April 2004a，Fatigue of bituminous mixes，Materials and Structures，Vol. 37，pp. 202 - 216.

17. Di Benedetto，H.，F. Olard，C. Sauzeat，and B. Delaporte，2004b，Linear viscoelastic behav - for of bituminous materials：from binders to mixes，Special Issue of the International journal Road Materials and Pavement Design 1st EATA，Vol. 4，pp. 163 - 202.

18. Di Benedetto，H.，B. Delaporte，and C. Sauzeat，2007a，Three - dimensional linear behavior of bituminous materials：experiments and modeling，ASCE International journal of Geomechanics，Vol. 7（2），pp. 149 - 157.

19. Di Benedetto，H.，M. Neifar，C. Sauzeat，F. Olard，2007b，Three - dimensional thermo - viscoplastic behaviour of bituminous materials：the DBN model，International journal Road Materials and Pavement Design，Vol. 8（2），pp. 285 - 316.

20. Doubbaneh，E.，1995，Comportement mécanique des enrobés bitumineux en " petites " et " moy - ennes" déformations. Ph. D. thesis，ENTPE - INSA. p. 219. ［In French］.

21. Ferry，J. D.，1980，Viscoelastic Properties of Polymers，3rd ed.，New York：John Wiley and Sons，1980.

22. NCHRP 1 - 37A Research Team，2004，Guide for Mechanistic - Empirical Design of New and Rehabilitated Pavement Structures，Final Report. NCHRP 1 - 37A，ARA，Inc. and EKES Consultants Division.

23. Neifar, M., 1997, Comportement thermomécanique des enrobés bitumineux: expérimentation et modélisation. Ph. D. thesis, ENTPE - INSA. p. 289. [In French].

24. Neifar, M., and H. Di Benedetto, 2001, Thermo - Viscoplastic Law for Bituminous Mixes. International journal Road Materials and Pavement Design. Vol. 2. (1), pp. 71 - 95.

25. Neifar, M., H. Di Benedetto, J. M. Piau, and H. Odeon, 2002, Permanent deformation of bituminous mixes: monotonous and cyclic contributions. 6th international conference on the Bearing Capacity of Roads, Railways and Airfields, Lisbon.

26. Neifar, M., H. Di Benedetto, and B. Dongmo, April 2003, Permanent deformation and complex modulus: two different characteristics from a unique test. 6th International RILEM Symposium on Performance Testing and Evaluation of Bituminous Materials, PTEBM'03, Zurich.

27. Olard, F., and H. Di Benedetto, 2003, General "2S2P1D" model and relation between the linear viscoelastic behaviors of bituminous binders and mixes. International journaf Road Materials and Pavement Design, Vol. 4, Issue 2.

28. Olard, F., H. Di Benedetto, A. Dony, J - C. Vaniscote, 2003, Properties of bituminous mixtures at low temperatures and relations with binder characteristics. 6th International RILEM Symposium on Performance Testing and Evaluation of Bituminous Materials, Zurich.

29. Olard, F., 2003, Comportement thermomécanique des enrobés bitumineux à basses températures. Relations entre les propriétés du liant et de l'enrobé. Ph. D. thesis, ENTPE - INSA. [In French].

30. Olard, F., H. Di Benedetto, H. B. Eckmann, and J - C. Vaniscote, 2004a, Low - temperature failure behavior of bituminous binders and mixes. Annual Meeting of Transportation Research Board, Washinton, D. C.

31. Olard, F., H. Di Benedetto, M. Maze, and J - P Triquigneaux, 2004b, Thermal cracking of bituminous mixtures: experimentation and modeling. Proceeding of the 3rd Eurobitume and Eurasphalt Congress, Vienna.

32. Olard, F., H. Di Benedetto, J - C. Vaniscote, and B. Eckmann, 2004c, Failure behavior of bituminous binders and mixes at low temperatures. Proceeding of the 3rd Eurobitume and Eurasphalt Congress, Vienna.

33. SETRA - LCPC, May 1997, Guide Technique. French Design Manual for Pavement Structures. Ed LCPC et SETRA, Paris.

34. SHRP 1997, From Research to Reality: Assessing the Results of the Strategic Highway Research Program, Publication No. FHWA - SA - 98 - 008, Federal Highway Administration, Washington, D. C., 1997.

35. Superpave 1994, Background of Superpave Asphalt Binder Test Methods. Publication Number FHWA - SA - 94 - 069, Federal Highway Administration, Washington, D. C.

第四部分

车 辙 模 型

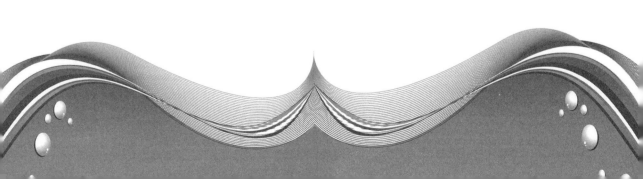

第 10 章　通过单剪试验表征沥青混凝土的车辙性质

John T. Harvey，Shmuel L. Weissman，Carl L. Monismith

摘要

本章讨论了 SHRP 计划（SHRP）开发的剪切试验，这个试验用来表征热拌沥青（HMA）的永久变形（车辙）。介绍了试验结果在配合比设计和路面性能分析中的应用。

包括以下内容：①讨论 HMA 中永久变形的机理；②车辙评估试验中应考虑的因素包括：与边界效应相关的试样尺寸和与代表体积元相关的最大集料尺寸，非线性效应，静态（蠕变）与动态（重复）载荷评估，以及试验室 HMA 压实方法对永久变形的影响；③剪切试验设备和试验范围的简要说明；④使用剪切试验数据进行配合比设计和分析的示例，包括性能预测。

本章最后讨论了基于现有信息的 HMA 在高温下行为的本构关系公式。该模型由一个粘弹性部分和一个与速率无关的弹塑性部分组成，并在有限变形的框架内建立进行推导。

介绍

交通荷载作用下沥青混凝土混合料中的车辙主要发生在高温下。美国加州大学伯克利分校（Harvey 等，2000）使用重型车辆模拟器（HVS）作为美国加利福尼亚州交通局加速路面试验（Caltrans accelerated Pavement Test，CAL/APT）项目的一部分，进行的理论和试验室研究（Sousa 等，1994；Weissman，1997；Weissman 等，1999）以及现场数据（Brown 等，1989；Epps 等，1999）和加速性能试验结果表明：

（1）与体积变化（致密化）相比，形状变形（剪切）是沥青结合层永久变形的主要原因。

（2）永久变形的累积对形状变形抗力非常敏感，对体积变化抗力相对不敏感。

（3）沥青集料混合料的非线性性质，特别是在较高温度下，需要进行直接试验来测量形状变形的抗力；任何间接试验都可能包含隐藏误差（可能很大），这些误差是通过将测量数据转换为与形状变形有关的特性所需的假设引入的。

（4）轮胎路面接触应力分布对沥青结合层永久变形的发展起着重要作用（De Beer 等，1997）。

（5）由于轮胎边缘下方和路表下的高剪切应力，加上 HMA（热拌沥青）层表面及其附近出现的较高路面温度，HMA 中的车辙仅限于顶部 75～100mm（3～4in）。

基于这些考虑，选择剪切试验作为评价胶结料❶-集料混合料车辙倾向的方法。本章讨论：①HMA 中永久变形的力学机制；②车辙试验选择中要考虑的因素，评估包括与边界效应相关的试样尺寸和与 RVE 相关的最大集料尺寸，非线性效应，静态（蠕变）与动态（重复）载荷评估，以及试验室 HMA 压实方法对永久变形的影响；③对试验设备和试验范围的简要说明；④使用剪切试验数据进行配合比设计和分析（包括性能预测）的示例。本章最后讨论了基于现有信息的高温下 HMA 行为本构关系式。该模型由一个粘弹性部分和一个速率无关的弹塑性部分组成，并在有限变形的框架内建立。

永久变形力学

本节总结了对路面结构永久变形至关重要的 HMA 材料特性的研究结果（Weissman，1997）。包括：①体积变化与形状变形及其在路面结构中的重要性；②代表性体积元和试验室试样尺寸注意事项；③HMA 的非线性特性。

体积变化与形状变形

在高温下，AC 混合料在对温度、加载速率和残余永久变形的敏感性方面表现出明显不同的体积变化和形状变形模式。

体积变化可以定义为 3 个主应变变化相等时的变形。体积变化抗力被称为体积模量 K。形状变形是保持体积不变时的变形；这种变形形式的抗力被称为剪切模量 G。两种变形形式如图 10 - 1 所示。

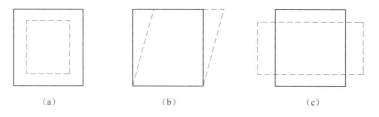

(a)　　　　　　　　　(b)　　　　　　　　　(c)

图 10 - 1　体积变化（a）和形状畸变（b，c）的示意图

Sousa 等（1994）报告的数据，对于 15 种不同混合料两种试验，即剪切应力为 69kPa（10psi）的单剪蠕变试验和压力为 690kPa（100psi）的静水压试验，为 HMA 在两种变形模式下的相对行为提供了一些参考。

两个试验均在 50℃（122°F）下进行。在这两个测试中，荷载在 10s 内以稳定速率从 0 增加到最大值，再保持 100s，并在 10s 内以恒定速率减少到 0。移除荷载后，继续测量 120s，因此总测试时间为 240s。

图 10 - 2 显示了两次试验中这 15 种混合料的平均应变变化过程。静化试验的有效体积模量 K 大约是单剪试验的有效剪切模量 G 的 25 倍。可以看出，静水压力试验（近似体

---

❶　这里所用的术语"胶结料"代表一个更广泛的术语，它包括传统沥青胶泥和含有增强混合料性能的改性胶泥。因此，术语 HMA（热拌沥青）将用于表示包含常规沥青胶泥或改性胶结料的密级配混合料。

积变化试验）的蠕变比单剪试验（近似形状变形试验）明显减少。

图 10-3 中也显示了相同的平均曲线，其中对这两条曲线都在移除荷载之前根据其应变值进行了归一化。该图说明了在卸载前体积变化试验恢复了较大比例的总应变。这组特定的数据表明，混合料在形状畸变试验中，平均仅恢复了约 18% 的总应变，而在体积变化试验中，相同的混合料恢复了约 42%。由于集料和胶结料几乎不可压缩，所以 HMA 混合料中体积损失可能是由于空气体积的减少造成的。图 10-2 和图 10-3 所示的数据是用新制备的试样获得的，因此代表没有经受荷载的材料。一半的试样被击实到 4% 的目标空隙率，另一半被击实到 8% 目标空隙率。可以预计体积变化试验中的应变恢复百分比将随着附加载荷循环的增加而增加。因此，在现实中，两种变形模式之间恢复应变百分比的差异实际上可能大于两幅图中所示的数据。

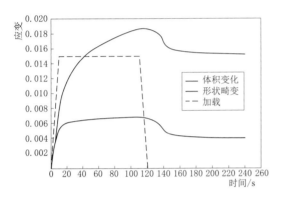

图 10-2　15 种不同混合料的平均应变过程
（Sousa 等，1994）

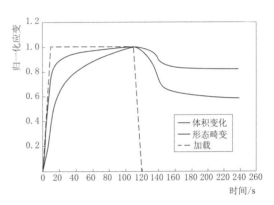

图 10-3　图 10-2 所示 15 种混合料的
平均应变过程的归一化曲线

为了分析两种变形模式对路面系统性能的相对重要性，对 3 种不同路面结构进行了三维有限元模拟（Weissman，1997）。本节将讨论其中一个结构的分析结果。该路面结构的层厚和材料特性见表 10-1。由于研究的重点是 HMA 层，因此假设其他层具有弹性行为，以简化计算。

表 10-1　　　　　　　　　　路面组成和材料特性（第二种结构）

路面层	层　厚	材 料 特 性	
	mm（英寸）	kMPa（千磅/平方英寸）	GMPa（千磅/平方英寸）
沥青混凝土	212（8.3）	1726（250）	207（30）
粒状基层	250（10）	345（50）	74（10.7）
粒状底基层	250（10）	230（33.3）	49（7.1）
路基	1000（40）*	92（13.3）	20（2.9）

注　路基层虽然实际上是半无限的，但它是用 1000mm 厚的有限元模型表示的。

本章作者认为，截至 2003 年 6 月，还没有可用的本构定律可以很好地近似地说明 HMA 混合料在较高温度下的车辙行为。因此，在本研究中，采用了一种非线性弹性本构关系，该本构关系在考虑剪切模量 G 的温度依赖性的同时，提供了体积减小和体积增加的不同行为。Weissman（1997）更详细地讨论了该模型，评估了两种变形模式的相对贡献。

所选模型有两个关键因素。首先，作为一个弹性模型，它不考虑残余永久变形。然而，这并不影响这些模拟的主要目的，即获得体积变化和形状畸变相对重要性的指示。弹性模型可以用来表示不同材料在初次加载的有效特性。因此，对于第一个荷载循环，该模型可以很好地反映实际的路面性能。此外，如果将试验结果与试验室试验数据结合起来，就有可能得出关于 AC 层永久变形的结论。考虑到卸载过程中恢复率的差异（如图 10 - 3），弹性模型低估了形状畸变对整个模型的贡献。

第二个关键因素是由于 HMA 模型中的丢失率效应。为了抵消这一点，根据相关加载速率进行的试验室试验来选择 HMA 的材料常数。因此，这一因素并没有对试验结论产生影响。

双轮胎配置用于加载。De Beer 等（1997）报告的轮胎与路面接触应力分布，相当于 Goodyear G159A，11R 22.5 轮胎，每个轮胎 25kN（5.6kips），轮胎压力 690kPa（100psi）。分析中使用了轮胎与路面接触应力分布的垂直、纵向和横向 3 个应力分量。使用了 3 种温度条件：HMA 层的温度范围为 40～60℃。

1997 年 Weissman 描述了三维有限元模拟细节，其中一项研究涉及在保持体积模量 K 为常数时改变 HMA 的剪切模量 G；第一种情况，表面温度为 60℃和底部温度为 40℃，G 先减少一个数量级，然后增大一个数量级。然后在保持 G 不变的同时，K 类似变化再次模拟。图 10 - 4 所示为双轮荷载下 HMA 层的垂直位移。此图显示了两个轮胎之间对称

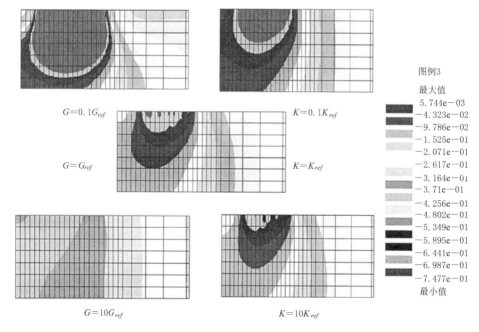

图 10 - 4　AC 层的垂直变形（距对称面 500mm）
注：图中所示 G 为变量，K 为常数时的影响，反之亦然。

平面右侧的前 500mm（20 英寸）；轮胎位于图像左侧，位于精细网格区域的上方，仅显示 HMA 层。最大垂直位移与 G 和 K 变化的关系图如图 10－5 所示。可以看出，结构响应对 AC 层对形状变化（G）的抵抗力的变化比对其对体积变化的抵抗力（K）的变化更敏感。

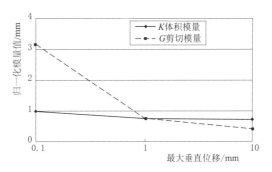

图 10－5　AC 层最大垂直位移随材料性能的变化图

在图 10－4 中，应注意最大变形集中在轮胎下表面附近。对其他路面结构的分析也得到了类似的结果。如果将这些集中变形与残余变形（即荷载移除后的残余变形）代表荷载应用过程中变形的一定比例的假设结合起来，则可以得出结论，路面结构 HMA 层中的永久变形主要局限于路面的顶部 75～100mm（3～4 英寸），这一结果得到了现场观测的支持（Brown 等，1989；EPPS 等，1999）。

HMA 层顶部 50～75mm（2～3 英寸）的体积损失（致密化）最多可导致 1～2mm（0.04～0.08 英寸）的车辙，导致空隙率变化约为 5%。但是，在使用中的路面上，车辙深度为 15mm（0.6 英寸）或更大。因此可以得出结论，形状畸变是车辙的主要原因。由于沥青混合料层车辙出现在上部，所以轮胎路面接触应力分布对沥青层永久变形的发展起着重要作用。

分析还表明，在较高的温度下，HMA 层的车辙更加明显。

典型试件体积与试验室试样尺寸的思考

试验室试样尺寸是材料试验中需要考虑的一个重要因素。试验室测试通常是围绕理论（如连续介质力学和本构关系）展开的，旨在确定与模型相关的特定参数。一个重要的问题是该理论是否适用于特定的测试。许多材料力学领域常用的模型都是基于非均质介质特性的均质化，因此，重要的是要有足够的材料用于均质化过程以提供"合理的"性能。

对于 HMA 混合料，粒径和试样尺寸之间的比例问题很重要，因为最大集料尺寸可能不会比试样尺寸小很多。因此，非常重要的一点是要验证最小的试样尺寸为多少时，连续介质力学或任何基于均质化的理论才适用。该试样尺寸被称为代表性体积元（RVE），其定义为足够大的最小体积，以使材料的整体特性保持不变，而不管 RVE 的位置如何。

当测试的试样比 RVE 小时，试验结果有很大的变异性。因此，必须从大量试样试验结果中获得平均值，才能得出具有统计意义的值（Hashin，1983）。另一方面，当使用的试样大于 RVE 时，获得的试验结果波动较小。

使用小于 RVE 的试样有两个主要缺点。首先，可能需要大量的试样。其次，平均过程忽略了测试过程中可能导致较大误差的任何偏差。例如，由于混合料压实方法和从压实混合料的特定部分选择试样或试样的一个组分的特性（如大集料比其他组分更能决定试样的特性），都有可能会导致产生偏差。鉴于这些局限性，建议使用大于 RVE 的试样。然而，在某些情况下，可能无法避免使用小于 RVE 的试样。例如混合料含有较大集料，此种情况可以通过测试大量的平行试样来获得具有统计意义的结果。HMA 混合料的典型试验室试验结果表明，对于尺寸小于 RVE 的样品，文献中给出了经典的论证（如 Weissman 等，1999；Harvey 等，1999）。为支持这一论证，对含有两种不同集料的混合料进行了虚拟轴向试验的模拟（Weissman，1997）。

采用二维平面应变有限元模拟的方法，研究了 RVE 对试样的影响。分析中使用的有限元网格是从实际试样切割平面上的集料和胶泥照片数字化获得的。使用了两种混合料，两种混合料的标称最大集料尺寸为 19mm。

在模拟中，集料和胶泥均假定为线弹性。集料的刚度取 $E=100\text{MPa}$（14500psi），泊松比设为 $\nu=0.35$。为了评估温度对 RVE 的影响，沥青胶浆（胶结料与小于 1mm 的集料的混合物）的性能设定为 $E=100\text{MPa}$、10MPa 和 1MPa（14500psi、1450psi 和 145psi），$\nu=0.49$，其中 E 值为 100MPa（14500psi）表示较低的温度，E 值为 1MPa（145psi），代表较高的温度。

对于虚拟轴向试验，边界条件假定对一条边在法向上固定，并对另一条边在该方向上施加均匀位移（即图 10-6 中水平方向的轴向压缩）。将不同长度的虚拟线性可变位移传感器（LVDTs）放置在截面上的 3 条线上，并在中心线周围测量应变。有限元模拟结果包括虚拟试件的轴向变形分布和有效刚度模量。虚拟试样长度为 150mm（5.9 英寸）。

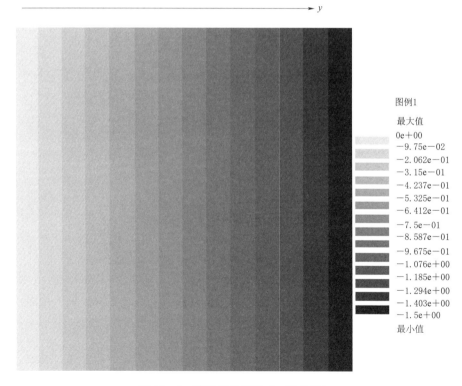

图 10-6 轴向位移云图（y 轴方向）

注：$E_{\text{集料}}=100\text{MPa}$，$E_{\text{胶浆}}=100\text{MPa}$，普莱森顿集料（Pleasanton aggregate）

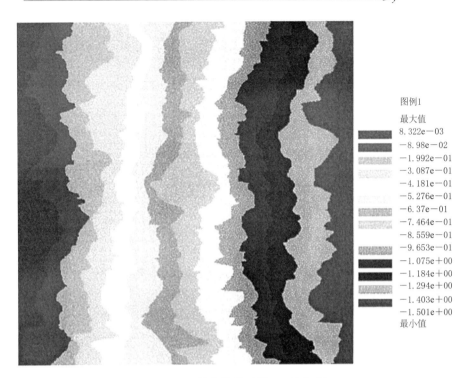

图例1

最大值

8. 322e－03
－8. 98e－02
－1. 992e－01
－3. 087e－01
－4. 181e－01
－5. 276e－01
－6. 37e－01
－7. 464e－01
－8. 559e－01
－9. 653e－01
－1. 075e＋00
－1. 184e＋00
－1. 294e＋00
－1. 403e＋00
－1. 501e＋00

最小值

图 10 - 7　轴向位移云图（y 轴方向）

注：$E_{集料}$＝100MPa 和 $E_{胶浆}$＝1MPa，普莱森顿集料（Pleasanton aggregate）

图 10 - 6 显示了 $E_{集料}$＝$E_{胶浆}$＝100MPa（14500psi）的情况下试样轴向变形的分布，图 10 - 7 给出了 $E_{集料}$＝100MPa（14500psi）和 $E_{胶浆}$＝1MPa（145psi）时的结果，其中 E 表示材料的杨氏模量。图 10 - 6 中的轴向变形相对均匀，而图 10 - 7 中存在较大变化，其中集料与胶结料刚度的比率为 100∶1。

图 10 - 8 和图 10 - 9 显示了评估两种混合料的 3 个不同长度的虚拟 LVDT 所获得的变形。所有试样施加的平均应变为 1%。这些图显示了这些 LVDT 测量的轴向应变的变化。正如预期的那样，E_{mastic}＝100MPa（14500psi）相关的图像表明，低温下的 RVE 可能相对较小。

E_{mastic}＝1MPa（145psi）的结果图中清楚地显示出即使对于大于 100mm（4.0 英寸）的标距也有大的振荡。此外，一些结果似乎显示了偏差：预测的应变从一侧向上或向下收敛。实际物理试验可能会显示出更大的偏差，从而妨碍使用尺寸小于 RVE 的试样。图 10 - 7 和图 10 - 9 显示了高温下 LVDT 长度约为标称最大集料尺寸（NMAS）的 3.5～5 倍（19mm NMAS 为 75～100mm）时，波动约为平均应变的±20%。

目前的试验室操作通常仅做两到四次重复试验。因此，如果试样小于 RVE，则无法保证从两次到四次重复试验中获得的平均结果可以预测材料性能的统计意义值。Weissman 等（1999）和 Harvey 等（1999）提供数据支持上述讨论。

RVE 的尺寸取决于集料的尺寸、形状和方向。因此，含有不同集料的混合料即使标

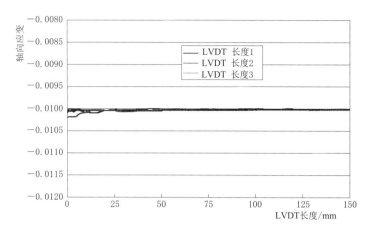

图 10 - 8　标距长度对测量轴向应变（X 轴方向）的影响

注：普莱森顿集料，$E_{集料}＝100\text{MPa}$，$E_{胶浆}＝100\text{MPa}$。

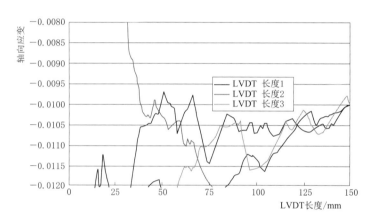

图 10 - 9　标距长度对测量轴向应变（X 轴方向）的影响

注：$E_{集料}＝100\text{MPa}$，$E_{胶浆}＝1\text{MPa}$

称集料最大尺寸相同，其 RVE 也可能不同。最后，由于集料形状和施工程序，RVE 的尺寸在 3 个主要尺寸上可能有所不同，特别是在较高的温度下（Weissman 等，1999）。

RVE 尺寸还取决于温度和荷载的加载速率。这是由于胶浆（沥青和细集料）材料特性对加载速率和温度依赖性，而集料特性对这些影响相对不敏感。因此，在低温下，两种组分的性能更接近，而在高温下，集料的硬度可能比胶浆高出一个数量级。

因此，与在较低温度下对相同混合物进行测试相比，在高温下需要更大尺寸的试样。此外，动态试验可能需要比静态（蠕变）试验更小的试样，因为在较高的加载频率下，集料和胶浆的性能更接近。例如，进行恒定高度加载时间 0.1s 的重复单剪试验可能比进行剪切蠕变试验需要更小的试样。

沥青集料混合料的非线性特性

较高温度时沥青集料混合料具有非线性特性（Harvey 等，1999）。因此，对不同沥青混合料相同应变水平下测试所确定的性能进行比较是很重要的。1999—2000 年，Harvey 等人通过单剪试验（经修改的 AASHTO TP7 - 94）（AASHTO，1994；PRC，1999）研究了加载频率、应变水平和温度对 AC 剪切刚度的影响，并对该项研究进行了报道。图 10 - 10 总结的结果表明，复合剪切模量（G^*）随温度的降低、频率的增加和剪切应变的减小而增大。在低温和高频条件下，剪切刚度 G^* 约为相应条件下杨氏模量 E^* 的 1/3。例如，图 10 - 10 中，在 20℃（68℉）温度和频率 10Hz 条件下，0.01% 和 0.05% 应变下的 G^* 约为 2.2GPa（320000psi）。在相同温度和频率以及 0.015% 应变条件下，相同混合料的弯曲复模量 E^* 约为 6.5GPa（943000psi），这表明线性弹性假设对这些条件是合理的。也就是说，可以使用以下关系：

$$G = \frac{E^*}{2(1+\nu)} \tag{10 - 1}$$

式中　ν——泊松比。

然而，随着温度和应变振幅的增加，这一假设不再成立。

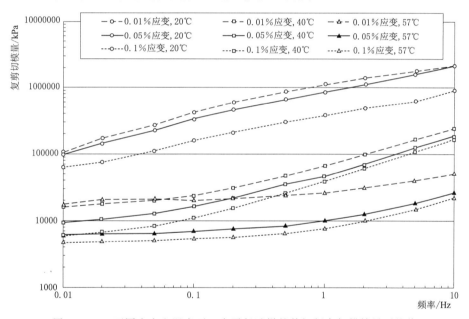

图 10 - 10　不同应变和温度下三个平行试样的剪切频率扫描结果平均值

1992 年，Alavi 进行的另一项研究也显示，从间接测试中转换数据是危险的。这项研究报告了空心圆柱 HMA 在轴向、扭转以及两者结合情况下的测试结果，根据式（10 - 1）利用直接测量的 G^* 和 E^* 的值预测泊松比，计算出泊松比高达 5.5 左右，而使用应变计直接测量的泊松比的值在 0.15～0.4 之间变化。

在 4℃（40℉）的低温下，直接测量值和计算值比其他条件时更接近。随着温度的升高，计算值和测量值之间的差异增大。在较高的温度下，这些值的差异变得相当明显。因此，只能在低温和高频条件下，使用式（10 - 1）从 E^* 推导 G^* 或者从 G^* 推到 E^*。

Harvey 等（1999，2000）提供的数据说明了剪切模量随温度和应变水平变化的非线性行为。虽然特定应变水平的数据可利用时间和温度互换性的概念来构造复合剪切模量

G^* 与频率的主曲线，但必须强调的是，由于材料的出非线性特性，这种关系不能直接用于确定复合杨氏模量 E^*。当然，也不能从复合杨氏模量直接计算复合剪切模量。

通过试验室内单剪试验表征永久变形

在 SHRP 期间，人们在"合理"压实混合料的永久变形（车辙）主要由偏应变引起的概念的基础上，开发了一个单剪切试验来测量该性能。

原型设备如图 10-11 所示，照片如图 10-12 所示。该设备能够在温度范围 -10~70℃、围压高达 690kPa（100psi）的条件下，对直径 50~150mm（2~6 英寸）、高 75~200mm（3~8 英寸）的试样进行测试。

试验设备和步骤

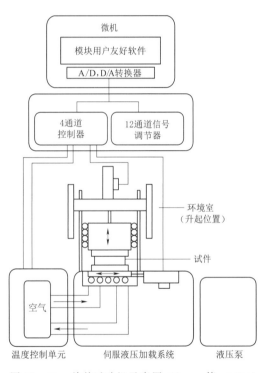

图 10-11　单剪试验机示意图（Sousa 等，1994）　　图 10-12　单剪试验设备原型（Sousa 等，1994）

图 10-13 所示为新开发的单剪设备。与早期的剪切装置不同，该设备允许在环境温度至 70℃的温度范围内对试样进行试验，并且不能施加横向压力。它具有测试圆形和大型矩形试样的能力，后者的最大尺寸为长 350mm（14 英寸）、宽 150~200mm（6~8 英寸）、高 100mm（4 英寸）。新设备的成本约为 80000~120000 美元，远低于原型设备。如图 10-11 所示，剪切和垂直载荷由计算机控制的伺服液压执行器施加。两个剪切试验单元都可以进行以下类型的试验：

（1）蠕变。

（2）频率扫描（0.01～20Hz）。

（3）用半正矢波形式（称为 RSST－CH）在恒定高度重复加载。

（4）应力松弛（例如，阶跃松弛试验）。

使用原设备，有、无围压都可进行试验。对于图 10－13 所示的设备，如果进行有围压的试验，则需要在试样周围放置一个小压力室。剪切变形是由线性可变位移传感器（LVDT）测量的，该传感器安装在每个试样试模的盖和底座上。

使用该设备两个最常用的测试是在特定温度下的 RSST－CH 和在一定温度范围内的频率扫描。AASHTO TP7－94（AASHTO，1994）中记录了这些试验步骤。

试件的制备通过滚轮压实，其原因将在后面讨论。无论是圆形试样（通过取芯获得）还

图 10－13　新开发的单剪试验设备
（Cox 和 Son，2000）

是棱形试样（通过锯切获得），都是从滚轮压实的平板上切下的。每个试样的上下表面之间的平行表面通过设置在与所需试样高度相对应的尺寸上的双锯获得。为了尽量减小试样的变异性，在每个试样的表面都注明了压实方向。这既适用于在试验室压实的试样，也适用于从现场建造的路面（重型车辆模拟试验或实际交通荷载）的板或芯中获得的试样。通过对所有切割表面的试样进行试验，可以使试样变化的一个方面最小化。

在 $100×10^{-6}$ mm/mm 的小剪切应变下进行频率扫描。图 10－14 显示了此类试验的试验结果示例。前面图 10－10 给出了类似的结果，说明了在试验中使用较大应变时响应是非线性的。

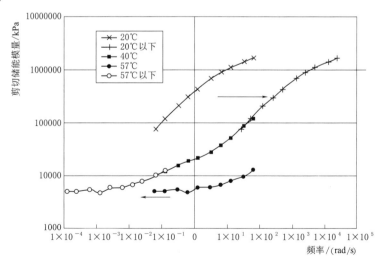

图 10－14　0.000100mm/mm 应变下剪切的频率扫描试验
注：曲线平移至 40℃。

大部分 RSST-CH 试验数据是使用 10psi（69kPa）的剪切应力获得的。以半正矢波形施加剪切荷载，加载时间为 0.1s，加载间隔为 0.6s。这种应力水平和加载时间的组合是根据在公路荷载条件下的配合比分析和设计研究中获得的经验选择的。交通荷载范围内的性能表明，这些试验条件是合理的（Sousa 等，1994）。试验至少进行 5000 次应力重复或达到 5% 的永久剪切应变，以先发生者为准。

图 10-15 给出了该试验中获得的永久剪切应变 γ_p 与重复应力 N 之间的关系的示例。根据前 10 次测量的值，定义 $N=0$ 处 γ_p 的截距，并从 γ_{p*} 的所有测量值中减去该值来调整每条曲线。如下形式的方程：

$$\gamma_p = \alpha N^b \tag{10-2}$$

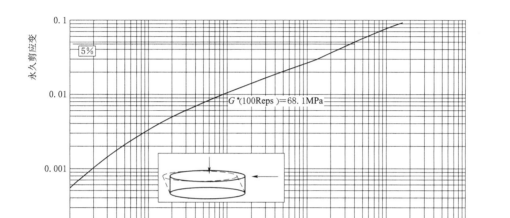

图 10-15　永久剪切应变 γ_p 与荷载重复次数 N 的关系

用于对 N 大于 100 次或 1000 次[1]（γ_p 和 N 对数转换后的曲线线性部分）的数据进行拟合。在该表达式中，系数 a 和 b 由回归分析得出。剪切模量也由 $N=100$ 次重复测量的可恢复剪切应变确定，即：

$$G = \frac{\tau}{\gamma_{恢复}} = \frac{剪应力[69kPa(10psi)]}{n=100 时的可恢复剪应变} \tag{10-3}$$

对于给定的混合料，达到 5% 永久剪切应变的重复次数是其空隙率的函数，该次数随着空隙率降低到 3%～2% 而增加。在空隙率约为 2% 的情况下，随着空隙率的进一步降低，重复次数再次减少。

对于使用传统胶结料的配合比设计，建议在代表路面现场临界温度[2]的单一温度下进

---

[1]　对于非常硬的混合料，可以使用 $n=10000$ 以上的数据外推。

[2]　通过 Deacon 等（1994）所述程序测定临界温度，是基于交通量在一年中以统一的速度加载的假设。如果在一个较暖的时期有交通量集中，临界温度会比假设的统一年速率所得到的温度高一些。Deacon 等（1994）描述的程序，可以修改以解释这一差异。

行试验（Sousa 等，1994）。临界温度是指在 50mm（2 英寸）深度处发生最大永久变形的温度。

剪切蠕变试验在少数情况下使用。1996 年，Vallerga 等描述了该测试的应用示例。在这个例子中，评估了用于封装含有放射性废物的混凝土罐的沥青混凝土屏障的长期性能。高温下的剪切蠕变试验为系统的有限元分析提供了信息，以确定放射性废物高温产生的潜在破坏性温度应力。

到目前为止，使用剪切试验来定义 HMA 的应力松弛特性仅限于开发一种改进的本构关系来估计由于重复运输而累积的车辙（例如，Weissman 等，2000）。

对实验变异性与可靠性的思考

上一节中证明了如果试样尺寸小于 RVE，则需要对大量试样进行试验，以确定在特定温度和加载时间下永久变形的代表性测量。Sousa 等（1994 年）包含了一项研究的结果，该研究定义了 RSST - CH 的变异性，并开发了一个可用于混合料设计和分析的参数，以提供特定级别的可靠性；其中，可靠性被认为是在设计阶段混合料能提供令人满意性能的概率。

混合料设计所采用的方法是定义一个大于 1 的常数，该常数乘以交通需求，以便混合料承载交通的能力导致车辙深度不超过某个规定值。具体如下：

$$N_{设定} \geqslant MN_{需求} \tag{10-4}$$

式中　$N_{设定}$——对规定车辙深度的估计重复次数［例如，12.5mm（0.5 英寸）］；

　　　$N_{需求}$——加载的交通需求；

　　　　M——可靠性系数（大于 1），其大小取决于对规定车辙深度和交通需求的估计重复次数的变异性，以及设计所需的可靠性。

可靠性可通过以下方法确定：

$$\ln(M) = Z_R \{\mathrm{var}[\ln(N_{设定})] + \mathrm{var}[\ln(N_{需求})]\}^{0.5} \tag{10-5}$$

式中　　　　Z_R——可靠性水平的函数，对于 60％、80％、90％和 95％的可靠性水平，Z_R 的假设值分别为 0.253、0.841、1.28 和 1.64；

$\mathrm{var}[\ln(N_{设定})]$ ——$N_{设定}$ 的自然对数方差；

$\mathrm{var}[\ln(N_{需求})]$ ——$N_{需求}$ 的自然对数方差。

$\mathrm{var}[\ln(N_{设定})]$ 是使用 RSST - CH 对 31 个直径为 150mm（6 英寸）×高 50mm（2 英寸）的试样在 50℃和 70kPa（10psi）剪切应力行下进行试验的结果确定的。试验数据代表了一种通过滚压轮压实制备的 HMA 的结果，其沥青含量范围为［4.5％～6.0％（油石比）］和孔隙率（为 3％～8％）。表 10 - 2 列出了不同 $\mathrm{var}[\ln(N_{需求})]$、测试的样本数量和预期的可靠性水平范围内的 M 值。由于随后将介绍的一些示例是基于使用直径为 150mm（6 英寸）试样的试验结果，因此将参考此表。

表 10 - 2　　　　　　　　　　　　可靠性系数（Sousa 等，1994）

序号	$\ln(N_{需求})$ 的方差	60%可靠性 ($Z_R=0.253$)	80%可靠性 ($Z_R=0.841$)	90%可靠性 ($Z_R=1.28$)	95%可靠性 ($Z_R=1.64$)
1	0.2	1.349	2.704	4.545	6.957
	0.4	1.377	2.896	5.046	7.955
	0.6	1.404	3.09	5.567	9.022
	1.0	1.455	3.48	6.673	11.381
2	0.2	1.304	2.416	3.83	5.587
	0.4	1.334	2.609	4.305	6.49
	0.6	1.363	2.802	4.797	7.456
	1.0	1.417	3.188	5.839	9.592
3	0.2	1.28	2.27	3.482	4.954
	0.4	1.312	2.464	3.946	5.805
	0.6	1.342	2.657	4.425	6.723
	1.0	1.397	3.042	5.437	8.754
4	0.2	1.267	2.197	3.313	4.64
	0.4	1.3	2.392	3.772	5.479
	0.6	1.331	2.585	4.245	6.375
	1.0	1.338	2.97	5.243	8.356

试样尺寸和制备注意事项

应注意的是，单剪试验与其他试验一样也有一些局限性。例如，剪切试验不测量正应变的偏分量。然而如图 10 - 16 所示，本试验中的主要缺陷来自于试样前后缘缺失的力。这会在这些边缘附近引入边界层，从而可能影响求解。幸运的是，边界层的宽度与试样长度无关，而是取决于试样高度。因此，如果增加试样的长高比，这些边界层对实验结果的影响可以相对减小。

为了验证长高比（试样长度/试样高度）的影响，Sousa 等（1994）年进行了一系列三维有限元模拟。在这些模拟中，使用了高 50mm（2.0 英寸）和宽 100mm（4.0 英寸）的试样，其长度在 25～500mm（1.0～20.0 英寸）。采用非线性弹性材料模型，结果如图 10 - 17 所示。

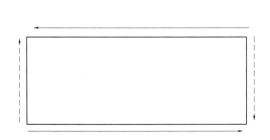

图 10 - 16　单剪试验

注：用虚线箭头表示的力没有施加

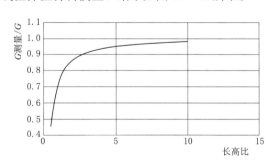

图 10 - 17　长高比与 G 测量/G 的关系图

图 10-17 突出显示了两个重要的发现。首先，对于长高比大于 3 的试样，预测剪切模量（G）的误差小于等于 10%；第二，随着长宽比增加，$G_{测量值}$ 从小到大单调收敛到 G。一般来说，这些结果表明，通过增加长高比可以降低误差水平。因此，假设试样高度由 RVE 要求规定，则可以选择使误差水平小于规定值的试样长度。Weissman 在 1997 年和 1999 年报告的单剪试验的平面应变有限元模拟支持图 10-17 所示的分析结果。这些分析结果也表明，使用矩形平行边而不是圆柱形试样可以提高试验的可靠性。当长高比为 3 时，RVE 的高度为关键尺寸。使用与三轴试验相同的标准，对于 19mm 标称尺寸的集料，剪切试样的高度应为 75～100mm。在大多数压实方法中，集料的标称最大尺寸将朝向水平方向（即，较长的一侧将朝向平行于表面），集料的长高比并不重要。

在试验室试验中制备永久变形评估试样时，重要的是试验室压实混合料的集料结构应与现场压实混合料的集料结构大致相同。Hveem 是最早认识到这一点的沥青研究人员之一，由此开发出了三轴研究所揉压机（Vallerga，1951；Endersby 等，1952；Monismith 等，1956）。

Ponts& Chasusses 中心试验室（LCPC）在引入用于评估混合料的压实性能的旋转压实机后不久，对许多不同压实程序制备的试样进行了研究。据观察，LCPC 开发的轮碾压实机所制备的试件最好的反映了现场压实的比对试件的性能（van Grevenynghe，1986）。因此 LCPC 不使用旋转压实试件进行永久变形评估，而是使用轮碾压实的形式（Bonnot，1986）。

在 SHRP 计划（SHRP）中，广泛研究了压实方法对混合料永久变形的影响。压实程序包括一个机械化的得克萨斯旋转压实机［直径 150mm（6 英寸）模具］、三轴研究所揉压机和一种轮碾压实机（Sousa 等，1991）。研究结果支持了 LCPC 的工作，表明某种形式的轮碾压实机最适合于试验室制备试样。其他工作证实了这些发现，并将其推广到 SHRP 旋转压实机（Harvey 等，1994；PRC，1999）。

最近，通过 Cal/APT 程序比较了两个加铺路面芯样的永久变形特性，其中一个使用常规密级配集料和 AR-4000 沥青胶浆，另一个使用开级配集料和橡胶沥青胶浆。按照 CALTRANS 程序施工，采用试验室轮碾轮压实法和 Superpave 旋转压实机压实相同的混合料（Harvey 等，1999）。根据 AASHTO TP7-94，在 40℃、50℃和 60℃（104℉、122℉和 140℉）下进行单剪试验（RSST-CH），图 10-18 总结了 50℃和 60℃（122℉和

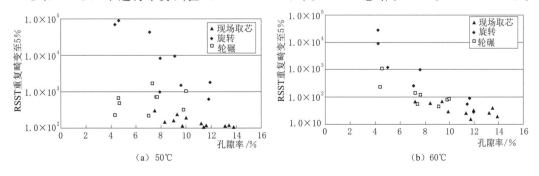

图 10-18　50℃和 60℃时 RSST-CH 程序中混合料压实方法对性能的影响
注：间断级配橡胶沥青混合料。

140℉）下沥青橡胶混合料的试验结果，表明用 SHRP 旋转压实机制备的试样比现场制备的试样具有更大的抗永久变形能力。对于常规的密集配沥青混凝土，也有类似的结果。这种差异在很大程度上是由于 SHRP 旋转压实机与轮碾轮压实产生的集料结构的差异（Harvey 等，1999；Harvey 等，2001）。此外，数据表明，轮碾法制备的试样与现场芯样的响应相似。

配合比设计与分析、性能评价

在考虑配合比设计（PRC，1999；Harvey 等，1995）、性能评估（Monismith 等，2001）和路面变形分析方面，已通过 RSSTCH 模式下的单剪试验获得经验。本节简要总结了这些调查的结果。一些数据表明，在配比设计中为减少车辙，应谨慎使用胶结料-集料混合料的刚度模量作为配合比设计中的唯一标准。此外，还讨论了使用蠕变与反复加载来定义永久变形响应。

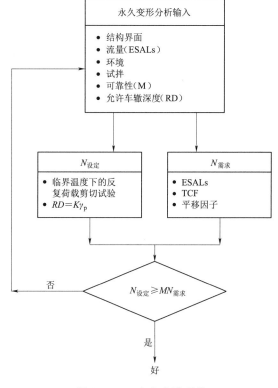

配合比设计

Sousa 等在 1994 年提出的配合比设计方法是为特定集料和级配选择胶结料含量，以将车辙限制在某一预定水平，例如 12～13mm（0.5 英寸）。实际上，这包括在不同胶结料含量范围内测试配合比，并选择在临界温度❶下满足设计交通流量要求且不超过极限车辙深度的最高胶结料含量。

当选择了设计胶结料含量后，将对所选结构段的配合比性能进行评估，以确保可以承受设计期间的预期交通量，从而使疲劳开裂水平不会超过规定水平，如轮迹的 10%（Sousa 等，1994）。

图 10 - 19 永久变形系统

车辙分析方法如图 10 - 19 所示，并采用了恒定高度的重复单剪试验（RSST - CH）。如前所述，规定的剪切应力（例如 70kPa 或 10psi）在特定的试验温度下、特定的加载时间及时间间隔内重复施加。通常进行约 5000 次重复试验或达到规定的极限剪切应变值，并确定与固定应变水平相对应的重复次数，该值被称 $N_{设定}$，如图 10 - 19 所示。

---

❶ 临界温度是指在一年中假设卡车以统一的速度使用道路，在此情况下，在 50mm（2 英寸）深度处发生最大永久变形的温度。

在图 10-19 中，给出了车辙深度与塑性应变 γ_p 的关系式，即：

$$RD = K\gamma_p \tag{10-6}$$

参数 K 由 Sousa 等（1994）描述的一系列有限元分析得出。这些分析结果如图 10-20 所示。图中还显示了 Long 等（2002）最近的分析结果：K 的取值可能取决于轮胎类型和配置（双胎与单胎）。对于较厚的路面，K 值取 254（车辙深度为几毫米）或 10（车辙深度为几英寸）。如图 10-20 所示，这是一个保守值。将该值用于图 10-15 中的示例中，以确定对应于 12.5mm 车辙深度、$\gamma_p =$ 5% 的 $N_{设定}$。

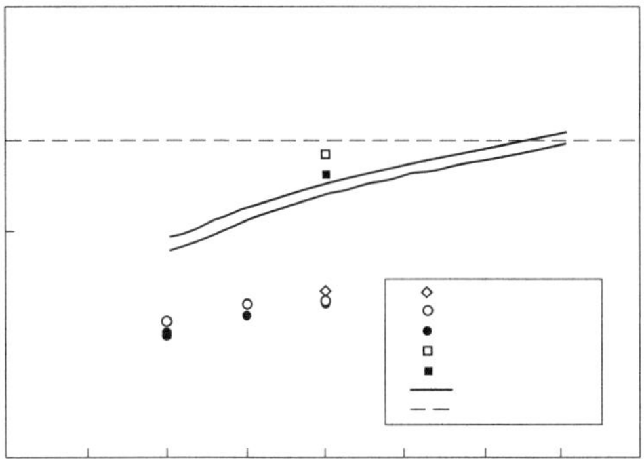

图 10-20　K 值与沥青混凝土层厚度的关系
注：假设下面有一个非常稳定的层。

必须将预期交通量转换为试验室当量 $N_{需求}$，以便满足前面描述的等式（10-4）：

$$N_{设定} \geqslant MN_{需求} \tag{10-4}$$

$N_{需求}$ 由设计 ESALs 的估计值、一个温度转换系数（TCF）和一个转换因子（SF）确定。温度转换系数（TCF）是将全年交通量转换为在临界温度下加载的等效数值（Deacon 等，1994）。转换因子（SF）将现场加载的重复次数转换为试验室中的等效数字（Sousa 等，1994），即：

$$N_{需求} = 设计\ ESALs \cdot TCF \cdot SF \tag{10-7}$$

表 10-2 列出了可靠性乘数 M 的值，该值反映了特定可靠性水平下 ln(ESALs) 的试验方差和估计方差，这是迄今使用的值（Sousa 等，1994）。

本节介绍了使用 RSST-CH 进行配合比设计的两个例子：①美国北加利福尼亚州 5 号州际公路加铺路面的配合比（Harvey 等，1995）；②美国加利福尼亚州长滩 710 号州际公路长寿命路面修复用配合比（PRC，1999）。两个例子都使用图 10-19 所示的配合比设计程序。

加铺路面

该项目是一个加铺层，由两层沥青混凝土组成，每层厚度约为 50mm（2 英寸），在美国加利福尼亚州雷丁附近的 5 号州际公路上的一个现有混凝土路面上施工，该路面在铺筑覆盖层之前出现开裂并固定。下半层为传统密实级配集料和 PBA-6 胶结料（配合比名称 DGAC），而上半层为间断级配集料和橡胶沥青胶结料（配合比名称 ARHM GG）。在这种情况下，根据车辙不超过 12~13mm（0.5 英寸）的要求，承包商必须保证加铺层的性能在 5 年内满足要求（Harvey 等，1995）。

承包商选择使用 RSST-CH 试验来选择两种配合比的胶结料含量。表 10-3 总结了在 45℃（113℉）下进行的试验结果（现场估计的临界温度），并绘制在图 10-21 中。

在 95% 的可靠性水平下，$N_{需求}$ 的值（相当于 10×10^6 ESALs 的估计流量）被确定为

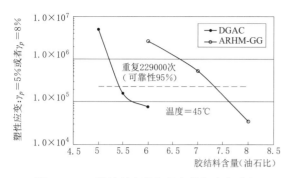

图 10 - 21 胶结料含量与规定剪切应变重复
次数之间的关系

229000 次重复。根据配合比设计信息，建议 DGAC 和 ARHM 的胶结料含量分别为 5.2% 和 7.5%（油石比）。表 10 - 3 中注意到，由于 ARHM - GG 的层厚仅为 50mm 左右，且稳定性比 DGAC 高，因此选择了较高的剪切应变值。这一决定的依据如图 10 - 20 所示。即当车辙深度为固定值，K 随路面厚度的减小而减小，因此剪切应变值较高。

在 5 年期结束时，沥青混凝土性能达到预期，承包商根据保修条款收到了项目的最终付款。

表 10 - 3　　　　　　　　加铺路面项目中所用混合料的试验数据

胶结料含量（油石比）	孔隙率	$N@\gamma_p = 0.05$ 剪切应变 $\times 10^3$①
DGAC		
5.0	3.7	4973
5.5	2.4	154
6.0	3.5	75
ARHM - GG		
		$N@\gamma_p = 0.085$ 剪切应变 $\times 10^3$
6.0	3.7	2600
7.0	3.3	520
8.0	3.1	34

① 3 或 4 个试样的平均值。

长寿命路面修复

本节对美国加利福尼亚长滩（PRC 1999）的路面修复项目的两种混合料进行了评估，两种混合料使用同一种集料和级配，但其中一种使用 PBA - 6a* ❶（PG64 - 40*）胶结料，另一种使用 AR - 8000 沥青胶浆（PG64 - 16）。如前所述，在 RSST - CH 中测量 N 设定 的一般程序是进行 5000～10000 次重复试验或达到 5% 的永久剪切应变（$RD = 12.5mm$，$k = 254$），以较大者为准。对于在 4.7% 胶结料含量（油石比）下测试的 PBA - 6a 混合料，RSST - CH 连续重复加载约 40000 次，并将曲线外推至 5% 应变。

图 10 - 22 所示为两种混合料在 50℃ 下的试验结果，胶结料含量范围为 4.2%～5.2%（油石比）。根据项目 N 需求 要求，即 66 万次❷重复，选择含有 PBA - 6a* 胶结料的混合料，

---

❶ 该材料是一种含有弹性体成分的改性胶结料，* 表明这包括比 PBA - 6a 胶结料更高比例的弹性材料。

❷ N 需求 是设计流量为 30×10^6 ESALs、TCF = 0.11、SF = 0.04 和可靠性系数 $m = 5.0$ 时的值。

胶结料含量为 4.7%，用于路面结构的上部 75mm（3 英寸）。对于下部的 150mm（6 英寸），选择了含有 AR－8000 胶结料的配合比。由于铺筑 PBA－6a* 混合料前，路面可能会受到交通影响，因此根据 14.6 万次重复的保守估计，该层也选择了 4.7% 的设计胶结料含量。

为评估 PBA－6a* 混合料的拟议设计配合比，使用与设计配合比中相同胶结料和集料，集料，构建了通过 HVS 进行车辙评估的试验段，该试验段在 PCC 上使用 75mm AR－8000 混合料，然后再上层使用 75mm PBA－6a* 混合料。对该混合料进行的 HVS 试验结果如图 10－23 所示。试验在与 RSST－CH 相同的温度下进行，即 50mm 深度的温度为 50℃。图中还显示了含有 AR－4000 沥青胶浆和橡胶沥青胶结料的混合料的试验结果，这两种混合料都符合加利福尼亚州交通运输部对高速公路交通的要求（Monismith 等，2001）。这些混合料在 5% 的剪切应变下表现出 $N_{设定}$ 值，通常小于 10^4 次重复，而 PBA－6a* 混合料在空隙率相当时具有 $N > 6 \times 10^5$ 次重复的值。因为观察到不同混合料的车辙性能存在明显差异，因此这些数据支持使用 RSST－CH 进行混合料评估。

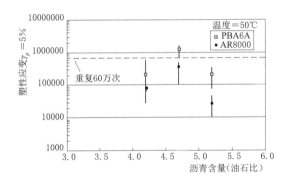

图 10－22　比较胶结料含量 5% 时永久
剪切应变的重复次数

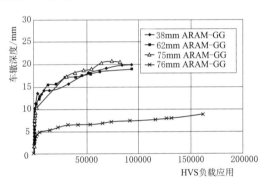

图 10－23　车辙深度与 HVS 加载的关系
注：50℃、40kN 载荷双轮胎

配合比评估

WesTrack 实验（Monismith 等，2000）提供了一个评估 RSST－CH 适用性的机会，以评估高达 5×10^6 ESALS 的超级路面混合料的性能；此外，它还提供了一个机会，以开发同时考虑 RSST－CH 结果和配合比特性的性能方程，以用于性能相关规范。

使用了 3 种常见类型的集料：粗集料、细集料和特细集料。在项目期间，粗混合料被替换为具有基本相同级配但具有不同集料类型的混合料。EPPS 等（1999）提供了包含超级路面混合料设计的级配设计细节。

为了达到 RSST－CH 试验中的应力重复次数，以便选择用于比较目的的应变，使用了方程式（10－2）和式（10－6）。对于原始部分，为了使用所有结果，比较是基于在约 1.5×10^6 ESALs 处获得的车辙数据。使用式（10－8）时，TCF 为 0.116，SF 为 0.04，$N = 7000$ 次重复。对于替换部分，在约 0.6×10^6 ESALs 或 $N = 2700$ 次重复时进行比较。

原细混合料和替代换混合料的分析结果分别如图 10－24 和图 10－25 所示。这些图包含向下测量的车辙深度与对应于 RSST－CH 中 7000 次或 2700 次重复的塑性应变的关系图。剪切试验结果来自 50℃（122℉）和 70kPa（10psi）剪切应力下的试验。对于原混合料，每个数据点代表在开放交通前获得的芯样的两次测试的平均值（称为 $t=0$）。

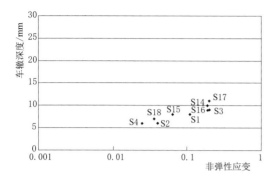

图 10-24　原 WesTrack 试验段、细混合料在
50℃下 RSST-CH 中 $N=7000$ 次重复的
向下车辙深度与 γ_p 关系图

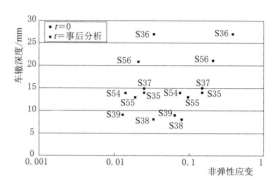

图 10-25　WesTrack 替换段粗混合料向下车辙
深度与 γ_p 关系图
注：①在 50℃下 RSST-CH 中 $N=2700$ 次重复
的②包括 $t=0$ 芯样和交通结束时（$t=$事后分析）
获得的芯样的测试数据。

对于替换部分，除了 $t=0$ 的测试数据外，还显示了交通通行后（事后分析）的芯样的测试结果。

一般来说，对于每一组混合料，车辙深度与 50℃下 RSST-CH 试验中测量的塑性应变之间存在合理的关系，表明该试验可在现场对车辙性能进行评估。然而，这种关系的斜率对于每种混合料是不同的。

重载飞机滑行道配合比设计规范的制定

1995 年 8 月，气温约为 35℃（95℉），在旧金山国际机场（SFIA）相邻的滑行道转弯处波音 747-400 飞机滑行缓慢并急转弯，造成沥青混凝土推挤和剪切，并导致机场出现险情。由于这架飞机的翼齿轮不转动，轮胎在路面上打滑造成了一个相当大的剪切力。1995 年 10 月，排队等候起飞的波音 747-400 在另一个滑行道路上滑行时也产生了车辙变形（称为凹坑）。

为了纠正这些以及波音 747-400 飞机运行过程中产生的其他车辙问题，选择了一种试验性混合料作为建立高稳定性混合料规范的潜在模型。首先应注意，存在车辙损坏的混合料符合现行联邦航空管理局规范（Monismith 等，1999）。

包括高稳定性混合料的引入等一系列事件，为评估 RSST-CH 在设计和评估承受大型重载飞机的机场路面沥青（胶结料）集料混合料方面的适用性提供了机会。

发生车辙破坏时 SFIA 使用的材料为 AR-4000 沥青胶浆和从附近布里斯班采石场获得的集料。高稳定性混合料的材料包括 AR-16000 沥青和来自加利福尼亚洛根采石场的全破碎花岗岩集料。

用 RSST-CH 评价了采取修复措施后的芯样的永久变形特征。为了评估 1996 年 8 月铺设在滑行道 B 上的高稳定性混合料的现场车辙性能，使用了南非 CSIR 公司开发的激光轮廓仪和用于评估 HVS 试验期间路面的部分仪器。RSST-CH 的结果如图 10-26～图 10-28 所示。图 10-26 包含来自滑行道 A 和 B 的高稳定性混合料数据，而图 10-27 包含来自滑行道 A、B 和 M 的 AR-4000 沥青胶浆混合料数据。

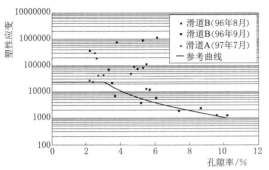

图 10-26　高稳定性混合料 50℃时重复
剪切至 5%的剪切应变的次数
与孔隙率的关系

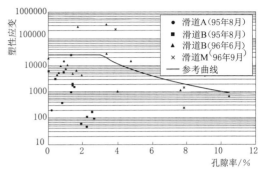

图 10-27　含有 AR-4000 沥青胶浆的混合料
50℃时重复剪切至 5%剪切应变的次数
与孔隙率的关系

对于给定的混合料，塑性应变达到 5%永久剪切应变时剪切试验重复次数是沥青混合料孔隙率的函数，随着孔隙率降低 2%～3%，重复次数增加。孔隙率低于约 2%时，重复次数再次减少。

在图 10-26 中，绘制了一条线并将其指定为"参考曲线"，以描绘高稳定性混合料剪切试验数据结果上方的区域（28 个数据点中的 24 个）。当这条线放在图 10-27 上时，应注意到除了少数例外的点外，混

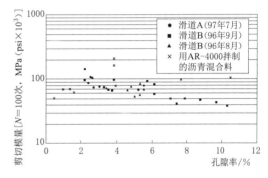

图 10-28　混合料刚度与孔隙率的关系

合料明显有车辙和推挤的点都落在该线以下（27 个数据点中的 21 个）。

另一个问题，是否可以根据单剪设备测得的刚度（在这种情况下，为剪切刚度）来区分混合料。为了回答这个问题，图 10-28 绘制了各种混合料的可用刚度数据。请注意，含有 AR-4000 沥青和布里斯班集料的混合料与含有 AR-16000 沥青和 Logan 花岗岩的混合料之间没有区别。这些发现说明了进行重复荷载试验以评估混合料的永久变形抗力的必要性。

图 10-26 和图 10-27 的数据作为新配合比设计标准的基础。一种方法是使用参考曲线作为混合料评估的基础。尽管标准是从可获得的混合料中制定的，但该结果也适用于与 SFIA 类似的混合料和环境条件，也可使用其他混合料的数据验证和修改该标准。如果将试样压实至约 3%的孔隙率，并且在 RSST-CH 中达到 5%的应变时，$N=25000$ 次重复，则该试样应能够满足本章所述类型的交通，因为该要求代表了在旧金山国际机场使用的高稳定性混合料的性能。

图 10-26 和图 10-27 参考曲线最初通过工程判断确定，随后使用逻辑回归模型进行

分析，用以分析改进标准。结果如图 10 - 29 所示，在这种回归中，失效概率在式（10 - 8）中给出。失效是指混合料不能承受交通负荷。

$$失效概率 = \frac{1}{1 + \exp(-11.8119 + 0.6002. AV + 0.9995. \ln N)} \tag{10-8}$$

式中　AV——孔隙率；

　　　N——达到 5% 剪应变的重复次数。

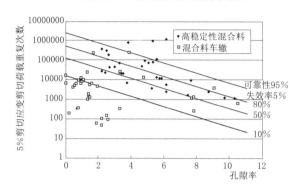

图 10 - 29　全部混合料 50℃时重复剪切至 5%
剪切应变的次数与孔隙率的关系

图 10 - 29 显示了对应于 20%、40%、60% 和 80% 失效概率的等值线。图 10 - 26 和图 10 - 27 的参考曲线对应 50% 的失效概率。因此，根据图 10 - 29，可以针对不同的车辙失效概率，建立使用剪切试验（RSST - CH）进行配合比设计的暂定标准。在本文所述的加载条件，50℃ 的 RSST - CH、20%～50% 的失效概率、3% 的孔隙率下，失效的允许重复次数如下：

可能的失效概率/%	达到 5% 应变的加载次数
50	25000
40	35000
20	100000

此信息可如前所述用于配合比设计。

蠕变与重复加载的对应性

在三轴压缩剪切试验中，用蠕变和重复加载来定义 HMA 的永久变形响应特性。本节将提供一些证据证明一系列类型胶结混合料需要一种重复加载的形式来更好地表征其永久响应。

在 Shell 路面设计程序中，已规定要比较不同混合料在蠕变中测量的永久变形特性，以选择一种在特定交通荷载和环境条件下的预计车辙不会超过某些预定值混合料。沥青结合层永久变形引起的路面车辙深度是混合料刚度（S_{mix}）的函数（Shell，1985）。S_{mix} 的值是由加载时间范围内的蠕变载荷确定的。

虽然这种方法对传统沥青胶结混合料的效果令人满意，但 Valkering 等报告称，当该程序用于含有非常规胶结混合料时，"……需要考虑车辙和胶结料粘度之间的不同关系。动态蠕变试验显示出了更广泛的适用性，扩展到包括基于改性胶结料的沥青混合料……对于评定胶结料改性效果的动态试验更大适用性，归因于试验的恢复效果"（Valkering 等，1990）。

在另一份出版物（Lizenga，1997）中，Shell 等研究人员提出，使用蠕变试验数据可能会对一些改性胶结混合料的车辙预测过大。

　　Tanco 对普通和改性沥青-集料混合料在简单和复合加载条件下永久变形的研究支持了 Shell 研究人员的工作（Tanco，1992）。他发现，与静态恒定荷载（蠕变）试验相比，重复荷载试验对 AC 混合料中改性胶结料的存在更为敏感。Tayebali（1990）也报告了类似的研究。

　　这一点可通过州际公路 710 项目（Monismith 等，2001）的试验结果来证明。表 10 - 4 总结了两种混合料的 Hveem 稳定性测试仪试验结果，这些结果表明 AR - 8000（PG64 - 16）常规胶结混合料应比 PBA - 6A*（PG64 - 40）胶结混合料具有更大的永久变形抗力。然而，如图 10 - 23 所示使用恒定高度重复单剪试验（RSST - CH）的试验结果表明，与 AR - 8000 沥青混合料相比，PBA - 6A* 混合料将在固定车辙深度下能承受更多的交通荷载［～12.5mm（0.5 英寸）］。这些结果进一步强调，特别是在评估含有改性胶结混合料时，使用"动态"而不是静态试验来测量永久变形的重要性。

表 10 - 4　　　　　　　AR - 8000 和 PBA - 6A* 胶结混合料的稳定性
测试仪的 S 值（Monismith 等，2001）

混合料	稳定性测试仪的 S 值			
	沥青含量＝油石比%			
	4.2	4.7	5.2	5.7
AR - 8000	36	39	40	34
PBA - 6a*	—	26	35	26

车辙深度递归预测

　　在这种方法中，路面被假定为一个多层弹性系统，这是本章先前介绍的项目方法的递归扩展。图 10 - 30 显示了理想化的特定沥青路面（这种情况下为 WesTrack 结构），以及用于估算车辙深度随交通量变化的关键参数，即 τ，γ^e 和 ε_v，其中 τ，γ^e，是轮胎外缘下方 50mm（2 英寸）深度处的弹性剪切应力和应变，ε_v 是路基表面的弹性垂直压缩应变。

　　这三个参数可以按小时确定，并且可以使用诸如集成气候模型（ICM）这样的程序来定义 HMA 中温度随时间和深度的分布，以允许估计混合料刚度。为方便起见，如果使用类似 elsym5（5 层）的程序，建议将 HMA 层细分为三层，其厚度从上到下分别为 25mm（1 英寸）、50mm（2 英寸），剩余的 HMA 厚度作为第三层，以模拟温度梯度对混合料刚度的影响。在计算中，建议恒定泊松比为 0.35。如果程序能够处理 5 层以上，则第三层 HMA 可以进一步细分，以在 HMA 层中产生更具代表性的刚度分布。

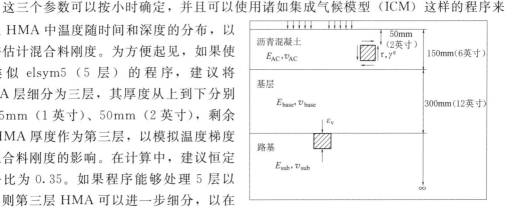

图 10 - 30　WesTrack 路面车辙力学经验模型

为了反映季节性对这些层刚度模量的影响，底层的模量也可以改变。对于未经处理的颗粒层，建议采用 $0.35 \sim 0.4$ 的泊松比；对于未经处理的细粒（路基）土，建议采用 $0.4 \sim 0.45$ 的泊松比。

在这种方法中，假设沥青混凝土中的车辙是由剪切变形控制的。因此，如图 10-30 所示轮胎边缘下方50mm（2英寸）深度处 τ 和 γ^e 的计算值将用于车辙估计。由于沥青混凝土的密实度对表面车辙的影响相对较小，因此这些估计值没有考虑沥青混凝土的致密化，尤其是对于空隙率小于 8% 的混合料。

在简单荷载下，假设 HMA 中的永久剪切应变根据以下表达式累积：

$$\gamma^i = a \exp(b\tau) \gamma^e n^c \tag{10-9}$$

式中　γ^i——50mm（2英寸）深度处的永久（非弹性）剪切应变；

　　　τ——参考温度下在该深度处使用弹性分析确定的剪切应力或归一化的剪切应力；

　　　γ^e——相应的弹性剪切应变；

　　　n——轴载重复次数；

a、b 和 c——回归系数。

利用时间-硬化原理，估算了现场条件下沥青混凝土中非弹性应变的累积量，得到的方程如下：

$$a_i = a \exp(b\tau) \gamma_i^c \tag{10-10}$$

$$\gamma_1^i = a_1 [\Delta n_1]^{cc} \tag{10-11}$$

$$\gamma_j^i = a \left[\left(\frac{\gamma_{j-1}^i}{a_j} \right)^{\left(\frac{1}{c}\right)} + \Delta n_j \right]^c \tag{10-12}$$

式中　j——第 j 小时的交通量；

　　　γ_i^c——第 i 小时的弹性剪切应变；

　　　Δn_j——第 j 小时内施加的轴载重复次数。

图 10-31 中描绘了这个概念。

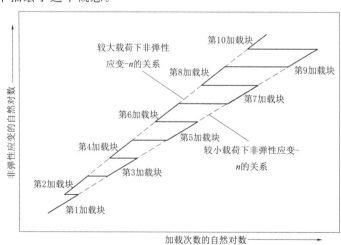

图 10-31　复合加载中不同应力重复下非弹性应变累积的时间-硬化过程

AC 层中由于剪切变形而产生的车辙由以下因素确定：

$$rd_{AC} = K\gamma_j^i \qquad (10-13)$$

如图 10-20 所示，当车辙深度 rd_{AC} 以英寸表示时，AC 层的厚度从 150mm（6 英寸）增加到 305mm（12 英寸），K 的范围从 5.5 增加到 10。（Monismith 等，2000）。

为了估算基层和路基变形对车辙的影响，使用了沥青协会路基应变标准的一个修正（Shake 等，1982），12.5mm（0.5 英寸）表面车辙标准的方程式为：

$$n = 1.05 \times 10^{-9} \varepsilon_v^{-4.484} \qquad (10-14)$$

式中 n——允许重复次数；

ε_v——路基顶部的压缩应变。

由于这些标准不涉及路面结构中的车辙累积，假定未结合层产生的车辙深度（rd）累积如下：

$$rd = dn^e \qquad (10-15)$$

式中 d、e——实验确定的系数。

Westrack 数据的最小二乘分析表明，采用沥青协会标准的公式（10-12）中的 d 值为：

$$d = \frac{f}{1.05 \times 10^{-9} \varepsilon_v^{-4.484}} \qquad (10-16)$$

式中，$f = 3.548$，$e = 0.372$。

根据沥青混凝土的时间-硬化原理，车辙深度累积可以用类似于式（10-12）的形式表示，即：

$$\gamma d_j = d_j \left[\left(\frac{rd_{j-1}}{d_j} \right)^{\left(\frac{1}{0.372} \right)} + \Delta n_j \right]^{0.372} \qquad (10-17)$$

如图 10-32 所示，由于允许车辙深度作为交通和环境的函数以及混合料参数的函数进行预测，车辙深度采用式（10-12）、式（10-13）和式（10-17）的框架进行估算，与直接回归法相比，该方法具有明显的优势。

对于 Westrack，使用 13 个路段来校准方程式（10-10）和式（10-15）的系数。最初，根据试验室混合和压实（LMLC）试样的 RSST-CH 试验结果，使用公式（10-10）中 $b = 0.0487$ 的值。随后，确定 $b = 0.071$（公制单位为 10.28）的值，以便在测量车辙深度和计算车辙深度之间提供更好的对应关系。

使用图 10-31 所示的程序，最小二乘回归法为 23 个 Westrack 路段中的每个提供了 a 和 c 的值，其中车辙未观察到疲劳裂纹。这些总结见表 10-5。应注意，23 个路段车辙深度的平均均方根误差（RMSE）为 0.051 英寸。图 10-33~图 10-36 说明了第 4 节（细集料）、第 19 节

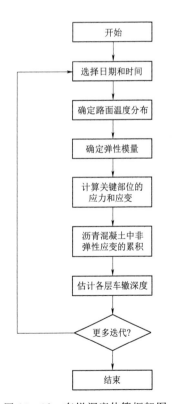

图 10-32 车辙深度估算框架图

（超细集料）、第7节（粗集料）和第38节（替换、粗集料）的计算车辙深度和测量车辙深度之间的比较。

表 10-5   23 个路段的校正结果

路 段	a	c	平均均方根误差 RMSE/英寸（mm）
1	5.41658	0.022521	0.027 (0.686)
4	0.01392	0.66306	0.037 (0.940)
7	0.01509	0.77181	0.102 (2.590)
9	0.00410	0.83989	0.076 (1.930)
11	1.64235	0.29677	0.040 (1.016)
12	1.05802	0.33734	0.087 (3.210)
13	0.01186	0.75472	0.078 (1.981)
14	6.15197	0.25614	0.050 (1.270)
15	7.30191	0.20716	0.001 (0.254)
18	0.39160	0.41493	0.035 (0.889)
19	3.86629	0.29245	0.044 (1.118)
20	7.03048	0.26222	0.050 (1.270)
21	0.00973	0.81183	0.118 (2.997)
22	29.32602	0.10116	0.042 (1.067)
23	0.59761	0.43650	0.050 (1.270)
24	0.49708	0.49941	0.084 (2.134)
25	0.05564	0.67400	0.102 (2.591)
35	52.77398	0.12388	0.024 (0.610)
37	12.04868	0.26447	0.032 (0.813)
38	23.14986	0.13996	0.024 (0.610)
39	13.73983	0.18501	0.030 (0.762)
54	51.08506	0.12941	0.012 (0.305)
55	3.22487	0.35783	0.032 (0.813)
平均值			0.051 (1.295)

注 常规分析。

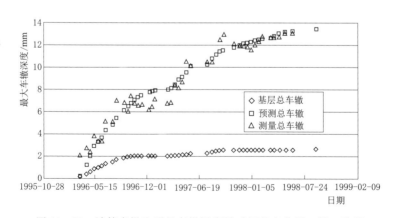

图 10-33　计算车辙和测量车辙深度随时间的变化图，第 4 路段

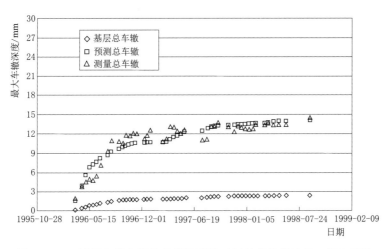

图 10 - 34 计算车辙和测量车辙深度随时间的变化的比较，第 7 路段

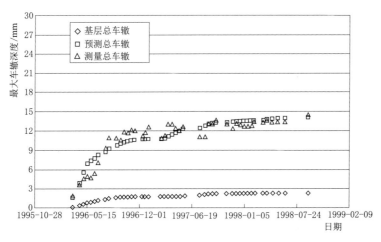

图 10 - 35 计算车辙和测量车辙深度随时间的变化的比较，第 19 路段

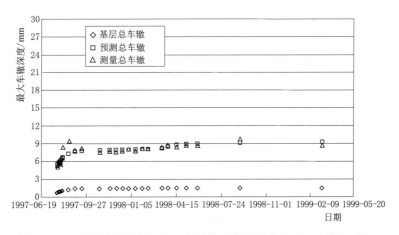

图 10 - 36 计算车辙和测量车辙深度随时间的变化的比较，第 38 路段

为了能够在不同的交通和温度环境中使用类似于 Westrack 的混合料，在力学经验程序中，a 和 c 的值需要根据混合料特性确定。使用下面公式对表 10 - 5 的 23 个路段的结果进行校准：

$$\ln(\text{参数 } a)=a_0+a_1 P_{\text{沥青重量}}+a_2 V_{\text{空气}}+a_3 \text{细}+a_4 \text{粗}+a_5 \ln(\text{参数 } c) \tag{10 - 18}$$

$$\ln(\text{参数 } c)=b_0+b_1 P_{\text{沥青重量}}+b_2 \text{超细}+b_3 \text{粗} \tag{10 - 19}$$

式中　　　$P_{\text{沥青重量}}$——沥青含量（按混合料质量计），%；

　　　　　$V_{\text{空气}}$——孔隙率，%；

　　细，超细，粗——表示 Westrack 测试中的 3 个变量；

$a_0,\cdots,a_n;b_0,\cdots,b_n$——回归系数。

然而，为了广泛的应用，希望 a 和 c 的关系不限于 Westrack 使用的混合料类型。

目前推荐的一种方法是利用试验室 RSST - CH 试验结果和改变混合料变量（沥青含量和孔隙率）来确定现场 a 和 c 值。考虑到这些变量，对表 10 - 5 所示的 23 个 Westrack 路段进行了一系列回归分析。$\ln$（现场 a 值）的校准结果见表 10 - 6，现场 c 值的校准结果见表 10 - 7。在这些表中，试验室 a 的值用下式计算：

$$\gamma^i = an^b$$

表 10 - 6　　　　　基于混合料和 RSST 变量校准式（10 - 18）

回归	回归 1	回归 2	回归 3	回归 4	回归 5	回归 6
常数	14.9116	24.7107	24.3317	24.9718	25.3649	20.4844
$P_{\text{沥青重量}}$	−3.67001	−5.02990	−5.04342	−5.23716	−5.71438	−5.12624
$V_{\text{空气}}$						0.313875
$P_{\text{沥青重量}}-V_{\text{空气}}$	0.0823738					
RSST - 05					6.219×10^{-5}	9.699×10^{-5}
试验室 a 值	1301.81	1622.41	1745.07	1858.91	2472.96	2264.05
R^2	0.611	0.629	0.684	0.752	0.888	0.951
省略部分	无	14	14，15	1，14，15	1，14，15，19	1，4，14，15，19

表 10 - 7　　　　　基于混合料和 RSST 变量校准式（10 - 19）

回归	回归 1	回归 2	回归 3	回归 4	回归 5	回归 6
常数	−0.944102	−1.75309	−1.72144	−1.77798	−1.83917	−1.49931
$P_{\text{沥青重量}}$	0.312598	0.426673	0.427803	0.444915	0.493348	0.452398
$V_{\text{空气}}$						−0.0217923
$P_{\text{沥青重量}}-V_{\text{空气}}$	−0.0064968					
RSST - 05					$−6.216\times10^{-6}$	$−8.575\times10^{-6}$
试验室 a 值	−87.5258	−113.452	−123.693	−133.748	−190.11	−175.759
R^2	0.556	0.591	0.648	0.728	0.890	0.936
省略部分	无	14	14，15	1，14，15	1，14，15，19	1，4，14，15，19

从 RSST - CH 分析获得的结果如图 10 - 15 所示，术语 RSST 5 是对应于 $\gamma^i = 5\%$ 的重复次数，也标注在图 10 - 15 中。

从分析中，建议在表 10-6 和表 10-7 中使用回归 6 来定义 a 和 c，用于上述力学经验程序。然而，必须强调的是，这些回归方程的使用应限于在其开发中使用参数值的取值范围。例如，在 $\gamma^i = 5\%$ 时，RSST 5 的值应小于 50000 次重复。

DeCon 等（2002）提供了一个例子，将该方法直接应用于图 10-23 所示的 PB-6A* 混合料的 HVS 试验结果。这种比较的结果如图 10-37 所示。

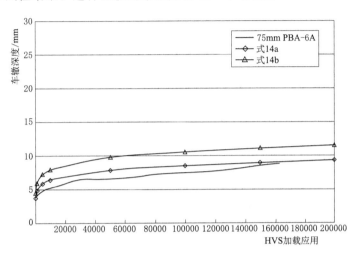

图 10-37　车辙深度与单向 HVS 加载次数关系图

注：路面下 50mm（2 英寸）深处路面温度 50℃（122℉）

高温下热拌沥青混凝土（HMA）性能的本构关系式

Weissman 等（2003）提出了一个高温下热拌沥青混凝土力学性能的本构关系。这种关系利用了一个非常规粘塑性模型，它是由一个粘弹性组件和一个与速率无关的弹塑性组件并联组成的（即两个组件相互独立作用，仅通过共享变形来耦合）。

该模型试图结合以下高温下 HMA 性能的一些关键特性，其中一些已经在前面讨论过：①速率依赖性；②温度依赖性；③体积偏差耦合；④拉伸和压缩特性明显不同；⑤各向异性；⑥大的残余应变（占卸载前总应变的百分比）；⑦在纯体积变形和纯形状变形中的行为显著不同；⑧对空隙率的依赖性；⑨低于一定应力阈值的蠕变试验，显示出有界流动。选择的原因如下：

（1）移动荷载引起的残余车辙量与荷载移动速度成反比。因此，快速移动的荷载主要由粘弹性构件承担，仅产生少量残余变形。当遇到缓慢移动的荷载时，粘弹性成分"松弛"，塑性流动随之发生。卸载时，部分塑性流动保持锁定状态。

（2）由于在低应力水平的蠕变试验中也会出现较大的残余变形，单靠粘弹性模型无法同时匹配加载和卸载过程。因此，还必须包括某种形式的损伤模型才可与加载和卸载过程相匹配。在目前的工作中，包括一个塑性部件，这可以被视为一种特殊形式的损伤。

（3）体积偏差耦合（性质 3）强烈依赖于温度和加载速率，因此经典的粘塑性模型不适用。在高温和慢速加载条件下，耦合很强，而在低温和快速加载条件下，耦合很弱。

1994 年 Sousa 等的试验结果表明，耦合主要是弹性的。因此，试验室数据表明，与粘性部分相关的弹性响应不同于包含体积偏差耦合的塑性部分相关的弹性响应。这与经典的粘塑性模型不同，在经典的粘塑性模型中，粘性模型和塑性模型并联，并与一个弹性模型串联。

（4）在蠕变试验中，当施加的应力高于混合料应力阈值时，沥青混凝土表现出无限流动性。一种由粘弹性流体和弹塑性元件并联组成的模型，可以解释这种行为该模型只有在一定的应力阈值以上，才能显示出理想的塑性流动。

除上述观点外，还应指出：

（1）根据所提出的模型，当去除载荷时，塑性流动在粘弹性部分引起"松弛"。这种非平衡应力由弹塑性构件中的反向应力来平衡。因此，该模型包括卸载过程中可能出现的塑性流动。

（2）如果没有塑性流动，所有的粘弹性流动都是不可恢复的。因此，粘弹性组分调节了塑性流动。

将正在开发的模型与以前为 HMA 提出的模型区别开来的一个重要特征，是它在有限变形的框架内制定的。以前的模型都是在小变形理论的框架下建立的。该模型采用的有限变形方法来自于承受重载车辆模拟器（HVS）荷载的路面试验段进行测量的结果（Harvey 等，2000）。这些测量结果表明，对于完全发展的车辙（例如，约 12mm），沥青混凝土面层顶部 75mm 的平均垂直应变可能达到 10% 或 15%，车辙侧边的旋转范围为 15°～45°。这些测量超出了无穷小理论的预期范围。

例如，如果使用标准小应变测量值来评估承受 30°刚性旋转（车辙边缘测量的中值旋转）的车身中的应变，则预测的压缩应变为 13%（当然，真实应变为零）。这表明基于小变形理论的模型只适用于车辙萌生阶段的建模。要超越这一点，进入车辙后启动阶段，需要使用基于有限变形理论的模型。由于车辙起始阶段基本上只有几次重复荷载，而路面通常被认为可用于数百万次重复荷载，因此，要想预测这一重要阶段的行为，就需要开发一个该类型的模型。

Weissman 等（2000）描述的模型，包含了高温下 HMA 性能的以下特征（如上所述）：①速率和温度相关性；②体积偏差耦合；③拉伸和压缩的不同特性；④卸载期间可能出现的塑性流动（Bauschinger 效应）；⑤卸载后保持较大残余变形的能力（占加载期间变形的百分比）。

目前正在进行的试验室测试分为两组。第一组用于材料识别目的；它试图隔离模型的不同组件，以简化属性提取过程。特别是，所提出的试验试图通过采用阶梯松弛试验和应力控制频率扫描相结合的方法，将模型的速率相关部分（粘弹性）与速率无关部分（弹塑性）分离。此外，通过进行恒定高度单剪试验和静水压力试验，将运动的体积分量和偏差分量耦合在一起❶。

第二组测试用于验证目的。因此，一个综合了所有影响因素的测试是最佳的。该试验是由轴向试验（带可控制的侧向压力）提供的。因此，选择了具有不同荷载历史的试验。

迄今为止，这一效应的主要焦点是理论上的。下一步将需要将第一组提议的试验室测

---

❶ 请注意，拟议的试验旨在分离运动的偏分量和体积分量，而不是应力分量。

试转换为实际测试，并建立程序，以从测试数据中可靠地提取材料约束。在这一阶段之后，必须使用提议的模型来预测验证测试的结果。这一过程对于调整和修改拟议的本构定律是必要的，直到预测和验证试验结果之间达到良好的一致性❶。因此，将进行本构定律、试验室试验以及修改提取程序的潜在交互阶段。

当预测与试验达到令人满意的一致时，这个模型将用来预测受控环境条件下重载车辆模拟器（HVS）荷载作用下路面车辙发展。然后，这些模拟可以构成经验分析程序的基础，将一些简单的试验室试验结果与实际路面上的车辙联系起来。

最后，无疑需要进行一些简化，以便将这些开发用于配合比设计和分析目的。这些简化很可能遵循与前几节所述程序相似的程序，其中 RSSTCH 试验已用于配合比设计和车辙深度预测。

结论

本章提供的信息表明，只要空隙含量小于 8% 或 9% 左右，剪切变形在 AC 混合料总永久变形（车辙）中所占的比例明显大于体积变化，这一点已通过典型路面路段的试验室试验和模拟结果得到证实。在役路面上观察到的车辙现象支持了这一结果。导致车辙的剪切变形限于 HMA 层的上部。因此，主要测量剪切变形的试验室试验似乎是确定车辙混合料倾向性的最有效方法。为了进行评估，应使用代表 HMA 层上部 75～100mm（3～4 英寸）的试样；该试样应具有相同的集料结构和预期的平衡空隙率。

在剪切试验中，用于得出式（10-5）中 m 值的均方误差为 0.602。这个值有点高，至少部分归因于所用试样的尺寸相对于最大集料尺寸的大小，以及在高温（>40℃）下，对于标称 19mm（0.75 英寸）最大尺寸集料，代表性体积元可能大于直径 150mm（6 英寸）×50mm（2 英寸）高的芯样。较大尺寸的样本将减少这种可变性。例如，对于含有 19mm（0.75 英寸）标称最大粒径集料的混合料，应使用 100mm（4 英寸）高×300mm（12 英寸）长的试样。

研究表明，沥青混合料在施加应力方面是非线性的，特别是在较高的温度和相对较慢的加载速率下。除非使用了所述类型的试样尺寸和荷载配置，这种非线性否定了从轴向试验中推导剪切的可能性。同样，很难从主要测量剪切响应的测试中得出轴向响应。

确定混合料的车辙倾向，除了上述有关试样尺寸和形状项以外。还介绍了受压实方法影响的集料结构和加载模式（蠕变与动态/重复加载）的信息。已有数据表明，对于含有改性胶结料的混合料，使用动态（重复）荷载比蠕变荷载重要。

对于配合比设计，重要的是通过轮碾制备试样，以确保集料结构与现场获得的结构相当。这对于永久变形评估尤其重要。此外，通过这种压实工艺制备试样的优点是，所得的平板在所有切割（锯切）面上都可以提供必要的芯样（用于永久变形）。这将减少试样之间的差异性。

---

　　❶　在任何时候，验证试验都不应用于材料识别或模型中任何参数的选择。相反，未能预测某些行为表明需要修改本构规律，以考虑额外的影响。

试验所提供的数据说明了 SHRP 开发的单剪试验的有效性，该试验在重复荷载、恒定高度模式下进行，用于配合比设计和性能评估。数据表明，与传统试验（如 hveem 稳定性测试仪）相比，这种试验能更好地评估含有改性胶结料的混合料的永久变形。

当对从现有路面上获得的样本进行调查时，特别要注意由此产生的样本上的交通荷载方向，以确保试样在试验设备中的方向与其相对于交通荷载（和压实方向）的方向相同。

对于在一个温度下进行的试验，建议根据 Deacon 等于 1994 年报告的程序确定永久变形的临界温度。目前，式（10-7）中推荐使用的平移因子是 0.04。但是，这可以根据从特定环境和交通条件获得的经验进行修改。

基于力学经验方法，提出了沥青混凝土路面车辙预测的回归方法。该方法基于时间-硬化程序，将沥青结合层中累积永久应变作为交通荷载和环境条件的函数。它结合多层相关分析来确定关键应力和应变值，以确定关键参数，用于确定轮胎外缘 50mm（2 英寸）深度处的永久应变，作为应力、应变和载荷重复次数的函数。使用 SHRP 开发的程序，特定的加载历史下累积的永久变形，与车辙深度有关。

4 个不同 Westrack 路段的分析程序示例，在给定 Westrack 交通荷载的路面温度范围内，提供了观测和测量的表面车辙深度之间的合理比较。此外，在基于分析的程序中，直接使用含有改性胶结料混合料的 RSST-CH 数据，可与在高温（50℃）条件下进行的受控 HVS 试验中测得的车辙深度进行合理比较。

参考文献

1. Alavi, S., 1992," Viscoelastic and Permanent Deformation Characteristics of Asphalt - Aggregate Mixes Tested as Hollow Cylinders and Subjected to Dynamic Axial and Shear Loads," Ph. D. thesis, University of California, Berkeley, Calif.

2. American Association of State Highway and Transportation Officials (AASHTO), 1994,"Test Method for Determining the Permanent Deformation and Fatigue Cracking Characteristics of Hot Mix Asphalt (HMA) Using the Simple Shear Test (SST) Device, AASHTO TP7 - 94," AASHTO Provisional Standards, pp. 164 - 186.

3. Bonnot, J., 1986,"Asphalt Aggregate Mixtures," Transportation Research Record 1096. Transportation Research Board, Washington, D. C., pp. 42 - 51.

4. Brown, E. R., and S. A. Cross, 1989,"A Study of In - Place Rutting of Asphalt Pavements," Asphalt Paving Technology, Association of Asphalt Paving Technologists, Vol. 58, pp. 1 - 39.

5. de Beer, M., and C. Fisher, 1997,"Contact Stresses of Pneumatic Tires Measured with the Vehicle - Road Surface Pressure Transducer Array (VRSPTA) System for the University of California at Berkeley (UCB) and the Nevada Automotive Test Center (NATC)." Transportek, CSIR, South Africa, Vols. 1 and 2.

6. Deacon, J. A., J. T. Harvey, I. Guada, L. Popescu, and C. L. Monismith, 2002,"An Analytically - Based Approach to Rutting Prediction," - Transportation Research Record No. 1806, Transportation Research Board, Washington, D. C., pp. 9 - 18.

7. Deacon, J., J. Coplantz, A. Tayebali, and C. Monismith, 1994," Temperature Considerations in Asphalt - Aggregate Mixture Analysis and Design," Transportation Research Record 1454, Transportation Research Board, National Research Council, Washington, D. C., pp. 97 - 112.

8. Endersby, V A., and B. A. Vallerga, 1952,"Laboratory Compaction Methods and Their Effects on Mechanical Stability Tests for Asphaltic Pavements," Proceedings, Association of Asphalt Paving Technologists, Vol. 21, pp. 298 – 348.

9. Epps, J. A., R. B. Leahy, T. Mitchell, C. Ashmore, S. Seeds, S. Alavi, and C. L. Monismith, 1999,"WesTrack – The Road to Performance – Related Specifications," Proceedings, International Conference on Accelerated Pavement Testing, Reno, Nev., (Available onCD – ROM from University of Nevada, Reno, Technology Transfer Center).

10. Harvey, J. T., B. A. Vallerga, and C. L. Monismith, 1995," Mix Design Methodology for a Warrentied Pavement: Case Study," Transportation Research Record No. 1492, Transportation Research Board, Washington D. C., pp. 184 – 192.

11. Harvey, J. T., C. Monismith, and J. Sousa, 1994,"A Comparison of Field – and Laboratory – Compacted Asphalt – Rubber, SMA, Recycled and Conventional Asphalt – Concrete Mixes Using SHRP A – 003A Equipment," journal of the Association of Asphalt Paving Technologists, Vol. 63, pp. 511 – 560.

12. Harvey, J. T., et al., 2000,"Effects of Material Properties, Specimen Geometry, and Specimen Preparation Variables on Asphalt Concrete Tests for Rutting," journal of the Association of Asphalt Paving Technologists, Vol. 69, pp. 236 – 280.

13. Harvey, J. T. et al., 2001,"Laboratory Shear Tests for Rutting of Caltrans Asphalt Concrete and Asphalt – Rubber Hot Mix and Comparison with HVS Results," Report to the California Department of Transportation Studies, University of California, Berkeley, Calif.

14. Harvey, J. T., I. Guada, and F. Long, 1999,"Effect of Material Properties, Specimen Geometry, and Specimen Preparation Variables on Asphalt Concrete Tests for Rutting," Pavement Research Center, University of California, Berkeley, Report to Office of Technology Applications, FHWA, Pavement Research Center, University of California, Berkeley, Calif., pp. 83.

15. Harvey, J. T., J. Roesler, N. F. Coetzee, and C. L. Monismith, 2000," Caltrans Accelerated Pavement Test Program – Summary Report Six Year Period: 1994 – 2000," Report to the California Department of Transportation, Pavement Research Center, University of California, Berkeley, Calif., pp. 112.

16. Hashin, Z., 1983,"Analysis of Composite Materials – A Survey," journal of Applied Mechanics, Vol. 50, pp. 481 – 505.

17. Lizenga, J., 1997,"On the Prediction of Pavement Betting in the Shell Pavement Design Method," 2nd European Symposium on Performance of Bituminous Materials, Leeds.

18. Long, F., S. Govindjee, and C. L. Monismith, 2002,"Permanent Deformation of Asphalt Concrete Pavements: Development of a Nonlinear Viscoelastic Model for Mix Design and Analyses," Proceedings, Ninth International Conference on Asphalt Pavements, Copenhagen, Section 1: 6 – 4, pp. 14.

19. Monismith, C. L., and B. A. Vallerga, 1956,"Relationship between Density and Stability of Asphaltic Paving Mixtures," Proceedings, Association of Asphalt Paving Technologists, Vol. 25, pp. 88 – 108.

20. Monismith, C. L., J. T. Harvey, I. Guada, F. Long, and B. A. Vallerga, 1999," Asphalt Mix Studies, San Francisco International Airport," Report to B. A. Vallerga, Inc., Pavement Research Center, University of California, Berkeley, pp. 40. (plus appendices).

21. Monismith, C. L., F. Long, and J. T. Harvey, 2001,"California's Interstate – 710 Rehabilitation: Mix and Structural Section Designs, Construction Specifications," journal of the Association of Asphalt Paving Technologists, Vol. 70, pp. 762 – 799.

22. Monismith, C. L., J. A. Deacon, and J. T. Harvey, 2000,"WesTrack: Performance Models for Per-

manent Deformations and Fatigue, Pavement Research Center," Report to Nichols Consulting Engineers, Chtd., University of California, Berkeley, Calif. p. 373.

23. Pavement Research Center (PRC), 1999, "Revision to AASHTO TP7 (TP7 - 99)." University of California, Berkeley, Submitted to AASHTO for consideration.

24. Shell International Petroleum Company, Limited, 1978, "Shell Pavement Design Manual, and, 1985," Addendum to the Shell Pavement Design Manual, Shell International Petroleum Company, Limited, London.

25. Shook, J. F., F., N. Finn, M. W. Witczak, and C. L. Monismith, 1982, "Thickness Design of Asphalt Pavements, The Asphalt Institute Method," Proceedings, Fifth International Conference on the Structural Design of Asphalt Pavement, University of Michigan and Delft University of Technology, Vol. 2, pp. 17 - 44.

26. Pavement Research Center, 1999, "Mix Design and Analysis and Structural Section Design for Full Depth Pavement for Interstate Route 710." TM - UCB - PRC - 99 - 2, Pavement Research Center, Richmond, Calif.

27. Sousa, J. B., J. A. Deacon, S. L. Weissman, R. B. Leahy, J. T. Harvey, G. Paulsen, J. S. Coplantz, and C. L. Monismith, 1994, "Permanent Deformation Response of Asphalt Aggregate Mixes." Report SHRP - A - 415, Strategic Highway Research Program, National Research Council, Washington D. C., p. 437.

28. Sousa, J. B., J. A. Deacon, and C. L. Monismith, 1991, "Effect of Laboratory Compaction Method on the Permanent Deformation Characteristics of Asphalt - Aggregate Mixes," journal of the Association of the Asphalt Paving Technologists, Vol. 60, pp. 533 - 585.

29. Tanco, A. J., 1992, "Permanent Deformation Response of Conventional and Modified Asphalt - Aggregate Mixes under Simple and Compound Shear Loading Conditions," Ph. D. thesis, University of California, Berkeley, p. 273.

30. Tayebali, A. A., 1990, "Influence of Rheological Properties of Modified Asphalt Binders on the Load - Deformation Characteristics of the Binder - Aggregate Mixtures," Ph. D. thesis, University of California, Berkeley, pp. 420.

31. Vallerga, B. A., 1951, "Recent Laboratory Compaction Studies of Bituminous Paving Mexitures," Proceedings, Association of Asphalt Paving Technologists, Vol. 20, pp. 117 - 153.

32. Vallerga, B. A., A. A. Tayebali, S. L. Weissman, and C. L. Monismith, 1996, "Mechanical Properties Characterization of Asphalt Concrete Barrier for Radioactive Nuclear Waste Vaults," Materials for the New Millennium, ASCE, Washington D. C., pp 1288 - 1297.

33. van Grevenynghe, M. P., 1986, "Influence des modes de preparation et du prelevement des eprouvettes sur les caracteristiles structurelles et mechaniques des enrobes." Internal RILEM Report, Laboratoire des Ponts et Chausses, Nantes, France.

34. Valkering, C. P, D. J. L. Lancon, E. de Hipster, and D. A. Stoker, 1990, "Rutting Resistance of Asphalt Mixes Containing Non - Conventional and Polymer - Modified Binders," journal of the Association of Asphalt Paving Technologists, Vol. 59, pp. 590 - 609.

35. Weissman, S. L., 1997, The Mechanics of Permanent Deformation in Asphalt - Aggregate Mixtures: A Guide to Laboratory Test Selection, Symplectic Engineering Corp., Berkeley, Calif., p. 55.

36. Weissman, S. L., and J. L. Sackman, 2000, "A Viscoplastic Constitutive Law for Asphalt Concrete Mixes at Elevated Temperatures; a Finite Deformation Formulation," Symplectic Engineering, Berkeley, Calif., p. 61.

37. Weissman S. L., J. T. Harvey, J. L. Sackman, and F. Long, 1999, "Selection of Laboratory Test

Specimen Dimension for Permanent Deformation of Asphalt Concrete Pavements," Transportation Research Record 1681，Transportation Research Boards，Washington，D. C. ，pp. 113 – 120.

38. Weissman S. L. ，and J. L. Sackman，2003,"A Finite Strain Constitutive Law for Asphalt Concrete Mixtures at Elevated Temperatures Based on the Multiplicative Decomposition of the Deformation Gradient，" Symplectic Engineering，Berkeley，Calif. ，p. 89.

第 11 章 沥青混凝土路面永久变形评价及配合比设计

Charles W. Schwartz，Kamil E. Kaloush

摘要

本章论述了当前沥青混合料车辙研究的三个领域：①对力学经验建模方法进行了回顾，特别是针对新的国家路面设计方法所采用的模型；②概述了车辙问题的先进本构模型方法，尤其侧重粘塑性和连续损伤本构模型；③最近的工作描述，该工作旨在开发简单的性能测试，以基于对基本工程响应和性能的测量来确定设计过程中混合料的车辙可能性。

介绍

永久变形通常与是控制荷载相关的不利因素，它决定了热拌沥青混凝土（HMA）路面性能。通常表现为车辙，表现为车轮路径上的纵向凹陷，并伴有侧面的小隆起。车辙的宽度和深度高度取决于路面结构（层厚和材料特性）、交通量和分布以及现场环境条件。

随着增量应变、体积应变和永久剪切应变逐渐的累积，车辙在设计良好的路面使用寿命过程中逐渐发展。增量永久应变是沥青层的刚度、抗永久变形能力和诱导应力的函数。在设计不良的路面或沥青混合料中，由于沥青混合料内部的剪切破坏，可能会非常迅速地产生过多的车辙。

为了评价沥青混合料的抗永久变形能力，采用实验室试验获得的材料响应参数对沥青混合料的性能进行评价和预测。这些永久变形参数将取决于温度、加载速率、应力状态、集料和胶结料特性、混合料体积参数和其他混合料变量。通常，实验室测试的目的是进行简单筛选，以确定那些过早破坏可能性很高的混合料。

过去 50 年来，永久变形一直是路面工程研究的重点。文献中大多数可用的永久变形模型都是经验性的或半力学性模型，这些半力学性模型只采用有限的基本材料特性，而不是弹性或准弹性特性。通常的结果是与实际现场性能的相关性差。一些经验模型缺乏普适性，因为它们是从有限的一组材料和环境条件中得出的，因此无法转移到其他条件。

本章论述了沥青混合料车辙研究的 3 个领域。具体来说，本章包括：①对力学经验建模方法的回顾，尤其是在国家合作公路研究计划（NCHRP）项目 1-37a 中开发的性能预测和设计方法所采用的模型；②车辙问题高级本构建模方法概述，特别强调粘塑性和连续损伤模型；③根据基本工程响应和特性的测量，开发一种简单的性能试验，以确定设计过程中混合料的车辙可能性的最新工作的描述。还包括对当前最先进技术的可能的近期进展的评估。

力学-经验性车辙模型

车辙预测的力学经验方法将路面应力和应变的力学计算与后续车辙的经验预测结合起来。经验车辙预测模型（有时也包括与混合料特性和/或现场环境条件相关的其他参数）必须根据观测的现场性能数据进行校准。在大多数情况下，可用的现场性能数据非常有限。

路基车辙模型

值得注意的是，最早的力学经验车辙模型仅明确考虑路基中的应变［例如，Claessen等（1977）描述的壳牌法；Shook 等（1982）描述的沥青研究所法］［Chen 等（1994）］。Pidwerbesky 等（1997）简要总结了早期模型的演变，这些模型用于预测永久变形破坏的循环次数 N_d 作为路基顶部垂直压缩应变 ε_c 的函数：

$$N_d = f_4 \varepsilon_c^{-f_5} \tag{11-1}$$

式中　f_4、f_5——模型校准参数。

表 11-1 总结了各机构对 f_4 和 f_5 的建议值。应该认识到，对于每种方法，表 11-1 中的值所基于的隐式永久变形极限是不同的。例如，沥青研究所的值是基于可靠性为 85%，人行道表面的总车辙深度为 0.5 英寸，而 TRRL 程序是基于 0.4 英寸的总车辙深度的。路基垂直压缩应变的隐式设计极限约为 0.001（1000 微应变）。

表 11-1　　　　　　　　　　　各机构车辙参数 f_4 和 f_5

机　　　构	f_4	f_5
沥青研究所（1982）	1.365×10^{-9}	4.477
壳牌（1978）		
50%可靠性	6.15×10^{-7}	4
85%可靠性	1.94×10^{-7}	4
95%可靠性	1.05×10^{-7}	4
TRRL（Powell 等，1984）		
85%可靠性	6.18×10^{-8}	3.95
比利时（Eindhoven 等，1982）	3.05×10^{-9}	4.35

资料来源：Chen 等，1994，ASCE。

Timm 和 Newcomb（2003）修改了式（11-1）的模型，用于预测 mnroad 项目的沥青混凝土车辙。在它们的方法中，ε_c 被认为是沥青层底部的水平拉伸应变。他们发现校准系数 f_4 和 f_5 的平均值分别为 7.0×10^{-15} 和 3.909。

永久应变模型

这类力学经验模型将沥青下层中间厚度处的永久垂直压缩应变 ε_p 与荷载循环次数

N、温度 T、诱导应力水平和其他参数联系起来。最早的永久应变模型之一是由 Kenis 及其同事在 Vesys 项目中实施的（Kenis，1977；Kenis 等，1982；Kenis，1988；Kenis 和 Wang，1997）：

$$\Delta \varepsilon_p(N) = \varepsilon \mu N^{-\alpha} \qquad (11-2)$$

式中 $\Delta \varepsilon_p(N)$——第 n 个荷载循环引起的增量永久应变；

ε——力学计算的峰值总应变；

μ、α——由实验室重复荷载永久变形试验确定的材料特性。

μ 和 α 的值是沥青混合料类型、温度和应力状态的函数。Rauhut（1980）讨论了这些因素对 μ 和 α 的一些定量影响。Qi 和 Witczak（1998）对荷载和休息时间对永久变形的影响提供了额外的见解，其特征是使用类似于等式（11-2）的模型形式。

对于一个固定的循环荷载量，峰值总应变 ε 可以假定为近似恒定；然后可以将等式（11-2）整合，以确定 N 个荷载循环后的累积塑性应变 $\varepsilon_p(N)$：

$$\varepsilon_p(N) = \int_0^N \varepsilon \mu N^{-\alpha} \, \mathrm{d}N = \varepsilon \left(\frac{\mu}{1-\alpha} \right) N^{(1-\alpha)} \qquad (11-3)$$

由于应力、应变和温度随沥青层厚度的变化，通常将沥青层分为各个子层，并将公式（11-3）分别应用于每个子层。然后，将给定季节层的总车辙深度计算为各子层永久变形的总和：

$$PD_j = \sum_{i=1}^{n} \varepsilon_{pi} h_i \qquad (11-4)$$

式中 PD_j——第 j 个季节路面永久变形；

n——子层数量；

ε_{pi}——第 i 子层永久应变；

h_i——第 i 子层厚度。

这些计算在分析期间针对每个负荷水平和季节重复进行。

当在多个荷载水平和/或季节上累积永久变形时，通常采用某种类型的时间硬化方案。图 11-1 所示为永久变形模型的常用方法，其形式如下：

$$\varepsilon_p(N) = f(\varepsilon, T, N) \qquad (11-5)$$

式中 ε——给定荷载等级下的力学计算应变（通常是弹性应变）；

T——温度。

在图 11-1 中的点 A 处，时间 t_{i-1} 时的总永久应变 $\varepsilon_{p,i-1}$ 对应于总交通重复次数 Nt_{i-1}。在给定负载水平下以层温度 T_1 和弹性弹性应变 ε_i 为特征的时间间隔 i 上，存在等效的交通重复次数 Nt_{equivi}，其与时间 t_{i-1} 时的总变形有关，但该总变形与温度和加载条件一致。T_1 和 ε_i 主导了新的时间间隔（图 11-1 中的 B 点）。通过将时间间隔 i 的增量交通重复次数 N_i 与该间隔开始时的总重复次数 Nt_{equivi} 相加，可以估算出时间间隔 i 结束时的总永久应变（图 11-1 中的点 C）。

沥青研究所开发的永久应变模型包括混合料变量对车辙的影响（May 和 Witczak，1992）：

$$\log \varepsilon_p = -14.97 + 0.408 \log(N) + 6.865 \log(T) + 1.107 \log(\sigma_d)$$

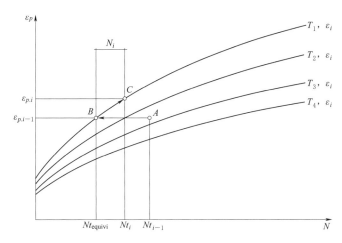

图 11-1　多季节累积永久变形的时间硬化方案。（El-Basyouny，2004）

$$-0.117\log(\eta)+1.908\log V_{\text{beff}}+0.971(V_a) \tag{11-6}$$

式中　　T——温度，℉；

σ_d——力学测定的沥青层中的偏应力，psi；

η——胶结料在 70℉，10^6 泊时的粘度；

V_{beff}——有效沥青体积，%；

V_a——空隙体积，%；

其他符号如前所述。

Baladi 使用区域和长期路面性能（LTPP）测试部分以及 MICH-PAVE 程序建立了以下力学经验公式来预测车辙深度（Baladi，1989）：

$$\log RD=-1.6+0.67V_a-1.4\log H_{\text{HMA}}+0.07T_{\text{avg}}$$
$$-0.000434\eta_{KV}+0.15\log N_{\text{ESAL}}-0.4\log M_{R(\text{Soil})}$$
$$-0.5\log M_{R(\text{Base})}+0.1\log\delta_0+0.1\log\varepsilon_{c(\text{HMA})}$$
$$-0.7\log H_{\text{Base,Equiv}}+0.09\log(50-H_{\text{HMA}}-H_{\text{Base,Equiv}}) \tag{11-7}$$

式中　　RD——车辙深度，英寸；

N_{ESAL}——80kN 的数量（18 千磅）；

T_{avg}——年平均气温，℉；

H_{HMA}——HMA 层厚度，英寸；

$H_{\text{Base,Equiv}}$——基层等效厚度，英寸；

$M_{R(\text{Base})}$——基层弹性模量，psi；

δ_0——表面偏差，英寸；

V_a——混合料中的空隙率，%；

$M_{R(\text{Soil})}$——路基弹性模量，psi；

$\varepsilon_{c(\text{HMA})}$——HMA 层底部的压缩应变；

η_{KV}——35℃（275℉）下胶结料的运动粘度。

在该模型中，两个力学计算参数是表面变形 δ_0 和 HMA 层底部的压缩应变 $\varepsilon_{c(\text{HMA})}$。

Deacon 等（2002）利用 Westrack 现场试验的数据，建立了基于永久剪切应变的沥青车辙力学-经验模型：

$$\gamma_p = ae^{b\tau}\gamma_e N^c \qquad (11-8)$$

式中　　　γ_p——沥青层表面以下 2 英寸（50mm）深度处的永久剪切应变；

　　　τ、γ_e——在同一位置力学确定的弹性剪切应力和应变；

参数 a、b 和 c——通过使用超级路面剪切试验机（SST）进行的反复荷载永久变形试验确定的材料特性；这些特性是沥青混合料特性、温度和应力水平的函数。

时间硬化原理用于估算不同现场条件下沥青中永久应变的累积：

$$\gamma_{p,1} = a_1 \left[\Delta N_1\right]^c \qquad (11-9)$$

$$\gamma_{p,t} = a_t \left[\left(\frac{\gamma_{p,t-1}}{a_t}\right)^{\frac{1}{c}} + \Delta N_t\right]^c \qquad (11-10)$$

其中　　　　　　　　　　$a_t = ae^{b\tau}\gamma_{e,t'}$

式中　$\gamma_{e,t'}$、$\gamma_{p,t}$——加载第 t 小时的弹性和永久剪切应变；

　　　ΔN_t——第 t 小时加载的次数。

力学计算的弹性剪切应变 $\gamma_{e,t}$ 随时间变化，以响应交通变化和温度对沥青混合料刚度的影响。然后根据永久剪切应变，HMA 层的总车辙 RD_{HMA} 通过使用以下关系估算，用英寸表示：

$$RD_{HMA} = K_r \gamma_{p,t} \qquad (11-11)$$

式中　K_r——车辙深度与永久应变的关系系数；沥青层厚度的函数，由代表性路面结构的有限元分析确定的 K_r 值范围为：沥青层厚度为 6 英寸层时为 5.5，沥青层厚度为 12 英寸时为 10。

永久弹性应变比模型

控制给定沥青混合料永久应变累积的两个最重要因素是温度和应力水平。尽管一些经验永久应变模型明确考虑了温度和/或应力水平［例如，式（11-6）］，但大多数模型通过材料参数项［例如，式（11-2）和式（11-8）］隐式地包含这些效应。对于后一种类别，完整的材料表征要求在一定温度和应力水平范围内进行多次测试。

永久弹性应变比模型的基本原理是巩固温度和应力水平的一些影响。这两个参数都会影响弹性应变和永久应变。因此，用弹性应变对永久应变进行归一化应能捕获大部分温度和应力效应。

该概念是 NCHRP 项目 1-37A 力学经验设计方法（NCHRP 2004）中沥青车辙模型的基础。该模型起源于 Leahy（1989）对 250 多个沥青混凝土试件的重复荷载永久变形响应的广泛实验室研究，其中包括 2 种集料类型、2 种胶结料类型、3 种胶结料含量、3 种应力水平和 3 种温度：

$$\log\left(\frac{\varepsilon_p}{\varepsilon_r}\right) = -6.631 + 0.435\log N + 2.767\log T + 0.110\log\sigma_d + 0.118\log\eta$$

$$+ 0.930\log V_{\text{beff}} + 0.501\log V_a \qquad (R^2 = 0.76) \qquad (11-12)$$

式中，ε_r 是弹性（弹性）应变，其他术语如等式（11-6）中沥青协会模型所定义。敏感性研究发现，温度是迄今为止式（11-12）中最重要的参数；该模型对应力大小、材料类型和其他混合参数的敏感性要低得多。

Ayres（1997）重新分析了 Leahy 的原始数据以及其他的实验室测试数据，并推荐了如下形式的模型：

$$\log\left(\frac{\varepsilon_p}{\varepsilon_r}\right) = -4.8066 + 0.4296\log N + 2.5816\log T \quad (R^2 = 0.72) \qquad (11-13)$$

该模型的 R^2 略低，这是从式（11-12）中的 leahy 模型中删除了 4 个沥青混合料相关参数的结果。与温度和负载重复次数相比，R^2 从 0.76 下降到 0.725 证实了这些参数的重要性相对较小。特别是移除偏应力水平项 σ_d 后，R^2 的小落差证实了应变比法中的弹性应变归一化项捕捉到了对永久变形行为的大部分应力影响。

Kaloush（2001）通过将 Leahy 的原始数据与 NCHRP 项目 9-19 的大量重复荷载永久变形试验结果相结合，进一步提高了车辙模型的稳健性，得出了修订后的模型：

$$\log\left(\frac{\varepsilon_p}{\varepsilon_r}\right) = -3.1555 + 0.3994\log N + 1.7340\log T \quad (R^2 = 0.64) \qquad (11-14)$$

与 Ayres 的结果相比，该模型的 R^2 值较低，这是由于 Kaloush 分析的数据集更为广泛和多样。

式（11-1）是 NCHRP 1-37A 设计方法（NCHRP 2004；El Basyouny，2004）中沥青车辙模型的基础。包括现场校准系数的最终模型形式表示为

$$\log\left(\frac{\varepsilon_p}{\varepsilon_r}\right) = B_{\sigma3}\left[\alpha_1\beta_{r1} + \alpha_2\beta_{r2}\log(T) + \alpha_3\beta_{r3}\log(N)\right] \qquad (11-15)$$

式中　ε_r——温度 t 下，计算的 HMA 子层中弹性应变；

　　　　N——特定车轴类型在时间间隔内的车轴负载数；

　　　　T——中间深度处的 HMA 温度，℉；

　　　$B_{\sigma3}$——侧限调整系数；

　　　　α_i——非线性回归系数；

　　　　β_{ir}——区域校准系数。

经验式（11-12）～式（11-15）的基础数据库均基于无约束条件。然而，沥青层的实际水平应力是不同的，在表面为压应力而在底部为拉应力。式（11-15）中的 $B_{\sigma3}$ 项是基于 MnRoad 试验段的沟渠数据的调整项，用于考虑现场不同深度下约束应力的变化：

$$B_{\sigma3} = (C_1 + C_2 z) \times 0.3282^z \qquad (11-16)$$

和
$$C_1 = -0.1039 H_{HMA}^2 + 2.4868 H_{HMA} - 17.342$$

$$C_2 = 0.0172 H_{HMA}^2 + 1.7331 H_{HMA} + 27.428 \qquad (11-17)$$

式中　H_{HMA}——HMA 层的厚度；

　　　　z——HMA 层内的深度。

式（11-15）中的 α_i 值通过使用 LTPP 数据库中 387 个字段部分的数据进行全局校准来确定；最终校准值为 $\alpha_1 = -3.4488$，$\alpha_2 = 1.5606$，$\beta_{ir} = 1$ 时的 $\alpha_3 = 0.4791$。在 NCHRP 1-37A 建模方法中，假设这些是与沥青混合料无关的。图 11-2 给出了校准

NCHRP 1-37A 模型的预测和测量车辙的比较。注意，LTPP 截面中实际测量的车辙是总表面车辙；估计总表面车辙部分对于 HMA 车辙的贡献比例需要一些额外的假设。因此，R^2 值为 0.648 是相当不错的，特别是考虑到校准数据集中包含的现场条件的多样性。

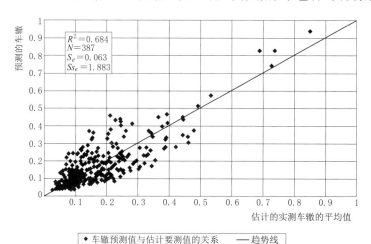

图 11-2　NCHRP 1-37A HMA 车辙模型的全国校准预测和预测的
实测沥青混凝土车辙（NCHRP 2004）

如前所述，式（11-15）形式的应变比模型意味着弹性应变归一化项捕获了所有应力水平/应力状态对永久变形的影响。有证据表明这种假设并不总是合适的。Uzan（2004）最近在以色列力学经验路面设计程序中实施了以下 HMA 永久变形的应力和温度相关应变比模型：

$$\log \frac{\varepsilon_p}{\varepsilon_r} = \alpha_0(\theta) + \alpha_1(\theta) \log\left(\frac{N}{\alpha_T}\right) + \alpha_2(\theta)\left[\log\left(\frac{N}{\alpha_T}\right)\right] \tag{11-18}$$

$$\log \alpha_T = -\frac{c_1[T - T_0 - f(p)]}{c_{20} + c_{21}\sigma_3 + T - T_0 - f(p)} \tag{11-19}$$

$$f(p) = c_{30} + c_{31}p \tag{11-20}$$

式中　α_i——体积应力 θ 的线性函数；

　　　c_{ij}——材料常数；

　　　σ_3——三轴重复加载永久变形试验中的水平应力；

　　　p——实验压力。

Uzan 指出，永久变形的温度平移因子 α_T 与动态模量的位移函数不同。

回归模型

这类模型与永久应变和应变比模型相似，因为它们通常具有一些力学内容，如计算应变或偏转水平。然而，也包括许多其他术语来解释沥青混合料的特性、环境变量和其他因素。这些其他术语仅与路面的力学响应间接相关。

也许最广为人知的回归方法是世界银行开发的公路开发和管理模型Ⅲ（HDM-Ⅲ）车辙性能模型（Paterson，1987；Kannemeyer 和 Visser，1995）。从概念上讲，模型可以预测车辙深度 $\Delta\mu_{RD}$ 和 $\Delta\sigma_{RD}$ 的均值和标准差的增量变化：

$$\Delta \mu_{RD} = Krf(t, \text{ESALs}, \text{SN}, \text{compaction}, \text{deflection}, \text{precipitation}) \qquad (11-21)$$

$$\Delta \sigma_{RD} = K_r f(\mu_{RD'}, \text{SN}, \text{ESALs}, \text{compaction}) \qquad (11-22)$$

式中　t——时间；

$\quad$ ESALs——标准轴载荷数；

$\quad\quad$ SN——结构编号；

$\quad\quad$ K_r——局部校准系数。

HDM-Ⅲ模型的力学输入是式（11-21）中计算的挠度，用于计算平均车辙深度的增量变化。然而，由于 HDM-Ⅲ模型的重点是粗糙度预测，平均车辙深度模型没有被直接使用，而是作为预测车辙深度标准偏差的输入，这只能用于预测路面粗糙度。

结论

如本节所述，提出了各种力学经验模型来预测 HMA 层中的车辙。迄今为止，还没有对这些不同模型对一组常见条件的预测进行系统比较。大多数模型都是根据非常有限的实验室和/或现场数据进行校准的。NCHRP 1-37A 模型可以说是目前 HMA 车辙的主要力学经验模型，这是因为它建立在许多早期工作的基础上，并且因为它对 LTPP 数据库中近 400 个现场试验段进行了强大的全国校准。NCHRP 1-37A 模型还包括一个明确的区域校准选项，以提高其预测的准确性。NCHRP 1-37A 车辙模型的改进将是即将进行的 NCHRP 项目 9-30A 的重点。

高级车辙本构模型

路面性能预测的力学-经验方法是目前纯粹的经验程序向前迈出的一步，因为它们解决了至少部分问题，即交通负荷和环境条件引起的路面应力和应变响应-使用基于力学的声音技术。尽管如此，力学-经验方法的整体准确性和稳健性仍然在很大程度上依赖于用于校准经验灾害模型组件的经验数据的数量和质量。超越力学-经验方法的下一步是完全力学的灾难预测。这就需要更为复杂的沥青混凝土本构模型，该模型不仅能捕捉材料的刚度，例如，在大多数力学经验方法中，多层弹性响应分析所需的刚度，还能捕捉材料的退化响应（例如随后的永久变形、开裂和其他缺陷）。在前面的章节中，对这种方法的论证进行了更详细的介绍。

沥青混凝土中永久变形和车辙的正确计算通常需要粘塑性本构模型。线性弹性模型的定义是不能产生永久变形。传统塑性模型可以有效地模拟均匀应力重复加载的第一个循环塑性应变，但通常无法预测后续加载循环中的额外增量塑性应变。即使有应变硬化，屈服面也会在第一个加载周期内完全扩展；在相同的载荷大小下，随后的载荷循环只会接触扩展后的屈服面，但不会造成额外的塑性流动。学者们还尝试了粘弹性模型（例如，Collop 等，1995；Hopman 等，1997；Long 和 Monismith，2002；Collop 等，2003），但这些模型需要（显式或隐式地）具有串联缓冲器的 Maxwell 型模型，以能产生永久变形。尽管这种粘弹性模型适用于粘弹性液体（例如沥青胶结料），但在一般三轴应力状态下（例如受限压缩）它并不能真实地捕捉粘弹性固体（例如沥青混凝土混合料）的行为。

弹粘塑性模型的主要组成部分包括一个流动面，该流动面定义了粘塑性流动和无流动条件之间的瞬时边界（通常是应力状态）；还包含一个流动法则，其定义了瞬时流动表面外应力状态的粘塑性应变速率；以及一个硬化（或软化）规则，其描述了由于材料响应而引起的流动表面的演变。注意，对于沥青混凝土，初始流动面通常很小，例如，粘塑性流动甚至在很小的应力水平下开始。

Gibson 等（2003a、2003b）、Gibson（2006）和 Schwartz 等（2004）描述了一种结合 Schapery 粘弹性连续损伤模型的沥青混凝土压缩粘塑性模型方法；Chehab 等（2003）提供了单轴拉伸下的一项相关研究。近年来，将 Schapery 模型应用于沥青混凝土性能各个方面的其他研究人员包括 Park 等（1996）、Kim 等（1997），Lee 和 Kim（1998a，1998b），Daniel 等（2002），Chehab 等（2004），以及 Lundstrom 和 Isacsson（2004）。

扩展 Schapery 公式的起点是将总应变 ε_t 标准划分为粘弹性 ε_{ve} 和粘塑性 ε_{vp} 分量：

$$\varepsilon_t = \varepsilon_{ve} + \varepsilon_{vp} \tag{11-23}$$

虽然 ε_{ve} 和 ε_{vp} 都可以包含微观结构损伤的贡献，但 Schapery 模型仅在粘弹性应变中包含损伤效应。线性粘弹性、粘塑性和损伤组件的具体模型公式在以下小节中描述。

线性粘弹性

根据本书第 4 章详细讨论的多个频率和温度下的小应变压缩动态模量试验确定的松弛模量主曲线描述了沥青混凝土的线性粘弹性特性。图 11-3 总结了的一个 12.5mm 密级配超级路面混合料的测量存储模量主曲线（超级路面模型团队，1999），该混合料由石灰石集料和未改性的 PG 64-22 胶结料组成。第 6 章所述的时温转换技术再将该存储模量主曲线转换为松弛模量主曲线。时间-温度叠加概念用于在小应变和大应变水平下将实际时间和温度结合成一个单一的缩短时间值（Schwartz 等，2002）。如第 6 章所述，松弛模量主曲线由与广义 M 元麦克斯韦粘弹性模型（无最终串联缓冲器）相对应的 Prony 级数表示：

$$E(t) = E_0 + \sum_{i=1}^{m} E_i e^{\frac{-t}{\rho_i}} \tag{11-24}$$

式中 E_i、ρ_i——每个并联麦克斯韦元件的弹簧常数和缓冲器松弛时间；

E_0——长期模量；

t——时间。

表 11-2 总结了与图 11-3 中的存储模量数据相对应的松弛模量 Prony 级数项。

表 11-2　　　　12.5mm 密级配超级路面混合料松弛模量 Prony 级数项

i	E_i/MPa	ρ_i	i	E_i/MPa	ρ_i
	$E_0 = 412.8$	—	7	2.96×10^3	3.465×10^{-1}
1	1.43×10	1.50×10^7	8	5.29×10^3	1.849×10^{-2}
2	3.21×10	8.01×10^5	9	6.53×10^3	9.869×10^{-4}
3	7.42×10	4.27×10^4	10	5.73×10^3	5.267×10^{-5}
4	1.80×10^2	2.28×10^3	11	3.85×10^3	2.811×10^{-6}
5	4.59×10^2	1.22×10^2	12	2.16×10^3	1.500×10^{-7}
6	1.23×10^3	6.49			

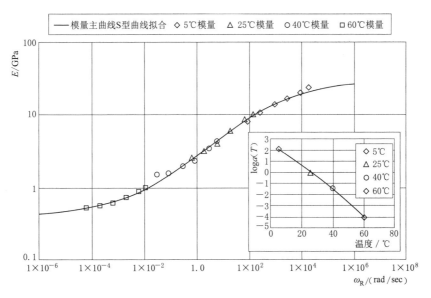

图 11-3　小应变动态模量测试得到的存储模量主曲线（12.5mm 密级配超级路面混合料）

粘塑性

粘塑性应变模型使用粘塑性应变速率的 Perzyna 型流动法则进行预测（Perzyna，1966）：

$$\frac{\mathrm{d}\varepsilon_{ij}^{vp}}{\mathrm{d}t} = \Gamma < f(G) > \frac{\partial F}{\partial \sigma_{ij}} \tag{11-25}$$

式（11-25）中，Γ 是概念上类似于粘度的流动性参数。函数 $<f(G)>$ 是一个超应力函数，控制粘塑性流动的大小；G 是多维应力空间中的流动表面 $G(\sigma_{ij})=0$，如果 $f(G) \leqslant 0$，则 $<>$ 括号表示零值，当 $f(G)>0$ 时，$<>$ 括号表示等于 $f(G)$ 的值。术语 $F(\sigma_{ij})=0$ 是多维应力空间中的势面；$\partial F / \partial \sigma_{ij}$ 梯度项要求粘塑性应变增量与势面垂直。广义粘塑性模型区分流动表面 $G(\sigma_{ij})=0$ 和势面 $F(\sigma_{ij})=0$。为简单起见，通常 G 和 F 采用相同的方程，导致所谓的相关流动粘塑性。

简单地说，式（11-25）规定粘塑性应变仅在施加的应力状态超出流动表面时才发展，并且应变速率的大小与应力状态在超出流动表面的程度成比例。诸如金属之类的材料可以通过仅依赖于剪切应力的流动表面来实际表示，例如 Von-Mises 理论。沥青材料更类似于粒状土工材料，其通过围压获得强度并且表现出剪胀。这些行为方面的真实建模需要依赖于剪切和约束应力的流动表面，例如 Drucker-Prager 或广义 Mohr-Coulomb 理论。Erkens（2002）、Erkens 等（2003）对流动表面与观察到的行为进行了更深入的讨论。通过改变流动表面的大小和形状作为跟踪变形历史的内部状态变量的函数，可以用这些理论模假应变硬化（和软化）材料，如沥青混凝土。

粘塑性或与速率相关的塑性应用的最大不同在于各种研究人员对流动表面，流动法则和硬化的实施。Erkens（2002）、Erkens 等（2003）、Huang 等（2002）、Levenberg 和

Uzan（2004）、Tashman 等（2003，2004）和 Park 等（2004）的著作中都有例子。采用分级单曲面（hiss）模型（Desai 和 Zhang，1987）作为本次研究的流动面。利用前面描述的扩展时间-温度叠加概念，式（11-25）可以改写为约化粘塑性应变速率的相关流动条件（即 $f=g$）：

$$\frac{\mathrm{d}\varepsilon_{ij}^{vp}}{\mathrm{d}t_R}=\Gamma<f(F)>\frac{\partial F}{\partial\sigma_{ij}}\tag{11-26}$$

其中约化时间 t_R 表示为：

$$t_R=\frac{t}{a(T)}\tag{11-27}$$

其中，$a(T)$ 是由大应变多应变速率和多温度常应变速率试验，或更简单地说，由小应变动态模量试验确定的温度平移因子函数（Schwartz 等，2002；Chehab 等，2002）。HISS 流动面 F 可以用应力不变量表示为：

$$F=0=J_{2D}-\{\gamma[I_1+R(\xi))^2-\alpha(\xi)(I_1+R(\xi)]^n\}\tag{11-28}$$

其中

$$\xi=\varepsilon_1^{vp}+\varepsilon_2^{vp}+\varepsilon_2^{vp}$$

式中　J_{2D}、I_1——常用的剪应力和体应力不变量。

　　　　γ、n——控制流动表面大小和形状的固定参数。

　　　　ξ——累积粘塑性应变轨迹，是一个非常简单的量化变形，用于硬化内部状态变量。

　　$R(\xi)$、$\alpha(\xi)$——控制盖帽表面大小和性质的参数。

随着硬化的累积，它们被调整，从而降低粘塑性流动的可能性。假设这些参数遵循简单的幂律或指数关系 $R(\xi)=R_0+R_A\xi^{k_2}$ 和 $\alpha(\xi)=\alpha_0 e^{\xi k_1}$。在这个公式中，必须假设一个小的初始未扰动表面作为起点。

通过反复试验，确定式（11-26）中 $f(F)$ 的最佳函数形式为

$$f(F)=A\left(\frac{F}{F_0'}-1\right)^N\tag{11-29}$$

式中，F 是主应力空间中从施加应力到静水压力轴的垂直于当前流动面方向的距离；F_0' 是静水压力轴到流动面距离的一部分。两者都是在当前时间步的开始时确定的。A 和 N 是从校准测试中确定的材料参数。从图 11-4 所示的示意图可以看出，随着流动面因硬化而膨胀，粘塑性流动的势逐渐减小。这正是在恒定蠕变载荷等实验中观察到的。

该模型通过循环蠕变和恢复试验进行校准，其中偏应力大小在进入下一个周期时增加。表 11-3 总结了这些试验的偏应力和围压应力以及加载历史，所有这些试验都是在 35℃ 的温度下进行的，在此温度

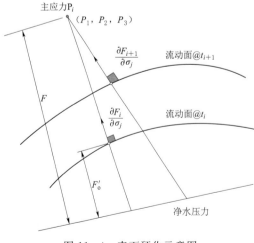

图 11-4　表面硬化示意图

下预计会有显著的粘塑性。对每种情况进行 3 次重复试验。在每个恢复期结束时，直接测量不可恢复的粘塑性应变。

表 11 - 3　　　　　　　　　　　粘塑性校准的循环蠕变和恢复试验

循环次数	偏应力/kPa	围压/kPa	0，250，500
1	19	温度/℃	35
2	35		
3	62		
4	106	蠕变时间/s	10
5	179		
6	303		
7	495	休息时间/s	100
8	818		
9	1354		

对式（11 - 28）和式（11 - 29）中模型参数给定一组初始估计值并利用非线性优化技术，反复迭代调整模型参数，直到测量和预测轴向应变和径向应变之间的平方和误差最小化。在校准过程中，确定需要修改式（11 - 29）中的参数，以增强约束诱导的粘塑性抑制。因此，A 参数被重新定义为以下函数：

$$A = \left(\frac{\theta}{\theta_{\text{REF}}} \right)^{k_3}$$

（11 - 30）

θ 角可以解释为当前应力矢量 I_1 相对于 $\sqrt{J_{2D}}$ 的倾角；参考角 θ_{REF} 对应于单轴应力路径角，其值为 0.528rad。

校准测试的预测应变与实测应变的拟合优度统计数据非常好，在轴向粘塑性应变分别为 0、250kPa 和 500kPa 受限测试下，轴向粘塑性应变的 $R^2 = 0.97$、0.93 和 0.96，相应的径向粘塑性应变分别为 0.98 和 0.82。校准后的模型参数总结见表 11 - 4。

表 11 - 4　　　　　　　　　　　校准的粘塑性模型参数

参数	G	G	n	N	α_0
值	10 - 7.5190	0.039525	2.25982	2.5533	0.0055485
参数	K_1	R_0	R_A	K_2	K_3
值	− 38.5093	23.0031	3756.6	0.54361	4.7736

多维粘塑性模型验证了在 35℃ 和 250kPa 围压条件下进行的约束循环蠕变和恢复试验。这些测试条件与用于模型校准的测试条件不同。在每个恢复期结束时测量累积粘塑性应变。如图 11 - 5 所示，预测的粘塑性累积应变与轴向和径向测量值非常吻合。

连续损伤

Ha 和 Schapery（1998）开发的连续损伤力学方法可以捕获由于微裂纹造成的材料损

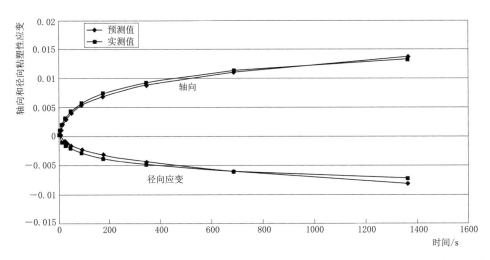

图 11 - 5　循环蠕变和恢复验证试验（围压 250kPa，试验温度 35℃）预测和测量的累积粘塑性应变

伤引起的非线性效应。Schapery 连续损伤模型的基本概念也在本卷第 7 章中描述。首先，利用弹性粘弹性对应原理，通过松弛模量的卷积积分计算假应变：

$$\varepsilon^R = \frac{1}{E_R} \int_0^{t_R} E(t_R - t'_R) \frac{\partial \varepsilon_{ve}}{\partial t'_R} \mathrm{d}t'_R \qquad (11-31)$$

式中　$E(t_R)$——松弛模量；

　　　　E_R——任意参考模量（通常采用单位 1）；

　　　　t_R——约化时间。

假应变能量密度函数 W^R 根据伪应变和损伤定义：

$$W^R = \frac{1}{2} C(S)(\varepsilon^R)^2 \qquad (11-32)$$

其中，$C(S)$ 为根据内部状态变量 S 定义的损伤函数。损伤函数 $C(S)$ 的范围从完整材料的 1 到完全损伤材料的 0（$E_R = 1$）。从应变能密度得出应力-应变关系：

$$\sigma = \frac{\partial W^R}{\partial \varepsilon^R} = C(S)\varepsilon^R \qquad (11-33)$$

请注意，当 $c = 1$ 且参考模量为单位 1 时，式（11-33）减少为线性粘弹性材料的应力-应变关系，而无损伤。

损伤演化规律控制损伤内部状态变量 S 的发展：

$$S = \frac{\partial S}{\partial t_R} = \left(-\frac{\partial W^R}{\partial S}\right)^\alpha \qquad (11-34)$$

其中，α 为物质常数，$a(T)$ 为松弛模量主曲线的时间-温度叠加的温度平移因子，以及

$$\mathrm{d}t_R = \frac{\mathrm{d}t}{a(T)} \qquad (11-35)$$

利用常应变速率试验标定了单轴连续损伤模型参数。试验在多个应变速率和低温下进行单轴压缩。低温试验用于最小化粘塑性效应。即使在 5℃ 下，也会产生一些微小的粘塑

性应变，但校准后的粘塑性模型可用于预测必须从总测量应变中减去的粘塑性成分。损伤函数 $C(S)$ 和 α 值的校准是通过 Gibson 等（2003）详述的非线性优化过程实现的；图 11-6 总结了 12.5mm 密级配超级路面沥青混合料的校准结果。损伤函数可以用级数形式表示为

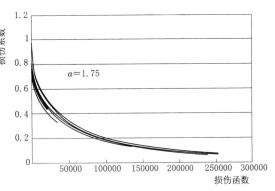

图 11-6　12.5mm 密级配超级路面沥青混合料的校准损伤函数

$$C(S) = \sum_{i=1}^{6} \frac{1}{i+3} e^{-a_i S} \quad (11-36)$$

表 11-5 总结了公式（11-36）中 12.5mm 密级配超级路面沥青混合料的校准 a_i 值。

表 11-5　　　　　12.5mm 密级配超级路面沥青混合料的损伤函数项

i	a_i	i	a_i
1	1.649×10^{-3}	4	1.766×10^{-5}
2	4.610×10^{-6}	5	1.243×10^{-4}
3	1.853×10^{-5}	6	2.489×10^{-5}

损伤模型的单轴形式可以用 Ha 和 Schapery（1998）的方法推广到带围压的三轴条件。从轴向假应变 ε_1^R 和围压 p 的双重假应变能量密度公式出发

$$W_D^R = \frac{1}{2} C_{11}(S)(\varepsilon_1^R)^2 + C_{12}(S)\varepsilon_1^R p + \frac{1}{2} C_{22}(S) p^2 \quad (11-37)$$

损伤线性粘弹性材料的本构关系可以表示为：

$$\Delta\sigma = \frac{\partial W_D^R}{\partial \varepsilon_1^R} = C_{11}(S)\varepsilon_1^R + C_{12}(S) p \quad (11-38)$$

$$\varepsilon_v^R = \frac{\partial W_D^R}{\partial \varepsilon_1^R} = C_{12}(S)\varepsilon_1^R + C_{22}(S) p \quad (11-39)$$

式中　W_D^R——双能密度；

　　　$\Delta\sigma$——偏应力（拉应力为正）；

　　　p——围压（压应力为正，三轴荷载条件下 $p = -\sigma_3$）；

　　　ε_1^R——轴向假应变（拉应力为正）；

　　　ε_v^R——体积假应变（膨胀为正）；

　　$C_{ij}(S)$——损伤函数；

　　　S——损伤内部状态变量。

利用对应原理，通过遗传卷积积分计算假应变量：

$$\varepsilon_1^R = \frac{1}{E_R} \int_0^{t_R} E(t_R - \tau_R) \frac{\partial \varepsilon_1}{\partial \tau_R} d\tau_R \quad (11-40)$$

$$\varepsilon_v^R = \frac{1}{K_R} \int_0^{t_R} K(t_R - \tau_R) \frac{\partial \varepsilon_v}{\partial \tau_R} d\tau_R \qquad (11-41)$$

式中，$E(t_R)$ 和 $K(t_R)$ 是约化时间 t_R 下的杨氏和体积松弛模量；以参考杨氏模量 E_R 为单位，从方程中约去；参考体积模量 K_R 对应于 $E_R=1$。方程（11-38）和方程（11-39）在 $S \to 0$ 处的极限情况对应于未损坏的线性粘弹性状态。对于各向同性条件：

$C_{11}(S) \to E_R$ 和 $S \to 0$，其中 E_R 为应力与假应变关系中的参考模量（在本工作中采用单位 1）；

$C_{12}(S) \to (1-2\nu_0)$ 和 $S \to 0$，其中 ν_0 是初始泊松比；

$C_{22}(S) \to -\dfrac{2}{E_R}(1-2\nu_0)(1+\nu_0)$ 和 $S \to 0$。

确定 $C_{12}(S)$ 关系的最直接方法是将式（11-39）应用于无侧限恒定速率压缩试验，其中 $p=0$，得到：

$$C_{12}(S) = \frac{\varepsilon_v^R}{\varepsilon_1^R} \qquad (11-42)$$

一旦 $C_{11}(S)$ 和 $C_{12}(S)$ 都已知，剩余的 $C_{22}(S)$ 损伤函数可以使用带围压的恒定应变速率压缩试验和公式（11-39）确定。表 11-6 和表 11-7 分别总结了 $C_{11}(S)$ 和 $C_{12}(S)$ 的假定函数形式以及 12.5mm 超级路面密级配沥青混合料的校准系数；校准程序详情见 Gibson（2006）。

表 11-6　校准的 $C_{12}(S)$ 损伤函数，常数 $\alpha=1.75$

$C_{12}(S) = c_1 + \dfrac{c_2}{1 + e^{c_3(\log S + c_4)} + c_5}$	
c_1	-0.262
c_2	162.634
c_3	1.304
c_4	753.676
c_5	1.53

表 11-7　校准 $C_{22}(S)$ 损伤函数和常数，$\alpha=1.75$

$C_{22}(S) = a + bS + cS^2$	
a	-1.3700
b	-3.3085×10^{-4}
c	4.6979×10^{-10}

在 10℃ 和 250kPa 的围压条件下进行的破坏试验中，验证了多维损伤模型公式。这些试验条件与模型校准所用的试验条件不同。在该温度和围压条件下，粘塑性得到有效抑制，因此测得的应变仅对应线性粘弹性和连续损伤分量。轴向和径向的结果如图 11-7 所示。预测的偏应力随轴向和径向应变的变化与实测结果非常吻合。

模型验证

最后的组合模型（粘弹性＋粘塑性＋损伤）通过不同于模型校准的室内试验进行了验证。图 11-8 和图 11-9 提供了模型验证的示例，其中总结了 25℃ 和 40℃ 下无侧限恒定应变速率破坏试验的预测应变与测量总应变。在这两个温度下，与校准模型试验明显不同的是，所有应变分量（线性粘弹性、损伤和粘塑性）都具有显著的量值。如图 11-8 和图 11-9 所示，预测和测量的总响应之间有很好的一致性。总应变最初略低估，但预测值在峰值和峰值区域附近有所改善。预测值和测量值之间的差异在远离峰后区域增加，但这是由于损伤局部化和宏观裂纹的发展，此时连续损伤理论不再适用。

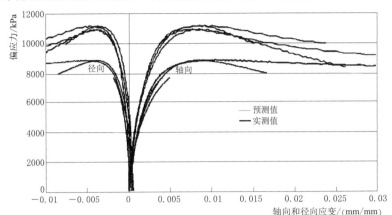

图 11-7　测量和预测轴向和径向应变与偏应力的关系（10℃，围压 250kPa）

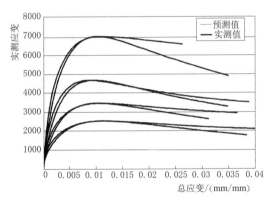

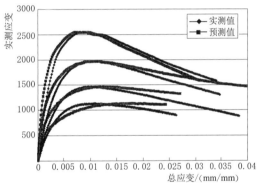

图 11-8　25℃下控制应变速率试验的测量　　　图 11-9　40℃下控制应变速率试验的测量
　　　　应力与预测和测量的总应变　　　　　　　　　应力与预测和测量的总应变

　　综上所述，尽管目前柔性路面车辙的全力学预测仍处于或超出了目前的研究前沿，但近年来已取得了长足的进展，特别是在沥青混凝土的稳健本构模型方面。再加上不断增加的计算能力，这表明发展完全力学化的程序，至少作为研究工具，只是时间问题。

车辙简易性能试验

　　NCHRP 项目 9-19 的目标之一是推荐一个简单的性能测试，以补充高性能沥青路面混合料配合比设计程序。由于担心 Superpave 沥青混合料配合比设计程序完全基于沥青混合料的体积比例并且不包括任何直接测试方法来评估沥青混合料的永久变形抗性，因此需要进行简单的性能测试。

　　沥青混合料实验室测试可分为 3 大类：经验、性能相关和基于性能。像马歇尔稳定度这样的经验测试通常具有有限的用途，因为测试中测量的属性与性能无直接关系。与抗压强度等性能相关的测试测量的工程特性与混合料性能大致相关；然而，这些性质本身通常不足以作为各种沥青混合料类型的基本性能预测模型的基础。基于性能的测试可测量可用于各种本构模型的材料属性，以预测混合料对各种负载和环境条件的响应。基于性能的测试显然是进行简单性能测试的最佳选择。

　　基于性能的测试方法可以根据测试类型，荷载类型和荷载脉冲类型进行分类，见表11-8。为了在沥青混合料中的实验室测量应变与现场路面变形之间提供准确和真实的关系，在类似于现场的应力和环境条件下进行实验室测试是很重要的。需要考虑3个基本因素：

　　（1）给定地理位置的气候条件（例如，路面温度）。

　　（2）在路面使用寿命期间预期的交通水平（即重复次数），包括装载率。

　　（3）对于给定的路面结构，沥青混凝土层内的应力水平。

　　任何"简单"的性能测试都必须对这些基本因素的影响有敏感性。

表 11-8　　　　　　　　　　　　基于性能的测试方法的一般要素

测试类型或分类	加载类型	荷载脉冲类型
• 单轴或三轴压缩 • 间接拉伸 • 直接拉伸 • 单剪 • 直接剪切 • 静水压力 • 扭转或旋转 • 小梁弯曲	• 静力或蠕变 • 常应变速率 • 重复或循环加载 • 动态加载	• 无 • 方形 • 半正矢 • 正弦 • 三角形

　　在NCHRP项目9-19期间，对各种性能相关和基于性能的测试进行了评估，以确定它们是否适合作为永久变形和疲劳开裂的简单性能测试。本章的重点是永久变形，最终确定3项试验是评估沥青混合料抗永久变形能力最有成效的方法：动态模量试验、重复荷载永久变形试验和静态蠕变永久变形试验。动态模量作为沥青混合料永久变形抗力的简单性能指标的使用已在本书的第4章中描述过（参见 Pellinen，2001）。目前的讨论将集中在永久变形试验上。

静态蠕变永久变形试验

　　在静态蠕变试验中，沥青混合料的总应变与时间的关系是在实验室中在恒定应力条件下（通常是恒定的单轴应力）实验获得的。虽然蠕变试验已经在路面工程中使用了数十年，但 Hafez 将第三次变形的开始-定义为流动时间，确定为与混合料的抗永久变形能力强烈相关的性质。Hafez 的结果虽然成功且令人鼓舞，但受到限制，因为它们仅来自混合料的无限制测试，具有单一的集料级配（密级配），并且使用相对简单的仪器技术进行测量。Kaloush（2001）的后续工作重点是这些领域的改进。

评估流动时间

　　图11-10显示了计算的蠕变柔量 $D(t)=\varepsilon(t)/\sigma$ 和时间之间关系的典型测试结果。从该图中可以看出，蠕变柔量可分为3个主要阶段：第一阶段蠕变，第二阶段蠕变和第三阶

段流动。对于恒定的应力加载条件，蠕变应变速率和柔量变化在初级蠕变阶段期间随时间降低，在第二阶段蠕变阶段期间近似恒定，并且在第三阶段流动阶段期间增加。在低应力水平下，沥青混凝土主要表现出初级蠕变，即随着总应变达到渐近极限，蠕变速率缓慢降低到零。也表明，在低应力下，第二阶段的蠕变速率可能接近于零。在较高的应力水平下，恒定的第二阶段蠕变速率阶段将取决于所施加的应力的大小。

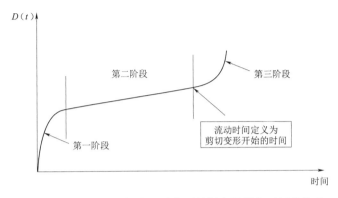

图 11 - 10　恒定应力蠕变试验典型的蠕变柔量与时间的关系

第三阶段流动阶段内蠕变柔量的大幅增加通常保持体积不变。因此，流动时间 F_t 定义为在恒定体积下剪切变形开始的时间。流动时间也可以看作是蠕变柔量与加载时间关系变化率的最小值。

Mirza 和 Witchzak（1994）根据蠕变试验数据确定流动时间的方法如下。每隔 10 的对数时间取 10 个采样点，采样间隔大致相等。然后，在特定时间 t_i，用二次多项式拟合最近的 5 个采样点（2 个在前和 2 个在 t_i 后），以消除测量噪声和可变性的影响：

$$D(t)_i = a + bt + ct^2 \tag{11-43}$$

式中　t——时间；

$D(t)_i$——在时间 t_i 的间隔内平滑的蠕变柔量；

a、b、c——回归系数。

取导数：

$$\frac{\mathrm{d}[D(t)_i]}{\mathrm{d}t} = b + 2ct \tag{11-44}$$

因此，在时间 t_i 时平滑的蠕变柔量的变化率等于 $b + 2ct_i$。通过在多个数据点重复上述过程，可以获得整个关注时间范围内的蠕变柔量变化率。蠕变柔量变化率为零的时间，即蠕变柔量变化开始增加的时间，定义为流动时间 F_t。

反复荷载永久变形试验

评估铺路材料永久变形特性的另一种常用方法是重复施加几千次荷载，并将累积永久变形记录为循环次数的函数〔例如，Monismith 等（1975）、Witchzak 和 Kaloush（1998）对单轴荷载；Brown 和 Cooper（1984）对受限条件〕。通常，在约 3h 的试验持续时间内施加 0.1s 和 0.9s 的半正矢脉冲载荷（静止时间）。该加载历史导致对试样施加大约 10000 个加载循环。

与蠕变试验一样，累积永久应变与荷载重复次数（对数空间）的关系曲线通常定义为 3 个区域：第一、第二和第三区域。类似地，在第三阶段流动开始时的负载循环被称为流动次数 F_N。

累积永久应变 ε_p 与荷载循环次数 N 的关系通常使用幂律关系来表征：

$$\varepsilon_p = aN^b \tag{11-45}$$

其中，a 和 b 与变换后的 $\log\varepsilon_p = \log a + b\log N$ 空间的截距和斜率有关。必须强调的是，a 和 b 参数是从累积塑性应变与荷载循环曲线的线性（对数空间）第二部分导出的，因此，忽略了初始初级瞬态响应和任何最终第三阶段失稳。数学模型的另一种形式可用于表征每次重复荷载的增量塑性应变 ε_{pn}：

$$\frac{d\varepsilon_p}{dN} = \varepsilon_{pn} = \frac{d(aN^b)}{dN} \tag{11-46}$$

或

$$\varepsilon_{pn} = abN^{(b-1)} \tag{11-47}$$

弹性应变 ε_r 通常假定与荷载循环次数 N 无关。因此，塑性应变与弹性应变之比可以表示为

$$\frac{\varepsilon_{pn}}{\varepsilon_r} = \left(\frac{ab}{\varepsilon_r}\right)N^{b-1} \tag{11-48}$$

将 $\mu = \dfrac{ab}{\varepsilon_r}$ 和 $\alpha = 1-b$ 代入得到：

$$\frac{\varepsilon_{pn}}{\varepsilon_r} = \mu N^{-\alpha} \tag{11-49}$$

在上述方程中 ε_{pm} 是由于第 N 次加载循环而产生的增量塑性应变；μ 表示 $N=1$ 时的永久弹性应变；α 决定了随着载荷循环的增加，永久性永久变形的减少率。如前所述，这是 Vesys 计划中采用的方法。

图 11-11 显示了遵循式（11-49）中关系的典型试验数据和每个循环的增量永久应变开始增加的流动点。

无侧限重复荷载试验不一定能真实反映沥青混合料的相对性能（Brown 和 Snaith，1974；Brown 和 Cooper，1984）。三轴重复加载永久变形试验得到的截距和斜率参数是垂直应力、围压和温度的函数。这些因素对流动次数或流动时间的系统影响目前尚不清楚。

测试问题

Witchzak 等（2000）进行的一项广泛研究解决了蠕变和重复荷载永久变形试验中重要的试样仪器和几何尺寸问题。在本研究中，试样长宽比和尺寸相对于标称最大集料尺寸的影响特别重要，因为实际实验室试样很少像理想的那样大。试样必须足够大，以便测量的响应与试样尺寸无关。

Witchzak 等（2000）得出的结论是，最小试样直径为 100mm，最小高径比为 1.5，

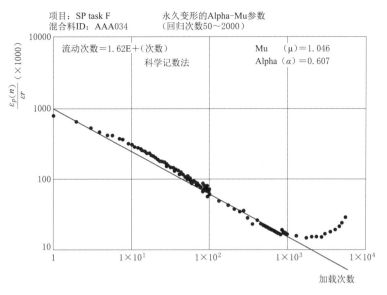

图 11-11　流动次数的确定

能够准确地表征标称集料尺寸高达 37.5mm 的混合料在第二区域的永久变形和第三阶段流动的开始。这些建议假定试样具有切割的平行端，这些平行端完全润滑以尽量减少端部约束。推荐的 LVDT 安装系统是直接粘在试样表面的螺柱，而不是其他研究人员以往使用的夹具。

实验方案

简单性能测试实验计划的第一阶段使用实验室制作的样品，使用 3 个实验点的原始施工材料：美国明尼苏达州试验路段（MNROAD）、弗吉尼亚州联邦高速公路（FHWA）特纳费尔班克研究设施的路快速加载试验机（ALF）试验路段，以及内华达州里诺附近的 Westrack 全尺寸试验设施。每一个试验场地都是为了研究各种路面结构和材料特性对路面性能的影响。

对每种混合料的至少两个重复试样进行静态蠕变和重复荷载永久变形试验。圆柱形试样的直径为 100mm（4.0 英寸），高度为 150mm（6.0 英寸）。试验在 37.8℃（100°F）和 54.4℃（130°F）两个温度下进行。在 69kPa、138kPa 和 207kPa（10psi、20psi 和 30psi）的偏应力水平下进行无侧限试验。带围压的试验通常在 138kPa（20psi）的围压和 828kPa（120psi）的偏应力水平下进行。

进行了广泛的统计分析，以确定和评估所有测量的实验室反应，它们与现场车辙深度测量的相关性。Kaloush（2001）总结了各试验参数的拟合优度统计和趋势合理性。结果表明，流动数 F_N 和流动时间 F_t 对不同混合料的性能有最好的区分。MnRoad 现场的示例如图 11-12 和图 11-13 所示；其他测试点的结果相似。对于相似的温度，压力和交通条件，较大的流动值具有更好的抗车辙性和稳定性。

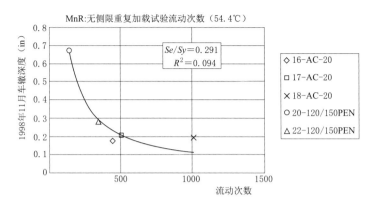

图 11-12　车辙深度与无侧限试验的重复流动次数、MinRoad 道路

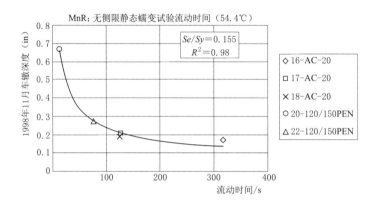

图 11-13　车辙深度与无侧限试验的流动时间、MinRoad 道路

这些重复荷载永久变形试验的结果是公式（11-14）中先前给出的力学经验车辙模型的基础。基于第三阶段流动开始时的 $\varepsilon_p/\varepsilon_r$ 比的统计分析，即在 $F=N$ 时，有侧限和无侧限试验的 $\varepsilon_p/\varepsilon_r$ 比的平均值为 55，破坏时的标准偏差为 20。这些数据还用于建立 F_N 与混合料体积特性、胶结料类型、温度和应力水平之间的经验关系：

$$F_N = (4.3237 \times 10^8) T^{-2.2150} \mu^{0.3120} V_{\text{beff}}^{-2.604} V_a^{-0.1525} \quad (R^2 = 0.72) \quad (11-50)$$

式中　T——温度，℉；

μ——70℉时的胶结料粘度，10^6 泊；

V_{beff}——按体积计的有效胶结料含量，%；

V_a——空隙率，%。

作为研究的一部分，还研究了流动次数与流动时间之间的相关性。这种相关性将在两个流动参数试验之间提供一个实际的联系，并将在制定适当的设计标准方面大有裨益。Kaloush（2001）的初步研究显示，这种关系取得了令人鼓舞的结果。Qayoum（2004）在 7 个地点对超过 64 种额外沥青混合料的受限和非受限试验结果进行了组合，以确定 F_N 和 F_t 之间的以下相关性：

$$\log(F_N) = 1.904 \log(F_t)^{0.5101} \quad (R^2 = 0.71) \quad (11-51)$$

配合比设计标准

　　理想情况下，图 11 - 12（或图 11 - 13）所示的结果可以用于制定抗车辙沥青混合料的配合比设计标准。Kaloush（2001）提出了一个初步的概念框架；Qayoum（2004）结合温度和交通水平影响发展了该框架。首先是观察到，混合料的车辙深度 RD 可以通过以下形式的幂律关系与约化流动次数 F_{Nr} 相关：

$$RD = a(F_{Nr})^b \tag{11-52}$$

其中，a 和 b 参数为沥青混合料特性和交通量的函数。图 11 - 14 显示了车辙深度、交通量和流动次数之间的假设关系，如式（11 - 52）所述。式（11 - 52）中的约化流动次数 F_{Nr} 是使用时间-温度叠加原理计算的：

$$F_{Nr} = \frac{F_N}{a(T)} \tag{11-53}$$

其中，F_{Nr} 为一个"约化"的流动次数（类似于动态模量测试中的约化时间或约化频率）；$a(T)$ 为一个温度偏移因子。Qayoum（2004）的研究结果表明，通过动态模量测试确定的 $a(T)$ 值足以改变流动次数。Qayoum 对 MNROAD、Westrack 和 FHWA ALF 现场的分析还表明，交通量对式（11 - 52）中 a 和 b 参数的影响可以通过以下关系来得到：

$$a = mN^{-n} \tag{11-54}$$

$$b = k\log(N) - l \tag{11-55}$$

其中，m、n、k 和 l 为常数，N 是 ESALs 中的交通水平。式（11 - 53）可以表示为

$$RD = mN^{-n}(F_{Nr})^{k\log(N)-l} \tag{11-56}$$

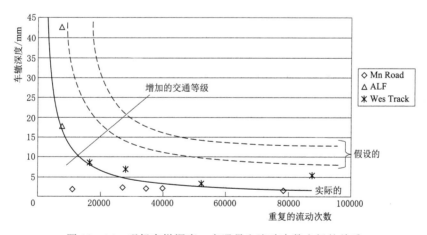

图 11 - 14　现场车辙深度、交通量和流动次数之间的关系

　　图 11 - 15 总结了公式（11 - 56）对四个交通水平下 7 个 MnRoad 的预测；R^2 值为 0.92，表明沥青车辙预测值与实测值吻合较好。如表 11 - 9 所示，其他试验场地的预测结果也与实测车辙一致。

　　图 11 - 15 和表 11 - 9 中的结果都是针对于单个现场段的单个沥青混合料。下一步是开发可应用于任何沥青混合料和/或任何场地的全局模型。目前正在为此开展工作。

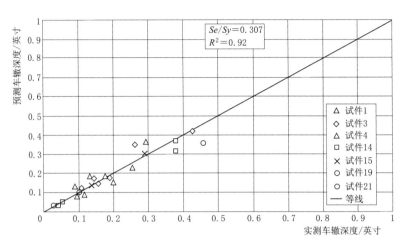

图 11-15 实测车辙深度与预测车辙深度的对比（MnRoad 拌和站，
使用所有单元，Qayoum，2004）

表 11-9　　　　　　　　　单个试验场地的最终车辙模型（Qayoum，2004）

测试现场	测试类型	车 辙 模 型	R^2	S_e/S_y
ALF 现场芯样	U	$R_d = 1.0989 * (N)^{0.3848} * (Fn)^{-0.0115} * \log(N)^{-0.3201}$	0.97	0.2
ALF 现场芯样	C	$R_d = 1.2552 * (N)^{1.6972} * (Fn)^{-02429} * \log(N)^{-0.25154}$	0.89	0.4
ALF 试验室混合料	U	$R_d = 1.4646 * (N)^{0.2718} * (Fn)^{0.1885} * \log(N)^{-0.4629}$	0.56	0.78
MnRoad 拌和站	U	$R_d = 1.2483 * (N)^{0.0425} * (Fn)^{0.1649} * \log(N)^{-1.3745}$	0.93	0.29
MnRoad 拌和站	C	$R_d = 1.20326 * (N)^{0.21255} * (Fn)^{0.28828} * \log(N)^{-1.58221}$	0.93	0.28
Westrack 拌和站	U	$R_d = 0.00341 * (N)^{0.36446} * (Fn)^{0.00304} * \log(N)^{-0.04683}$	0.89	0.35
Westrack 拌和站	C	$R_d = 0.00042 * (N)^{0.60852} * (Fn)^{0.05482} * \log(N)^{-0.18035}$	0.95	0.24

结论

简要介绍了目前沥青混合料车辙研究的三个领域：①力学经验建模方法，特别是
NCHRP 项目 1-37A 中性能预测和设计方法所采用的模型；②车辙问题的高级本构模型
方法，特别强调粘塑性和连续损伤模型；③开发简单的性能测试，以根据测得的基本工程
性能和响应识别沥青混合料在设计过程中的抗车辙潜力。

车辙预测的力学经验方法将路面应力和应变的力学计算与随后车辙的经验预测结合起
来。过去几十年来，人们提出了许多力学经验车辙模型，但大多数模型仅根据非常有限的
一组实验室和/或现场数据进行了校准，迄今为止，还没有对它们对一组常见条件的预测
进行系统的比较。NCHRP 1-37A 模型可以说是目前 HMA 车辙的主要力学经验模型，
这是因为它建立在许多早期工作的基础上，也因为它已经针对近 400 个现场试验段进行了
校准。NCHRP1-37A 模型还包括一个明确的区域校准选项，以提高其预测的准确性。

尽管力学经验车辙模型的全部潜力尚未充分挖掘，但其总体精度和稳健性将始终依赖于用于校准的经验数据的数量和质量。完全力学的损伤预测绕过了这一限制，但这需要更复杂的沥青混凝土行为本构模型。近年来，在捕捉粘弹性、粘塑性和损伤响应的材料模型方面取得了长足进步，这些是模拟沥青混凝土在其整个温度、载荷速率和应力条件下的行为所必需的。这些模型目前正被实现为三维非线性有限元程序，并应用于实际的测试和现场场景。

沥青混合料配合比设计中车辙敏感性的筛选是抗车辙路面设计的另一个重要内容。最近朝着简单性能试验的方向发展的原因是，超级路面混合料设计程序完全基于沥青混合料的体积配比，不包括任何评估沥青混合料永久变形抗力的直接试验方法。第三阶段流动破坏时间似乎是给定沥青混合料抗车辙一个很好的指标。这可以通过静态蠕变试验中测量的流动时间或重复荷载永久变形试验中测量的流动次数来量化。关于确定最小流动时间或流动数量的概念性准则目前正在正式化和验证中。

致谢

本章中描述的部分工作是作为 NCHRP 项目 1 - 37A "新建和修复路面结构设计指南开发 2002" 和 NCHRP 项目 9 - 19 "超级路面支护和性能模型管理" 的一部分进行的。A. Hanna 是 NCHRP 项目 1 - 37A 的项目经理；应用研究协会的 J. Hallen 是主要研究员，美国亚利桑那州的 M. W. Witchzak 是柔性路面团队的负责人。E. 哈里根是项目 9 - 19 的项目经理；美国亚利桑那州立大学的 M. W. Witchzak 是主要的研究者，美国马里兰大学的 C. W. Schwartz 和 Fugro/Bre 的 H. L. von Quintus（现与应用研究协会）是共同的研究者。本章所表达的意见仅为作者的意见。

参考文献

1. Asphalt Institute (1982), "Research and Development of the Asphalt Institute's Thickness Design Manual (MS - 1), 9th ed., " Research Report 82 - 2, College Park, Md.

2. Ayres, M. (1997), "Development of a Rational Probabilistic Approach for Flexible Pavement Analysis," Ph. D. dissertation, University of Maryland, College Park, Md.

3. Baladi, G. (1989), "Fatigue Life and Permanent Deformation Characteristics of Asphalt Concrete Mixes," Transportation Research Record 1227, Transportation Research Board, Washington, D. C.

4. Brown, S. F., and M. S. Smith (1974), "The Permanent Deformation Characteristics of a Dense Bitumen Macadam Subjected to Repeated Loading," journal of the Association of Asphalt Paving Technologists, Vol. 43, pp. 224 - 252.

5. Brown, S. F., and K. E. Cooper (1984), "The Mechanical Properties of Bituminous Materials for Road Bases and Base Courses," journal of the Association of Asphalt Paving Technologists, Vol. 53, pp. 413 - 439.

6. Chehab, G. R., Y. R. Kim, R. A. Schapery, M. W. Witczak, and R. Bonaquist (2003), "Characterization of Asphalt Concrete in Uniaxial Tension Using a Viscoelastoplastic Model," journal of the Association of Asphalt Paving Technologists, Vol. 72, pp. 315 - 355.

7. Chehab, G. R., Y R. Kim, M. W Witczak, and R. Bonaquist (2004)," Prediction of Thermal Cracking Behavior of Asphalt Concrete Using the Viscoelastoplastic Continuum Damage Model," 83rd Annual Meeting of the Transportation Research Board, Washington, D. C., January.

8. Chen, D. H., M. Zaman, and J. G. Laguros (1994),"Assessment of Distress Models for Prediction of Pavement Service Life, Infrastructure: New Materials and Methods of Repair," Proceedings of the 3rd Materials Engineering Conference, ASCE, San Diego, Calif., pp. 1073 - 1080.

9. Claessen, A. I. M., J. M. Edwards, P. Somme, and P. Uge (1977),"Asphalt Pavement Design: The Shell Method," Proceedings, 4th International Conference on the Structural Design of Asphalt Pavements, University of Michigan, Ann Arbor, Mich., Vol. I, pp. 39 - 74.

10. Collop, A. C., D. Cebon, and M. S. A. Hardy (1995),"Viscoelastic Approach to Rutting in Flexible Pavements," journal of Transportation Engineering, ASCE, Vol. 121, No. 1, January/February, 1995, pp. 82 - 93.

11. Collop, A. C., A. Scarpas, C. Kasbergen, and A. De Bondt (2003)," Development and Finite Element Implementation of Stress - Dependent Elastoviscoplastic Constitutive Model with Damage for Asphalt," Transportation Research Record, No. 1832, Washington D. C., pp. 96 - 104.

12. Daniel, J. S., Y. R. Kim, S. Brown, G. Rowe, G. Chehab, and G. Reinke (2002),"Development of a Simplified Fatigue Test and Analysis Procedure Using a Viscoelastic, Continuum Damage Model," journal of the Association of Asphalt Paving Technologists, Vol. 71, pp. 619 - 650.

13. Deacon, J. A., J. T. Harvey, I. Guada, L. Popescu, and C. L. Monismith (2002)," Analytically Based Approach to Rutting Prediction," Transportation Research Record, No. 1806, Washington, D. C., pp. 9 - 18.

14. Desai, C. S., S. Somasundaram, and G. Frantziskonis (1986),"A Hierarchical Approach for Constitutive Modeling of Geologic Materials," International journal for Numerical and Analytical Methods in Geomechanic, Vol. 10, No. 3, pp. 225 - 257.

15. Desai, C. S., and D. Zhang (1987),"Viscoplastic Model for Geologic Materials with Generalized Flow Rule," International journal for Numerical and Analytical Methods in Geomechanics, Vol. 11, pp. 603 - 662.

16. El - Basyouny, M. M. (2004),"Calibration and Validation of Asphalt Concrete Pavements Distress Models for 2002 Design Guide," Ph. D. dissertation, Arizona State University, Tempe, Ariz.

17. Erkens, S. M. J. G. (2002)," Asphalt Concrete Response - Determination, Modeling, and Prediction," Ph. D. dissertation, Delft University of Technology, Delft, The Netherlands.

18. Erkens, S. M. J. G., X. Liu, T. Scarpas, A. A. A. Molenaar, and J. Blaauwendraad (2003)," Modeling of Asphalt Concrete - Numerical and Experimental Aspects," Recent Advances in Materials Characterization and Modeling of Pavement Systems, in: E. Tutumluer, Y. M. Najjar, and E. Masad, ed., Geotechnical Special Publication No. 123, ASCE, Reston, Va., pp. 160 - 177.

19. Gibson, N. H. (2006),"A Viscoelastoplastic Continuum Damage Model for the Compressive Behavior of Asphalt Concrete," Ph. D. dissertation, University of Maryland, College Park, Md.

20. Gibson, N. H., C. W. Schwartz, R. A. Schapery, and M. W. Witczak (2003a),"Viscoelastic, Viscoplastic, and Damage Modeling of Asphalt Concrete in Unconfined Compression," Transportation Research Record, No. 1860, Washington, D. C., pp. 3 - 15.

21. Gibson, N. H., C. W. Schwartz, R. A. Schapery, and M. W. Witczak (2003b),"Confining Pressure Effects on Viscoelasticity, Viscoplasticity, and Damage in Asphalt Concrete," Proceedings, 16th ASCE Engineering Mechanics Conference, Seattle, Wash., July.

22. Ha, K., and R. A. Schapery (1998),"A Three - Dimensional Viscoelastic Constitutive Model for Par-

ticulate Composites with Growing Damage and Its Experimental Verification," International journal of Solids and Structures, Vol. 35, No. 26 – 27, pp. 3497 – 3517.

23. Hafez, I. (1997),"Development of a Simplified Asphalt Mix Stability Procedure for Use in Superpave Volumetric Mix Design," Ph. D. dissertation, University of Maryland, College Park, Md.

24. Hopman, P, R. Nilsson, and A. Pronk (1997),"Theory, Validation, and Application of the Visco – Elastic Multilayer Program VEROAD," Proceedings, 8th International Conference on Asphalt Pavement, Seattle, Wash. , Vol. I, pp. 693 – 706.

25. Huang, B. , L. Mohammad, W. Wathugula, and H. Paul (2002),"Development of a Thermo – Viscoplastic Constitutive Model for HMA Mixtures," journal of the Association of Asphalt Paving Technologists, Vol. 71, pp. 594 – 618.

26. Kaloush, K. E. (2001),"Simple Performance Test for Permanent Deformation of Asphalt Mixtures," Ph. D. dissertation, Arizona State University, Tempe, Ariz.

27. Kannemeyer, L. , and A. T. Visser (1995),"Calibration of HDM – Ⅲ Performance Models for Use in Pavement Management of South African National Roads," Transportation Research Record, No. 1508, Washington, D. C. , pp. 31 – 38.

28. Kenis, W. J. (1977),"Predictive Design Procedures: A Design Method for Flexible Pavements Using the VESYS Structural Subsystem," Proceedings, 4th International Conference on the Structural Design of Asphalt Pavements, Ann Arbor, Mich. , Vol. 1.

29. Kenis, W J. , J. A. Sherwood, and T. F. McMahon (1982),"Verification and Application of the VESYS Structural Subsystem," Proceedings, 5th International Conference on the Structural Design of Asphalt Pavements, Delft, The Netherlands, Vol. 1, pp. 333 – 346.

30. Kenis, W. J. (1988),"The Rutting Models of VESYS," Proceedings, 25th Conference on Paving and Transportation, 25th Conference on Paving and Transportation, Albequerque, N. Mex. , January.

31. Kenis, W. J. , and W Wang (1997),"Calibrating Mechanistic Flexible Pavement Rutting Models from Full Scale Accelerated Tests," Proceedings, 8th International Conference on Asphalt Pavements, Seattle, Wash. , Vol. I, pp. 663 – 672.

32. Kim, Y R. , H. J. Lee, and D. N. Little (1997),"Fatigue Characterization of Asphalt Concrete Using Viscoelasticity and Continuum Damage Theory," journal of the Association of Asphalt Paving Technologists, Vol. 66, pp. 520 – 569.

33. Leahy, R. B. (1989),"Permanent Deformation Characteristics of Asphalt Concrete," Ph. D. dissertation, University of Maryland, College Park, Md.

34. Lee, H. J. , and Y R. Kim (1998a),"Viscoelastic Constitutive Model for Asphalt Concrete under Cyclic Loading," journal of Engineering Mechanics, ASCE, Vol. 124, No. 1, January, pp. 32 – 40.

35. Lee, H. J. , and Y. R. Kim, (1998b),"Viscoelastic Continuum Damage Model of Asphalt Concrete with Healing," journal of Engineering Mechanics, ASCE, Vol. 124, No. 11, November, pp. 1224 – 1232.

36. Levenberg, E. , and J. Uzan (2004),"Triaxial Small – Strain Viscoelastic – Viscoplastic Modeling of Asphalt Aggregate Mixes," Mechanics of Time Dependent Materials, Vol. 8, No. 4, pp. 365 – 384.

37. Long, F. , and C. L. Monismith (2002),"Use of a Nonlinear Viscoelastic Constitutive Model for Permanent Deformation in Asphalt Concrete Pavements," 3D Finite Element Modeling of Pavement Structures, in: A. Scarpas and S. N. Shoukry, eds. , Proceedings, 3rd International Syposium on 3D Finite Element for Pavement Analysis, Design, and Research, Amsterdam, The Netherlands, pp. 91 – 110.

38. Lundstrom, R. , and U. Isacsson (2004),"An Investigation of the Applicability of Schapery's Work

Potential Model for Characterization of Asphalt Fatigue Behavior," journal of the Association of Asphalt Paving Technologists, Vol. 73, pp. 657 – 687.

39. May, R. W., and M. W. Witczak (1992),"An Automated Asphalt Concrete Mix Analysis System," Proceedings of the Association of Asphalt Paving Technologists, Vol. 61, Charleston, S. C.

40. Mirza, M. W, and M. W. Witczak (1994), Bituminous Mix Dynamic Material Characterization Data Acquisition and Analysis Programs Using 458. 20 MTS Controller, Program Backgroundand Users Guide, University of Maryland, College Park, Md.

41. Monismith, C. L., N. Ogawa, and C. Freeme (1975),"Permanent Deformation of Subgrade Soils due to Repeated Loadings," Transportation Research Record, No. 537, Washington, D. C., pp. 1 – 17.

42. NCHRP (2004),"Mechanistic – Empirical Design of New and Rehabilitated Pavement Structures," NCHRP Project 1 – 37A Draft Final Report, Transportation Research Board, National Research Council, Washington, D. C.

43. Park, S. W, Y R. Kim, and R. A. Schapery (1996),"A Viscoelastic Continuum Damage Model and Its Application to Uniaxial Behavior of Asphalt Concrete," Mechanics of Materials, Vol. 24, pp. 241 – 255.

44. Park, D. W., A. Epps – Martin, and E. Masad (2004),"Simulation of Permanent Deformation Using an ElasticViscoplastic Constitutive Relation," Proceedings of the Second International Conference on Accelerated Pavement, Minneapolis, Minn.

45. Paterson, W. D. O. (1987), Road Deterioration and Maintenance Effects: Models for Planning and Management, The World Bank, Washington, D. C.

46. Pellinen, T. K. (2001),"Investigation of the Use of Dynamic Modulus as Indicator of Hot – Mix Asphalt Performance," Ph. D. dissertation, Arizona State University, Tempe, Ariz.

47. Perzyna, P. (1966),"Fundamental Problems in Viscoplasticity," Advances in Applied Mechanics. , 9, pp. 243 – 377.

48. Pidwerbesky, B. D., B. D. Steven, and G. Arnold (1997),"Subgrade Strain Criterion for Limiting Rutting in Asphalt Pavements," Proceedings, 8th International Conference on Asphalt Pavement, Seattle, Wash, Vol. II, pp. 1529 – 1544.

49. Powell, W. D., J. F. Potter, H. C. Mayhew, M. E. Nunn (1984),"The Structural Design of Bituminous Pavements," TRRL Laboratory Report 1132, Transport and Road Research Laboratory, U. K.

50. Qayoum, M. M. (2004),"Investigations for Using the Repeated Load Permanent Deformation Test in a Design Criteria for Asphalt Mixtures," M. S. thesis, Arizona State University, Tempe, Ariz.

51. Qi, X. , and M. W Witczak (1998),"Time – Dependent Permanent Deformation Models for Asphaltic Mixtures," Transportation Research Record, No. 1639, Washington, D. C., pp. 89 – 93.

52. Rauhut, B. J. (1980),"Permanent Deformation Characterization of Bituminous Mixtures for Predicting Pavement Rutting," Transportation Research Record, No. 777, Washington, D. C., pp. 9 – 14.

53. Shell International Petroleum Co., Ltd. (1978), Shell Pavement Design Manual, Shell International Petroleum Co., Ltd., London.

54. Schwartz, C. W., N. H. Gibson, R. A. Schapery, and M. W. Witczak (2002),"Time – Temperature Superposition for Asphalt Concrete at Large Compressive Strains," Transportation Research Record, No. 1789, Washington, D. C., pp. 101 – 112.

55. Schwartz, C. W., N. H. Gibson, R. A. Schapery, and M. W. Witczak (2004),"Viscoplasticity Modeling of Asphalt Concrete Behavior," Recent Advances in Materials Characterization and Modeling of Pavement Systems, in: E. Tutumluer, Y. M. Najjar, and E. Masad, eds., Geotechnical Special

Publication No. 123，ASCE，Reston，Va. ，pp. 144 – 159.

56. Shook，J. F. ，F. N. Finn，M. W. Witczak，and C. L. Monismith（1982），" Thickness Design of Asphalt Pavements – The Asphalt Institute Method," Proceedings，5th International Conference on the Structural Design of Asphalt Pavements，Delft University of Technology，Delft，The Netherlands，Vol. I，pp. 17 – 44.

57. Superpave Models Team（1999），Volumetric Design of Standard Mixtures Used by the University of Maryland Models Team，Internal Team Report. SUPERPAVE Support and Performance Models Management，NCHRP Project 9 – 19，Department of Civil Engineering，University of Maryland，College Park，Md.

58. Tashman，L. ，E. Masad，H. Zbib，D. Little，and K. Kaloush（2003），" Anisotropic Viscoplastic Continuum Damage Model for Asphalt Mixes," Recent Advances in Materials Characterization and Modeling of Pavement Systems，in：E. Tutumluer，Y. M. Najjar，and E. Masad，eds. ，Geotechnical Special Publication No. 123，ASCE，Reston，Va. ，pp. 111 – 125.

59. Tashman，L. ，E. Masad，H. Zbib，D. Little，and K. Kaloush（2004），" Anisotropic Viscoplastic Continuum Damage Model for Asphalt Mixes," Recent Advances in Materials Characterization and Modeling of Pavement Systems，ASCE Geotechnical Special Publication，No. 123，pp. 111 – 125.

60. Timm，D. H. ，and D. E. Newcomb（2003），"Calibration of Flexible Pavement Performance Equations for Minnesota Road Research Project," Transportation Research Record，No. 1853，National Research Council，Washington，D. C.

61. Uzan，J. （2004），"Permanent Deformation in Flexible Pavements," journal of Transportation Engineering，ASCE，Vol. 130，No. 1，January/February，pp. 6 – 13.

62. Verstraeten，J. ，V Veverka，and L. Francken（1982），"Rational and Practical Designs of Asphalt Pavements to Avoid Cracking and Rutting," Proceedings，5th International Conference on the Structural Design of Asphalt Pavements，Delft，The Netherlands.

63. Witczak，M. W，and K. E. Kaloush（1998），"Performance Evaluation of Asphalt Modified Mixtures Using Superpave and P – 401 Mix Gradings," Technical Report to the Maryland Department of Transportation，Maryland Port Administration，Baltimore，Md.

64. Witczak，M. W，R. Bonaquist，H. Von Quintus，and K. Kaloush（2000），"Specimen Geometry and Aggregate Size Effects in Uniaxial Compression and Constant Height Shear Tests," journal of the Association of Asphalt Paving Technologists，Vol. 69，pp. 733 – 793.

第五部分

疲劳裂纹与水损害模型

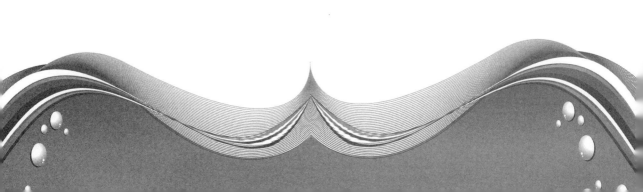

第12章　基于表面能的沥青混凝土性能微观机理建模

Dallas N. Little，Amit Bhasin，Robert L. Lytton

摘要

　　用 Wilhelmy 圆盘法和通用吸附装置（简称 USD）分别准确的测量沥青胶结料和集料的表面能。表面能有两主要组成部分：一部分是酸碱极性分量；另一部分是非极性 Lifshitz - van der Waals 分量，这从根本上关系到沥青混合料的开裂和愈合。在微观力学模型中，表面能的这些组成部分可用于预测沥青混凝土的疲劳行为。沥青胶结料与集料的表面能用来计算沥青胶结料的内聚强度以及与集料的粘结力。计算出的粘结力可以用来准确预测沥青混凝土的水损害性能。

介绍

　　Little 等（2001）、Lytton 等（2001）、Kim（1988）和 Kim 等（1994，1997）等，在开裂愈合第一性原理、粘弹性原理和连续损伤理论基础上开发了一系列的力学理论，用来对公路路面的疲劳寿命进行建模。Lytton 等（2001）计算出，自愈效应在试验室和现场疲劳模型之间的平移因子中起很大作用，这个平移因子可以在 3～100 变化。Little 等（1993）研究发现，沥青胶浆的自愈能力受沥青胶浆的组成和化学性质影响很大。Kim 等（1994）在试验室和室外（工地）都验证了沥青混凝土的自愈具有可测量性和可重复性。Little 等（1999）还发现，沥青路面的疲劳损伤和自愈与沥青-集料体系的表面能特性直接相关。

　　固体或液体的表面能被定义为，在真空中产生单位面积的新的表面所需要的能量。这个定义更确切的说法是表面自由能。然而在本章中，采用表面能这个简洁的术语。表面能理论在许多表面物理化学书籍中都有论述并且在胶体、润滑、胶粘涂层和油漆工业中得到了广泛的应用。测量表面能的方法有很多种，如最大气泡压力法、Wilhelmy 板、悬滴和静滴法（Adamson，1997）。通用气体吸附法和 Wilhelmy 板这两种方法，分别用来测量集料和沥青的表面能。通用气体吸附法利用特定探针蒸汽在集料表面的吸附特性来间接测定集料的表面能。该方法适用于表面形状不规则、大小各异、矿物以及表面粗糙的集料。Wilhelmy 板法能够测量沥青胶结料和探针液体之间前进和后退的接触角，通过接触角进而分别计算出前进和后退时的表面能。

　　表面能理论也能用于沥青混凝土水损害模型（Chen，1997）。在有水情况下，水损害与沥青-集料系统中的内聚和粘附破坏过程直接相关，内聚和粘附破坏过程取决于沥青和集料的表面能特性。

　　测量沥青胶结料和集料的表面能可用于计算沥青胶结料（或胶浆）的内聚强度，以及沥青胶结料（或胶浆）与集料之间的粘附强度。表面能与断裂与愈合从根本上相关。利用这些材料的表面能，可以确定水从其与集料的界面上置换沥青胶结料的热力学势。这种热力学势与沥青混合料水损害引起的剥落有根本的联系。因此，作为材料的性质，表面能是微观力学模型不可缺少的组成部分。此外，德克萨斯农机大学的研究表明，可使用通用吸附装置测量水的扩散速度和沥青胶结料的持水能力。这些性质可以用来定义水迁移到沥青胶结料中引起的流变变化，对于评估水分对混合料流变性的影响，并最终评估水分损害是至关重要的。

　　为了验证表面能对疲劳模型在包括自愈效应、水损害模型等方面的影响。Kim 等（2002）做了一系列关于细集料（1.18mm 以下）沥青混合料（FAM）和全集料沥青混合料的力学试验。基于表面能理论的模型结果与使用 FAM 和沥青混合料进行的力学试验结果一致。

基本理论

Schapery 的粘弹性断裂力学基本定律

　　Schapery（1984）等建立的内聚断裂力学的基本关系是从断裂的第一原理得出的：

$$2\gamma_f = E_R \gamma D_f(t_d) J_v \qquad (12-1)$$

式中　γ_f——裂缝表面的表面能，FL^{-1}；

　　　E_R——参考模量；

　$D_f(t_d)$——加载时的拉伸蠕变柔量，t_d 是裂缝移动一定距离需要的时间，该距离等于裂缝尖端前进行区的长度；

　　　J_v——粘弹性 J 积分，即从一个拉伸荷载循环到下一个拉伸荷载循环时单位裂纹面积的耗散伪应变能的变化。

　　式（12-1）遵守（符合）热力学第一定律。方程右边的能量输入被转移到新产生的裂缝表面。这个能量用等式的左边表示。

　　对于式（12-1）可以得出一个符合逻辑的推论，这里愈合的表面能（润湿）$2r_h$ 与愈合的能量 $[E_R D_h(t_u) H_v]$ 是相关的。在这个能量项中，D_h 为压缩柔量，他与将裂缝面推回到一起有关；H_v 是断裂 J-积分愈合的必然结果。

表面能

　　固体（沥青或者集料）的表面能由非极性部分和酸碱极性部分组成（Good 和 van Oss，1991；Good，1992）。式（12-2）表示总的表面能及组成：

$$\gamma = \gamma^{LW} + \gamma^{AB} \qquad (12-2)$$

式中　γ——沥青或集料的表面能，FL/L^2；

γ^{LW}——表面能的 Lifshitz - van der Waals 分量，FL/L^2；

γ^{AB}——表面能的酸碱组分，FL/L^2。

The Lifshitz - van der Waals 至少有 3 个部分组成：London 色散力、Debye 诱导力和 Keesom 方向力。London 色散力是相邻电子壳层之间的引力。这是一种诱导偶极对诱导偶极相互作用。Debye 诱导力是由一个偶极在邻近分子中感应偶极而产生的。Keesom 方向力是有两个相互作用的偶极产生（Maugis，1999）。酸碱相互作用包括电子给体（质子受体）-电子受体（质子供体）的所有相互作用，包括氢键。为了定量地预测酸碱相互作用，Good 和 van Oss（1991）假设酸碱项 γ^{AB} 分解为路易斯酸和路易斯碱两个表面参数。

在 γ^{AB} 和它的组成表示为式（12 - 3）：

$$\gamma^{AB} = 2\sqrt{\gamma^+ \gamma^-} \tag{12-3}$$

式中　γ^+——表面相互作用的 Lewis 酸性分量；

γ^-——表面相互作用的 Lewis 碱性分量。

文献中研究人员提出了几种测量沥青-集料系统的表面能方法。Elphingstone（1997）和 Cheng 等（2001）用 Wilhelmy 板技术测量了不同类型的沥青胶结料的表面能。Li（1997）测量了各种欧洲集料的表面能。Cheng 等（2001）用 USD 技术测量了一些在美国南部广泛使用的集料的表面能。Little 和他的同事分别对测量沥青胶结料和集料表面能的 Wilhelmy 板和 USD 分析试验技术做了几处改进（Little 和 Bhasin，2006；Hefer 等，2006；Bhasin 和 Little，2006）。这个改进的技术在美国不同地方被用来测量各种沥青胶结料和集料的表面能（Little 和 Bhasin，2006；Bhasin 等，2007）。

粘附和内聚

路面裂缝通常发生在沥青集料界面或者沥青胶浆（沥青与小于 $75\mu m$ 的填料）内部。沥青胶结料与集料的界面强度称为粘附强度。胶结料内部的强度叫做内聚力。从热力学角度，结合键能 ΔG_I^C 是沥青胶结料在真空中产生一个单位面积的裂缝所需要的能量。内聚能和表面能的关系是（Good 在 1992 年和 1997 年研究出的）：

$$\Delta G_I^C = 2\gamma_i \tag{12-4}$$

与表面能类似，内聚能也是由两部分组成：Lifshitz - van der Waals 部分，ΔG_I^{cLW}，和酸碱部分，ΔG_I^{cAB}，如式（12 - 5）所示：

$$\Delta G_I^C = \Delta G_I^{cLW} + \Delta G_I^{cAB} \tag{12-5}$$

粘附功表示在真空中两个不相同的物体（胶浆-集料）界面产生单位面积裂缝所需要的能量。粘附功通过式（12 - 6）和式（12 - 7）进行定义：

$$\Delta G_{ij}^a = \gamma_i + \gamma_j - \gamma_{ij} \tag{12-6}$$

$$\Delta G_{ij}^a = \Delta G_{ij}^{aLW} + \Delta G_{ij}^{aAB} \tag{12-7}$$

这里 γ_{ij} 是两个不同材料 i，j 之间的界面能，这两个组分之间的界面能如式（12 - 8）所示：

$$\gamma_{ij} = \gamma_{ij}^{LW} + \gamma_{ij}^{AB} \tag{12-8}$$

表面能的 Lifshitz – van der Waals 部分用 Berthelot 几何平均计算如下（Good，1992）。

$$\gamma_{ij}^{LW} = \left(\sqrt{\gamma_i^{LW}} - \sqrt{\gamma_j^{LW}} \right)^2 \tag{12-9}$$

$$\Delta G_{ij}^{aLW} = 2\sqrt{\gamma_i^{LW}\gamma_j^{LW}} = \sqrt{\Delta G_i^{cLW}}\Delta G_j^{cLW} \tag{12-10}$$

式（12-11）和式（12-12）根据酸碱的互补性定义了表面能的酸碱部分。

$$\gamma_{ij}^{AB} = 2\left(\sqrt{\gamma_i^+} - \sqrt{\gamma_j^+} \right)\left(\sqrt{\gamma_i^-} - \sqrt{\gamma_j^+} \right) \tag{12-11}$$

$$G_{ij}^{aAB} = 2\sqrt{\gamma_i^+\gamma_j^-} + 2\sqrt{\gamma_i^-\gamma_j^+} \tag{12-12}$$

粘附功和内聚能的大小决定了裂缝可能的断裂方式。

沥青混合料疲劳与愈合的微观力学模型

疲劳开裂

基于 Schapery 的断裂力学基本定律（Schapery，1984，1989）和 Lytton 的结构模型（Lytton 等，2001），为研究循环疲劳荷载，Little 等（1997，2001）开发了内聚断裂假说。它具有 Paris 定律的一般形式：

$$\frac{dc}{dN} = \int_0^{(\Delta t)_f} \frac{K_f \alpha (D_{1f} E_R J_v)^{\frac{1}{m_f}}}{(\Delta G_f - D_{0f'} E_R J_v)^{\frac{1}{m_f}}} dt - \frac{dh}{dN} \tag{12-13}$$

式中　　ΔG_f——裂缝表面的断裂能密度（内聚或粘附）；

$\qquad\quad \alpha$——裂缝表面前端的断裂区长度；

$\qquad\quad E_R$——参考模量，如果需要，将非线性粘弹性材料等效为非线性弹性材料使用；

$D_{0f'}$，D_{1f}，m_f——幂定律蠕变柔量系数，$D_f(t) = D_{0f} + D_{1f} t^m$；

$\qquad\quad K_f$——随 m 值变动的常数，蠕变柔量对数与时间对数曲线的斜率，常用值为 1/3；

$\qquad\quad J_v$——粘弹性 J 积分，指从一个拉伸载荷循环到下一个拉伸载荷循环中增加单位裂纹面积消耗的能量；

假设 J 积分，耗散能量，根据时间 $w(t)$ 的归一化波形加载，如下所示：

$$J_v = J_{v0} w(t) \tag{12-14}$$

式中，J_{v0} = 时间间隔 Δt 的最大值，如果没有愈合期，就得到比较熟悉的 Paris 定律。

$$\frac{dc}{dN} = A\left[J_{v0} \right]^n \tag{12-15}$$

在式（12-15）中

$$n = 1/m_f \tag{12-16}$$

系数 A 是：

$$A = \int_0^{\Delta t_f} \frac{K_f (D_1 E_R)^n \omega(t)^n}{(\Delta G_f - D_0 E_R J_v)^n} dt \tag{12-17}$$

在沥青混凝土蠕变试验中，D_0 通常比 D_1' 小得多，并且可以得到忽略 D_0 的贡献简化公式：

$$A = \left[K_f^{m_f} D_1 E_R \right]^n \int_0^{(\Delta t)_f} \frac{\alpha \omega(t)^n}{(\Delta G_f)^n} \mathrm{d}t \qquad (12-18)$$

通过将其他材料的属性结合到参数 K_f 中，式（12-18）进一步简化如下：

$$A = K_f \left[\frac{D_1 E_R}{\Delta G_f} \right]^n \qquad (12-19)$$

此外，基于 J 积分的定义，式（12-15）可以改写为（Masad 等，2007）：

$$\frac{\mathrm{d}c}{\mathrm{d}N} = A \left[\frac{\partial W_R / \partial N}{\partial_{csa} / \partial N} \right]^n \qquad (12-20)$$

式中　W_R——损伤引起的能量耗散率，通常通过将疲劳试验测得的耗散伪应变能拟合为 $W_R = a + b\ln(N)$ 得到；

　　　　csa——裂缝面积，对于等效半径 $\overline{r}$ 的圆形裂缝，可以认为是 $2\pi \overline{r}^2$；

　　　　N——加载循环次数。

整理式（12-20）并与式（12-19）结合［代入式（12-19）］，给出任意 N 次荷载循环下等效断裂半径的公式如下（Masad 等，2007）：

$$R(N) = \frac{\overline{r}(N)}{K^{1/2n+1}} = \left[(2n+1)^{n+1} \left(\frac{D_1 E_R b}{4\pi \Delta G_f} \right)^n \right]^{1/2n+1} \qquad (12-21)$$

在测试开始之前，试样中的初始损伤水平应包含在裂纹扩展的表达式中。因此，分解式（12-21）可更准确地写为裂缝扩展指数的形式如下：

$$\Delta R(N) = R(N) - R(1) = \left[(2n+1)^{n+1} \left(\frac{D_1 E_R b}{4\pi \Delta G_f} \right)^n \right]^{1/2n+1} \qquad (12-22)$$

Masad 等（2007）提出了公式（12-22）更为详细的推导。此外，当在疲劳试验中测出的伪应变能能消散不遵循以前的假设形式时，还提出了这个公式的替代形式，即 $W_g = a + b\ln(N)$。

从式（12-22）可看出，疲劳裂纹或断裂过程可以通过材料的蠕变柔量特性（D_1 和 n）、裂纹增长速率或者能量耗散率（b），以及基于表面能组分的断裂能（ΔG_f）来建模。

愈合

当一种材料在加载间歇时能愈合并有时间愈合时，Paris 定律的下列修改形式解释了裂纹扩展速率受愈合的影响：

$$\frac{\mathrm{d}c}{\mathrm{d}N} = A \left[J_{v0} \right]^n - \frac{\mathrm{d}h}{\mathrm{d}N} \qquad (12-23)$$

每个加载循环的裂纹愈合速率 $\mathrm{d}h/\mathrm{d}N$ 由式（12-23）控制（Lytton，2001 年）：

$$\frac{\mathrm{d}h}{\mathrm{d}N} = \dot{h}_2 (\Delta t)_h + \frac{(\dot{h}_1 - \dot{h}_2)(\Delta t)_h}{1 + \frac{(\dot{h}_1 - \dot{h}_2)}{h_\beta}(\Delta t)_h} \qquad (12-24)$$

式中　h——实际愈合；

　　　$\dot{h}_1$、$\dot{h}_2$——非极性（$\dot{h}_1$）和极性（$\dot{h}_2$）表面能产生的愈合率；

h_β——0 和 1 之间变化的一个因子，代表了沥青胶结料可以达到的最大愈合度。

Schapery（1989）提出了愈合率和包括表面能在内的几种材料性能之间的关系。Schapery 的关系式（1989）用来解释材料的长期愈合（持续整个间歇时间的愈合）问题。这个关系式是：

$$\dot{h}_2 = \left[\frac{2\gamma_m E_R^2 D_{1h} \gamma^{AB}}{(1-\nu^2) c_m^{1/m_h} H_v}\right]^{\frac{1}{m_h}} \beta \tag{12-25}$$

式中 ν——泊松比；

γ^{AB}——愈合内聚表面能的酸碱分量；

c_m、γ_m——Schapery（1989）定义的 m 的函数（c_m 在 1~1.5 变化，γ_m 在 2/3~变化，m 在 0~1 变化）；

β——裂缝愈合区的尺寸；

D_{1h}——合过程中的幂律蠕变柔量系数；

H_v——愈合形式的 J 积分，代表裂缝表面愈合所需的力学应变能。

Lytton 等（1998）提出，内聚表面能的非极性部分或者叫 Lifshitz - van der Waals 部分实际上会抑制短期愈合。

$$\dot{h}_1 = \left[\frac{K_h E_R D_{1h} H_v}{2\gamma^{LW}}\right]^{\frac{1}{m_h}} \beta \tag{12-26}$$

Texas A&M 大学对四种不同沥青胶结料的石灰石混合料进行了直接拉伸、应变控制疲劳试验 [Little 等，1997]。愈合率是根据恢复时间从 30s~45min 后消耗的伪应变能（DPSE）的恢复来确定的。结果表明，随着胶结料的 Lifshitz - van der Waals 表面能分量增加，h_1 下降；随着胶结料的酸碱部分的表面能增加，h_2 增加（Little 等，1997）。

另一种模拟恢复期间愈合作用的方法是确定愈合机理并测量建模这些机理所需的材料特性。Little 和 Bhasin（2007）描述的愈合机理由两个主要过程组成。第一个是湿化或裂纹闭合过程，接着是湿裂纹表面的内在愈合或强度增加。遵循由 Wool 和 O'Connor（1981）最初描述的广义的方法，裂缝表面的有效愈合采用以下的卷积形式（Little 和 Bhasin，2007）：

$$R = \int_{\tau=-\infty}^{\tau=t} R_h(t-\tau) \frac{\mathrm{d}\phi(t,X)}{\mathrm{d}\tau} \mathrm{d}\tau \tag{12-27}$$

式中 R——网络宏观愈合；

$R_h(t)$——材料内在愈合函数；

$\phi(t,X)$——润湿函数；

τ——时间变量。

水分分布函数 $\varphi(t,X)$ 定义了时间 t 时，在裂纹的两个接触面上 X 处的水分。内在的愈合作用 $R_h(t)$ 定义了两个裂纹面彼此完全接触，由于其相互扩散或分子随机的从一个面到另一个面移动，从而重新获得强度的速度。从材料性能的观点看，具有有利于分子相互扩散的分子结构的沥青胶结料将促进愈合。

式（12-27）中水分分布函数 $\phi(t,X)$ 可以用 Schapery（1989）提出的描述愈合率与材料特性的关系来描述，这些特性包括表面能引起的黏附功、胶结料的蠕变柔量特性以及有效裂纹愈合长度等，如下所示：

$$\frac{\mathrm{d}\Phi(t,X)}{\mathrm{d}\tau}=\dot{a}_b=\beta\left\{\frac{1}{D_1 k_m}\left[\frac{\pi\Delta G_c}{4(1-\nu^2)\sigma_b^2\beta}-D_0\right]\right\}^{-\frac{1}{m}} \qquad (12-28)$$

式中　　ΔG_c——如前边所述内聚功；

ν——泊松比；

D_0、D_1、m——拟合 $D(t)=D_0+D_1 t^m$ 得到的蠕变柔量参数；

k_m——可从 m 计算的材料常数；

σ_b——界面粘结应力；

β——裂纹愈合长度；

$\dot{a}_b$——裂纹愈合速度。

Little 和 Bhasin（2007）对该公式在疲劳开裂试验中提出了更加详细的应用描述。

式（12-27）中内在愈合函数 $R_h(t)$ 表示以下几项作用的总和：①由于裂纹界面处的界面粘聚力而产生的瞬时强度增加；②裂纹表面分子相互扩散引起的随时间变化的强度增加。使用 Sigmiod 函数来表示作为内在愈合函数的两个过程的净效应，如下所示：

$$R_h(t)=R_0+p(1-\mathrm{e}^{-qt^r}) \qquad (12-29)$$

式中　$R_h(t)$——随时间变化的无量纲函数，它表示润湿裂缝界面的任何力学性能的增加（作为完整材料的相同性能的一部分或百分比）；

R_0——由于裂缝界面的内聚力导致的瞬时愈合，其大小与材料的内聚功或表面自由能成正比；

p、q、r——量化由于裂缝表面分子之间的相互扩散而产生的愈合效应的材料参数。

水损害预测模型

水分是沥青路面劣化的关键因素。Terrel（1994）发现了 3 种水损害机理：①沥青膜的内聚力（强度）和刚度损失；②集料与沥青胶结料之间粘附破坏（通常称为剥落）；③集料劣化或开裂，特别是当混合料经过冻融时。通过对①和②的观察，水的影响很重要，水分能迁移到沥青或胶浆中，以及水对沥青与集料粘附性的影响。

水扩散进沥青胶浆中影响胶浆的流变性。通过测量混合料的模量或混合料在不同饱和度下的蠕变性，能够明显地看到水对混合料的影响。非常典型的，当水分含量增加时，沥青混合料模量大幅减少，而随着水分含量的降低，模量相应增加。这种循环效应至少部分归因于水分渗透对沥青胶结料或胶浆的弱化效应。当然，水分通过胶浆扩散或者通过胶浆的裂缝迁移进沥青与集料界面时，也能引起混合料剥落。

胶浆中的水分运动模型

水分对胶浆的流变性能和工程性能有显著的影响。评估胶浆的内聚强度和沥青胶结料或胶浆与集料的粘附强度时需要评估水分对胶浆的影响。

USD 可以用来测量沥青膜吸收的水蒸气量。USD 将在后边详细讨论，但是 USD 的分析基础是测量各种溶剂在液体、固体或半固体表面或者内部的吸附。使用 USD 测量沥青或胶浆薄膜中水的吸收量或吸收率的困难是将吸附的水（在沥青膜的表面上）与吸收的水（在沥青膜内）分开。为了解决这个问题，作者开发了基于扩散理论的吸收模型，用来区分吸附水和吸收水。水蒸气在沥青膜中的扩散类似于图 12-1 所示的土壤一维固结。图中所示的固结过程类似于将水蒸气吸收到沥青中的性质。

　　图 12-1 是完成固结的百分比与时间参数 T 的关系图。当饱和土发生固结时，过量孔隙水压力 u 被耗散。在沥青膜吸收水蒸气的情况下，可以认为完成的固结百分比类似于吸收的水分的程度。图 12-1 中，T 是土体固结模型中的无量纲时间参数。当考虑扩散而不是固结时，将其替换为 Dt/l^2；这里 D 是扩散系数，t 是时间，l 是沥青或胶浆层的厚度。USD 试验监测到吸附水分进入沥青或胶浆分为两个阶段。第一阶段，在沥青的表面和内部同时吸收（吸附）水分。第二阶段，沥青表面的吸附达到平衡，但是吸收（扩散）继续并最终变得恒定。图 12-2 说明了水蒸气被沥青胶浆薄膜吸附的情况。图上部的曲线是 USD 吸附曲线。较低的曲线是在 USD 测试中，进入沥青膜表面的水随时间变化曲线。两者的区别在于水蒸气在沥青薄膜中的吸收。在 USD 测试的第二阶段，只有式（12-30）描述的吸收才发生。

$$w = w_{100}(1 - e^{\frac{3D_t}{l^2}}) + C \qquad (12-30)$$

式中　　w_{100}——沥青薄膜最大的吸附量；

　　　　w——测量的水质量；

　　　　C——在一定蒸汽压水平下的吸收常数；

　　其他参数是在之前定义过。

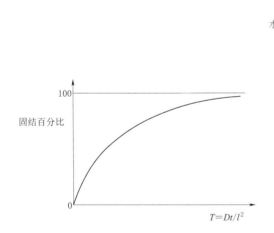

图 12-1　土体一维固结过程

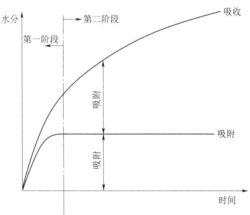

图 12-2　沥青薄膜对水分的吸附过程
（Cheng，2002）

　　通过对式（12-30）变换，得到：

$$\ln\left(\frac{dw}{dt}\right) = \ln\left(\frac{3Dw_{100}}{l^2}\right) + \left(\frac{3D}{l^2}\right)t \qquad (12-31)$$

　　参数 D 和 w_{100} 可以通过对在 USD 第二阶段测试期间获得的数据的线性回归来确定。

　　由于在 USD 测试的第一阶段同时发生吸附和吸收，所以水含量积累的模型变为：

$$w = w_{100}(1 - \mathrm{e}^{\frac{3Dt}{l^2}}) + w_a(1 - \mathrm{e}^{-at}) \tag{12-32}$$

式中　w_a——每一个蒸气压阶段沥青薄膜表面的最大吸附；

　　　a——决定吸附速度的吸附时间常数；

其他参数是之前定义的。

以下方程可以从方程的第一阶段导出：

$$\ln\left[\left(\frac{\mathrm{d}w}{\mathrm{d}t}\right) - \frac{3Dw_{100}}{l^2}\mathrm{e}^{-\frac{3Dt}{l^2}}\right] = \ln(\alpha w_a) - \alpha t \tag{12-33}$$

w_a 和 w_{100} 是可以从 USD 试验室测试的结果回归分析中得到的参数。

基于表面能的粘附破坏模型

在水存在的情况下，在路面或者混合料内部可能会发生由于粘附破坏沥青膜从集料表面剥落的现象（White，1987）。粘结强度受沥青和集料的表面能、集料的表面织构和水的存在的影响。式（12-6）被用来计算两种不同物质之间的粘附表面能。一般情况下，两种不同材料在第三种介质中接触的表面能，ΔG_{132}^a，由下列方程表示：

$$\Delta G_{132}^a = \gamma_{13} + \gamma_{23} - \gamma_{12} = 2\gamma_3^{LW} + 2\sqrt{\gamma_1^{LW}\gamma_2^{LW}} - 2\sqrt{\gamma_1^{LW}\gamma_3^{LW}} - 2\sqrt{\gamma_2^{LW}\gamma_3^{LW}}$$
$$+ 4\sqrt{\gamma_3^+\gamma_3^-} - 2\sqrt{\gamma_3^+}(\sqrt{\gamma_1^-} + \sqrt{\gamma_2^-}) - 2\sqrt{\gamma_3^-}(\sqrt{\gamma_1^+} + \sqrt{\gamma_2^+})$$
$$+ 2\sqrt{\gamma_1^+\gamma_2^-} + 2\sqrt{\gamma_1^-\gamma_2^+} \tag{12-34}$$

式（12-34）可用于计算水存在下沥青胶结料与集料的粘附性。下标 1、2 和 3 分别表示沥青、集料和水。

沥青与集料的粘附也可以用集料单位质量的吉布斯自由能来表示，如式（12-35）所示。其中单位质量集料的比表面积（SSA）也反映了集料表面结构的影响。单位质量集料的吉布斯自由能是将单位质量的沥青胶结料从单位质量集料中分离出来所需要的能量（Curtis 等，1992）。

$$\Delta G \frac{ergs}{g} = \gamma \frac{ergs}{cm^2} \times SSA \frac{cm^2}{g} \tag{12-35}$$

表面能测定

沥青胶结料表面能

Wilhelmy 板法测定接触角的基本原理

沥青胶浆与液体的接触角可用 Wilhelmy 板法测量。该方法是基于在非常缓慢且恒定的速率下从液体浸没或抽出的薄板的动力平衡（Adamson，1997；Maugis，1999）。如图 12-3 所示，在浸渍过程中测量的沥青和探针液体之间的动态接触角称为前进接触角；而在撤出过程中的动态接触角称为后退接触角。

当板悬浮在空气中时，式（12-36）是有效的：

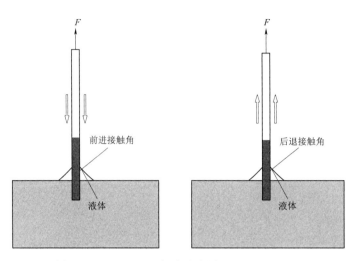

图 12 - 3　Wilhelmy 板法示意图（Cheng，2002）

$$F = W_{t玻璃板} + W_{t沥青} - V\rho_{空气}g \tag{12-36}$$

式中　　　　　F——动态接触角仪的拉力，该力保持板的平衡；

$W_{t玻璃板}$、$W_{t沥青}$——玻璃板的重量和涂布的沥青膜的重量；

V——沥青板的体积；

$\rho_{空气}$——空气的密度；

g——重力加速度。

当板部分浸没在液体中时，测量力为式（12 - 37）：

$$F = Wt_{玻璃板} + Wt_{沥青} + P_t\gamma_L\cos\theta - V_{im}\rho_L g - (V - V_{im})\rho_{空气}g \tag{12-37}$$

式中　P_t——沥青涂层板的周长；

γ_L——液体的总表面能；

θ——沥青与液体的动态接触角；

V_{im}——板的浸没体积。

式（12 - 37）减去式（12 - 35），可得式（12 - 38）：

$$\Delta F = P_t\gamma_L\cos\theta - V_{im}\rho_L g + V_{im}\rho_{空气}g \tag{12-38}$$

通过重新排列式（12 - 37）中的项可得到式（12 - 39），且接触角可以用在试验中测试出来的方程右侧所有参数计算出来（Cheng 等，2002a 和 2002b）。

$$\cos\theta = [\Delta F + V_{im}(\rho_L - \rho_{空气})g]/(P_t\gamma_L) \tag{12-39}$$

用动态接触角计算表面能

基于 Young - Dupre 方程和沥青膜的平衡压力可忽略的假设，Good（1992）得到式（12 - 40）：

$$\gamma_{Li}(1 + \cos\theta_i) = 2\sqrt{\gamma_S^{LW}\gamma_{Li}^{LW}} + 2\sqrt{\gamma_S^+\gamma_{Li}^-} \tag{12-40}$$

式（12 - 40）中，γ_{Li}、γ_{Li}^+ 和 γ_{Li}^- 是液体表面能参数。参数 θ_i 可以用 Wilhelmy 板法测量。在这个方程中的半固态沥青有 3 个未知数 γ_{Li}、γ_{Li}^+ 和 γ_{Li}^-。这些未知数是沥青表面

能的 3 个分量，分别是：Lifshitz - van der Waals 分量、路易斯碱性分量和路易斯酸性分量。为了求解上述参数，必须使用至少 3 种表面能量已知的探针液体联立 3 个方程。本章的结果是基于以下 3 种探针液：甘油、甲酰胺和蒸馏水的使用。这些液体被选择为探针液体，是因为它们相对较大的表面能、与沥青的不混溶性以及表面能分量的范围。3 种液体的表面能分量列于表 12 - 1。

表 12 - 1　　　　　　　**探 针 液 体 的 表 面 能**　　　　　　单位：erg/cm^2

表面能	γ_L	γ_L^{LW}	γ_L^+	γ_L^-	γ_L^{AB}
水	72.6	21.6	25.5	25.5	51
甘油	64	34	3.6	57.4	30
甲酰胺	58	39	2.28	39.6	19

通过假设

$$y_i(x) = 1 + \cos\theta_i$$

$$a_{1i} = 2\frac{\sqrt{\gamma_{Li}^{LW}}}{\gamma_{Li}}; a_{2i} = 2\frac{\sqrt{\gamma_{Li}^+}}{\gamma_{Li}}; a_{3i} = 2\frac{\sqrt{\gamma_{Li}^-}}{\gamma_{Li}} \tag{12-41}$$

$$x_1 = \sqrt{\gamma_S^{LW}}; x_2 = \sqrt{\gamma_S^-}; x_3 = \sqrt{\gamma_S^+}$$

建立了线性联立方程的矩阵形式：

$$\begin{bmatrix} a_{11} & a_{12} & a_{13} \\ a_{21} & a_{22} & a_{23} \\ a_{31} & a_{32} & a_{33} \end{bmatrix} \begin{bmatrix} x_1 \\ x_2 \\ x_3 \end{bmatrix} = \begin{bmatrix} y_1 \\ y_2 \\ y_3 \end{bmatrix} \tag{12-42}$$

式（12 - 42）很容易求解，其解提供了式（12 - 41）中描述固体沥青的表面能分量。在最近的工作中，Little、Bhasin（2006）和 Hefer 等（2006）推荐使用超过 3 种液体来提高根据测量的沥青与这些探针液的接触角来计算的表面能分量的可靠性和精确度。

Wilhelmy 板法测沥青表面能的试验规程

使用 Wilhelmy 板法测量沥青表面能步骤如下：

（1）选择已知表面能分量的 3 种探针液。本章提供的结果是用甲酰胺、甘油和蒸馏水 3 种探针液测量的。最近的研究建议使用至少 5 种探针液（除了这里提到的 3 种外还包括亚甲基碘和乙二醇）。

（2）为待评估的每种沥青准备 12 个显微镜载玻片（50mm×24mm×0.15mm）。彻底清洁和擦干玻璃板。

（3）在载玻片上涂一层薄的沥青薄膜。根据沥青样品的粘度将烘箱中的沥青加热至 90～135℃之间。将玻璃板浸入液体沥青中至约 15mm 的深度，然后在烤箱中悬挂载玻片。多余的沥青从载玻片上排出，直到只有很薄的沥青层留在其上。将沥青片向上在烤箱放置几分钟，直到在板的整个宽度上观察到光滑的沥青膜表面，并且垂直覆盖约 10mm（从沥青涂层的顶部到板的底部）。将 Wilhelmy 板从烤箱中取出，测量沥青样品板的尺寸，然后把 Wilhelmy 板放入干燥器中干燥一夜。

（4）每种探针液与沥青的接触角要用至少 3 个不同的沥青涂层片测量。每个 Wilhelmy 板只能用一次。使用 WinDCA 软件获取平衡数据和计算的前进和后退接触角的数据。

（5）用杜-努环法（Du Nouy Ring）验证探针液的表面能，并在两次测量之间测试干净的玻璃片。这一步是确保液体的表面能分量不随时间变化。杜-努环法通常被认为是一种应用广泛的获得液体表面张力的方式，它通过确定从液体表面分离环或（铂）丝的力发展而来。剥落力的近似值是通过表面张力与表面分离的周长相乘而获得的：$F = 4\pi R\gamma$，这里 F、R 和 γ 分别代表分离力、环的半径和液体的表面能。

（6）使用不同的探针液测得的接触角，并使用式（12-39）生成一组方程。可求得沥青的 3 种未知表面能分量的解。

沥青表面能测试结果

图 12-4 是用 Wilhelmy 板法测量接触角的一个典型例子。图中的下方曲线代表浸没过程中测量的推进力，而上方曲线表示后退或去湿过程。每个曲线对于每个沥青和液体对都是唯一的。通常后退（开裂）过程计算的能量高于前进（愈合）过程中计算的能量。在室温下用 Wilhelmy 板法测试了 10 种沥青。沥青 AAA、AAD 和 AAM 来自战略公路研究计划（SHRP）指定材料参考库。此外，PG70-28 沥青与高硫化橡胶（HCR）也参与测试，并由美国得克萨斯农机大学化学工程系（the Chemical Engineering Department at Texas A&M University）制备了 12% 的橡胶沥青（12 橡胶）。

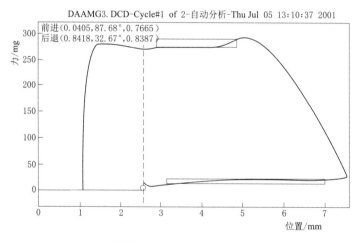

图 12-4　Wilhelmy 板法测试 AAM 与甘油的表面能（Cheng 等，2002b）

高硫化橡胶（HCR）是由鼓气转炉 air-blown 生产的软基沥青，与 12% 的 20 号磨细的胶粉混合，在 260℃、1600r/min 条件下搅拌 3h 获得。HCR3 月、HCR6 月、12 橡胶 3 月、12 橡胶 6 月分别表示 HCR 沥青和 12 橡胶沥青在室内老化 3 个月和 6 个月。

表 12-2 和表 12-3 给出了沥青的表面能测试结果。在至少 3 个重复试验中计算标准差，结果非常小（变异系数介于 3%～10%），表明结果是可重复的。不同沥青的表面能差别非常大。对于润湿的表面能，大小顺序为 PG70-28>12 橡胶 6 月>12 橡胶 3 月>HCR3 月>AAD>HCR 未老化>AAA>HCR6 月>12 橡胶未老化>AAM（其中符号>

表示前面胶结料的表面能大于后面胶结料的表面能）。其中 PG70 - 28 表面能最大，为 19.85erg/cm^2；AAM 沥青表面能最小，为 10.00erg/cm^2。对于去湿的表面能，大小顺序为 HCR 未老化＞AAA＞PG70 - 28＞HCR3 月＞AAM＞12 橡胶未老化＞12 橡胶 3 月＞12 橡胶 6 月＞HCR6 月＞AAD。HCR 未老化表面能最大，为 55.51erg/cm^2；沥青 AAD 的表面能最小，为 27.14erg/cm^2。

表 12 - 2　　　　　　　　由前进接触角测的沥青胶结料的表面能　　　　　　　单位：erg/cm^2

沥青名称	γ^{LW}	γ^-	γ^+	γ^{AB}	$\gamma^{总}$
AAA	11.52	1.84	1.02	2.73	14.25
AAD	14.73	2.57	0.00	0.00	14.73
AAM	4.00	1.39	6.57	6.00	10.00
PG70 - 28	18.23	3.59	0.19	1.63	19.85
HCR	6.51	4.17	3.44	7.56	14.07
12 橡胶	8.82	4.90	2.00	6.24	15.06

注　来自 Cheng 等，2002a。

表 12 - 3　　　　　　　　由后退接触角测的沥青胶结料的表面能　　　　　　　单位：erg/cm^2

沥青名称	γ^{LW}	γ^-	γ^+	γ^{AB}	$\gamma^{总}$
AAA	6.51	4.17	3.44	7.56	14.07
AAD	8.59	14.48	5.96	18.55	27.14
AAM	9.33	21.40	17.79	39.02	48.35
PG70 - 28	7.34	28.76	18.38	45.98	53.31
HCR	13.22	39.51	11.31	42.28	55.51
12 橡胶	3.34	37.82	15.69	48.71	52.05

注　来自 Cheng 等，2002a。

表 12 - 4 和表 12 - 5 显示了老化对沥青胶结料表面能的影响。老化对表面能特性影响显著。HCR 最初具有 14.07erg/cm^2 润湿的表面能和 55.51erg/cm^2 的去湿表面能。在实验室老化 6 个月后，润湿表面能降低到 13.11erg/cm^2，去湿表面能降低到 33.67erg/cm^2。祛湿表面能下降了近 30%。未老化的 12 橡胶具有 12.93erg/cm^2 润湿的表面能，41.80erg/cm^2 的祛湿的表面能。经过 6 个月的实验室老化，润湿的表面能增加到 17.55erg/cm^2，并且去湿的表面能下降到 37.06erg/cm^2。Bhasin 等（2007）报告了对几种基质沥青和聚合物改性沥青使用压力老化装置（PAV）老化后类似的结果。

表 12 - 4　　　　由前进接触角测的沥青胶结料不同老化阶段的表面能　　　　单位：erg/cm^2

沥青名称	γ^{LW}	γ^-	γ^+	γ^{AB}	$\gamma^{总}$
HCR 未老化	6.51	4.17	3.44	7.56	14.07
HCR3 月	8.82	4.90	2.00	6.24	15.06
HCR6 月	8.94	1.21	3.62	4.18	13.11
12 橡胶未老化	8.80	1.52	2.81	4.13	12.93
12 橡胶 3 月	12.75	1.27	1.18	2.44	15.19
12 橡胶 6 月	14.91	1.74	1.07	2.64	17.55

注　来自 Cheng 等，2002a。

表 12 - 5　　　　由后退接触角测的沥青胶结料不同老化阶段的表面能　　　　单位：erg/cm^2

沥青名称	γ^{LW}	γ^-	γ^+	γ^{AB}	$\gamma^{总}$
HCR 未老化	13.22	39.51	11.31	42.28	55.51
HCR3 月	3.34	37.82	15.69	48.71	52.05
HCR6 月	10.62	15.42	8.62	23.05	33.67
12 橡胶未老化	13.62	18.87	10.52	28.18	41.80
12 橡胶 3 月	8.32	18.51	13.12	31.16	39.48
12 橡胶 6 月	6.76	15.28	15.03	30.30	37.06

注　来自 Cheng 等，2002a。

集料的表面能

开发 USD 检验规程

开发 USD 检验规程用来测定集料的表面能。USD 由鲁博瑟姆（Rubotherm）磁悬浮平衡系统、计算机、Messpro（计算机软件）、温度控制、高质量真空、真空调节器、压力传感器、探针液容器和真空分离器组成。USD 设置示意图如图 12 - 5 所示。

鲁博瑟姆磁悬浮平衡系统具有测量高达 200g 质量的样品的能力，精度为 10^{-5}g，这足以精确测量集料的表面自由能。测试的集料的尺寸是 4 号（4.75mm）筛～8 号筛（2.3mm）。集料样品的容器由如图 12 - 6 所示的铝质网篮。集料的表面自由能不受集料粒径的影响，因为粒径会在计算过程中考虑。从文献中获得（Good，1992）所选择探针液［正己烷、甲基丙基酮（MPK）和 25℃的蒸馏水］的总表面能和分量，并列在表 12 - 6 中。

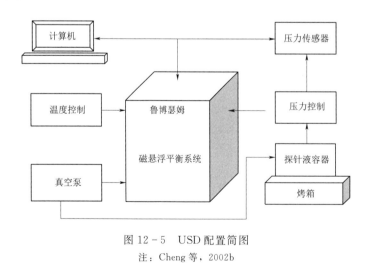

图 12 - 5　USD 配置简图
注：Cheng 等，2002b

图 12 - 6　集料表面
能测量样品容器

表 12-6　　　　　　　USD 法测的探针液体与集料的界面能　　　单位：erg/cm^2

探针液体	γ	γ^{LW}	γ^{AB}	γ^+	γ^-
正己烷	18.4	18.4	0	0	0
甲基丙基酮	24.7	24.7	0	0	19.6
蒸馏水	72.8	21.8	51.0	25.5	25.5

集料表面能 USD 测试规程

用于测量集料表面自由能的 USD 方法包括以下步骤：

(1) 选择 3 种已知表面能分量的探针液。本章测试的结果基于以下 3 种探针液体：正己烷（非极性），MPK（甲基丙基酮/2-戊酮，单极性）和水（双极性）。

(2) 对吸附室进行抽气，以达到绝对真空度低于 5mm 汞柱的真空。使用压力控制器来达到选定探头最大蒸汽压力的 10% 左右的蒸汽压力。使集料的质量达到平衡。测量吸附在集料表面上的探针蒸汽的具体体量。

(3) 以探针液最大蒸汽压力的 10% 的间隔增加探针蒸汽压力来重复步骤（2），并记录每次增加所吸收蒸汽达到平衡时的量，直到达到饱和蒸汽压。

(4) 用广义 Pitzer 相关性来校正溶剂蒸气浮力的吸附数据（Smith 等，1996）。

(5) 用 BET 公式（12-43）计算集料的比表面积。

$$\frac{P}{n(P_0-P)}=\left(\frac{c-1}{n_m c}\right)\frac{P}{P_0}+\frac{1}{n_m C} \tag{12-43}$$

式中　n_m——集料表面的单层容量；

　　　c——BET 常数；

　　　n——集料表面吸附的蒸汽量；

　　　P——探针蒸汽的蒸汽分压；

　　　P_0——探针蒸汽饱和蒸汽压。

(6) 用 Gibbs 吸附方程（12-44），计算每个溶剂在饱和蒸汽压 π_e 上的铺展压力。

$$\pi_e=\frac{RT}{A}\int_0^{P_0}\frac{n}{P}dP \tag{12-44}$$

式中　π_e——溶剂饱和蒸汽压下的扩散压力，erg/cm^2；

　　　R——通用气体常数，$83.14cm^3 \cdot psi/(g \cdot K)$；

　　　T——绝对温度，K；

　　　A——被吸附物体的比表面积，m^2；

　　　P_0——溶剂饱和蒸汽压，psi；

　　　n——吸附在被吸附物体表面上的比含量，mg；

　　　P——蒸汽压，psi。

(7) 式（12-45）（Zettlemoyer，1969），式（12-46）和式（12-47）表示液体在固体上的粘附功 W_A，与液体的表面张力（表面能）γ_1 和固体表面吸附蒸汽的平衡扩散压力 π_e 的关系。

$$W_A = \pi_e + 2\gamma_l = \Delta G_{sl} \tag{12-45}$$

$$\Delta G_{sl} = \Delta G_{sl}^{LW} + \Delta G_{sl}^{AB} = 2\sqrt{\gamma_s^{LW}\gamma_l^{LW}} + 2\sqrt{\gamma_s^+\gamma_l^-} + 2\sqrt{\gamma_s^-\gamma_l^+} \tag{12-46}$$

$$\pi_e + 2\gamma = 2\sqrt{\gamma_s^{LW}\gamma_l^{LW}} + 2\sqrt{\gamma_s^+\gamma_l^-} + 2\sqrt{\gamma_s^-\gamma_l^+} \tag{12-47}$$

（8）计算集料的表面能。

1）通过沥青或集料表面上的非极性溶剂的表面能用式（12-47）计算 γ_s^{LW}：

$$\gamma_s^{LW} = \frac{(\pi_e + 2\gamma_l)^2}{4\gamma_l^{LW}} \tag{12-48}$$

2）如果选择一种已知的单极性碱性液体蒸汽（下标 m）和一种双极性液体蒸汽（下标 b），可以用式（12-49）和式（12-50）计算 γ_s^+ 和 γ_s^- 的值：

$$\gamma_s^+ = \frac{(\pi_e + 2\gamma_{lm} - \sqrt{\gamma_s^{LW}\gamma_{lm}^{LW}})^2}{4\gamma_{lm}^-} \tag{12-49}$$

$$\gamma_s^- = \frac{(\pi_e + 2\gamma_{lb} - 2\sqrt{\gamma_s^{LW}\gamma_{lb}^{LW}} - 2\sqrt{\gamma_s^+\gamma_{lb}^-})^2}{4\gamma_{lb}^+} \tag{12-50}$$

3）用式（12-51）计算集料的总的表面能 γ_s：

$$\gamma_s = \gamma_s^{LW} + 2\sqrt{\gamma^+\gamma^-} \tag{12-51}$$

Little 和 Bhasin（2006）对用 USD 法提出了更加详细的描述，并用其简化的版本测量了集料的表面能。

集料测试

3 种集料：得克萨斯石灰岩、科罗拉多石灰岩和佐治亚花岗岩被选来测量表面能。每种集料湿筛后，取 150g 样品。这 3 种集料用蒸馏水洗涤后放入 120℃烘箱中干燥至少 8h。将图 12-6 所示的集料容器用蒸馏水和丙酮仔细洗涤，并在 120℃的烘箱中干燥 1h，并使其冷却到室温。然后按照上面描述的步骤用水、正己烷和 MPK 探针蒸气对集料样品进行测试。

标准玻璃球表面能

为了验证 USD 测量系统的精度，制备了尺寸均匀的标准玻璃球（直径为 4mm）。使用 USD 系统对蒸馏水、MPK 和正己烷 3 种蒸汽进行吸附和解析试验。

图 12-7 显示了玻璃球上蒸馏水的 6 种吸附试验结果。曲线 7 和曲线 10 代表蒸汽压从真空逐渐增加到饱和蒸汽压时测量吸附质量的吸附试验。曲线 6、曲线 8 和曲线 9 表示蒸气压从饱和蒸汽压逐渐降低到真空时测定解吸质量的解吸试验。曲线 11 表示先进行吸附试验，然后在同一样品上进行解吸试验。从这些测试结果来看：①所有曲线结合都非常紧密；②解吸曲线与吸附曲线没有明显的不同。试验结果重复性好，吸附-脱附滞后现象不明显。

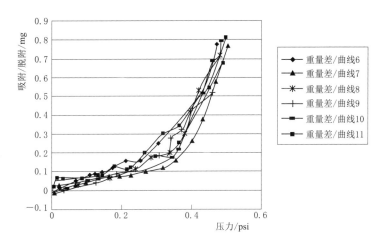

图 12-7　水蒸气在玻璃球样品上的吸附和解析等温线

注：6，8，9：解吸；7，10：吸附；11：吸附和解吸（Cheng 等，2002a）

　　根据蒸馏水、正己烷和 MPK 的测试结果，计算了玻璃球的表面能及其分量，并列于表 12-7 中。这些结果还表明，使用 USD 法测量表面能是精确的和可重复的，并且吸附-解吸滞后不显著。

表 12-7　　　　　　　　　　　　　玻璃球的表面能和分量　　　　　　　　　　单位：erg/cm²

玻璃球	γ^{LW}	γ^{-}	γ^{+}	γ^{AB}	$\gamma^{总}$
平均值	190.0	10.6	852.5	189.5	379.6
标准差	0.2	0.0	101.5	11.7	11.6
变异系数	0.1%	0.5%	11.9%	6.2%	3.1%

集料的表面能

　　用 BET 理论计算集料的比表面积（SSA），即每单位质量的表面积。使用 3 个探针蒸汽的吸附等温线计算的选定样品的比表面积列于表 12-8 中。3 种材料的比表面积按降序依次为得克萨斯石灰岩、科罗拉多石灰岩和佐治亚花岗岩。每个集料样品具有大致相同的粒度级配。石灰岩的比表面积明显大于佐治亚花岗岩的比表面积。换句话说，这两种石灰岩具有比佐治亚花岗岩相对粗糙的表面纹理。这一发现通过使用扫描电子显微镜得到证实。用 Gibb's 方程计算探针液在集料表面的饱和扩散压力，结果列于表 12-9 中。表面能测量结果汇总在表 12-10 中。

表 12-8　　　　　　　　　　　　3 种选定集料的两次测量的比表面积

集　料	比表面积/(m²/g)	集　料	比表面积/(m²/g)
佐治亚花岗岩♯4-♯8-1	0.10	得克萨斯石灰岩♯4-♯8-2	0.43
佐治亚花岗岩♯4-♯8-2	0.11	科罗拉多石灰岩♯4-♯8-1	0.31
得克萨斯石灰岩♯4-♯8-1	0.44	科罗拉多石灰岩♯4-♯8-2	0.26

资料来源：Cheng 等，2002b。

表 12 - 9　　　　　　　每种集料的两个相同样品的探针蒸汽的平衡扩散压力

集　　料	扩散压力 π_e/(erg/cm^2)		
	正己烷	甲基丙基酮/2-戊（MPK）	水
佐治亚花岗岩♯4-♯8*-1	73.02	22.90	98.66
佐治亚花岗岩♯4-♯8-2	50.08	23.62	115.53
得克萨斯石灰岩♯4-♯8-1	44.16	44.77	102.89
得克萨斯石灰岩♯4-♯8-2	41.81	34.24	139.57
科罗拉多石灰岩♯4-♯8-1	38.73	40.71	93.15
科罗拉多石灰岩♯4-♯8-2	41.05	38.89	88.66

＊集料的粒径。

资料来源：Cheng 等，2002b。

基于表 12-10 的表面自由能数据，得到如下观察结果：

（1）表面能是集料的一种材料性质。在不同矿物学类型的集料之间存在很大的表面能差异。乔治亚花岗岩表面能中酸性组分最高，而石灰石表面能中碱性部分最高。提醒一下读者，表面能中酸碱组分含量高低是相对的。因此，允许基于它们的酸性或碱性分量的相对大小来比较或排列不同的材料。然而，不能基于给定材料（的表面能）的酸碱性分量对材料进行大小或绝对评价（Little 和 Bhasin，2006）。例如，可以根据集料表面能酸碱特性对集料进行对比和排序。然而，对于任何给定的集料，酸性分量不能与其碱性分量进行比较，从而得出集料具有更多酸性或碱性特性的结论。

（2）完全一样的样品之间的差异大于预期。这些差异最显著的是一样的花岗岩样品，产生这种情况的原因可能是花岗岩集料比表面积较低，因此降低了吸附质量的精度。

（3）探针蒸汽在玻璃珠上的吸附和解析特性非常相似。基于这一观察结论，集料的表面能组分仅通过吸附试验来确定，因为这比解析试验能更好的控制。

表 12 - 10　　　　　　　　　样品表面自由能和比表面积

集料	γ^-/(erg/cm^2)	γ^+/(erg/cm^2)	γ^{AB}/(erg/cm^2)	$\gamma^{总}$/(erg/cm^2)	比表面积/(m^2/g)
佐治亚花岗岩	96.0	73.3	133.2	206.5	0.1
得克萨斯石灰岩	285.5	16.1	86.5	102.6	0.4
科罗拉多石灰岩	206.5	7.3	79.9	87.3	0.3

资料来源：Cheng 等，2002b。

疲劳和愈合模型的验证

内聚能和粘附能（附着能）

根据式（12-4），内聚断裂能是表面能的两倍。总表面能越高，材料的内聚强度越强。10 种沥青之间的内聚强度顺序与去湿表面能的顺序相同。

沥青胶浆与集料间的粘附能可由式（12-7）、式（12-10）和式（12-12）获得。选择得克萨斯石灰岩和佐治亚花岗岩进行黏附分析。用 USD 法测定了得克萨斯石灰岩和佐治亚花岗岩的表面能。粘附强度列于表 12-11。粘附强度不仅取决于沥青的表面能，还取决于集料的表面能。通常，沥青和集料之间的粘附强度高于胶结料的内聚强度。对于佐治亚花岗岩而言，与沥青的粘附顺序为 AAA＞HgRuno＞PG70～28＞AAM＞12 橡胶＞HCR3 月＞12 橡胶 3 月＞12 橡胶 6 月＞HCR6 月＞AAD。老化降低了佐治亚花岗岩与 HCR6 月和 12 橡胶 6 月的粘附性。得克萨斯石灰岩与沥青的粘附顺序不同于乔治亚花岗岩。得克萨斯石灰岩与沥青之间的粘附顺序为 AAM＞PG70～28＞HCR 未老化＞12 橡胶 6 月＞12 橡胶未老化＞AAA＞12 橡胶 3 月＞HCR3 月＞HCR6 月＞AAD。与花岗岩一样，老化减少了 HCR 与得克萨斯石灰石的粘附性。但是对于得克萨斯石灰石和 12 橡胶来说，老化降低了粘附的 Lifshitz - van der Waals 的分量，但增加了粘附的酸碱分量。12 橡胶与得克萨斯石灰石的总粘附能没有随老化而变化。基于上述分析，粘附强度是由沥青和集料特性共同决定的。基于粘接性的排序分析有助于选择在粘接强度方面最佳和最相容的沥青-集料配对。

表 12-11　　　　　　　　　　　沥青与集料间的粘附能

集料 沥青	得克萨斯石灰岩-1			佐治亚花岗岩-1		
	ΔGLW	ΔGAB	ΔG 总	ΔGLW	ΔGAB	ΔG 总
AAM	56.8	148.1	204.9	70.5	128.1	198.6
PG70 - 28	50.4	151.3	201.6	62.5	136.7	199.2
HCR 未老化	67.6	121.2	188.8	83.9	127.6	211.6
12 橡胶 6 月	48.4	135.7	184.0	60.0	114.4	174.4
12 橡胶未老化	68.7	114.8	183.4	85.2	106.2	191.4
AAA	74.4	108.4	182.7	92.3	121.8	214.1
12 橡胶 3 月	53.7	127.5	181.2	66.6	113.2	179.8
HCR 3 月	34.0	141.2	175.2	42.2	138.0	180.2
HCR 6 月	60.6	103.9	164.5	75.2	96.1	171.3
AAD	54.5	87.0	141.5	67.5	85.2	152.8

资料来源：Cheng 等，2002a。

内聚性疲劳与愈合

从式 (12-15)～式 (12-22) 可明显看出，表面能是微观力学疲劳模型中的一个重要参数。由于沥青混合料的 m_f 值介于 0～1，因此去湿表面能越高，式 (12-17) 中的 A 越低。因此在其他参数和加载条件给定的条件下，沥青混合料的疲劳寿命越长。图 12-8 显示了在这项研究中 10 种沥青的表面能数值。在本例中，使用的是后退接触角或去湿的表面能。Hefer 等 (2006) 对使用润湿和去湿表面能（分别基于前进和后退的接触角）的区别和建议进行了更详细的评论。如果仅考虑沥青的表面能，则疲劳寿命（高到低）的顺序是 HCR 未老化＞AAA＞PG70 - 28＞AAM＞AAD。老化会降低同一种沥青的疲劳寿命。老化改变了疲劳寿命的排列顺序：HCR 未老化＞HCR3 月＞HCR6 月和 12 橡胶未老化>12 橡胶 3 月>12 橡胶 6 月。在混合料中，其他参数对疲劳也有影响，如蠕变柔量或松弛模量。参见式（12－17）和式（12－22）。

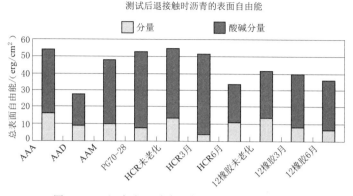

图 12－8 沥青去湿总表面能（Cheng 等，200a）

根据先前的研究（Little 等，1997，1999；Lytton 等，1998）和式（12－22）、式（12－28）、式（12－29），沥青表面能直接影响疲劳开裂和愈合过程。图 12－9 和图 12－10 分别显示了润湿表面能的 Lifshitz－van der Waals 分量和酸碱性分量。沥青 AAD 和 PG7O－28 具有相对较高的 Lifshitz－van der Waals 分量和较低的酸碱性分量。沥青 AAM 和 HCR 未老化具有相对较低的 Lifshitz－van der Waals 分量和较高的酸碱性分量。根据式（12－24）～式（12－26），AAM 和 HCR 应该比 AAD 和 PG70－28 具有更好的愈合能力。图 12－11，老化增加了 Lifshitz－van der Waals 分量并降低酸碱性分量。因此，由于胶结料的老化，胶结料的愈合能力应该下降了。图 12－12（Si，2001）和图 12－13（Kim 等，2002）证实了这些发现。在 Si 的工作中，扩展指数是间歇时间增加的疲劳寿命的百分比。对经过每个循环 2min 间歇时间，10 个循环的样品的疲劳寿命与完全相同但没有间歇时间样品的疲劳寿命进行比较。图 12－13 中，Kim 等（2002）用一个基于损伤率的愈合潜力指数（HPI），和失效循环次数增加指数（FLI）以监测愈合的效果。图 12－12 和图 12－13 中数据与前面提出的假设和模型是一致的，并显示沥青 AAM 比沥青 AAD 愈合的更好。另一个例子可以在图 12－14 和图 12－15 中清楚地看到（Kim 等，2002）。

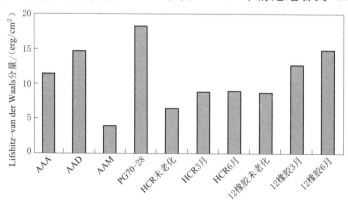

图 12－9 沥青润湿表面能的 Lifshitz－van der Waals 分量（Cheng 等，2002a）

在图中，RP 指 10 个 30s 的间歇时间，ΔN_f 代表由于间歇时间引起的疲劳失效次数的增加。此外，HCR 沥青愈合效果最好，但随着老化，愈合潜力大大下降。

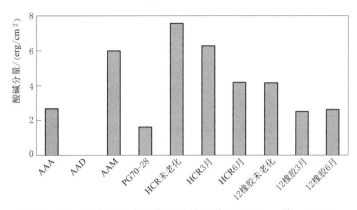

图 12 - 10　沥青润湿表面能的酸碱性分量（Cheng 等，2002a）

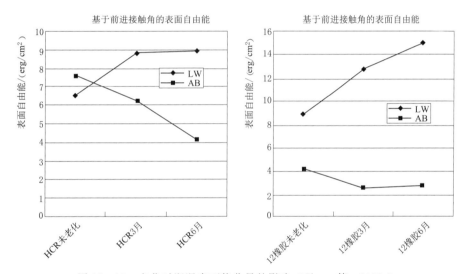

图 12 - 11　老化对润湿表面能分量的影响（Cheng 等，2002a）

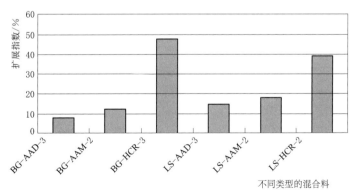

图 12 - 12　由愈合导致的疲劳寿命延长

注：针对 AAD、AAM 和 HCR 沥青与 Brazos 砾石（BG）、石灰石（LS）

集料的拉伸疲劳试验（Cheng 等，2002a）

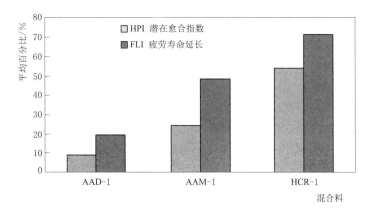

图 12-13　由于愈合引起的疲劳寿命延长，AAD-1、AAM-1 和
HCR-1 沥青的动态力学分析测试（Kim 等，2002）

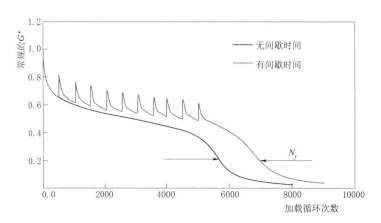

图 12-14　AAM 沥青的 DMA（动态力学分析仪）
疲劳和愈合测试（Kim 等，2002）

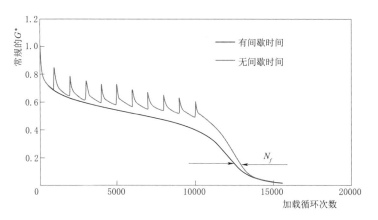

图 12-15　AAD 沥青的 DMA（动态力学分析仪）
疲劳与愈合测试（Kim 等，2002）

粘聚性疲劳与愈合

在沥青路面中，不仅在沥青胶结料内发生断裂，而且在沥青胶结料和集料的界面处也发生断裂。分析路面疲劳寿命应同时考虑内聚断裂和粘聚断裂。粘附由表面能计算而来（基于后退接触角）并列入表 12-12。粘附能 ΔG 越高，路面材料的疲劳寿命越长。对于粘聚破坏，粘附功 ΔG_f 可用式（12-22）计算。

表 12-12　　　　　　　　　　　愈 合 的 粘 附 表 面 能　　　　　　　　单位：erg/cm^2

沥青＼集料	得克萨斯石灰岩-1		佐治亚花岗岩-1	
	$2\sqrt{\gamma_1^{LW}\gamma_2^{LW}}$	$2\sqrt{\gamma_1^+\gamma_2^-}+2\sqrt{\gamma_1^-\gamma_2^+}$	$2\sqrt{\gamma_1^{LW}\gamma_2^{LW}}$	$2\sqrt{\gamma_1^+\gamma_2^-}+2\sqrt{\gamma_1^-\gamma_2^+}$
AAM	37.2	88.0	46.2	61.8
HCR 未老化	47.5	65.1	58.9	56.4
12 橡胶未老化	55.2	58.2	68.5	45.0
HCR 3 月	55.2	50.4	68.5	49.4
HCR 6 月	55.6	65.6	69.0	48.1
12 橡胶 3 月	66.4	38.1	82.4	32.4
12 橡胶 6 月	71.8	36.5	89.1	33.2
AAA	63.1	35.7	78.3	33.1
PG70-28	79.4	17.0	98.5	27.1
AAD	71.4	2.0	88.6	15.8

资料来源：Cheng 等，2002a。

水损害建模及其机理的验证

为了验证表面能、粘附和水分扩散对沥青混合料水损害的影响，选择了 4 种沥青胶结料——AAD、AAM、HCR 未老化、HCR6 月和 3 种集料——佐治亚花岗岩、得克萨斯石灰岩和科罗拉多石灰石。用式（12-4）和式（12-5）计算沥青胶结料和/或胶浆的内聚力，所得数据列于表 12-13 内。根据表面能结果，AAM 沥青具有最高的内聚力，AAD 沥青的最小。老化大大降低了高固化橡胶沥青（HCR）的内聚力。

表 12-13　　　　　　　　用表面能计算的胶结料的内聚功　　　　　　　单位：erg/cm^2

内聚功	ΔG^{LW}	ΔG^{AB}	$\Delta G^{总}$
AAD-1	17.2	37.1	54.3
AAM-1	18.7	78.0	96.7
HCR 未老化-1	27.2	56.4	83.6
HCR 老化 6 月-1	13.5	60.6	74.1

资料来源：Cheng 等，2002b。

用式（12-7）、式（12-10）和式（12-12）计算沥青混合料的粘附能，结果列于表

12-14。

表 12-14   **沥青与集料或水与集料的粘附功**   单位：erg/cm^2

	佐治亚花岗岩	得克萨斯石灰岩	科罗拉多石灰岩
AAD-1	152.8	141.5	125
AAM-1	198.6	204.9	178.8
HCRunaged-1	211.6	188.8	165.7
HCR6month-1	171.3	164.5	145.1
H_2O	256.3	263.5	231.2

来源：Cheng 等，2002b。

从表 12-14 得出几个结论：

（1）老化对内聚和粘附有显著影响。由于 HCR 沥青的老化，HCR 沥青的内聚力及其与 3 种集料之间的粘附力都降低。

（2）在 25℃左右，佐治亚花岗岩与不同沥青之间的粘附自由能（表面能由高到低）的降序为水＞HCR 未老化-1＞AAM-1＞HCR6 月-1＞AAD-1；得克萨斯石灰岩的顺序为：水＞AAM-1＞HCR6 未老化-1＞HCR6 月-1＞AAD-1；科罗拉多石灰岩的顺序为：水＞AAM-1＞HCR 未老化-1＞HCR6 月-1＞AAD。水在 3 种集料上的粘附能总是最高的，这意味着这 3 种集料都是亲水的。这为水与集料表面有良好的亲和力从而对沥青集料造成水损害的常识提供了理论支持。此外，不同的沥青结合料具有不同的粘附特性，这个特性会影响路面的水损坏。在水存在条件下，AAM-1 和 HCR 沥青具有较高的粘附能。

（3）AAM 沥青和不同集料之间的粘附能由高到低的顺序为：得克萨斯石灰岩＞科罗拉多石灰岩＞佐治亚花岗岩；AAD 沥青和不同集料之间的粘附能由高到低的顺序为：佐治亚花岗岩＞得克萨斯石灰岩＞科罗拉多石灰岩。而且，测的石灰岩的表面积是花岗岩表面积的 3 倍。这导致了石灰石有更大的有效粘附面积。对于给定的级配，通过单位质量集料的吉布斯自由能可以更好的解释这个想法。公式用于计算集料单位质量的吉布斯自由能，结果列于表 12-15。

表 12-15   **单位质量集料的吉布斯自由能**   单位：erg/cm^2

	佐治亚花岗岩	得克萨斯石灰岩	科罗拉多石灰岩
AAD-1	1.58×10^5	6.14×10^5	3.75×10^5
AAM-1	2.06×10^5	8.89×10^5	5.36×10^5
HCRunaged-1	2.19×10^5	8.19×10^5	4.97×10^5
HCR6month-1	1.78×10^5	7.14×10^5	4.35×10^5

来源：Cheng 等，2002b。

剥落分析

剥落作为一种粘附破坏可能发生在路面或混合料内部（White，1987）。在路面上，剥落开始发生在薄弱环节，质量控制较差的部位或由于低压实度造成高空隙率的部位，如接头。胶结料与粗集料表面粘结逐渐劣化。沥青膜由于乳化作用与集料分离。在SHRPA-403 中（Terrel，1994），描述了以下可能影响粘附性的因素：

（1）沥青胶结料与集料的表面张力。

（2）沥青胶结料与集料的化学组成。

（3）沥青粘度。

（4）集料的表面结构。

（5）集料孔隙率。

（6）集料清洁度。

（7）沥青混凝土拌和时的集料含水率和温度。

上述所有因素都影响沥青粘附性。Cutis 等（1993）指出硅质和钙质集料都可能剥落，也可能不剥落。硅质集料表面具有光滑的区域，这可能会提高剥落的可能性（概率），不同的集料表面构造差别非常大。利用热力学理论可以直接计算沥青和集料之间的粘附性，该理论直接地解释了为什么在一些沥青集料系统中发生剥落，而其他系统不易剥落。粘附功计算实际上考虑了上面列出的所有因素。粘附功使用表面能来反映表面的物理和化学作用。用 BET 理论计算的比表面积考虑了集料的表面织构。它可以用来解释为什么有些花岗岩比石灰岩更容易剥落。

沥青-花岗岩系统和沥青-石灰岩系统都可能发生剥落。根据表 12-14 的粘附功结果，水和集料（花岗岩或石灰岩）之间的粘附作用强于沥青（AAD-1、AAM-1 和 HCR）和集料（花岗岩或石灰岩）之间的粘附作用。然而，水必须能够移动到沥青和集料之间的界面，以破坏沥青-集料界面。

根据表 12-10，花岗岩的表面构造比两种石灰岩光滑得多。在同一级配上，石灰岩的表面积是花岗岩的 3 倍，根据表 12-15，其吉布斯自由能也几乎是花岗岩的 3 倍。因此，在给定的车轮载荷和给定的环境应力下，在沥青-花岗岩界面处比在沥青-石灰岩界面处更容易诱发粘结开裂。

如表 12-13 和表 12-14 的结果所示，HCR 混合料的粘结力和内聚力都随胶结料的老化而降低。因此，在本研究中评估的由集料和 HCR 胶结料组成的沥青路面经过老化后变得更容易剥落。

根据表 12-14 的结果，如果开裂引起的新界面与水接触后它不会愈合，而是逐渐的越来越大面积的粘附破坏，最终导致混合料整体失效或剥落。

沥青混合料水损害加速试验研究

用两种不同的沥青胶结料（AAD-1 和 AAM-1）和两种不同的集料（得克萨斯石灰岩和佐治亚花岗岩）制备沥青混合料。混合料在干燥和潮湿条件下进行重复载荷永久变形试验。在潮湿条件试验过程中，样品首先放置在真空中并浸泡，以达到 85%～90% 的饱和度，然后在水下进行重复压缩加载。试验结果与粘附理论的预测非常吻合。在图 12-16 中显示了石灰岩与 AAD-1 和 AAM-1 体系在干燥和潮湿试验条件下的测试结果。根据表面能，计算了干燥和水存在下的粘附性能，并在表 12-16 中列出。

从图 12-16 中可以看出，在干试验条件下，AAM-石灰岩混合料比 AAD-石灰岩混合料更能抵抗永久变形。根据表 12-16，AAM 和得克萨斯石灰岩之间的粘结强度高于 AAD 和得克萨斯石灰岩之间的粘结强度。图 12-16 表明，在水的存在下 AAD-石灰岩混合料比 AAM-石灰岩混合料产生更严重的水损害（湿试验条件）。

表 12-16　　　　　利用表面能计算沥青混合料在干燥和潮湿条件下的粘附功　　　单位：erg/cm^2

	干燥条件下 $\Delta G_{12}^{①}$	潮湿条件下 $\Delta G_{132}^{①}$		干燥条件下 $\Delta G_{12}^{①}$	潮湿条件下 $\Delta G_{132}^{①}$
AAM-石灰岩	204.9	−30.9	AAM-花岗岩	198.6	−30.0
AAD-石灰岩	141.5	−66.8	AAD-花岗岩	152.8	−48.3

① 沥青=1，集料=2，水=3
来源：Cheng 等，2002b。

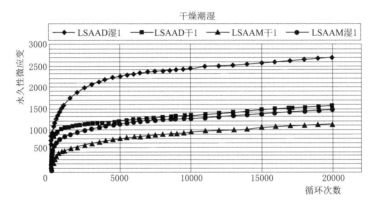

图 12-16　在干、湿条件下加速 AAD-石灰岩和 AAM-石灰岩混合料永久变形试验

表 12-16 表明，在水存在下 AAD-石灰岩胶结料比 AAM-石灰岩胶结料粘附功负值更大。粘附功的负值越大，意味着对水损害或剥落的敏感性越大。因此，测试结果与粘附理论预测是一致的。

沥青混凝土试件在潮湿条件下水分在沥青膜中扩散是水损坏产生的另一个重要原因。用 USD 法测量 AAD 和 AAM 沥青薄膜对蒸馏水的吸湿特性。通过使用扩散模型，在水蒸气压 P（P/P_0 等于 0.75）处计算出参数 D 和 W_{100}（在先前扩散讨论中定义的），其中 P_0 是水蒸气的饱和蒸汽压。结果列于表 12-17 中。

表 12-17　　　　　　　　　用扩散模型从 USD 数据计算的结果

	AAD	AAM		AAD	AAM
D	0.0008	0.0029	W_{100}	AAD/AAM=	1.34
W_{100}	1.53E−3	1.14E−3			

分析表明，AAD 胶结料比 AAM 胶结料可以渗透更多的水。这可能意味着由 AAD 组成的胶浆比 AAM 组成的胶浆可以渗透更多的水，从而在界面处开始剥落的机制（机理）。虽然手头上零星的数据不能证明什么，但它与图 12-16 所观察到的数据是一致的。

结论

（1）沥青-集料体系的表面能，也即 Schapery（1984）之前所称的表面能密度，可以用 Wilhelmy 板法和 USD 法来测量。就集料来说，USD 中的分析方式可以适应样品尺寸、不规则形状、矿物学和表面构造等特性。

（2）沥青胶浆的表面能在润湿（模拟裂缝改造或愈合）和去湿（模拟裂缝形成或开裂）模式下都可以测量。通常，基于 Wilhelmy 板法接触角测试的祛湿表面能比润湿表面能更高。老化使高固化橡胶沥青（HCR）润湿和去湿的表面能降低。直观地说，老化的影响是合乎逻辑的，因为人们预期老化会使混合料更易受到开裂疲劳的影响。然而，老化降低表面能的事实可能是违反直觉的，因为人们可能期望氧化老化来增加极性。这个复杂的课题值得更多的研究，但应该记住的是，表面能的特性可能与沥青或胶泥的整体化学性质有很大的不同。

（3）集料的表面相互作用特性变化很大，除受表面积影响以外，也受单位质量表面能影响。在潮湿情况下评估粘结强度和耐久性时必须考虑这两个特点。集料的表面能比沥青胶结料高。集料的表面能变化很大，取决于集料的类型及其来源。石灰岩具有相对较高的碱性表面能成分，而花岗岩具有相对较高的酸性表面能组分。此外，根据从 USD 获得的蒸汽吸附试验数据，石灰岩的比表面积远远大于花岗岩的比表面积。

（4）沥青胶结料和集料之间的界面粘结强度取决于两种材料的表面能。佐治亚花岗岩与 AAD 沥青的粘结力最强，但得克萨斯石灰岩与 AAM 沥青的粘结力最强。确定粘附功将有助于选择最佳的沥青-集料组合，以确保改善性能。Bhasin 等（2007）描述了 14 种沥青胶结料和 10 种集料在干、湿条件下组合的粘结强度。他们的工作证明了用这种方法筛选和分类潜在的水损害的有效性。

（5）表面能是基于 Schapery 的粘弹性材料断裂力学基本定律建立的疲劳和愈合模型的基本参数。在模型中使用了内聚和粘附两种表面能。基于内聚性能，HCR 和 AAM 具有比 AAD 和 12 橡胶沥青更长的疲劳寿命。老化降低了 HCR 和 12 橡胶沥青的疲劳寿命。基于从表面能测量结果得到的粘附功值较大，人们预期 HCR 和 AAM 混合料具有比 AAD 更长的疲劳寿命。通过混合料疲劳试验验证了这一结论。

（6）使用沥青胶结料 AAD、AAM 和 HCR（包括老化和未老化的）的表面能的 Lifshitz - van der Waals 分量和酸碱性分量排序预测开裂愈合的结果与之前的开裂愈合试验测定的结果是一致的。

（7）基于表面能的剥落分析表明，在常温下，集料与水的粘结能高于用沥青与集料的粘结能。本研究中，在级配相同的情况下，石灰岩具有更粗糙的表面结构，导致单位质量的石灰岩具有比花岗岩更高的比表面积和高得多吉布斯自由能，见表 12 - 15。本研究中使用的花岗岩经历了剥落等相关问题。这种集料的比表面积小以及与不同沥青胶结料的粘附性能较低的情况解释了实验中观察到的剥落现象。混合料加速力学测试结果验证了基于粘结能的这些预测的正确性。

（8）经过老化后，粘附功和粘结能通常降低，这部分解释了这么一个事实，老化的路面更容易受到剥落破坏。

（9）在最近的研究中，使用 Wilhelmy 法和 USD 法获得表面能分量的方法得到了显著的改进（Little 和 Bhasin，2006）。由于这些改进，由 Little 和 Basin（2006）报告的结果与本章中报道的结果略有不同。然而，总体趋势仍然非常相似。

（10）对于粘附破坏，水必须穿过沥青胶结料渗透到沥青胶结料-集料界面。基于 USD 法开发的扩散模型可以用来测量沥青膜吸收的水分的量，这反过来又可以用于沥青混合料的水损害分析。在这个研究中，AAD 沥青比 AAM 沥青吸收更多的水，因此它更容易受到水损害的影响。在模拟沥青混合料的水损害时，必须同时考虑水分扩散到沥青中的弱化效应以及粘接强度。

致谢

作者非常感谢西方研究所和联邦公路管理局。这个项目是由联邦公路管理局资助并分包给西方研究所。我们特别感谢联邦公路管理局（FHWA）的 Ernest Bastian 博士的指导和鼓励。

参考文献

1. Adamson，A. W.，and Gast，A. P，（1997），"Physical Chemistry of Surfaces，" 6th ed.，John Wiley and Sons，New York.

2. Bhasin，A.，Howson，J. E.，Masad，E.，Little，D. N.，and Lytton，R. L.，（2007），"Effect of Modification Processes on Bond Energy of Asphalt Binders." Transportation Research Record：journal of the Transportation Research Board，Vol. 1998，pp. 29 - 37.

3. Bhasin，A.，and Little，D. N.，（2006），"Characterization of Aggregate Surface Energy Using the Universal Sorption Device." journal of Materials in Civil Engineering（ASCE），Vol. 19，No. 8，pp. 634 - 641.

4. Chen，C. W.，（1997），"Mechanistic Approach to the Evaluation of Microdamage in Asphalt Mixes，" Ph. D. dissertation，Civil Engineering，Texas A&M University.

5. Cheng，D.，（2002），"Surface Free Energy of Asphalt - Aggregate System and Performance Analysis of Asphalt Concrete，" Texas A&M University，College Station，Tex.

6. Cheng，D.，Little，D. N.，Lytton，R. L.，and Holste，J. C.，（2001），"Surface Free Energy Measurement of Aggregates and Its Application on Adhesion and Moisture Damage of Asphalt - Aggregate System，" 9th Annual Symposium Proceedings of International Center for Aggregate Research，Austin，Tx.

7. Cheng，D.，Little，D. N.，Lytton，R. L.，and Holste，J. C.（2002a），"Surface Energy Measurement of Asphalt and Its Application to Predicting Fatigue and Healing in Asphalt Mixtures，" Transportation Research Records，No. 1810，pp. 44 - 53.

8. Cheng，D.，Little，D. N.，Lytton，R. L.，and Holste，J. C.，（2002b），"Use of Surface Free Energy of Asphalt - Aggregate System to Predict Moisture Damage Potential，" journal of the Association of Asphalt Paving Technologists，Vol. 71，pp. 59 - 88.

9. Curbs，C. W.，Lytton，R. L.，and Brannan，C. J.，（1992），"Influence of Aggregate Chemistry on the Adsorption and Desorption of Asphalt，" Transportation Research Record，No. 1362，pp. 1 - 9.

10. Elphingstone，G. M.，（1997），"Adhesion and Cohesion in Asphalt - Aggregate Systems," Ph. D. dissertation，Texas A&M University.

11. Curbs，C. W，Ensley，K.，and Epps，J.，（1993），"Fundamental Properties of Asphalt - Aggregate Interactions Including Adhesion and Absorption," Strategic Highway Research Program Report No. SHRP - A - 341，8，National Research Council，Washington，D. C.

12. Good，R. J.，（1977），"Surface Free Energy of Solids and Liquids：Thermodynamics，Molecular Forces，and Structure," journal of Colloid and Interface Science，Vol. 59，No. 3，p. 398.

13. Good，R. J.，and vanOss，C. J.，（1991），"The Modern Theory of Contact Angles and the Hydrogen Bond Components of Surface Energies," Plenum Press，New York.

14. Good，R. J.，（1992），"Contact - Angle，Wetting，and Adhesion：A Critical Review," journal of Adhesion Science and Technology，Vol. 6，No. 12，pp. 1269 - 1302.

15. Hefer，A. W.，Bhasin，A.，and Little，D. N.（2006），"Bitumen Surface Energy Characterization Using a Contact Angle Approach," journal of Materials in Civil Engineering（ASCE），Vol. 18，No. 6，pp. 759 - 767.

16. Kim，Y R.，（1988），"Evaluation of Healing and Constitutive Modeling of Asphalt Concrete by Means of the Theory of Nonlinear Viscoelasticity and Damage Mechanics," Ph. D. dissertation，Texas A&M University.

17. Kim，Y R.，Whitmoyer，S. L.，and Little，D. N.，（1994），"Healing in Asphalt Concrete Pavements：Is It Real?" Transportation Research Record，No. 1454，Transportation Research Board，Washington，D. C.，pp. 89 - 96.

18. Kim，Y. R.，Lee，H. J.，and Little，D. N.，（1997），"Fatigue Characterization of Asphalt Concrete Using Viscoelasticity and Continuum Damage Theory," journal of the Association of Asphalt Paving Technologists，Vol. 66，pp. 520 - 569.

19. Kim，Y，Little，D. N.，and Lytton，R. L.，（2002），"Use of Dynamic Mechanical Analysis（DMA）to Evaluate the Fatigue and Healing Potential of Asphalt Binders in Sand Asphalts Mixtures," journal of the Association of Asphalt Paving Technologists，Vol. 71，pp. 171r206.

20. Li，W.，（1997），"The Measurement of Surface Energy for SHRP Aggregate RB," Final Report of Cahn Balance Thermogravimetry Gas Adsorption Experiments，Texas A&M University，College Station，Tex.

21. Little，D. N.，Prapnnachari，D.，Letton，A.，and Kim，Y R.，（1993），"Investigation of the Microstructural Mechanisms of Relaxation and Fracture Healing in Asphalt," Air Force Office of Scientific Research，Final Report No. AFOSR - 89 - 0520.

22. Little，D. N.，Lytton，R. L.，Williams，D.，and Chen，C. W.，（2001），"Fundamental Properties of Asphalts and Modified Asphalts - Volume 1：Microdamage and Microdamage Healing," Federal Highway Administration Final Report - No. FHWA - RD - 98 - 141，Washington D. C.

23. Little，D. N.，Lytton，R. L.，Williams D.，and Kim，Y. R.，（1997），"Propagation and Healing of Microcracks in Asphalt Concrete and Their Contributions to Fatigue," Asphalt Science and Technology，pp. 149 - 195.

24. Little，D. N.，Lytton，R. L.，Williams，D.，and Kim，Y. Richard，（1999），"An Analysis of the Mechanism of Microdamage Healing Based on the Application of Micromechanics First Principles of Fracture and Healing," journal of the Association of Asphalt Paving Technologists，Vol. 68.

25. Little，D. N.，and Bhasin，A.，（2006），"Using Surface Energy Measurements to Select Materials for Asphalt Pavement," Final Report for Project 9 - 37，National Cooperative Highway Research Program，Transportation Research Board，Washington，D. C.

26. Little, D. N., and Bhasin, A., (2007),"Exploring Mechanisms of Healing in Asphalt Mixtures and Quantifying Its Impact," In: Self Healing Materials, S. van der Zwaag, ed., Springer, Dordrecht, The Netherlands, 205 – 218.

27. Lytton, R. L., Chen, C. W. and Little, D. N., (2001),"Fundamental Properties of Asphalts and Modified Asphalts, Vol. Ⅲ: A Micromechanics Fracture and Healing Model for Asphalt Concrete," Federal Highway Administration Final Report – No. FHWA – RD – 98 – 143, Washington, D. C.

28. Masad, E., Branco, V C., Little, D. N., and Lytton, R. L., (2007),"A Unified Method for the Dynamic Mechanical Analysis of Sand Asphalt Mixtures," International journal of Pavement Engineering, In Press.

29. Maugis, D., (1999), Contact, Adhesion and Rupture of Elastic Solids, Springer, Heidelberg, pp. 3 – 12.

30. Schapery, R. A., (1984),"Correspondence Principles and a Generalized J – integral for Large Deformation and Fracture Analysis of Viscoelastic Media," International journal of Fracture, Vol. 25, pp. 195 – 223.

31. Schapery, R. A., (1989),"On the Mechanics of Crack Closing and Bonding in Linear Viscoelastic Media," International journal of Fracture, Vol. 39, pp. 163 – 189.

32. Smith, J. M., van Ness, H. C., and Abbott, M. M., (1996), Introduction to Chemical Engineering Thermodynamics, McGraw – Hill Companies, Inc. 5th ed., New York, NY, p. 538.

33. Si, Z., (2001),"Characterization of Microdamage and Healing of Asphalt Concrete Mixtures," Ph. D. dissertation, Texas A&M University, p. 136.

34. Terrel, R. L., (1994)," Water Sensitivity of Asphalt – Aggregate Mixes," Strategic Highway Research Program Report No. SHRP – A – 403, Nation al Research Council, Washington, D. C.

35. White, T. D., (1987),"Stripping in HMA Pavements," Hot Mix Asphalt Technology, pp. 18 – 20. Wool, R. P, and O' Connor, K. M., (1981),"A Theory of Crack Healing in Polymers," journal of Applied Physics, Vol. 52, No. 10, pp. 5953 – 5963.

36. Zettlemoyer, A. C., (1969), Hydrophobic Surfaces, Academic Press, New York and London, Vol. 8.

第 13 章　沥青混凝土中水损害的现场评价

G. W. Maupin，Jr.

摘要

　　沥青路面由于水损害导致的破坏也被称为剥离，每年都有相当可观的经费用于剥离的维修和修缮。剥离包括集料与沥青胶结料之间的粘附力损失和/或沥青胶结料的乳化。有几种理论与剥离现象有关，如机械粘附、化学反应、分子定向和表面能。即使没有很好地理解失效机理，也必须分析路面中的剥离故障，以便采取正确的补救措施。

　　几种类型的现场评价技术可用于确定沥青路面剥离破坏的程度。它们都涉及从路面上取样。通常用于测试方法的芯样应是以受控的，系统的方式取样。在这种测试中使用的技术是视觉估计、图像分析和强度分析。样品的剥离程度可以通过目视估计或图像分析来确定，每一种（现场评价技术）都有优点和缺点。芯样强度分析也可以用来估计路面的现状和预测的未来状况。伪强度劣化曲线可以用来描绘沥青层从最初的施工到未来的特定时间的劣化，并确定是否需要去除和替换剥离材料。

介绍

　　沥青混凝土的水损害，也称为剥离。在美国，它是造成许多路面损坏并每年花费大量经费修缮的原因。

　　剥离可能是由于两个基本破坏机制（粘附和内聚）而发生的。当剥离发生时能够识别这些机制是重要的。粘附破坏是沥青膜由集料表面完全分离。当路面破碎时，可见裸露的集料，由于沥青混合料崩解，试图提取芯样是徒劳的。当水渗透胶结料时，内聚破坏表现为沥青胶结料在乳化过程中的软化。内聚破坏可能不会导致集料裸露，但沥青混合料的强度会降低。水损害也可以由这两种失效机制的组合而产生，并且区分每一种失效的相对贡献是困难的。

　　交通部、城市和地方政府每年都要花费大量的钱来维护和修复道路和街道。由于缺乏足够的资源和人员，各部门往往只根据损坏情况做一个评估来决定修理的类型。然而，路面故障必须彻底调查，以应用正确和最划算的方法修复。本章讨论了沥青路面检测的一些现场调查方法和技术，作者通过这些方法以确定沥青路面剥离的严重程度。

损伤机理

　　许多关于水损害的研究已经论述了损伤机制的几个假设（Hicks，1991）。也许这些理论中没有一个可以单独解释集料和液体沥青之间的吸引问题，但几个理论的某些方面可能一起在起作用。

3个主要理论提供对道路可能发生的由剥离引起的破坏提供了基本的了解，这3个理论是：①机械理论；②化学反应和分子定向理论；③表面能理论。

力学理论

机械粘附性受集料性质，如质地、孔隙率、表面积、颗粒形状和表面涂层的影响。粗糙的表面纹理应促进集料表面与液体沥青之间的互锁。光滑如玻璃似的表面（如石英）比具有粗糙结构的集料（如玄武岩）提供较少的联锁，更容易剥离。

如果集料具有一定的孔隙率，它将吸收足够的沥青以形成机械连接。如果集料孔隙太多，它会吸收太多沥青，使表面涂层变薄，水容易渗入其中。因此，可能存在最佳的吸收程度，使机械互锁适当和沥青膜足够厚，从而使水损害的可能性降到最低。

集料的表面积对薄膜厚度有间接影响，细集料部分比粗集料部分对单位重量表面积的影响更大。如果沥青含量保持不变，具有大表面积的集料上的膜的厚度小于相同重量具有小表面积的集料上膜的厚度。较薄的膜为水渗入膜和接触集料表面创造了更好的机会。

化学反应与分子取向理论

诸如花岗岩和砾石等酸性聚集体通常比碱性集料（如石灰岩）更易剥离。沥青化合物的特殊极性组分会被集料吸附，吸附的强弱取决于集料。这些极性材料中的某些比其他沥青材料更容易被水解吸，这具体取决于特定的沥青-集料组合。因此，剥离倾向可能取决于沥青化合物的数量和类型，如亚砜和羧酸，它们被吸引并容易地被吸附在集料表面上。老化似乎对特定的混合料有益的影响，通过形成特定的极性化合物在沥青中迁移到集料表面，并增加沥青的粘度。

表面能理论

通过各种方法测量表面能，研究沥青和水对集料表面的吸引力。水可以在集料的表面取代特定的沥青化合物。虽然表面能的测试程序仅在研究中使用，但它的使用可以扩展到沥青集料来源的批准或可能引起问题的材料的确定。前一章专门论述了这一理论框架。

典型病害

严重的沥青路面损坏最初通常表现为沥青向表面迁移，随后由于沥青混合料崩解形成坑洼或车辙。图13-1显示了早期阶段这些类型病害的典型例子。剥落的后期阶段有时需要完全去除和更换引起问题的沥青层。虽然由剥离引起的裂缝类型通常不会进展到灾难性病害，但水可以从裂缝进入并可能发展成路面变粗糙和更严重的病害。

1996年，对美国弗吉尼亚州沥青表面混合料实地调查，已确定沥青剥离是否仍是一个问题（Maupin，1997）。大约1500个芯样，一半通过目视检查剥离情况，一半进行空隙分析。对于粗集料和细集料，可在不同的百分比范围内任意设定剥离严重程度，以便于

(a)

(b)

图 13-1　典型的路面剥离损害

对结果进行分析和讨论（表 13-1）。一般认为，相同程度的剥离时，粗集料和细集料剥离带来的损害略有不同，细集料剥离带来的损害更严重些。

表 13-1　　　　　　　　　　　　　　剥 离 严 重 程 度 定 义

严重程度	粗集料剥离/%	细集料剥离/%	严重程度	粗集料剥离/%	细集料剥离/%
轻度	0~14	0~9	中度偏重	30~49	25~39
中度	15~29	10~24	重度	>50	>40

资料来源：Maupin，1997，已获交通研究委员会授权使用。

对于粗集料所在的位置，观察到，轻度剥离、中度剥离、中度偏重剥离、重度剥离的剥离率分别为 10%、20%、30% 和 40%。对于细集料，观察到轻度剥离、中度剥离、中度偏重剥离和严重剥离分别为 5%、20%、35% 和 50%。因此，在检查中现场许多地方达到了相当严重的剥离程度。

在过去的几十年里，美国弗吉尼亚州的路面破损问题被认为是剥离造成的。该州许多路面剥离病害最初被认为是严重的，但最近这些病害被归于中等严重程度了。这种变化可能归因于在生产混合料过程中使用改进的抗剥离添加剂和更多的质量控制剥离试验。

损害评估

在指定必要的修复或处理类型之前，应进行彻底的路面评估。现场强度测量设备，如落锤弯沉仪（FWD），可以用来确定路面的结构承载力，并能间接得出沥青混凝土的摊铺厚度。然而，除了整体路面结构的强度之外，还应评估各种层的状况，以决定材料保留还是替换。材料的安全性取决于几个因素，包括沥青老化和剥离。当然，老化可以加速各种类型的开裂，但在这一讨论中感兴趣的因素是剥离的影响。

取样

现场评估的第一步是制定一个取样计划，这将有利于对感兴趣的路段的剥离程度得出正确的评估。一般情况下，对一个包含轻微到中等程度病害的路面的一般评价，要求随机取样。通常用芯样来评价剥离，但切割的样品可用于目视评价。事实上，如果路面受到严重损坏，芯样不能被完整地提取时，切割样品可能是较好的选择。在小的道路内，应该在纵向和横向广泛的范围内取得样品。ASTM 的建筑材料随机抽样规范 ASTM D 3665 是一个可以用来定位样品位置的指南（美国测试和材料学会，2002）。然而，如果中度至重度的病害比较普遍，大多数样本应该在这些病害部位去获取。其原因是高度破损的路面将决定整个路面所需要的修复类型（方案）。

现场评价的类型

作者采用了 3 种现场评价方法：①劈裂芯样的视觉检查；②劈裂芯样图像分析；③芯样强度测量。每种方法都有优缺点。

劈裂芯样的视觉检测

强度评价有时通过干燥和加速条件分别来处理初始和未来构造强度。但是，在目视检查样品时，只有一种条件值得关注：现场条件。从道路上把样品取走，用塑料袋紧密包装保护或放置在塑料袋中直到劈裂。如果取样后干燥，剥离可能趋于愈合，这样将测试出错误的结果。

一般说来，两个尺度可以用来测量样品中剥离的集料。如前所述，一种方法是使用基于剥离面积百分比的尺度。通过对剥离的粗集料和细集料分离并单独估算，该方法使评估进一步复杂化。要做到这一点，由未剥离粗和细集料组成的样品的面积必须被可视化。大多数用户简单地估计已暴露裸露集料的截面积的百分比。由于细集料的剥离通常比粗集料的剥离更能引起路面损坏，所以知道粗集料和细集料中的剥离程度是有利的。另一个尺度涉及简单地对剥离进行剥离程度的评价，如轻微的、中等的和严重的。

视觉检查是主观的，因此检查的结果在不同评价者之间变化可能非常大。一些集料看起来比较容易评估，不同操作员之间评估的结果比较相近。浅色非吸收性集料一般最容易评估。颜色暗的集料特别难以评估，因为在裸集料表面和部分涂覆表面之间的颜色区分困难。此外，对于不同的评价者来说，评价与商榷吸收性集料（吸收沥青混凝土的轻质油）的剥离程度更加困难。作者的经验表明，不同评价者之间平均差异在粗集料上通常有 30%，细集料上有 40%。然而，对于一些集料，无论是粗集料和细集料，评价者之间的差异已经降低到 5%。

评价者之间的差异可以得到改善。一种方法是让一个有经验的人来展示混合料应该如何评价。人们评价不同剥离程度的样品，并对一些特殊赋值给予解释，特别是对于那些难以评价的混合料。一些机构已经开发了一个样品模板或样品图像，通过与实际样品对比确定样品的剥离程度。

劈裂芯样图像分析

用数码相机、计算机和特殊图像软件进行图像分析，可以通过视觉对剥离颗粒进行定量测量。数字化图像将图像转换为可用于计算机进行各种分析的数字形式。图像被划分为非常小的被称为像素的块，这些像素可以被采样，并且亮度可以用各种选项来测量和量化。该量存储在计算机的图像位图的对应像素中。彩色图像需要更多的位来存储信息，但大多数沥青样本图像可以存储为黑色和白色。

　　Image Pro Plus 软件能改变沥青样品中剥离颗粒的对比度和亮度等来（增加剥离颗粒的可视性）。一旦选择强度固定，软件就可以选择指定尺寸的剥离集料颗粒。如图 13-2 所示，所选择的颗粒将通过围绕每个颗粒或相邻颗粒组的轮廓直观地识别。该程序可以计算颗粒的详细尺寸，并测量含有这种颗粒的样品的面积。因此，理想的图像分析技术可以去除作为视觉技术的弱点的主观性。

图 13-2　图像识别软件识别剥离颗粒

　　必须考虑图像分析技术的一些弱点。由于沥青光亮的表面经常反射光线，所以在相机镜头和光源上可能需要滤光器来消除数字化相机图像中的反射。反射可能被记录为轻集料颗粒（剥离），并可能影响结果的准确性。另一个缺点是，如果集料颜色暗，则难以区分剥离颗粒和未剥离颗粒；如果沥青胶结料表面外观暗淡时尤为严重。

芯样强度测量

　　现场测量通常用于路面结构强度评估和确定交通荷载所需的额外覆盖层厚度。在某些情况下，非常薄弱的层可能需要被去除；然而，基于强度测量（例如由 FWD 测量的那些）来决定去除哪些层是困难的。虽然可以采用反向计算技术来计算层的刚度，但确定不同的沥青混凝土层的刚度是困难的。本章中描述的评价类型是有用的，从道路中取出的芯样的强度测量（方法）尤其有用。测量间接拉伸强度是一种评估新沥青混合料潜在剥离程度的方法，它也可以用来评价从道路上取得的芯样。

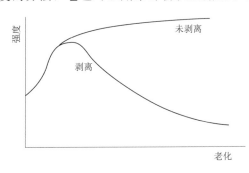

图 13-3　沥青路面层的强度与老化的关系
（Maupin，1989，已获交通研究委员会授权使用）

　　Lottman（1986）发现剥离的路面通常会由于短时间的老化而强度增加，随后由于进一步剥落而开始变弱，如图 13-3 下面的曲线所示。为了确定已有多大程度的损伤，必须知道材料在其当前状态下的强度和该材料没有剥离时的强度。当前状态下材料强度与未剥离状态下强度的比值称为拉伸强度比，简称 TSR，作为由于剥离引起损坏程度的指标。未剥落强度可以用两种方法来测量，这两种方法都是估计值。第一种方法是取一些剥离的芯样，干燥并试图让剥离愈合。第二种方法是取芯、加热、重新成型然后测试。这两种方法都没有给出未剥离材料的精确强度。第一种方法倾向于低估未剥离强度，因为剥离不能完全愈合。图 13-4 示出了经过干燥的芯样，但是芯样的中心没有干燥和愈合，并且剥离仍然存在。如果将芯加热并成型成

图 13-4　剥离的芯样经过干燥愈合后
显示混合料中间未完全愈合

新的试样，然后进行测试，则重新成型过程可能改变材料的性能。加热和重新成型过程可能会使沥青胶结料硬化，强度增加，从而会使对未剥离芯样强度估值偏高。准确的未剥离芯样强度很可能位于干燥和重新成型两种方法测的强度之间的某个地方。

可以开发出图 13-5（a）所示的伪强度曲线，以分析路面层的破坏程度。绘制该曲线需要进行 3 个强度测量。已经讨论过的芯样未剥离和目前状况下的强度。第 3 个测量强度涉及在未来某个时间预测的沥青混凝土的最小强度。这个值可以通过测试一组模拟未来附加剥离条件的芯样强度来估计。图 13-5（b）描述了目前状况下、未剥离和未来 3 种强度的发展。

为了便于说明，这里给出了一个实际工程强度检验的典型例子。州际路面段由 230mm 的选择的材料（处理过的集料）、150mm 的碎石基层、190mm 的沥青基混合料、30mm 的中间混合料、23mm 的表面混合料和 19mm 的开级配的多孔磨耗层覆盖。路面发生了随机裂缝，有坑洼，需要维修或修复。路面强度也通过一个向路面施加动态载荷装置进行测量，以确定其结构承载力。

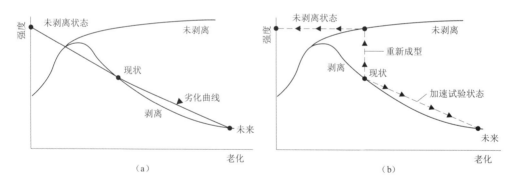

图 13-5　（a）劣化曲线（b）劣化发展曲线
（Maupin，1989，已获交通研究委员会授权使用）

通过湿法钻芯取样大约 50 个直径 102mm 的芯样，然后如下分组、测试：

（1）目前状态（在施工后不久）。

（2）干燥（干燥直至水分损失停止）。

（3）特定处理（Root-Tunnicliff 规程，ASTM D 4867）（Tunnicliff 和 Root，1984；美国测试和材料学会，2002）。

（4）重新成型。

每组随机选取 10 个 102mm 的芯样。为防止水分流失，"目前状态的芯样"用塑料包装，运输到试验室尽快测试。作者认为用湿法钻芯取样对芯样强度影响不大。"干燥芯样"

在实验室中干燥直到水分失重停止，但剥离表面的愈合显然没有发生。"特定处理的芯样"的存放条件是：真空饱水，并在 60℃ 水浴浸泡 24h。将"重新成型"的芯样加热、再混合，并用马歇尔击实实验设备将其击实成直径为 102mm、高 62mm 的芯样，孔隙率控制为现场平均孔隙。使用 ASTM D 4867 中指定的设备，在 25℃ 的温度和 51mm/min 的变形速率下，对所有芯进行间接拉伸试验。

研究了 4 个沥青混凝土层：一个石英岩表层混合料，一个石灰石基层混合料，和两个不同的中间层混合料。中间层混合料中的一种含有石英岩集料，而另一种中间混合料含有石灰石集料。图 13-6 和图 13-7 表示了各种混合料的劣化估值。两种中间混合料的劣化非常相似，未剥离混合料强度约为 1300kPa，目前状态的混合料强度约为 600kPa，预测的未来状态混合料的强度约为 500kPa。根据现场剥离的强度，预计石英岩表层和中间层混合料强度不会损失太多。此外，表层混合料有最高的未剥离强度是合理的，因为表层比其他沥青层在空气中暴露的更多，在氧气中老化更严重。未剥离基层混合料的强度是所有测试的混合料中最低的，可能是因为它仅在干燥条件下进行测试（未重新成型）。正如前面所讨论的，使用干燥的样品通常会导致未剥离强度的估值偏低。干燥混合料的强度值总是小于重新成型的强度值。

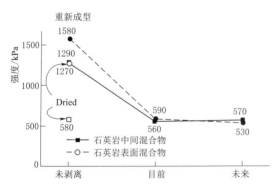

图 13-6　工程实例劣化曲线
（Maupin，1989，已获交通研究委员会授权使用）

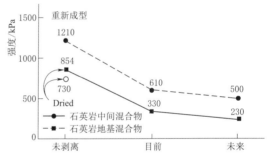

图 13-7　工程实例劣化曲线
（Maupin，1989，已获交通研究委员会授权使用）

从工程实例中我们能得出什么结论？可以从剥离的角度分析两个值以确定路面使用性：强度和 TSR。表 13-2 列出了在实例中给出的特定混合料的强度和 TSR 值。TSR 是通过将当前或未来条件下的强度除以未剥离强度而获得的。目前的 TSR 值大于 0.30，这是作者推荐的最小值，小于该值时可能需要去除该层。基层混合料的 TSR 预测在未来可能降低到 0.30 以下，但它是临界值。尽管任意设定的最小值 0.30，一般也稍低于作为测试新混合料的拒绝值，作者还是根据经验设定了该值。对于不同环境因素和材料的区域，最小值可能有所不同，应该对该值进行调整以与其历史性能匹配。强度也可以用作确定是否应该去除该层的参数。美国佐治亚州使用 275kPa 作为最小可接受的抗拉强度（1987 年 7 月 28 日与 Ronald Collins 的电话交谈）。因此，除了在"未来"状态下的基层之外，该示例中的值没有低于这个值，这与对 TSR 的观测一致。

如前所述，还使用动态弯沉装置进行了现场强度测量，该装置向路面施加动态荷载，并测量由此产生的挠度。路面结构的结构承载力可根据该信息进行估算。沥青混凝土层的结构承载力估计为新沥青混凝土的 29%。根据路面层厚度对当前 TSR 测量值的加权平均值表明，其强度为新沥青混凝土强度的 44%，与 Dynaflect 装置得出的值相当。他的比较为本章所描述的强度分析方法增加了可信度。

表 13 - 2　　　　　　　　　　工程实例的强度和 TSR 值

混合料	未剥落强度/kPa	目　前		将　来	
		强度/kPa	TSR	强度/kPa	TSR
石英岩表层	1580	590	0.37	530	0.34
石英岩中间层	1270	560	0.44	570	0.45
石灰岩中间层	1210	610	0.50	500	0.41
石灰岩基层	854	330	0.39	230	0.27

参考文献

1. American Society for Testing and Materials. (2002), Annual Book of ASTM Standards, Vol. 04. 03. Philadelphia, Pa.

2. Hicks, R. G. (1991)," Moisture Damage in Asphalt Concrete. " National Cooperative Highway Research Program Synthesis of Highway Practice 175. Transportation Research Board, Washington, D. C., pp. 4 - 7.

3. Lottman, R. P. (1986)," Predicting Moisture - Induced Damage to Asphaltic Concrete: Ten - Year Field Evaluation. " National Cooperative Highway Research Program. Transportation Research Board, Washington, D. C., unpublished manuscript.

4. Maupin, G. W., Jr. (1989), Assessment of Stripped Asphalt Pavement. Transportation Research Record 1228. Transportation Research Board, Washington, D. C., pp. 17 - 21.

5. Maupin, G. W., Jr. (1997), Follow - up Field Investigation of the Effectiveness of Antistripping Additives in Virginia. Virginia Transportation Research Council, Charlottesville.

6. Tunnicliff, D. G., and R. E. Root. (1984)," Use of Antistripping Additives in Asphaltic Concrete Mixtures, Laboratory Phase. " NCHRP Report 274. National Cooperative Highway Research Program, Transportation Research Board, Washington, D. C.

第六部分

低温开裂模型

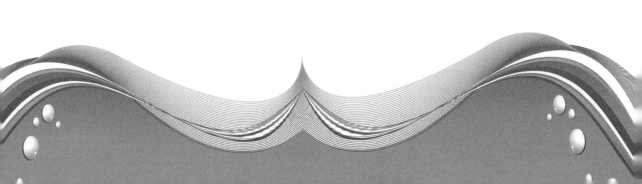

第 14 章　用于预测低温开裂的 TC 模型

William G. Buttlar，**Reynaldo Roque**，**Dennis R. Hiltunen**

摘要

低温开裂是沥青路面劣化的一种重要形式，它可能会在寒冷气候或较大的日温差时出现。当热致应变产生超过沥青路面抗裂能力的局部应力时，就会形成温度裂缝。虽然控制沥青胶结料的蠕变和开裂性能等技术指标对于降低低温开裂的可能性非常有用，但低温开裂最终是由沥青混凝土本身的性能决定的。本章详细介绍了基于沥青混合料的低温开裂预测模型-TC 模型，该模型最初是在战略公路研究计划（SHRP）下研究的，后来经过修订和更新，被纳入在 AASHTO 的力学-经验设计指南（MEPDG）软件中。力学-经验模型基于沥青混合料的蠕变，强度和热收缩特性以及气候输入和与整个路面结构相关的信息来预测不同时间的温度裂缝数量。

介绍

经受昼夜温度循环的结构部件或系统通常易于发生通常称为低温开裂的劣化机制，特别是当结构部件或系统的收缩收到显著的约束时。沥青路面的温度裂缝（图 14-1）是一种非常严重的路面破坏形式，因为它通常是不可逆的并且通常很难修复。以前，低温开裂被认为与沥青胶结料的低温性能有关，因此通过沥青胶结料的试验和规范来控制低温开裂。但是，仅凭胶结料本身的性能并不能得出沥青混凝土潜在的一些重要参数，如沥青混合料的力学参数（蠕变柔量，开裂性能）、热学参数（收缩系数）或路面配置（面层类型和厚度）。

图 14-1　贯穿路肩的沥青路面温度裂缝

本章的目的是提供基于力学的低温开裂性能模型（TC 模型）的详细描述，TC 模型是作为战略公路研究计划（SHRP）的一部分开发的。基于上述目的，TC 模型用于评估并最终用于补充胶结料的性能等级（PG）规范。现在，该模型得到了增强，经过重新标定，并被纳入 MEPDG 软件，这在本章的后面部分会提及。TC 模型预测在路面中作为时间函数发展的温度裂缝的数量（或频率）。该模型的输入包括沥青混合料的力学和热力学性能，如蠕变柔量主曲线，抗拉强度和收缩系数、路面结构，路面每小时不同深度的温度函数。由于该模型系统可以基于其测量和估计的材料性能来确定特定沥青混合料是否满足特定的低温开裂性能要求，因此该模型系统为基于沥青混合料真实性能的低温开裂预测提供了基础。

低温开裂机理

如 Haas（1987）和 Roque（1993）等所述，通常由温度引起的低温开裂相关的主要机制是"自上而下"传播的横向路面裂缝，如图 14 - 2 所示。路面降温引起的收缩应变导致受约束的路面面层中的温度应力不断发展。在路面的纵向上温度应力最大（图 14 - 2 中的裂缝间距 S 比路面宽度大，直到发生显著的裂缝）。此外，路表面的温度应力最大，因为路表面的温度变化最大而且路表面的温度最低。对于非常极端的降温周期（非常低的温度和/或非常快的降温速率），在一个或非常少的降温周期作用下，就有可能使路面内的特定位置处产生横向温度裂缝。这通常被称为低温开裂或单次低温开裂。随着路面暴露于随后的降温周期，将在不同位置产生额外的裂缝。对于较温和的降温条件，裂缝可以以较慢的速率发展，使得裂缝可能需要几个降温周期才能完全传播通过表面层。这通常称为低温疲劳开裂。这两种现象通常都属于路面工程中的低温开裂。

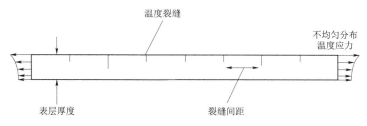

图 14 - 2　路面断面的物理模型示意图

之前的模型

在 SHRP 计划之初，并没有现有的模型可以使用沥青混合料基本的低温特性来预测其低温开裂性能（裂缝数量随时间的发展关系）。当时开发了一些经验模型（Fromm 和 Phang，1972；Haas 等，1987）来预测裂缝的数量或裂缝间距，但这些模型不包括时间作为变量，而且它们主要基于沥青胶浆的性能，而不是沥青混合料的性能。还有其他一些模型可以预测沥青混合料开裂的可能性（COLD，Finn 等，1986；CRACK3，Roque 和 Ruth，1990），但不能从裂缝数量随时间发展的角度来预测沥青混合料的低温开裂性能。由 Lytton 等（1983）开发的 THERM 模型，可以按照时间来进行低温开裂预测，但依据的是估计的而不是在低温下直接测量的沥青混合料性能参数。因此，SHRP A - 005 研究人员开发了一种新模型来预沥青混合料低温开裂性能（裂缝数量随时间的发展关系），该模型采用实际测量的沥青混合料性能参数，以及特定地点的环境和路面结构信息。开发的基于 PC 的低温开裂模型称为 TC 模型，其具有下特征：

（1）包括测量沥青混合料与时间和温度相关的行为（线性粘弹性）在内的沥青混合料

表征。

（2）在整个使用寿命期间内按小时计算的路面温度。

（3）考虑了应力松弛和非线性降温速率的温度应力预测。

（4）温度应力随路面深度的变化。

（5）基于力学的方法预测裂缝的数量随时间的发展关系。

由于需要在试验和建模方面取得重大进展，因此该模型系统的开发是一项重大任务，需要几年时间才能开发和验证。尽管 TC 模型的原始框架自 1993 年最初完成以来一直保持不变，但学者们在接下来的数十年中做出了重大努力，改进了模型输入并为模型标定提供了额外的数据。TCMODEL 的详细描述，包括其原始和后续开发以及使用该模型生成的典型结果的示例，将在以下部分中介绍。

物理模型

TC 模型中假设的实际路面结构的示意图如图 14-2 和图 14-3 所示。在图 14-2 中，厚度为 D 的沥青混凝土面层显示出受到沿深度方向分布的拉伸应力。沥青混凝土材料在

降温过程中由于收缩而产生应力。因为温度梯度即路面温度随深度而变化，使得温度应力随深度分布不均匀。假设在面层内存在以距离 S 均匀间隔的潜在裂缝位置，在这些潜在的裂缝位置处，温度应力可能导致裂缝在面层扩展（图 14-3），此时在路面上就可以看到横向裂缝。假设由于面层内的相关材料性质随空间变化，这些裂缝中的每一个可以以不同的速率传

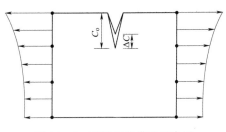

图 14-3　裂缝深度模型示意图

播。并且如稍后将示出的，在 TC 模型中仅模拟单个裂缝位置，然后使用标定的统计模型来估计具有不同深度的温度裂缝数量。

模型组件

TC 模型的主要组件和子组件包括：

（1）输入模块：

1）路面面层每小时的温度曲线。

2）路面面层沥青混合料的力学和热学性能。

（2）路面响应模型：

1）粘弹性相互转换算法。

2）通过遗传积分进行应力预测。

（3）路面灾害模型：

1）应力强度模型。

2）通过 Paris 模型进行裂缝增长预测。

3）概率裂缝数量模型。

以下各节介绍了每个模型组件的详细信息。

输入模块

TCMODEL 所需的输入数据包括路面结构信息（面层类型和厚度）、路面材料属性和特定场地环境数据。

环境影响模型（EICM）

由于通常没有路面不同深度每小时的温度测试数据，因此需要在运行 TC 模型之前首先运行路面温度预测模型。在 SHRP 计划研究期间使用的模型是增强型集成气候模型程序的修改版本，它是由美国得克萨斯州联邦公路管理局运输研究所开发的模型程序（Lytton 等，1989）。该程序随后被调试和改进，以包含在 MEPDG 软件中。这种综合的热量和水流模型需要大量的输入，包括：在特定地点气象站记录的最小和最大日气温、路面短波吸收率、表面发射率因子、热传导系数、热容、对流换热系数、风速、日照百分比、水位深度、面层厚度、面层类型（沥青混凝土、稳定基础或未结合颗粒材料和土壤的 AASHTO 分类）、场地纬度、月平均风速、月平均日照等。幸运的是，MEPDG 软件为美国数百个地点的许多输入提供了典型值，简化了流程。TCMODEL 要求的 EICM 模拟结果是每小时路面表面及每隔 51.2mm（2 英寸）的深度间隔的温度。

沥青混合料的热学性质

除路面结构和温度数据外，TC 模型还需要沥青混合料的力学和热学性能。沥青混合料的线性热收缩系数使用以下关系计算，该关系是 Jones 等（1968）提出的关系的修改版本。

$$B_{mix} = \frac{VMA \times B_{AC} + V_{AGG} \times B_{AGG}}{3 \times V_{总}} \tag{14-1}$$

式中　B_{mix}——沥青混合料的线收缩系数，$℃^{-1}$；

　　　B_{AC}——沥青胶浆在固态时的线收缩系数，$℃^{-1}$；

　　　B_{AGG}——集料的线收缩系数，$℃^{-1}$；

　　　VMA——矿料间隙率（等于沥青混合料的空隙率加上沥青胶浆体积百分比减去被吸收的沥青胶浆体积百分比）；

　　　V_{AGG}——沥青混合料中集料的体积百分比；

　　　$V_{总}$——100%。

考虑到沥青胶浆和集料的线收缩系数测试不是常规沥青混合料配合比设计的一部分，因此该模型使用 $3.45 \times 10^{-4}/℃$ 的体积线收缩系数的平均值作为沥青胶结料的输入值。因此，沥青混合料的预测线收缩系数将取决于集料的线收缩系数和沥青混合料的体积。敏感性分析表明，当沥青胶结料的线收缩系数在 SHRP MRL 沥青胶结料报告的范围内变化时，典型沥青混合料的线收缩系数最大变化为 5%。或者，可以在 MEPDG 软件中使用沥青混合料线收缩系数的测量值。关于沥青混合料的先收缩系数的测量和估计的更多信息可以在 Stoffels 和 Kwanda（1996）、Mehta 等（1999）、Nam 和 Bahia（2004）的研究中找到。

沥青混合料的力学性能

如果考虑图 14 - 2 所示的低温开裂的主要机制（温度应力发展和裂纹扩展），控制这

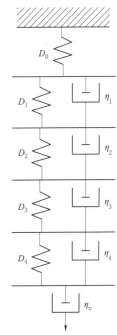

种机制的主要材料特性是控制温度应力发展的粘弹性特性和控制裂缝扩展速度的开裂特性。这些是 TC 模型中所需的沥青混合料的力学性能。TC 模型的开发和标定假设用户将进行蠕变测试并在 3 个测试温度下获得蠕变柔量的测量值，并且在每个温度下持续测试至少 100s。蠕变柔量等于随时间变化的应变除以蠕变试验中使用的恒定应力。在 SHRP 计划期间，通常用于测试圆柱形样品的标准间接拉伸的测试方法被修改用于低温试验。如 Roque 和 Buttlar（1992）、Buttlar 和 Roque（1994）、Buttlar 等（1996）所述，并按照 AASHTO T322（2003）的规定，通过将传感器安装到远离加载头的试样平面内的部分，可以获得精确的蠕变柔量测量。基于三维有限元分析的校正因子用于提高测量的准确性。TC 模型要求蠕变柔量主曲线（在第 4 章和第 6 章中讨论）采用（Tschoegl，1989）广义 Voight - Kelvin 流变型（图 14 - 4）表示。流变材料行为的典型特征是在长加载时间存在粘性流动，并且由在流变模型中与其他弹簧-粘壶元件串联放置的粘壶表示。这个孤立的粘壶可以在图 14 - 4 中观察到，并且表示为方程（14 - 2）中的最后一个项。虽然沥青混凝土混合料在低温下相对较硬，但是该流变形式提供了在 SHRP A - 005 研究中测量的主曲线数据的最佳拟合。

图 14 - 4　用于表示蠕变
柔量主曲线的广义
Voight - Kelvin 模型

$$D(\xi) = D(0) + \sum_{i=1}^{N} D_i (1 - e^{-\frac{\xi}{\tau_i}}) + \frac{\xi}{\eta_v} \tag{14 - 2}$$

式中　　　　　$D(\xi)$——在转换时间 ξ 时的蠕变柔量；

　　　　　　　ξ——转换时间；

$D(0)$，D_i，τ_i，η_v——柔量、延迟时间和流变流动的模型参数。

除了广义 Voight - Kelvin（V - K）模型与提供的实验数据拟合精度高之外，选择该模型来代表主蠕变柔量曲线还有两个原因：

（1）V - K 模型简化了主蠕变柔量曲线到主松弛模量曲线的转换（在下一节中描述）。

（2）V - K 模型简化了用于计算路面应力的粘弹性本构模型的求解。

在低温开裂模型中，认为平移因子-温度关系在指定测试温度下确定的平移因子之间是分段线性的。假设平移因子的对数与温度之间是半对数关系（Hiltunen 和 Roque，1994），采用线性插值方法来估算除主曲线研究中使用的温度以外的温度下的平移因子。

通过在多个温度下进行蠕变柔量测试，并从将不同温度的数据水平移动到所选的参考温度下建立一条平滑、连续的曲线，可以获得 Voight - Kelvin 模型参数和平移因子。得

到的曲线称为蠕变柔量主曲线。第4章和第6章详细介绍了有关如何平移各个蠕变柔量曲线以获得主曲线,并在文献中发表(Hiltunen 和 Roque,1994;Buttlar 等,1998;Buttlar 和 Roque,1997)。因此,为简洁起见,此处不再重复该过程。时温转换法则的使用意味着沥青混合料被认为是一种简单热流变材料。

在 SHRP 计划中执行的 TC 模型的标定,需要根据在 0℃、−10℃ 和 −20℃ 下获得的蠕变柔量数据形成主曲线,每个温度下的曲线持续 1000s。在 SHRP 项目结束时,建议模型的未来版本应考虑 100s 蠕变测试以减少测试时间。该建议在 AASHTO T322 规范的沥青混合料的低温蠕变测试中被采用。随后,在 NCHRP 1 - 37A 项目中进行的 TC 模型的重新标定使用了 100s 的蠕变试验结果,取得了成功。

路面响应模型

应力预测和松弛模量的控制本构方程

沥青混凝土的粘弹性特决定着降温过程中的应力发展水平。TC 模型中的路面响应模型用于预测路面系统内的远场应力(应用裂缝尖端应力强度因子之前的路面总温度应力)。该模型使用材料属性,路面结构信息和环境影响模型预测的每小时路面温度。在路面的不同深度(准二维方法)应用一维本构模型来近似模拟温度引起的远场拉应力。虽然完整的二维甚至三维模型可以得到更好的应力预测,但考虑到选择小时作为分析周期,使用二维三维模型是不切实际的。准二维模型在当前的简化模型假设下能得到合理的结果。例如,可以忽略交通荷载(通过模型标定来计算在内)。并且假设裂缝间距适当地大,从而可以忽略裂缝间的相互作用。该模型比一些早期的低温开裂模型有所改进,早期的模型应力预测仅基于路面表面的温度。

用于沥青混凝土层的温度应力预测的模型是如下形式的遗传积分。

$$\sigma(\xi) = \int_0^\xi E(\xi - \xi') \frac{d\varepsilon}{d\xi'} d\xi' \qquad (14 - 3)$$

式中 $\sigma(\xi)$——在转换时间 ξ 时的应力;

$E(\xi - \xi')$——在转换时间 $\xi - \xi'$ 时的松弛模量;

ε——在转换时间 ξ 时的应变,$\varepsilon = \alpha(T(\xi') - T_0)$;

α——先收缩系数;

$T(\xi')$——在转换时间 ξ' 时的路面温度;

T_0——应力为 0 时的路面温度;

ξ'——积分变量。

广义 Maxwell 模型用于表示沥青混凝土混合料在松弛时的粘弹性。该模型的示意图如图 14 - 5 所示。在数学上,广义 Maxwell 模型的松弛模量可以用以下的 Prony 级数来表示,其与第6章中提出的类似模型不同,该模型去除了长期模量:

$$E(\xi) = \sum_{i=1}^{N+1} E_i e^{-\xi/\lambda i} \qquad (14 - 4)$$

式中　$E(\xi)$——转换时间 ξ 时的松弛模量；

　　　E_i、λ_i——松弛模量主曲线的 Prony 级数参数（Maxwell 单元的模量和松弛时间）。

该函数描述了在单一温度下作为时间函数的松弛模量，该温度通常被称为参考温度。在参考温度下定义的函数称为松弛模量主曲线。假设沥青混合料表现为简单热流变材料，其他温度下的松弛模量可以通过使用时温转换法则确定。根据以下等式用转换时间（即对应于定义松弛模量的温度下的时间）替换实际的时间（即对应于感兴趣的温度下的时间），可以确定沥青混合料在其他温度下的松弛模量：

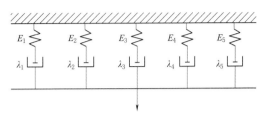

图 14-5　用于松弛模量的广义 Maxwell 模型

$$\xi = \frac{t}{\alpha_T} \tag{14-5}$$

式中　ξ——转换时间；

　　　t——实际时间；

　　　α_T——温度平移因子（从蠕变柔量曲线数据中获得）。

粘弹性相互转换：蠕变柔量转换为松弛模量

如上所述和在第 6 章中概念性地讨论。TCMODEL 中应力预测所需的本构模型形式是松弛模量和相关的平移因子。蠕变柔量与松弛模量之间的转换细节详见第 6 章，它们的关系由卷积积分控制：

$$\int_0^\infty D(t-\tau)\frac{\mathrm{d}E(\tau)}{\mathrm{d}\tau}\mathrm{d}\tau = 1 \tag{14-6}$$

对上式两边进行拉普拉斯变换可以得到：

$$L[D(t)] \times L[E(t)] = \frac{1}{s^2} \tag{14-7}$$

式中　$L[D(t)]$——蠕变柔量的拉普拉斯变换；

　　　$L[E(t)]$——松弛模量的拉普拉斯变换；

　　　S——拉普拉斯参数（转换时间变量）；

　　　t——时间（对于主曲线，使用转换时间 ξ）。

TC 模型包括一种求解该方程的算法，用于在给定主蠕变柔量 $D(\xi)$ 的情况下求解主松弛模量 $E(\xi)$。Hiltunen 和 Roque（1994）详细记录了该模型的开发和验证。松弛模量主曲线的温度平移因子由蠕变柔量数据确定，即蠕变和松弛数据适用于相同的平移因子。

应用遗传积分的数值方法：每小时应力预测

因为蠕变柔量和松弛模量曲线采用时温转换法则表示，卷积积分方程最初用转换时间 ξ 表示。通过变量变换，等式中可以用实际时间 t 来表示，如下所示：

$$\sigma(\xi) = \int_0^t E[\xi(t) - \xi'(t)] \frac{d\varepsilon}{dt} dt \qquad (14-8)$$

使用 $E(\xi)$ 的 Prony 级数表达式（14-4），已经得到了上述方程的以下有限差分解（Soules 等，1987）：

$$\sigma(t) = \sum_{i=1}^{N+1} \sigma_i(t) \qquad (14-9)$$

其中

$$\sigma_i(t) = e^{-\frac{\Delta\xi}{\lambda_i}} \sigma_i(t-\Delta t) + \Delta\varepsilon E_i \frac{\lambda i}{\Delta\xi} (1 - e^{-\frac{\Delta\xi}{\lambda_i}}) \qquad (14-10)$$

式中，$\Delta\varepsilon$ 和 $\Delta\xi$ 分别为应变和转换时间在时间 $t-\Delta t$ 到 t 内的变化。所有其他变量和先前所定义的一样。这种方法类似于第 7 章中提出的状态变量方法。

路面响应模型执行以下计算流程：

（1）使用环境影响模型预测沥青混凝土层内多个深度（节点）的温度。节点采用 2 英寸的间隔。

（2）在每个节点处计算温度引起的应变。

（3）采用前面介绍的一维模型用于预测每个节点的应力，从而建立一个随深度的近似应力分布。

（4）预测的应力分布用作裂缝深度（开裂）模型的输入。开裂模型使用当前位置裂缝尖端处的应力来评估裂缝的扩展。

路面灾害模型

路面灾害模型由 3 个主要部分组成：应力强度因子模型、裂缝深度（开裂）模型和裂缝数量模型。应力强度因子模型利用路面响应模型计算的远场应力以及路面结构和材料特性，预测局部垂直裂缝尖端的应力。基于裂缝尖端处的应力，裂缝深度（开裂）模型预测由于施加的应力导致的裂缝扩展量。最后，裂缝数量模型从局部垂直裂缝的深度和概率裂缝分布模型预测每单位长度路面的温度裂缝数量（或频率）。

应力强度因子模型

应力强度因子模型（CRACKTIP）是一个二维有限元（FEM）程序，通过裂纹尖端单元模拟沥青混凝土层中的单个垂直裂缝。CRACKTIP 程序是美国得克萨斯交通研究所（Chang 等，1976）开发的。Lytton 等（1993）采用合适的有限元网格，并对 CRACKTIP 有限元程序与 ANSYS 程序和标准手册的解进行了并行比较，以验证 CRACKTIP 程序在低温开裂模型中的准确性。

如果将 CRACKTIP 有限元模型直接纳入低温开裂模型，则计算机运行时间会过长。因此，研究人员研究是否可以开发简化的方程来预测 CRACKTIP 程序的结果。该方法是在不同的条件下预先求解 CRACKTIP 程序，并确定是否可以开发简化的关系以获得对模型预测的应力强度因子的合理估计。研究人员确定了以下回归方程以提供合理准确的应力强度因子估计：

$$K = \sigma(0.45 + 1.99C_0^{0.56}) \tag{14-11}$$

式中　K——应力强度因子；

　　　σ——从路面响应模型获得的裂缝尖端远场应力；

　　C_0——当前的裂缝长度。

在低温开裂模型中，使用此公式来代替 CRACKTIP 程序。

裂纹增长预测模型

使用由 Paris 等（1961）引入的简单现象学关系，在 TCMODEL 中估计由给定的降温周期引起的稳定裂纹扩展的量。

$$\Delta C = A \Delta K^n \tag{14-12}$$

式中　ΔC——一个降温周期引起的裂缝深度变化；

　　　ΔK——一个降温周期引起的应力强度因子变化；

　　A、n——开裂参数。

通过每小时计算并累计裂缝深度（ΔC）的变化，来确定作为时间函数的总裂缝深度。

因此，直接影响在经受特定水平的温度应力的路面中可能产生的裂缝数量的材料特性是断裂参数 A 和 n。由于 SHRP 研究人员认为以规范为目的进行沥青混合料断裂试验不太实际，因此断裂参数 A 和 n 应根据作为规范试验一部分的测量的材料性能，以及材料性能和断裂参数 A 和 n 之间的理论或实验关系来确定。Schapery 的非线性粘弹性材料裂纹扩展理论（Schapery，1973）表明，断裂参数 A 和 n 在理论上与以下因素有关：

（1）根据蠕变试验确定的对数蠕变柔量-对数时间主曲线的线性部分的斜率（m）。

（2）沥青混合料的拉伸强度。

（3）通过试验监测裂缝扩展的能量释放，来确定沥青混合料的断裂能密度。

式（14-13）给出了用于从长加载时间的蠕变柔量主曲线的斜率来获得 m 值的模型。

$$D(\xi) : D(0) + D_1\xi^m \tag{14-13}$$

通过在 IDT 测试中以相当快速、恒定的夹头变形速率（12.5mm/min）进行强度测试来获得沥青混合料的拉伸强度。

Molenaar（1984）通过实验得到了以下关系：

$$\log A = 4.389 - 2.52\log(E\sigma_m n) \tag{14-14}$$

式中　E——沥青混合料的刚度；

　　　σ_m——沥青混合料的强度。

Molenaar 测量了所有材料性能以扩展这种关系。Lytton 等（1983）进行的实验得到了以下关系：

$$n = 0.8 \times \left(1 + \frac{1}{m}\right) \tag{14-15}$$

这些发现与 Schapery 的非线性粘弹性材料的理论一致，其中 Schapery 证明 A 和 n 都与 m 有关，而 A 也是材料断裂能密度的函数。Molenaar 的公式建议在确定参数 A 时，材料的强度和刚度是断裂能密度的合适替代者。

由于 Molenaar 的公式中包含的沥青混合料的刚度的含义尚不清楚，特别是在考虑温度应力发展过程中的变温条件时，决定将该值确定为校准系数，作为现场校准工作的一部分（参见下面的模型校准部分），在现场校准后确定以下公式：

$$\log A = 4.389 - 2.52\log(k\sigma_m n) \tag{14-16}$$

式中　k——现场校准确定的系数，$k=10000$；

　　　σ_m——未损伤的沥青混合料的强度。

因此，用于获得断裂参数的两个测量性能参数是：

（1）m 值，它是从蠕变试验确定的对数蠕变柔量-对数时间主曲线的线性部分的斜率。

（2）沥青混合料的拉伸强度。

选择 $-10℃$ 的拉伸强度作为开裂模型的标准输入。这一决定的主要原因之一是沥青混合料的强度随着温度的降低而增加，直到在特定温度达到最大值，低于该温度，强度随温度降低而降低。不同沥青混合料的强度峰值的温度也不同，但阈值通常低于 $-10℃$。在更低温度下的强度降低可能是由于沥青胶结料的脆化以及当实验室样品冷却至测试温度过程中由与集料和沥青胶结料之间的收缩不同引起的应力导致的内部损伤。尽管在 SHRP 计划研究中考虑了与温度相关的拉伸强度，但在 $-10℃$ 的单一温度下的沥青混合料拉伸强度能够为选择的开裂模型提供足够的信息。

概率裂缝数量模型

为了从平均裂缝深度和剖面内裂缝深度的分布预测路面段每单位长度的裂缝数量，做出如下假设：

（1）在给定的路面断面内，可能发生最大数量的温度裂缝，并且这些裂缝在整个断面内均匀分布（或者相反，存在最小裂缝间距，超过该间隙不会进一步产生裂缝）。这种假设似乎是合理的，因为当裂缝间距小于一定距离时，没有足够的摩擦力以产生新裂缝所需的应力。最初，这些潜在裂缝都是从沥青混凝土层表面处的非常小的局部垂直裂缝发展而来（或缺陷、裂纹等）。温度裂缝间距的详细分析研究可以在 Timm 和 Voller（2003）、Yin 等（2007）的文章中找到。

（2）在局部垂直裂缝扩展到沥青混凝土表面层的整个深度上之前，并不统计（或观察）该裂缝。换句话说，在局部垂直裂缝突破表面层之前，其对总体的温度裂缝数量没有贡献。

（3）对于给定时间点的给定路面断面，由于路面的材料属性在整个断面上是变化的，上面定义的每个局部垂直裂缝可能通过表面层扩展不同的距离。假设裂缝深度的这种空间分布是正态分布的，裂缝深度分布的平均值等于使用在实验室中测量的材料特性从上述力学模型计算的裂缝深度。分布的方差是未知的，假设所有路面断面的方差都是一个常数，并将其作为在校准工作时需要估算的系数包括在模型中。

基于上述假设，图 14-6 中所示的模型是在路面断面的裂缝数量和实际穿过表面层的最大垂直裂缝数量的比例之间建立的。基本上，裂缝数量是裂缝深度等于或大于表面层厚度的概率的函数。如图所示，该概率是通过假设路面裂缝深度的对数呈正态分布，其平均值等于 $\log C_0$（模型预测的裂缝深度）和方差 s^2 来确定的。裂缝数量按如下计算：

$$AC = \beta_1 \times P(\log C > \log D) \tag{14-17}$$

或

$$AC = \beta_1 \times N\left[\dfrac{\log\left(\dfrac{C}{D}\right)}{\sigma}\right] \qquad (14-18)$$

式中　AC——观测到的温度裂缝数量；

β_1——通过现场校准得到的回归系数；

$P(\ )$——括号内成立的概率；

$N(\ )$——括号内评估的标准正态分布；

σ——路面裂缝深度对数的标准差；

C——裂缝深度；

D——路面表面层厚度。

选择此基于 C 和 D 的对数的特定模型的原因如下：

（1）如上面所示的公式所示，使用对数形式意味着裂纹的数量与 C/D 的比例成正比，这具有使裂缝深度相对于表面层厚度标准化的效果。

（2）使用 $\log C_0$ 也意味着裂缝深度的方差随着裂缝深度的增加而增加，这看起来是一种合理的结果。

应该注意的是，该模型不能预测超过路面中可能产生的裂缝总量的 50％ 以上的裂缝。这相当于平均裂缝深度等于表面层厚度的情形，这意味着路面中所有裂缝的 50％ 已经穿透了表面层的整个厚度。根据作为本次调查的一部分进行的现场观察和校准，选择每 500m 路面出现最大 400m 的横向裂缝作为通常在路面中出现的最大温度裂缝数量。假设行车道宽度为 4m，这相当于每 5m 路面出现大约 1 个裂缝的裂缝频率。因此，该模型将持续运行，直到达到预计的每 500m 路面约 200m 的裂缝数量（即每 10m 路面 1 个裂缝）。因此，经过校准后，该模型能够预测给定路面的适当的低温开裂速率，但是当达到上述限制时，该模型将停止运行。由于裂缝的相互作用以及适当考虑新裂缝产生后温度应力发展所需的下卧层对沥青混凝土层的摩擦约束，当裂缝间距更小时将需要更复杂的响应和开裂模型，因此决定在 TC 模型中不考虑更高水平的低温开裂频率（Deme 和 Young，1987）。然而，考虑到通常认为路面每 10m 有一处裂缝已经很严重，模型中的当前限制被认为足以用于工程设计和分析。

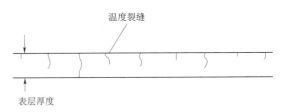

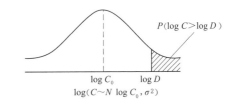

图 14-6　裂缝数量模型：裂缝深度分布

模型校准和样本输出

与任何其他力学-经验路面预测模型一样，有必要对 TC 模型校准以提高模型精度。由于 TC 模型所需的详细输入，包括材料、结构和气候参数，TC 模型的校准可能是一项耗时的任务。目前，TC 模型已经校准了两次：①在 SHRP 研究期间使用来自 SHRP 通用路面部分（GPS）的路面长期性能（LTPP）的数据；②在 NCHRP 1 - 37A 研究期间，使用上述 GPS 数据，加上加拿大战略高速公路研究计划（CSHRP）部分和美国明尼苏达州道路研究部门（Mn/ROAD）部分（来自高交通量和低交通量区域）的额外数据。AASHTO MEPDG 软件是在国家合作公路研究计划（NCHRP）项目 1 - 37A 下开发的。两种校准都可以被视为"国家"校准工作，即涉及来自许多地理区域（这里为美国和加拿大）的数据。取决于用户和/或客户的需要和可用资源，将来应考虑其他校准数据集，例如区域、州、地方等。

校准方法和结果

为模型选择的校准参数是 k，这是在开裂模型的中使用的一个刚度参数项［式（14 - 16）］。和来自统计裂缝分布模型中的 β_1 和 s。使用称为"压力"程序（Roque 等，1993）的非线性回归程序来最小化实测的和预测的低温开裂之间的差异。对于在 NCHRP 1 - 37A 期间进行的原始校准工作，"压力"程序产生以下参数：$k = 10,000$；$\beta_1 = 353.5$，$s = 0.769$，这得到了非常好的模型拟合精度（$R^2 = 0.88$）。表 14 - 1 给出了这组校准参数的预测和观察到的低温开裂的比较。如前所述，概率裂缝分布模型的性质是，在当前假设下模型可以预测的最大裂缝量是 β_1 的一半，或者每 500m 路面约 177m 横向裂缝。

表 14 - 1 使用 TC 模型预测和观察到的低温开裂的比较

项 目	断 面	位 置	观测到的裂缝 /（m/500m）	预测的裂缝 /（m/500m）
SHRP 计划通用路面部分	404086	Chickasaw, Okla.	96	75
	41022	Hackberry, Ariz.	0	11
	322027	Oasis, Nev.	≥177	≥177
	201005	Ottawa, Kan.	≥177	≥177
	161010	Idaho Falls, Idaho	≥177	176
	161001	Coeur D'Alene, Idaho	0	13
	311030	Edison, Neb.	36	8
	491008	Marysvale, Utah	≥177	174
	561007	Cody, Wyo.	≥177	≥177
	81047	Rangley, Colo.	≥177	≥177
	241634	Berlin, Md.	0	0
	451008	Salem, S. C. 96	≥177	
	341011	Trenton, N. J.	36	0
	291010	Waynesville, Mo. 120	≥177	
	181028	Huntington, Ind.	12	5
	231026	Farmington, Maine	12	0
	271087	Farmington, Minn.	132	≥177
	271028	Frazee, Minn.	≥177	≥177

续表

项　目	断　面	位　置	观测到的裂缝 /(m/500m)	预测的裂缝 /(m/500m)
加拿大战略高速公路研究计划（CSHRP）	Lamont 1	Lamont，Alberta	110	≥177
	Lamont 2	Lamont，Alberta	≥177	≥177
	Lamont 3	Lamont，Alberta	0	0
	Lamont 5	Lamont，Alberta	24	0
	Lamont 6	Lamont，Alberta	0	1
	Lamont 7	Lamont，Alberta	0	0
	Sherbrooke A	Sherbrooke，Quebec	0	0
	Sherbrooke B	Sherbrooke，Quebec	0	4
	Sherbrooke C	Sherbrooke，Quebec	0	0
	Sherbrooke D	Sherbrooke，Quebec	0	0
	Hearst 1	Hearst，Ontario	0	0
	Hearst 2	Hearst，Ontario	0	0
美国明尼苏达州公路研究计划	Cell 16	Ostego，Minn.	≥177	≥177
	Cell 17	Ostego，Minn	≥177	≥177
	Cell 26	Ostego，Minn	0	14
	Cell 27	Ostego，Minn	≥177	≥177
	Cell 30	Ostego，Minn	108	130

在 NCHRP 1-37A 计划项目中对模型的改进

NCHRP 1-37A 计划项目开发了 AASHTO MEPDG 软件程序，本节描述了 MEPDG 软件对 TC 模型的一些重要修改和扩展。

使用 3 个输入水平

AASHTO MEPDG 软件允许用户根据模型输入选择不同级别的细节。例如，实验室测试的资源非常有限的用户可以使用由软件提供的典型值来选择在软件包内运行一个或多个预测模型。使用以下分析级别：

（1）1 级——这涉及 TC 模型的全套输入，如本章所述。因此，这需要在 3 个测试温度（通常为 0℃、−10℃ 和 −20℃）下的蠕变柔量数据，以及 −10℃ 下的拉伸强度数据。这样可以获得最高可靠性的结果。

（2）2 级——仅涉及 −10℃ 的实验室测试。为了获得 TC 模型所需的主曲线输入，使用简单的幂函数法则模型将 −10℃ 的数据外推到更短和更长的加载时间下 [式（14-13）]。使用模型校准期间生成的数据库得到的回归方程获得温度平移因子。该等式是幂函数模型中 D_0 项的函数。这一级别可以产生具有中等可靠性的结果。

（3）3 级——该级别不需要对沥青混合料进行实验室测试。取而代之的是，美国亚利桑那州立大学开发了回归方程，以预测作为沥青胶结料性质和沥青混合料参数［例如空隙率、矿料间隙率（VMA）、有效胶浆体积等］的函数的蠕变柔量和拉伸强度。为简洁起见，本章未报告这些经验材料模型，但可以在 MEPDG 软件随附的文档中找到。显然，这个级别比级别 1 和 2 更简单，更快速地执行，但代价是预测可靠性稍低。建议进行区域或局部校准，以补偿模型的经验主义。

改进的校准方法

在 NCHRP 1-37A 计划下进行 TC 模型校准的最后阶段包括使用最新的设计指南软件版本检查初始校准。特别是，预计初始 TC 模型校准中使用的路面温度输入文件与设计指南软件中的最新气候数据之间的差异可能很大。用于生成在 NCHRP 1-37A 下 TC 模型初始校准中使用的路面温度曲线历史的气候模型软件版本已超过 10 年，并且在 1-37A 项目期间进行了许多修订。因此，有必要根据这些变化检查并在必要时重新校准 TC 模型。正如预期的那样，气候模型的变化确保了 TC 模型的重新校准，因为当初始校准因子与新的温度文件一起使用时，会低估低温开裂的可能性。

结合重新校准工作，参数 β_1 设置为 400。β_1 值与先前校准工作的变化有些随意，尽管将 β_1 设为 400 以将 TC 模型中的最大可能开裂水平设置为 400/2 或每 500m 路面出现 200m 的裂缝是合理的。这个水平与 SHRP 计划中最初的模型截止水平一致，并且作为实用性的问题，直观地比先前模型校准工作相关的 176.7 的截止水平更有意义。

此处引入了新的校准参数 β_2，用于计算 A_{cal} 的值，A_{cal} 用于代替公式（14-16），A_{cal} 计算公式如下：

$$A_{cal} = \beta_2 \times 10^{[4.389-2.52 \times \log(E \times \sigma_m \times n)]} \qquad (14-19)$$

基于有限数量的模型运行，似乎当 β_2 的值大约为 5 时，对于 1 级精度的分析会得到适当保守的低温开裂预测。因此强烈鼓励对 TC 模型进行局部校准，这对于使用配合比设计的沥青混合料，在拌和楼中采样，或在施工时的现场取芯时会有额外的好处。

到目前为止，用于校准 TC 模型的可用数据涉及美国和加拿大的大量现场老化的芯样。更重要的是，这些芯样是在观测的低温开裂是取得的（在某些情况下服役超过 10 年）。而出于设计目的，通常只有短期老化的材料。在从 SHRP GPS、CSHRP 和 Mn/ROAD 取芯时，在实验室中对芯样进行了加工，以制备间接拉伸试样，试样采用距离路面不小于 50mm 部分的材料，以最小化现场的老化效应。然而，随着越来越多的薄面层的应用，必须使用距离路面表面 12.5mm 部分的材料。本地校准工作应尽可能使用短期老化材料，尽管这种方法存在两难问题，例如，它要求现有的原始材料适当地存放在远离旧项目的位置，和/或如果选择和测试新项目需要在数年后才能收集低温开裂性能。

样本输出

图 14-7～图 14-9 显示了使用 TC 模型进行的敏感性分析。根据这些分析结果，可以测量 TC 模型对模型输入参数的相对敏感性度，如线收缩系数（图 14-7）、沥青混合料拉伸强度（图 14-8）和沥青胶结料的等级等（图 14-9）。所选择的案例研究是用于校准

TC 模型的 SHRP GPS 位置之一：美国内布拉斯加州爱迪生。在这个相对寒冷的中西部地区，很明显临界的降温事件是预测的低温开裂的主要因素来源，此即单次的低温开裂。这解释了在开裂-时间曲线上观察到的"突变"的合理性。这与之前章节中显示的疲劳和车辙预测相反，后者表现出更多的逐渐积累的风险与时间的关系。

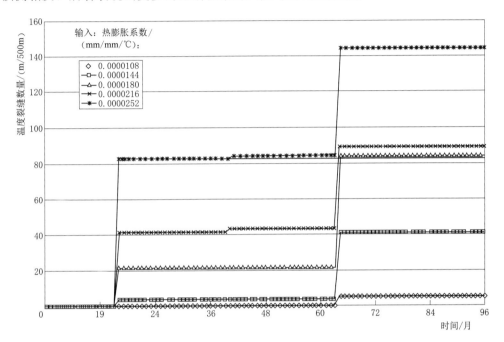

图 14-7　美国内布拉斯加州爱德华敏感性研究的 TC 模型输出：线收缩系数的影响

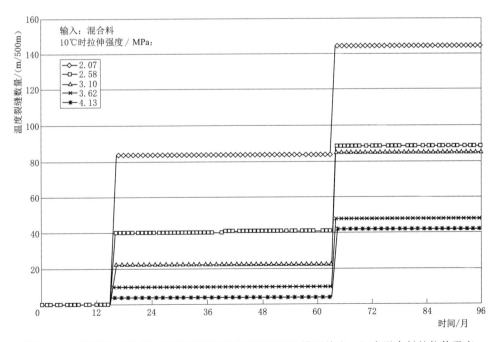

图 14-8　美国内布拉斯加州爱德华敏感性研究的 TC 模型输出：沥青混合料的拉伸强度

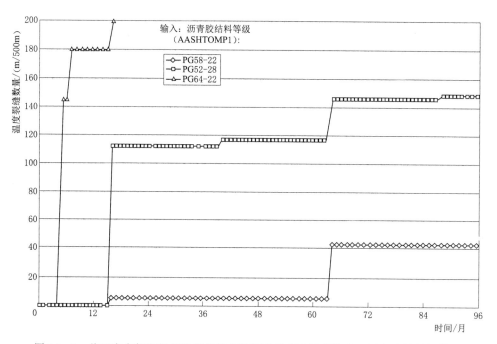

图 14-9 美国内布拉斯加州爱德华敏感性研究的 TC 模型输出：沥青胶结料的等级

总结和下一步工作

TC 模型代表了沥青路面温度裂缝的综合力学-经验性能预测模型。该模型在结合基本沥青混合料低温性能，综合路面断面温度曲线、时间敏感型的粘弹性响应模型、力学-经验裂缝扩展模型和创新概率裂缝分布模型方面具有独到之处。在目前的形式中，正如通过与 SHRP GPS、CSHRP 和 Mn/ROAD 测试路面的实际性能进行比较所证明的，该模型似乎能够得到准确的低温开裂预测。

尽管如此，TC 模型仍有许多潜在的方面可以改进。如果持续改进，可能会带来额外的好处。如提高预测精度和/或降低校准需求。值得研究的一个领域是沥青混凝土的老化对低温开裂发展的影响。目前，TC 模型并未考虑沥青混合料随时间的老化。TC 模型未来可以改进的第二个领域是开裂测试和建模。目前，TC 模型在 $-10℃$ 的单一测试温度下利用沥青混合料抗拉强度，然后通过将此值作为未受损伤的沥青混合料的拉伸强度估计值来估算裂缝参数，以及来自蠕变柔量主曲线的斜率参数（m 值）。将来，如果能更好地了解沥青混合料的断裂行为，并且可以容易地结合更严谨的开裂模型，TC 模型可以进一步改进。Paris 的方法并不是一种真正的断裂力学方法，无论裂缝长度如何，它都依赖于应力集中的变化，可以说这种方法是半经验的，或者是唯像的。沥青混合料断裂试验方法和断裂力学模型的最新进展应纳入随后的 TC 模型版本中（Wagoner 等，2005；Song 等，2006）。

TC 模型未来可以改进的第三个领域是响应建模领域。目前使用准二维路面响应模型，其仅考虑温度引起的应力和应变。最近的研究表明，在临界降温事件中施加的交通负荷可以使拉应力增加 50％以上（Waldhoff 等，2000）。尽管 TC 模型已根据沥青混合料现场性能进行了校准，因此间接考虑了平均交通负荷影响。随着三维有限元建模变得更具计算效率，改进的响应模型应纳入 TC 模型。最后，建议进一步进行模型校准和验证，特别是强调使用聚合物改性沥青胶结料的路面，这些未包含在早期校准部分中。对于希望根据 TC 模型做出重大设计或政策决策的机构，强烈建议首先进行区域和/或本地校准和验证研究。

参考文献

1. American Association of State Highway and Transportation Officials（AASHTO）Designation T322 - 03,"Standard Method of Test for Determining the Creep Compliance and Strength of Hot - Mix Asphalt（HMA）Using the Indirect Tensile Test Device," Standard Specifications for Transportation Materials and Methods of Sampling and Testing，Part 2B：Tests，22nd ed. ，2003.

2. ANSYS Finite Element Computer Program（PC - Linear 2），Swanson Analysis System，Houston，Pa. ，1991.

3. Buttlar，W. G. ，and R. Rogue,"Development and Evaluation of the Strategic Highway Research Program Measurement and Analysis System for Indirect Tensile Testing at Low Temperatures," Transportation Research Record No. 1454，Transportation Research Board，Washington，D. C. ，pp. 163 - 171，1994.

4. Buttlar，W. G. ，and R. Rogue,"Effect of Asphalt Mixture Master Compliance Modeling Technique on Thermal Cracking Pavement Performance," Proceedings of the 8th International Conference on Asphalt Pavements，International Society for Asphalt Pavements，Seattle，Wash. ，Vol. 2，pp. 1659 - 1669，1997.

5. Buttlar，W G. ，R. Rogue，and N. Kim,"Accurate Asphalt Mixture Tensile Strength," Proceedings of the fourth Materials Engineering. Conference，Materials for the New Millennium，American Society of Civil Engineers，Washington，D. C. ，pp. 163 - 172，1996.

6. Buttlar，W. G. ，R. Rogue，and B. Reid,"An Automated Procedure for Generation of the Creep Compliance Master Curve for Asphalt Mixtures," Transportation Research Record，No. 1630，National Research Council，National Academy Press，Washington，D. C. ，pp. 28 - 36，1998.

7. Chang，H. S. ，R. L. Lytton，and S. H. Carpenter,"Prediction of Thermal Reflection Cracking in West Texas," Research Report No. TTI - 2 - 8 - 73 - 18 - 3，Texas Transportation Institute，Texas A&M University，College Station，Tex. ，March 1996.

8. Deme，I. J. ，and F. D. Young,"Ste. Anne Test Road Revisited Twenty Years Later," Proceedings of the Canadian Technical Asphalt Association，Vol. XXXI，1987.

9. Finn，F. ，C. L. Saraf，R. Kulkarni，K. Nair，W Smith，and A. Abdullah,"Development of Pavement Structural Subsystems," NCHRP Report 291，Transportation Research Board，Washington，D. C. ，December，p. 59，1986.

10. Fromm，H. J. ，and W. A. Phang,"A Study of Transverse Cracking of Bituminous Pavements," Proceedings of the Association of Asphalt Paving Technologists，Vol. 41，pp. 383 - 418，1972.

11. Haas，R. ，F. Meyer，G. Assaf，and H. Lee,"A Comprehensive Study of Cold Climate Airport Pavement Cracking," Proceedings of the Association of Asphalt Paving Technologists，Vol. 56，pp. 198 -

245，1987.

12. Hiltunen, D. R. , and R. Rogue," The Use of Time – Temperature Superposition to Fundamentally Characterize Asphalt Concrete Mixtures at Low Temperatures," Engineering Properties of Asphalt Mixtures and the Relationship to Performance, ASTM STP 1265, Gerald A. Huber, Gerald A. , and Dale S. Decker, eds. , American Society for Testing and Materials, Philadelphia, 1994.

13. Jones, G. M. , M. I. Darter, and G. Littlefield,"Thermal Expansion – Contraction of Asphaltic Concrete," Proceedings of the Association of Asphalt Paving Technologists, Vol. 37, pp. 56 – 97, 1968.

14. Lytton, R. L. , D. E. Pufahl, C. H. Michalak, H. S. Liang, and B. J. Dempsey,"An Integrated Model of the Climatic Effects on Pavements," Report No. FHWA – RD – 90 – 033, Federal Highway Administration, Washington, D. C. , November, 1989.

15. Lytton, R. L. , R. Rogue, J. Uzan, D. R. Hiltunen, E. Fernando, and S. M. Stoffels,"Performance Models and Validation of Test Results," Strategic Highway Research Program Report A – 357, Project A – 005, Washington, D. C. , 1993.

16. Lytton, R. L. , U. Shanmugham, and B. D. Garrett," Design of Asphalt Pavements for Thermal Fatigue Cracking, Research Report No. FHWA/TX – 83/06 + 284 – 4, Texas Transportation Institute, Texas A&M University, College Station, Texas, January 1983.

17. Mehta, Y. , S. Stoffels, and D. Christensen,"Determination of Thermal Contraction of Asphalt Concrete Using Indirect Tensile Test Hardware," journal of the Association of Asphalt Paving Technologists, Vol. 68, pp. 349 – 368, 1999.

18. Molenaar, A. A. A. ,"Fatigue and Reflection Cracking due to Traffic Loads," Proceedings of the Association of Asphalt Paving Technologists, Vol. 53, pp. 440 – 474, 1984.

19. Nam, K. , H. U. Bahia,"Effect of Binder and Mixture Variables on Glass Transition Behavior of Asphalt Mixtures," journal of the Association of Asphalt Paving Technologists, Vol. 73, pp. 89 – 120, 2004.

20. Paris, P. C. , M. P. Gomez, and W. E. Anderson,"A Rational Analytical Theory of Fatigue," The Trend in Engineering, Vol. 13, No. 1, January, 1961.

21. Rogue, R. , and W. G. Buttlar,"Development of a Measurement and Analysis System to Accurately Determine Asphalt Concrete Properties Using the Indirect Tensile Test," journal of the Association of Asphalt Paving Technologists, Vol. 61, pp. 304 – 332, 1992.

22. Rogue, R. , D. R. Hiltunen, and S. M. Stoffels," Field Validation of SHRP Asphalt Binder and Mixture Specification Tests to Control Thermal Cracking through Performance Modeling," journal of the Association of Asphalt Paving Technologists, Vol. 62, 1993.

23. Rogue, R. , and B. E. Ruth,"Mechanisms and Modeling of Surface Cracking in Asphalt Pavements," journal of the Association of Asphalt Paving Technologists, Vol. 59, pp. 396 – 421, 1990.

24. Schapery, R. A. ,"A Theory of Crack Growth in Viscoelastic Media," ONR Contract No. N00014 – 68 – A – 0308 – 003, Technical Report No. 2, MM 2764 – 73 – 1, Mechanics and Materials Research Center, Texas A&M University, College Station, Tex. , March, 1973.

25. Song, S. H. , G. H. Paulino, and W. G. Buttlar," A Bilinear Cohesive Zone Model Tailored for Fracture of Asphalt Concrete Considering Rate Effects in Bulk Materials," EngineeringFracture Mechanics, Vol. 73, No. 18, pp. 2829 – 2848, 2006.

26. Stoffels, S. , and F. D. Kwanda,"Determination of the Coefficient of Thermal Contraction of Asphalt Concrete Using the Resistant Strain Gage Technique," Proceedings of the Association of Asphalt Paving Technologists, Vol. 65, pp. 73 – 90, 1996.

27. Soules, T. F. , R. F. Busbey, S. M. Rekhson, A. Markovsky, and M. A. Burke," Finite – Element

Calculation of Stresses in Glass Parts Undergoing Viscous Relaxation," journal of the American Ceramic Society，Vol. 70，No. 2，pp. 90 - 95，1987.

28. Timm，D.，and V Voller,"Field Validation and Parametric Study of a Thermal Crack Spacing Model," journal of the Association of Asphalt Paving Technologists，Vol. 72，pp. 356 - 387，2003.

29. TSchoegl，N. W.，The Phenomenonlogical Theoryof Linear Viscoelastic Behavior: An Introduction. Springer - Uerlag，New York，N. Y，1989.

30. Wagoner，M. P，W. G. Buttlar，and G. H. Paulino,"Disk - Shaped Compact Tension Test for Asphalt Concrete Fracture," Experimental Mechanics，Vol. 45，pp. 270 - 277，2005.

31. Waldhoff，A. S.，Buttlar，W G.，and J. Kim "Evaluation of Thermal Cracking at Mn/ROAD Using the Superpave IDT," Proceeding of the Canadian Technical Asphalt Association，45th Annual Conference，Winnipeg，Manitoba，Polyscience Publications，Inc.，Laval，Quebec，Canada，pp. 228 - 259，2000.

32. Yin，H. N.，W. G. Buttlar，and G. H. Paulino,"Simplified Solution for Periodic Thermal Discontinuities in Asphalt Overlays Bonded to Rigid Pavements," journal of Transportation Engineering，American Society of Civil Engineers，Vol. 133，No. 1，pp. 39 - 46，2007.

第 15 章　沥青胶结料、沥青胶浆和沥青混合料的低温开裂

Simon A. M. Hesp

摘要

　　只有完全了解破坏过程中涉及的复杂机制，才能指导使用能够承受低温的改进的沥青胶结料和沥青混合料，才能消除沥青路面中温度裂缝造成的危害。迄今为止的大多数的工作都集中在限制沥青胶结料在低温下的低应变刚度。本章提供了对沥青胶结料、胶浆和混合料破坏时出现的高应变的最新研究。自 20 世纪 90 年代初以来，加拿大金斯敦女王大学的研究重点是更好地了解沥青混凝土的低温破坏机理。希望这些努力能带来超高性能沥青混凝土的设计和被接受以及相应的试验方法。

介绍

　　沥青路面降温并试图收缩时产生的应力大小取决于材料的线收缩系数、与基础的摩擦力以及由此导致的约束水平、温度变化、系统释放应力的能力和材料的刚度。前 3 个因素不容易改变。因此，最后两个一直是该领域几乎所有努力的焦点。本章仔细研究了温度裂缝的问题，并回顾了近期研究的结果。这些研究表明，与单独的沥青胶结料刚度和松弛能力相比，可能存在更多问题。目前加拿大金斯敦女王大学的研究已经证实，更好地了解详细的破坏机理可以指导设计沥青混合料，这些沥青混合料可以产生完全抵抗路面低温裂缝，或者将裂缝减少到不影响使用的程度（Bodley 等，2007）。

温度应力的积累

　　如第 14 章所述，横向裂缝的发生主要是因为拉伸应力在逐渐变冷的温度下在路面内的积累。在典型的路面中，应力可能很容易达到 4～6MPa，此时材料开始受到损坏。根据材料特性，此阶段可能会出现灾难性的破坏和恶劣的横向应力开裂。在约束条件下降温引起的应力累积已经在文献中多次讨论过，而在最后阶段破坏中涉及的错综复杂的过程却没那么受到关注。

　　英国石油公司的 Fabb（1974）严格评估了温度应力约束试样（TSRST）试验。在 Fabb 的广泛工作中，他研究了沥青等级、集料含量和级配、空隙率、降温速率和添加剂对试验的影响。Fabb 还选择定义 TSRST 试验的破坏点如下：

　　（1）因为应力停止增长表明试件初步破坏，所以采用首次达到最大应力时的温度作为

破坏点。

（2）这个定义很方便，因为他还注意到一些沥青混合料在高达 5℃ 左右时应力保持不变或在灾难性破坏之前出现下降。

聚合物和温度应力约束试件试验

关于聚合物添加剂的使用，Fabb 评论说，在他的工作中，根据他定义的破坏准则，聚合物添加剂对沥青混合料的低温破坏行为几乎没有影响。对于在沥青胶结料中具有高达 10% 的聚合物添加剂时，达到峰值应力的破坏温度的降低范围为 3.5～5℃。这个发现被其他人利用相同（或类似）的 TSRST 方法用不同的改性系统工作所证实（如 Isacsson 和 Zeng，1998；Fortier 和 Vinson，1998；其他）。Fabb 从他的实验结果得出结论，聚合物不太可能"治愈"手头的问题。由于选择哪种沥青混合料测试方法和失败准则的问题仍未得到解决（如参见 Raad 等，1998；Roy 和 Hesp，2001），因此在确定聚合物改性剂是否在缓解横向应力开裂方面起作用之前应谨慎行事。King 等（1993）的出版物和我们自己的研究小组（Garcés 等，1996）已经表明，至少对于苯乙烯-丁二烯（SB）聚合物改性剂（可以改善松弛能力），以及非常坚韧的聚乙烯改性体系，可以有实质性的益处。在某些沥青中，这种效益相当于 Fabb 破坏准则所定义的 TSRST 破坏温度的非常显著的降低。此外，Kluttz 和 Dongré（1997）发表的工作表明，某些星型苯乙烯-丁二烯-苯乙烯（SBS）改性剂可以实现类似的好处。为了更好地理解 Fabb 的早期试验结果，考虑与他的同时代的人的工作是有用的，例如 Hills 和壳牌研究实验室的研究人员，他们仔细研究了集料和沥青胶结料或胶浆之间的界面。

沥青系统界面研究

Hills（1974）是最早研究沥青胶结料和集料之间界面的实际情况的人员之一，当这些系统降低到足够低的温度时。在 Fabb 制作 TSRST 研究结果的同时，Hills 开发了玻璃板测试。通过对玻璃盘中的沥青薄膜进行降温，Hills 注意到当听到开裂声时，初始裂缝出现在靠近玻璃一侧，但是需要进一步降温以将裂缝扩展到自由沥青表面。因此，这些实验表明，至少在 Hills 的玻璃板试验中，在沥青胶结料开裂之前发生了剥落。Jacobs（1995）、Kim 和 El Hussein（1995）、Shin 等（1996）、Radovskiy（2000）以及我们自己的小组（Hesp 等，2000；Crossley 和 Hesp，2000）最新的发表中也在实际的沥青混合料中证实了这一点。破坏过程通常始于裂缝沿粗集料界面的扩展和传播。尽管发生这种情况的主要原因是胶结料和粗集料之间的温度收缩差异，但是在裂缝之前存在的三向应力状态也可以促进剥落过程。这些所谓的损伤区域的形成以及界面粘附的损失已经在沥青混合料中被观察到，并且在文献中有实际图片（Shin 等，1996；Kim 等，1997；Radovskiy，2000）。

沿着界面经常形成裂缝的事实解释了为什么 Fabb 等没有看到由于添加聚合物而导致的应力累积的巨大变化。聚合物可以大大提高胶结料的韧性，但在未改性的体系中界面完整性的变化仍然会在类似的温度下发生。结合 Fabb 选择的破坏准则，这给人的印象是，胶结料的韧性是对低温开裂是无关紧要的，并且只有胶结料的刚度和/或松弛能力会影响破坏行为。然而，由于破坏经常在粗集料的界面处开始和扩展，因此韧性是重要的（或者可能是界面韧性，其与胶结料的韧性有关）。不应过于关注早期阶段发生的事情，而更应关注界面粘附力损失之后发生的事情。因为这是第二个可能导致大的横向裂缝形成和道路完全解体的事情。或者，只要胶结料坚韧到可以阻止微裂纹的聚结和扩展，它们就可以呈现出只产生微裂纹和随之而来的温度应力降低（Crossley 和 Hesp，2000；Hesp 等，2000）的有利的情况。因此，始于 20 世纪 90 年代初期的研究，研究了胶结料的断裂性能，以更准确地预测沥青混合料中低温开裂的开始和严重程度。最终，这项工作可以解释为什么某些路面比预期更早破坏，以及为什么其他路面永远不会因开裂破坏。

沥青胶结料和胶浆的低温开裂

由于疲劳和低温破坏都涉及断裂，因此研究断裂力学的方法和理论可以用来更好地理解沥青系统。加拿大金斯敦女王大学的研究首次研究了沥青胶结料和胶浆在韧脆转变过程中以及在脆性状态下的断裂力学性质（Lee 和 Hesp，1994；Lee 等，1995；Garcés 等，1996）。早期的努力集中在更好地了解哪些因素影响抗裂性能以及如何控制这些因素以得到更坚韧的沥青胶结料。使用我们开发的用于测量平面应变断裂韧度 K_{Ic} 的测试方法，已经可以揭示不同沥青胶结料之间性能的显著差异，但通过 SHRP 计划方法并不能测出这种差异（Hesp 等，2000；Hoare 和 Hesp 等，2000a；Champion 等，2000；Anderson 等，2001）。然而，在讨论这些发现之前，有必要讨论韧性、脆性和韧性这些词的含义，因为它们的使用存在很多混乱。

韧性、脆性和韧性

当需要大量能量使其破裂时，材料被认为是坚硬的。因此，韧性通常定义为每单位面积断裂所需的能量（ASTM，1996）：

$$G_{IC} = \frac{U}{BWf} \qquad (15-1)$$

式中 G_{IC}——I 型裂缝开口的断裂能；

$\quad\quad U$——力位移曲线下面积；

$\quad\quad B$——试样厚度；

$\quad\quad W$——高度；

$\quad\quad f$——与样品顺应性相关的校正因子（Anderson，1995）。

式（15-1）提供了一种非常简单的方法，用于通过对缺口样品的测试来确定断裂能 G_{IC}。

格里菲斯（Griffith，1921）表明，对于一个中间有细长裂缝的宽厚板材的脆性开裂破坏，其破坏应力 σ_f 与断裂能量之间的关系，如下所示：

$$\sigma_f \sqrt{\pi a} = \sqrt{\frac{EG_{IC}}{(1-\nu^2)}} \qquad (15-2)$$

式中 a——半裂缝长度的；

ν——泊松比；

E——杨氏模量。

此外，可以证明在该等式中，左侧等于断裂韧度 K_{IC}。因此，断裂能与断裂韧度之间的关系如下：

$$G_{IC} = (1 - \nu^2)\frac{K_{IC}^2}{E} \tag{15-3}$$

式（15-2）和式（15-3）表明，断裂韧度（K_{IC}）实际上是尖锐裂缝在极端拉伸约束时的强度的量度，它并不是韧性的量度（Harder，1992）。另一方面，断裂能确实是尖锐缺口的韧性的量度，并且它与在给定的应力状态下允许的最大缺陷尺寸成正比，因此，其作为标准参数很有用。如果已知断裂面积，杨氏模量和泊松比，则根据式（15-1）和式（15-3）应该都能够计算出相同的 G_{IC} 值。

K_{IC} 和 G_{IC} 参数仅适用于在破坏之前缺口处没有显著塑性变形和粘弹性流动的条件下（Edwards 和 Hesp，2006）。如果不满足这些条件，那么断裂能采用 G_f 表示更好。当缺口尖端处的塑性区域尺寸增大，并且极度接近未破损的韧带尺寸时，该材料就成为韧性材料，并且在给定条件下可能永远不会发生脆性破坏。控制此行为的参数是拉伸屈服应力 σ_{ty}。由于在脆性状态下难以直接观察到拉伸时的屈服行为（样品在屈服之前以脆性方式破坏），我们最近开始测量压缩屈服应力 σ_{cy}（Roy 和 Hesp，2001a 和 2001b）。

脆性到韧性的转变

最初的研究集中在研究影响韧-脆转变的材料性质，和缺口试件中的抗脆性断裂性能。图 15-1 显示了不同普通和改性沥青胶结料的试验结果（Lee 等，1995）。虽然没有严格允许在韧性区域采用断裂试验（Edwards 和 Hesp，2006），但载荷-位移曲线（G_f）下的能量仍然表明了沥青胶结料存在缺口时的抗裂性。

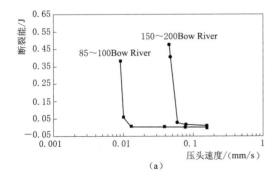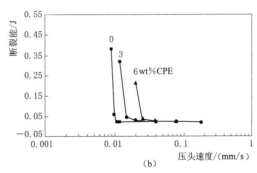

图 15-1(a) 85～100 和 150～200 针入度等级 Bow River 沥青胶结料的韧脆转变区
(b) 氯化聚乙烯改性 Bow River 胶结料的韧脆转变区（$T = -20℃$，$B = 12.5mm$，$W = 25.4mm$，$a = 5mm$ 和 90°）。（引自 Lee 等，1995）

在这些研究中发现，添加聚合物对韧-脆转变没有很大影响。这可能是为什么 SHRP 分级方法也将几乎所有用聚合物改性沥青胶结料分级很接近的原因。

为了展示带缺口样品的断裂试验与无缺口样品的测试完全不同（如 SHRP 直接拉伸

试验方案中使用的那些），进行了与图 15-1 中给出的结果相似的实验，但这些实验在不同的温度下进行。对许多胶结料进行了带缺口样品的 3 点弯曲断裂试验，并且将结果与在无缺口样品上获得的结果（3 点弯曲和直接拉伸）进行比较。图 15-2 提供了两种胶结料的试验结果对比。

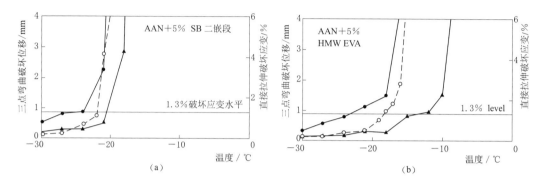

图 15-2 由于试样切口引起的韧-脆转变的变化

（a）AAN+5%SBS 系统；（b）AAN+5%EVA 系统（图中开放符号是按照 SHRP 方法进行的直接拉伸试验，闭合圆圈是无缺口试样的三点弯曲试验，三角形是缺口试样的三点弯曲试验）（引自 Hoare 和 Hesp，2000a）

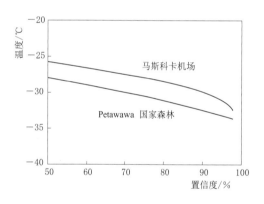

图 15-3 加拿大安大略省 Bracebridge（即马斯科卡机场）和 Petawawa 气象站的低温天气统计数据，其中 118 号高速公路和 17 号高速公路测试地点位于安大略省。（引自 LTTPBind，v.3.1，2005）

令人鼓舞的是，在韧性区，所有无缺口的试验方法得到了大致相同的结果。然而，当三点弯曲样品带有切口时，如果使用 1.3%应变作为破坏标准，则 EVA 系统的性能损失约 8.5℃。SBS 系统仅损失约 3.5℃。为了让这些差异更直观，图 15-3 提供了加拿大安大略省 Bracebridge 和 Petawawa 气象站的低温统计数据（这两个地点都有附近的路面试验区，已经监测了几年）。

很明显，性能预测中的 5℃偏差会产生巨大的开裂可能性。对于这两个地点，在任何给定年份中路面设计温度不会超过的 98% 和 50% 置信区间之间的偏差大约是 6℃。换句话说，如果图 15-2 中的两种胶结料已用于这些位置，则 SB 二嵌段体系可能已经能够接近所需的 98% 置信水平，而 EVA 体系可能在某些年份已经受到挑战。显然，对带缺口试样的测试比无缺口试样的测试更保守（即更安全），并且根据胶结料的类型，差异可以大或小。

增韧机制

带缺口试样中的韧-脆转变提供了对目前使用的低温开裂分级方法的改进指示，除此之外，我们还研究了脆性区域中的韧性。脆性状态下的高韧性可能对防止任何类型的开裂产生积极影响。术语"脆性"通常会让人联想到负面内涵，但是相对于同一类别中的其他材料，脆性状态的材料可能仍然非常坚韧。测试的最坚韧的胶结料在室温下显示出接近环氧树脂的断裂能（Gf～100 - 300J·m^{-2}），而类似 SHRP 等级的最脆性胶结料与玻璃相当（Gf～10J·m^{-2}）。

在讨论不同普通和聚合物改性胶结料获得的定量断裂结果之前，值得考虑使脆性材料增韧的机制。Lee 等（1995）首先报道到沥青中的这些机制。然而，应该指出的是，沥青研究人员比起在这一领域研究了很长时间的高分子科学家们已经落后很多了 [例如，参见Bucknall（1977）]。当更好地理解时，裂纹、空化、增韧屈服和裂纹钉扎是可以阐明为什么某些系统比其他系统更坚韧的所有机制，并且可能有助于设计优异的胶结料和胶浆。

裂纹和空化

高分子材料领域对裂纹和空化进行了的详细的研究，它们是孔隙形成机制的术语。当聚合物中的分子量达到促进链之间缠结的水平时，链的各组就能够在要扩展的主裂纹尖端之前形成横跨许多次要裂纹（即小空隙或空洞）的所谓原纤维 [例如，参见 Bucknall（1977）的 155 - 177 页]。原纤维的直径仅不到 1μm，但它们从高度定向的高分子链中汲取了可观的强度。当某些橡胶改性的聚合物断裂时，原纤维的数量可以达到数百万，这意味着塑性流动的大量增加，因此在破坏过程中会韧度增加。

尽管通过裂纹进行增韧的潜力巨大，但由于沥青中的高分子含量不足以促进基体内部形成足够的缠结以促进数百万个在适当尺寸范围内形成的原纤维，因此它不太可能是沥青胶结料增韧的重要机制（Lee 等，1995）。空化可以提供一种机制，通过该机制聚合物可以增韧原本易碎的基质沥青。

在这里有必要考虑一下美国密歇根州立大学的研究人员（Shin 等，1996）的研究结果，他们在研究中使用了环境扫描电子显微镜（ESEM）。在相对温暖的温度下，使用ESEM 内部的原位拉伸断裂试验研究了各种系统。ESEM 图像表明，在室温下，在 SBS改性沥青混合料体系中，破坏始于靠近大集料颗粒表面（此处收缩应变最不匹配）区域的屈服。随后形成空隙或空腔，这些空隙或空腔通过原纤维的形成而稳定。最终，在进一步收缩时发生完全断裂。作者报告说："在 SBS 改性的沥青样品中，断裂前的原纤维的数量和长度比在纯沥青中要高。"

对一个仅包含 2wt％SBS 的沥青混合料在 0℃ 的较低温度下进行了测试，据报道该沥青混合料以脆性方式破坏，破坏面通过界面或通过集料。然而，在集料-胶结料界面的某些位置，仍观察到大量原纤维，表明该体系中的增韧机理也是空隙。在较低的温度，较低的应变速率和较高的聚合物含量下测试的沥青混合料中，是否发生与这些研究中观察到的相同机理，还有待研究。

屈服强化

沥青胶结料能够避免灾难性破坏并在断裂过程中吸收能量的最重要机制是通过在裂缝尖端的传播之前产生屈服。在均质材料中，裂缝之前的最终屈服区大小取决于断裂韧度

K_{Ic} 和裂纹尖端处的应力强度，以及系统的流动能力，该能力由拉伸屈服应力 σ_{ty} 确定。由于裂缝尖端的复杂应力状态和应力强度，那里的材料必须局部流动，以使其在非常低的应力水平下不超过材料的强度（这将需要无限尖锐的裂纹尖端半径）。裂纹尖端之前的这种流动首先由 Irwin（1961）建模，并在图 15-4 中给出了示意图。裂纹尖端之前的塑性区域的确切大小和形状与 Irwin 提出的圆柱形状有所不同，但是对于当前的讨论，使用当前表示就足够了。

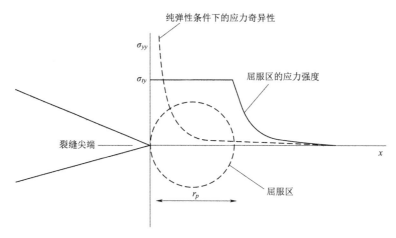

图 15-4　屈服区的 Iwrin 模型

在纯弹性响应的极限下，塑性区消失，应力在尖端趋于达到无限大（出现所谓的应力奇异性）。但是实际系统中，明显不可能存在无限应力，裂纹平面内的法向应力在距裂纹尖端一定距离 r_p 处达到屈服应力。因此，对于小于 r_p 的距离，应力增加趋于平稳并在屈服应力下保持恒定。通过屈服区域上的静力平衡可以得出破坏时 r_p 的合理估计值（参见 Anderson，1995）：

$$r_p = \frac{1}{\pi} \left(\frac{K_{Ic}}{\sigma_{ty}} \right)^2 \qquad (15-4)$$

式中　K_{Ic}——断裂韧度；

　　　σ_{ty}——拉伸屈服强度。

塑性区在一定程度上钝化了裂缝，并且使有效裂缝长度增加了一小段距离。钝化现象在坚韧的胶结料中更加明显。因此，术语"屈服强化"被用于该增韧机理。塑性区域的尺寸提供了一种韧性的度量，因为较大的区域在断裂过程中显然会吸收更多的能量。因此，低屈服应力会促使形成较大的屈服区，并在脆性状态下增强材料的韧性。由于这些原因，我们已经开始研究低温下沥青胶结料的屈服应力（Roy 和 Hesp，2001a 和 2001b）。

为了更多地了解低温下沥青胶结料的屈服行为，采用了粘稠固体流动的 Eyring 模型（Tobolsky 和 Eyring，1943）。该模型已被广泛用于描述高分子材料的屈服（Bucknall，1977；McCrum 等，1997），但在沥青文献中只受到了有限的关注（Herrin 和 Jones，1963；Herrin 等，1966；Jacobs，1995）。Eyring 使用化学物理学中关于活化速率过程的想法来推导一种关系，该关系描述了粘性固体的屈服应力与温度和加载速率之间的关系

（McCrum 等，1997）：

$$\frac{\sigma_y}{T} = \left(\frac{2}{V^*}\right)\left[\left(\frac{\Delta H}{T}\right) + 2.303R\log\left(\frac{d\varepsilon_y/dt}{d\varepsilon_0/dt}\right)\right] \tag{15-5}$$

式中　　σ_y——屈服应力；

$\quad\quad T$——温度；

$\quad\quad V^*$——活化体积；

$\quad\quad \Delta H$——活化能；

$\quad d\varepsilon_y/dt$——应变速率；

$\quad d\varepsilon_0/dt$——常数。

Eyring 方程表明，如果系统遵循该理论，则随温度变化的屈服应力 σ_y/T 与应变速率的对数 $\log(d\varepsilon_y/dt)$ 的关系图应是一组彼此平行的直线。如果这样，那么这样的图就可以确定粘性流动的活化体积 V^* 和活化能 ΔH。在许多聚合物中流动的典型 Eyring 图显示了这样的平行线组（McCrum 等，1997）。

图 15-5 和 15-6 显示了最近获得的 Bow River［SHRP 材料参考库（MRL）代码 AAN］和 California Valley［SHRP MRL 代码 AAG-2］的普通沥青和改性沥青胶结料的压缩屈服 Eyring 图（Hesp 和 Roy，2003）。其中屈服应力是通过单轴压缩试验来确定的，因为在拉伸时，样品在达到屈服点之前会以脆性方式破坏。对于脆性聚合物沥青混合料体系，这是一种常见的做法，但确实引起了这样一个问题，即用压缩屈服强度代替拉伸屈服强度是否会改变结果。众所周知，压缩时的屈服应力可能大大高于拉伸屈服应力（Bucknall，1977）。

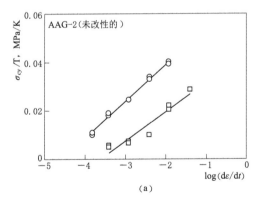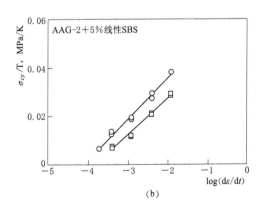

图 15-5　两个 California Valley 样品的 Erying 图（圆形为-24℃，方形为-12℃）

由于当前活化参数的含义尚不清楚，因此最好仅从数据中得出一些通用但有用的结论。

首先，如图 15-5（a）、图 15-6（a）和图 15-6（b）没有显示典型的两个温度的线完全平行的 Eyring 图。从该结果可以得出结论，这 3 个系统中的沥青结构（或活化参数）在-12～-24℃之间不断变化，这种变化使得难以确定这些胶结料的活化能。但是，对于最均匀的系统 AAG-2+5%SBS，这不是问题。并且可以对式（15-5）进行拟合。分析得到的活化参数为 $V^*=3.7nm^3$ 和 $\Delta H=42kJ/mol$，这与文献报道的一系列聚合物相当

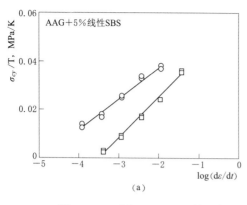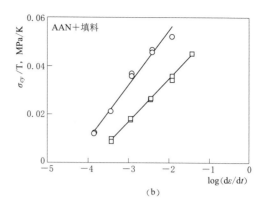

图 15-6 两个 Bow River 样品的 Erying 图（圆形为−24℃，方形为−12℃）

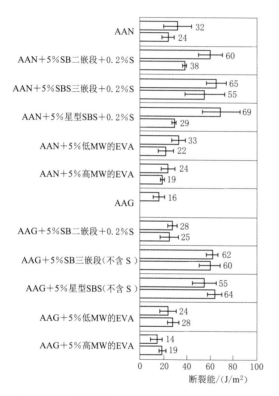

图 15-7 聚合物类型对脆性状态下断裂能（G_f）
的影响（第一个条为−24℃，第二个条为−30℃，
AAG-2 太脆，无法在−30℃进行测试）。
误差线给出 90% 的置信度极限。

（McCrum 等，1997）。但是，应该再次强调的是，目前这些拟合得到的常数，其意义还不清楚。

第二个更定性的观察结果涉及未修饰的 AAG-2 在−24℃时具有相对较高的屈服应力这一事实。这会抑制流动，因此，正如在断裂试验中所证实的那样，预期胶结料的低温断裂性能较差（见图 15-7）。

从图 15-5（b）可以得出的第三个观察结果是，线性 SBS 似乎降低了 AAG-2 基质沥青在−24℃时的屈服应力。这证实了许多人的观点，即聚合物实际上会使劣质的胶结料性能更好。较低的 σ_y 会使裂缝钝化，因此该系统的高韧性可以部分地由低 σ_y 来解释。

图 15-6 显示了 AAN＋5% 线性 SBS 胶结料也具有较高的屈服应力，表明它在断裂试验中的性能也很差。但是，在这种情况下，胶结料实际上比我们测试过的大多数都要坚韧。该体系中的高屈服应力表明该胶结料在低温下具有高强度（即，K_{Ic}）。对于该系统，

K_{Ic} 反映的相对较差的流动性能已被高强度特性所抵消。对于填料系统的发现，可以做出类似的陈述。即使屈服应力高，填料颗粒实际上通过钉扎裂纹并防止裂纹在低应力水平下传播而增强了脆性胶结料，因此产生了良好的低温断裂性能。稍后将会讨论如何调和这些矛盾，但首先回顾一下另一种强化机制。

陶瓷，聚合物复合材料和金属基复合材料领域经常讨论基本的裂纹钉扎机制，但直到最近，加拿大金斯敦女王大学才对其进行研究，以解释填料颗粒如何增强脆性沥青胶结料（Hesp 等，2001）。

裂纹钉扎

Lange（1970）提出了关于裂纹钉扎机制的早期讨论，他提出了一种基于所谓的线张力的基本理论，以解释为什么发现某些填充有颗粒的系统比未填充的基质更坚硬的原因。然而，Evans（1972）开发了一个高度复杂而又全面的理论，来描述断裂强度和断裂能等各种强度特性如何取决于系统变量（例如粒度，粒子间距离，分散相体积分数，基体韧性）和界面强度。Green 等（1979a 和 1979b）对 Evans 的理论进行了进一步的完善，并以更易理解的形式发表了由复杂理论做出的预测。

示意性地，裂纹钉扎过程中的事件顺序在图 15-8 中给出，其中箭头指示主裂纹和次裂纹的方向。当一个大的主要裂纹接近一系列第二相填料颗粒（1）时，裂纹要么必须穿过它们，要么必须绕过它们。在强颗粒和脆性基体的情况下，在将它们从基体中拉出之前，裂纹不能超过颗粒太多。这种裂缝与颗粒之间的相互作用称为裂缝钉扎，它解释了为什么某些强填充剂可以使包括沥青胶结料在内的一系列脆性基体增韧。（2）在裂纹尖端被钉扎后，（3）在颗粒之间可能会形成小的次级裂纹，（4）一旦发生拉拔，这些次级裂纹随后会破裂并在每个颗粒后面相连。在许多复合材料的实际断裂图片中都观察到了所示的颗粒后面的阶梯图案（5），这导致了裂纹钉扎理论背后的思想发展（Lange，1970；Green 等，1979；Newaz，1987）。

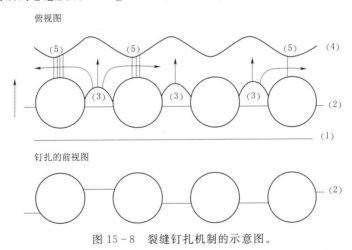

图 15-8　裂缝钉扎机制的示意图。
（1）接近裂纹前沿；（2）钉扎；（3）弯曲；（4）脱离；（5）阶梯状

正如 Lange（1970）所指出的，第二阶段障碍物背后的阶梯模式最重要的特征是，它们总是被发现垂直于主裂纹尖端方向。因此，裂纹尖端必定已经与颗粒相分散相互作用并被其阻碍。

Spanoudakis 和 Young（1984a 和 1984b）使用了 Evans（1972）和 Green 等（1979b）的理论来模拟玻璃填充环氧树脂的破坏，而 Newaz（1987）使用这些早期研究人员提出的论据来讨论砂填充聚酯树脂中裂纹钉扎的相关性。同样，能够利用 Evans 理论提供的见解对沥青胶浆的脆性破坏进行建模（Garcés 等，1996；Hesp 等，2001）。

图 15-9 中总结了结果，该图给出了沥青胶浆的断裂韧度和能量与玻璃球（类似于 Spanoudakis 和 Young，1984a 使用的）和不同尺寸石灰石的填料体积分数的关系。这些结果为沥青胶浆的脆性破坏提供了两个重要的见解（Hesp 等，2001）。

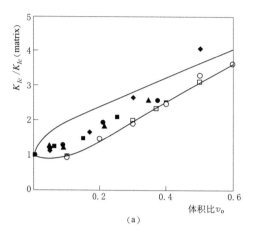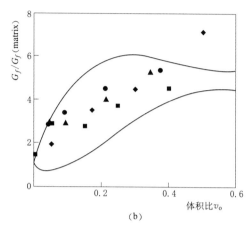

图 15-9　填料体积分数对断裂韧性和能量的影响。（玻璃粒径：4μm（实心圆），11μm（实心三角形），49μm（实心正方形），114μm（实心菱形），空心圆形代表粗颗粒，空心正方形代表细石灰石填料。曲线为非相互作用［下部（a）］和相互作用［上部（b）］的次级裂纹提供了钉扎理论极限，如 Green 等。1979 提供的那样。

首先，根据次级裂纹是（a）非相互作用还是（b）相互作用，该理论预测了填料体积分数在 0.3～0.55 的沥青混合料的断裂能最大值［有关这些概念的解释，请参见 Evans（1972）或 Green 等（1979b）］。在许多经验研究中，观察到了填料体积分数（或行业中某些人所说的胶粉比）的相当广泛的最优选择。但从未将填料体积分数置入理论框架中，如裂缝钉扎理论所提供的框架（Hesp 等，2001）。

除了钉扎理论预测裂纹极限外，在较高的填充体积分数下，缺陷密度也可能会迅速增加，从而使断裂能的下降超出了裂纹钉扎理论的预期（Newaz，1987）。

从数据可以得出的第二个观察结果是，颗粒尺寸似乎对断裂性能没有任何影响。在最近一项关于填料尺寸对性能影响的研究中，这一见解被用来解释当沥青混合料的填料尺寸在 75μm 以上部分相同，但在 75μm 以下部分不同的情况下混合料的整体车辙，疲劳和低温性能的显著差异（Hesp 等，2001）。

脆性状态下的韧性

研究沥青混合料的增韧机理非常重要，因为获得的理解可能会将我们引向性能更好的沥青混合料体系。但是，关于沥青混合料抗裂性的成因仍然未知。因此，对于考虑由胶结料断裂韧度，断裂能和的裂纹尖端开裂特性所给出的低温失效的定量方面也是有用的。

胶结料的组成对断裂能的影响

图 15-7 提供了两种基质沥青和不同改性剂制备的沥青胶结料的断裂能。结果表明，

对同一种基质沥青使用相同或不同类别的不同聚合物改性，或不同基质沥青用相同的聚合物改性剂，其脆性断裂能的差异可能很大。

看起来在这两种基质沥青中，线性 SBS 体系比任何其他改性沥青胶结料都更坚韧。良好的性能可能归因于应力强度因子（K_{Ic}）和流动性（σ_y）之间的良好平衡，这两者均受该体系中聚合物和沥青的化学组成、分子量以及结构的影响。此外，发现使聚合物与基质沥青的相容性对断裂性能有重大影响（Hoare 和 Hesp，2000b）。

其他改性剂，或与更多硫（S）交联的 SBS，可能会产生具有高韧性但缺乏足够的流动能力的胶结料，因此不会具有如此高的断裂能。自从这些结果发表以来，可以制备 5wt% SBS 的胶结料，其在 −30℃ 下的断裂能在 $200\sim300\mathrm{J/m^2}$ 范围内。这是室温下环氧树脂断裂能的典型范围，这就提出了这样的胶结料是否可以帮助完全防止北方气候下的温度裂缝和疲劳裂缝的问题。在这个问题上，化学家们还有大量工作要做，因为进一步改进和节省成本的潜力是巨大的。最终，这个问题可以通过设计良好的试验段来回答，这些试验段的 SHRP 等级几乎相同，但脆性状态下的韧性却大不相同。安大略省交通运输部已经委托进行了 4 个路面试验，包括 28 个不同的试验路段，这些试验路段约 15km。并且正在构建第 5 个试验，包含额外的 5 个路段，以支持这项研究工作。

裂缝尖端张开特性

为了调和低屈服应力和高屈服应力胶结料都应能提供良好性能的事实，提出了使用限制裂纹尖端张开性能对胶结料进行性能分级的方法（Roy 和 Hesp，2001a 和 2001b）。在小规模屈服下，脆性或脆性-韧性转变中的裂纹尖端张开位移（CTOD）如图 15-10 所示。

Wells（1961）提出，在小规模屈服开始违反线性弹性断裂条件的情况下，裂缝尖端的应变可用于性能预测。最初，CTOD 参数仅用于材料排名，但自 1961 年提出该概念以来，已经发展到可以用于设计确定裂缝的应变极限的曲线（Anderson，1995）。

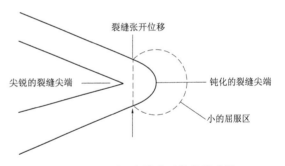

图 15-10　裂缝尖端张开位移示意图

ASTM CTOD 测试标准提到 CTOD 对于"随着温度降低而表现出从韧性到脆性变化的材料"的测试特别有用（ASTM，1993）。换句话说，CTOD 概念与线弹性和弹塑性断裂力学都兼容。CTOD 结合了与低温开裂有关的所有高应变破坏特性。此外，可以使用现有的设备轻松进行测量。由于这些以及其他原因，CTOD 参数非常适合沥青胶结料的性能分级。因为在大量尖锐的裂纹和界面缺陷的存在下，这些胶结料需要承受临界的收缩应变。尽管它已成功地用于预测复合材料脆性-韧性区域的破坏，例如填充环氧树脂（Young 和 Beaumont，1977；Gledhill 等，1978；Spanoudakis 和 Young，1984），但 CTOD 参数在沥青文献中却很少受到关注（Jacobs，1995）。

按照壳牌研究实验室 Van der Poel（1954）和 Heukelom（1966）等的早期构想，

SHRP 程序决定了低应变蠕变刚度 $S(t)$ 和所谓的 m 值或松弛能力。用弯曲梁流变仪（BBR）测量的胶结料 $m(t)$ 值可以对沥青胶结料低温性能进行分级。利用加拿大艾伯塔省拉蒙特试验路段的有限现场开裂数据，现在有人提出将原始 SHRP 的 $S(t)$ 和 $m(t)$ 值与在直接拉伸试验（DTT）中测得的强度特性结合起来，以给出临界的开裂温度（Bouldin 等，2000）。现场验证的一个问题是，各种影响因素混淆在一起。例如，测试地点的沥青胶结料的数量有限（例如，Lamont 未测试任何聚合物改性的胶结料），路基的变化性，物理和化学硬化以及相应的时-温叠加原理的应用。

尽管如此，事实仍然是，SHRP 对 $S(t)$ 和 $m(t)$ 值施加的限制本质上纯粹是主观的。在路面设计温度下，为什么要求 $S(2h)$ 小于 300MPa，而 $m(2h)$ 大于 0.3？这些数字多年来已发生变化，并且没有简单的方法来确定哪个是更重要的参数。对于某些胶结料，S 极限温度和 m 极限温度非常接近，而对于另一些胶结料，它们的温度可以相差 12℃。这引起了关注，因为在 −22℃ 下通过刚度标准的胶结料不太可能与在 −34℃ 下具有相同刚度但 m 值较低的另一种胶结料具有相同的性能。

通过使用 CTOD 参数进行性能分级可以解决该问题，因为它在单个参数中结合了高应变材料强度特性 K_{Ic} 与刚度 E 和松弛能力 σ_y。裂纹尖端的张开位移可以通过在塑性区形状方面的许多理论来建模。所有这些理论都表明了断裂能和拉伸屈服应力的关系，不同模型之间只有很小的定性差异（Anderson，1995）：

$$\text{CTOD} = \frac{K_{Ic}^2}{m E \sigma_{ty}} = \frac{G_f}{m \sigma_{ty}} \tag{15-6}$$

式中 m——常数，平面应力状态下约等于 1.0，平面应变状态下约等于 2.0。

使用这种关系，可以根据测得的平面应变断裂能和压缩时的屈服应力来计算胶结料的 CTOD（Roy 和 Hesp，2001b）。表 15-1 提供了一系列普通沥青和改进沥青胶结料的定量结果。

表 15-1 **沥青胶结料−30℃时的裂缝尖端开裂特性**

Binder	$G_f/(J/m^2)$	σ_{cy}/MPa	$Gf/2\sigma_{cy}/\mu m$
AAN	29	>9.4[①]	<1.5
AAN+diblock SB	74	6	6
AAN+EVA 14	14	>9.4[①]	<1
AAN+linear SBS	304	2.4	64
AAN+radial SBS	123	3.2	19
AAG-2	26	>12.5[①]	<1
AAG-2+linear SBS	59	2.3	13
AAG-2+radial SBS	78	5.9	7

① 这些样品在试验的加载速率下以脆性模式压缩破坏；因此，屈服应力大于引用的应力。AAN 是 Bow River 的沥青胶结料；AAG-2 是加利福尼亚谷的沥青胶结料；SB＝苯乙烯-丁二烯；EVA＝乙烯-乙酸乙烯酯；SBS＝苯乙烯-丁二烯-苯乙烯。

注 用于计算 G_f（即 K_{Ic}^2/E）和 CTOD（即 $K_{Ic}^2/\sigma_{cy}E$）的模量是通过压缩和弯曲试验获得的数据的平均值。星型 SBS 改性的 AAN 样品在 −30℃ 时没有破坏，因此它的"韧度"值基于峰值应力。

　　数据表明，采用 CTOD 表示抗裂性能，相比单独使用 G_f 时，普通胶结料和某些聚合物改性胶结料之间的差异会更加明显。结果表明，在 $-30℃$ 时，未改性的 AAN 和 AAG - 2 沥青以及 AAN＋5％EVA 体系几乎没有能力维持裂缝张开位移。预期这些胶结料的脆性断裂的程度很高。相比之下，AAN＋5％线性 SBS 确实具有合理的临界裂缝尖端张开位移，该位移是根据断裂能与压缩屈服应力之比计算得出的。这就提出了这样的问题：是否可以使用这种坚韧的胶结料来减少现场的温度应力开裂。迄今为止，除传闻外，没有任何证据支持或反对这一主张。但是，来自加拿大安大略省的首次现场试验的初步数据表明这种坚韧的聚合物改性沥青胶结料的性能要优于泡沫和酸性改性材料（Bodley 等，2007），该试验使用了 7 种 PG XX - 34 等级的完全不同的改性胶结料。为了进一步研究试验结果与沥青混合料性能之间的关系，进行了许多沥青混合料样品的破坏测试。

沥青混合料的低温开裂

　　为了结束对低温开裂的讨论，本书回顾了研究沥青混合料断裂的两种方法。在考虑了有关温度应力开裂的全部文献之后，决定只开发使沥青混合料完全破坏的方法，以避免在什么是破坏和什么不是破坏上模棱两可（Hesp 等，2000；Roy 和 Hesp，2001b）。还要确保这种破坏在尖锐裂纹被拉伸张开的情况下会发生。这种设计提出了可能的最严酷条件，因此，希望就被测试沥青混合料在现场的性能表现提供最佳的见解。

　　图 15 - 11 给出了使用两种改性胶结料制成的沥青混合料的温度疲劳测试结果。一种胶结料的沥青质含量较低，但韧性较高，而另一种胶结料的沥青质含量较高但韧性较低。测试的样品尺寸为 50mm × 50mm×175mm，在试件中间的两个相对侧切有两个 7.5mm 深的凹口［有关完整的详细信息，请参见 Hesp 等（2000）］。对于没有缺口的样品，数据没有明显趋势，因为许多样品从未完全破坏。但是，对于有缺口的样品，有一个有趣的发现，就是只有最坚韧的胶结料（沥青 A＋5％线性 SBS）才不会完全破坏。这归因于在界面处或界面附近形成了稳定的微裂纹，这些裂纹被认为可以提供足够的应变耐受性和应力松弛，从而避免了完全破坏。我们认为，如果进一步理解的话，所观察到的现象，将使设计不因低温或高温而破坏的沥青路面成为可能。

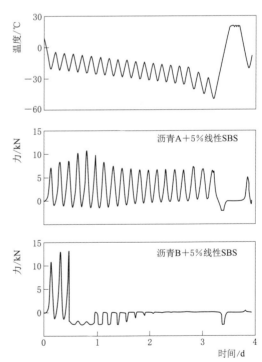

图 15 - 11　高韧性（沥青 A＋5％线性 SBS）和较低韧性（沥青 B＋5％线性 SBS）沥青胶结料的温度疲劳约束试样测试结果

最近研究的第二种沥青混合料测试方法包括对单边缺口样品进行非常缓慢的拉伸断裂测试,在测试过程中测量了裂纹口张开位移(CMOD)(Roy 和 Hesp,2001b)。图 15-11 显示了表 15-1 中低韧性 AAG-2 和高韧性 AAN+5%线性 SBS 系统的典型结果。

这些结果展示了荷载与 CMOD 关系图的典型示例。图中的箭头表示首先达到峰值荷载的点。AAG-2 沥青混合料系统在第一个箭头的情况下,即发生所谓的跳跃。当发生跳跃时,CMOD 突然增加,裂缝被捕获,直到应力进一步增加,导致破坏发生。

关于图 15-12 有许多有趣的观察结果(有关详细分析,请参见 Roy 和 Hesp,2001b)。首先 AAG-2 沥青混合料系统达到峰值荷载,然后以弯曲破坏方式突然破坏,而 AAN+5%SBS 系统以更渐进的方式破坏。该裂纹稳定扩展的时期,即所谓的上升 R 曲线,与该胶结料的高韧性相关,并且据称对于防止低温开裂是有利的。从这些实验中发

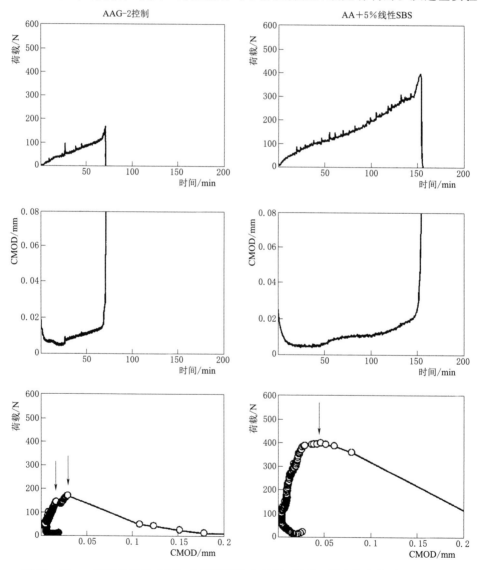

图 15-12 -30℃低韧性 AAG-2 和高韧性 AAN+5%SBS 混合物中的裂缝张开位移

现，混合破坏模式（即，不稳定的裂纹扩展与稳定的裂纹扩展）与沥青胶结料的裂缝张开和断裂能特性高度相关，而与胶结料的刚度无关。

更高的韧性使得沥青胶结料在完全破坏之前能有更长的有益裂纹稳定扩展时间。如果考虑到沥青只需要承受很小量的收缩应变这一事实，那么这种稳定的裂纹扩展可以解释图 15-11 中良好韧性的性能。但是，该观点的部分内容仍是推测性的，因此只有设计良好的试验段才能明确地证明沥青胶结料的良好韧性性能是否会减少路面中的温度裂缝。

结论

本章回顾的工作并非旨在开发针对沥青路面低温破坏的全面模型，而是描述了使用简单的断裂力学和化学原理来深入了解使沥青混合料系统增韧的因素的持续努力。加拿大金斯敦女王大学的工作前提主要是，高韧性的沥青胶结料制备的沥青混合料不易破裂。

这项工作的第二个目的是进一步开发沥青胶结料的断裂试验，以提供一种准确和改进的低温胶结料分级方法。可以相信，与目前使用的不带缺口样品的经验方法相比，这将实现更好的变化。

致谢

本章的研究获得量机构资助和学生们的大力支持。非常感谢加拿大自然科学和工程研究委员会、加拿大帝国石油、壳牌国际化学品公司、加拿大国家公路合作研究计划和加拿大安大略省交通运输部提供的资金捐助；特别感谢为这项研究做出贡献的许多加拿大金斯敦女王大学的学生。

参考文献

1. American Society for Testing and Materials（1993），E 1290 - 93：Standard Test Method for Crack Tip Opening Displacement（CTOD）Fracture Toughness Measurement. Annual Book of ASTM Standards，03.01，ASTM，Philadelphia，Pa.，pp. 814 - 823.

2. American Society for Testing and Materials（1996），D 5045 - 96：Standard Test Method for Plane - Strain Fracture Toughness and Strain Energy Release Rate of Plastics. Annual Book of ASTM Standards，08.03，ASTM，Philadelphia，Pa.，pp. 314 - 322.

3. Anderson，D. A.，Champion - Lapalu，L.，Marasteanu，M. O.，LeHir，Y. M.，Planche，J. P, and Martin，D.（2001），Low - Temperature Thermal Cracking of Asphalt Binders as Ranked by Strength and Fracture Properties. Transportation Research Record：journal of the Transportation Research Board，No. 1766，pp. 1 - 6.

4. Anderson，T. L.（1995），Fracture Mechanics. Fundamentals and Applications. Second Edition，CRC Press，Boca Raton，Fla.

5. Bodley，T.，Andriescu，A.，Hesp，S.，and Tam，K.（2007），Comparison between Binder and Hot Mix Asphalt Properties and Early Top - Down Wheel Path Cracking in a Northern Ontario Pavement Trial. journal of the Association of Asphalt Paving Technologists，Vol. 76，pp. 345 - 390.

6. Bouldin, M. G., Dongre, R., Rowe, G. M., Sharrock, M. J., and Anderson, D. A. (2000), Predicting Thermal Cracking of Pavements from Binder Properties. journal of the Association of Asphalt Paving Technologists, Vol. 69, pp. 455 – 496.

7. Bucknall, C. B. (1977), Toughened Plastics. Applied Science Publishers Limited, London.

8. Champion – Lapalu, L., Planche, J. – P., Martin, D., Anderson, D. A., and Gerard, J. – F. (2000), Low – Temperature Rheological and Fracture Properties of Polymer – Modified Bitumens. Proceedings, Second Eurasphalt and Eurobitume Congress, Barcelona, Book I, pp. 122 – 130.

9. Crossley, G. A., and Hesp, S. A. M. (2000), New Class of Reactive Polymer Modifiers for Asphalt: Mitigation of Low – Temperature Damage. Transportation Research Records, journal of the Transportation Research Board, No. 1728, pp. 68 – 74.

10. Edwards, M. A., and Hesp, S. A. M. (2006), Compact Tension Testing of Asphalt Binders at Low Temperatures. Transportation Research Records, journal of the Transportation Research Board, No. 1962, pp. 36 – 43.

11. Evans, A. G. (1972), The Strength of Brittle Materials Containing Second Phase Dispersions. Philosophical Magazine, Vol. 26, pp. 1327 – 1344.

12. Fabb, T. (1974), The Influence of Mix Composition, Binder Properties and Cooling Rate on Asphalt Cracking. journal of the Association of Asphalt Paving Technologists, Vol. 43, pp. 285 – 331.

13. Fortier, R., and Vinson, T. S. (1998), Low – Temperature Cracking and Aging Performance of Modified Asphalt Concrete Specimens. Transportation Research Record, No. 1630, pp. 77 – 86.

14. Garces Rodriguez, M., Morrison, G. R., van Loon, J., and Hesp, S. A. M. (1996), Low Temperature Failure in Particulate – Filled Asphalt Binders and Mixes. journal of the Association of Asphalt Paving Technologists, Vol. 65, pp. 159 – 192.

15. Gledhill, R. A., Kinloch, A. J., Yamini, S., and Young, R. J. (1978), Relationship between Mechanical Properties of and Crack Propagation in Epoxy Resin Adhesives. Polymer, Vol. 19, pp. 574 – 582.

16. Green, D. J., Nicholson, P S., and Embury, J. D. (1979a), Fracture of a Brittle Particulate Composite. Part 1: Experimental Aspects. journal of Materials Science, Vol. 14, pp. 1413 – 1420.

17. Green, D. J., Nicholson, P S., and Embury, J. D. (1979b), Fracture of a Brittle Particulate Composite. Part 2: Theoretical Aspects. journal of Materials Science, Vol. 14, pp. 1657 – 1661.

18. Griffith A. A. (1921), The Phenomena of Rupture and Flow in Solids. Philosophical Transactions of the Royal Society of London, Vol. A 221, pp. 163 – 197.

19. Harder, N. A. (1992), Brittleness, Fracture Energy and Size Effect in Theory and Reality Materials and Structures, Vol. 25, pp. 102 – 106.

20. Herrin, M., and Jones, G. E. (1963), The Behavior of Bituminous Materials from the Viewpoint of the Absolute Rate Theory Proceedings, Association of Asphalt Paving Technologists, Vol. 32, pp. 82 – 105.

21. Herrin, M., Marek, C. R., and Strauss, R. (1966), The Application of the Absolute Rate Theory in Explaining the Behavior of Bituminous Materials. Proceedings, Association of Asphalt Paving Technologists, Vol. 35, pp. 1 – 18.

22. Hesp, S. A. M., Terlouw, T., and Vonk, W. C. (2000), Low – Temperature Performance of SBS – Modified Asphalt Mixes. journal of the Association of Asphalt Paving Technologists, Vol. 69, pp. 540 – 573.

23. Hesp, S. A. M., Smith, B. J., and Hoare, T. R. (2001), Effect of Filler Particle Size on the Low

and High Temperature Performance in Asphalt Mastic and Concrete. journal of the Association of Asphalt Paving Technologists, Vol. 70, pp. 492 – 508.

24. Hesp, S. A. M. , and Roy, S. D. (2003), How Temperature and Loading Rate Affect the Yield Behavior in Polymer – Modified Asphalt Systems. International journal of Pavement Engineering, Vol. 4 (1), pp. 13 – 23; http://www. tandf. co. uk/journals.

25. Heukelom, W. (1966), Observations on the Rheology and Fracture of Bitumens and Asphalt Mixes. journal of the Association of Asphalt Paving Technologists, Vol. 35, pp. 3 – 48.

26. Hills, J. F. (1974), Predicting the Fracture of Asphalt Mixes by Thermal Stresses. journal of the Institute of Petroleum, pp. 1 – 11.

27. Hoare, T. R. , and Hesp, S. A. M. (2000a), Low – Temperature Fracture Testing of Asphalt Binders. Transportation Research Record: journal of the Transportation Research Board, No. 1728, pp. 36 – 42.

28. Hoare, T. R. , and Hesp, S. A. M. (2000b), Low – Temperature Fracture Test for Polymer – Modified Binders: Effect of Polymer Structure, Compatibility and Bitumen Source in Styrene – Butadiene Systems. Proceedings, Second Eurasphalt and Eurobitume Congress, 20 – 22 September, 2000, Barcelona, Book I, pp. 327 – 335.

29. Irwin, G. R. (1961), Plastic Zone Near a Crack and Fracture Toughness. Proceedings, Sagamore Research Conference, Vol. 4.

30. Isacsson, U. , and Zeng, H. (1998), Low – Temperature Cracking of Polymer – Modified Asphalt. Materials and Structures, Vol. 31, pp. 58 – 63.

31. Jacobs, M. M. J. (1995), Crack Growth in Asphaltic Mixes. Ph. D. thesis, Delft University of Technology, Delft, The Netherlands.

32. Kim, K. W. , and El Hussein, H. M. (1995), Effect of Differential Thermal Contraction on Fracture Toughness of Asphalt Materials at Low Temperatures. journal of the Association of Asphalt Paving Technologists, Vol. 64, pp. 474 – 499.

33. Kim, Y. R. , Lee, H. – Y. , Kim, Y. , and Little, D. N. (1997), Mechanistic Evaluation of Fatigue Damage Growth and Healing of Asphalt Concrete: Laboratory and Field Experiments. Proceedings, Eighth International Conference on Asphalt Pavements, August 10 – 14, Seattle, Wash.

34. King, G. N. , King, H. W. , Harders, O. , Arand, W. , and Planche, J. – P (1993), Influence of Asphalt Grade and Polymer Concentration on the Low Temperature Performance of Polymer Modified Asphalt. journal of the Association of Asphalt Paving Technologists, Vol. 62, pp. 1 – 22.

35. Kluttz, R. Q. , and Dongre, R. (1997), Effect of SBS Polymer Modification on the Low – Temperature Cracking of Asphalt Pavements. In Usmani, A. M. , ed. , Asphalt Science and Technology, Marcel Dekker, N. Y, pp. 217 – 233.

36. Lange, F. F. (1970), The Interaction of a Crack Front with a Second – Phase Dispersion. Philosophical Magazine, Vol. 22, pp. 983 – 992.

37. Lee, N. K. , Morrison G. R. , and Hesp, S. A. M. (1995), Low – Temperature Fracture of Polyethylene – Modified Asphalt Binders and Asphalt Concrete Mixes. journal of the Association of Asphalt Paving Technologists, Vol. 64, pp. 534 – 574.

38. Lee, N. K. , and Hesp, S. A. M. (1994), Low – Temperature Fracture Toughness of Polyethylene – Modified Asphalt Binders. Transportation Research Records, Vol. 1436, pp. 54 – 59.

39. LTPPBind, v. 3. 1, Software for Selection of PG Binders. U. S. Department of Transportation, Federal Highway Administration, McLean, Virginia, September 15, 2005.

40. McCrum, N. G. , Buckley, C. P, and Bucknall C. B. (1997), Principles of Polymer Engineer-

ing. Second Edition, Oxford Science Publishers, pp. 189 - 194.

41. Newaz, G. M. (1987), Microstructural Aspects of Crack Propagation in Filled Polymers. In Fractography of Modern Engineering Materials: Composites and Metals, ASTM STP 948, J. E. Masters and J. J. Au, eds., American Society for Testing and Materials, Philadelphia, Pa., pp. 177 - 188.

42. Raad, L., Saboundjian, S., Sebaaly, P, and Epps, J. (1998), Thermal Cracking Models for AC and Modified AC Mixes in Alaska. Transportation Research Record, No. 1629, pp. 117 - 126.

43. Radovskiy, B. (2000), Discussion. journal of the Association of Asphalt Paving Technologists, Vol. 69, pp. 488 - 489.

44. Roy, S. D., and Hesp, S. A. M. (2001a), Fracture Energy and Critical Crack Tip Opening Displacement: Fracture Mechanics - Based Failure Criteria for Low - Temperature Grading of Asphalt Binders. Proceedings, Canadian Technical Asphalt Association, Vol. 46, pp. 187 - 214.

45. Roy, S. D., and Hesp, S. A. M. (2001b), Low - Temperature Binder Specification Development. Transportation Research Record: journal of the Transportation Research Board, No. 1766, pp. 7 - 14.

46. Shin, E., Bhurke, A., Scott, E., Rozeveld, S., and Drzal, L. (1996), Microstructure, Morphology, and Failure Modes of Polymer - Modified Asphalts. Transportation Research Record, No. 1535, pp. 61 - 73.

47. Spanoudakis, J., and Young, R. J. (1984a), Crack Propagation in a Glass Particle - Filled Epoxy Resin. Part 1: Effect of Particle Volume Fraction and Size. journal of Material Science, Vol. 19, pp. 473 - 486.

48. Spanoudakis, J., and Young, R. J. (1984b), Crack Propagation in a Glass Particle - Filled Epoxy Resin. Part 2: Effect of Particle - Matrix Adhesion. journal of Material Science, Vol. 19, pp. 487 - 496.

49. Tobolsky, A., and Eyring, H. (1943), Mechanical Properties of Polymeric Materials. journal of Chemical Physics, Vol. 11, p. 14.

50. Van der Poel, C. (1954), A General System Describing the Viscoelastic Properties of Bitumens and Their Relation to Routine Test Data. journal of Applied Chemistry, Vol. 4, pp. 221 - 236.

51. Wells, A. A. (1961), Unstable Crack Propagation in Metals: Cleavage and Fast Fracture. Proceedings, Crack Propagation Symposium, Vol. 1, Paper 84, Cranfield, United Kingdom.

52. Young, R. J., and Beaumont, P W. R. (1977), Failure of Brittle Polymers by Slow Crack Growth. journal of Materials Science, Vol. 12, pp. 684 - 692.